应用型本科工科专业毕业设计指导与案例分析

主　编　杨　敏　李　莎
副主编　白亚雯　包莹莹　赵顺达
参　编　陈炎冬　谭　飞　俞　萍

西安电子科技大学出版社

内 容 简 介

　　本书是一本简明实用、指导性强的毕业设计指导书,将毕业设计规范化要求与案例分析相结合,主要包括机械、电子信息、自动化、计算机四大专业类别的毕业设计案例。

　　本书将规范化要求与科技论文写作国家标准相衔接,展示案例时注重专业方向的代表性和可学习性,通过案例分析,真实地展现并分析其优点与不足,旨在使学生掌握毕业设计的原理和方法并顺利完成毕业设计,为学生走向社会、参加实际工作打下基础。

　　本书可作为高等院校相关专业毕业设计的教材,也可供感兴趣的师生参考。

图书在版编目(CIP)数据

　　应用型本科工科专业毕业设计指导与案例分析 / 杨敏,李莎主编. —西安:
西安电子科技大学出版社,2021.9(2024.8重印)
　　ISBN 978 - 7 - 5606 - 6176 - 6

　　Ⅰ. ①应… Ⅱ. ①杨… ②李… Ⅲ. ①工科(教育)—毕业设计—高等
学校—教材 Ⅳ. ①G642.3

　　中国版本图书馆 CIP 数据核字(2021)第 178205 号

策　划　陈　婷
责任编辑　陈　婷
出版发行　西安电子科技大学出版社(西安市太白南路 2 号)
电　话　(029)88202421　88201467　　　邮　编　710071
网　址　www.xduph.com　　　　　电子邮箱　xdupfxb001@163.com
经　销　新华书店
印刷单位　广东虎彩云印刷有限公司
版　次　2021 年 9 月第 1 版　2024 年 8 月第 4 次印刷
开　本　787 毫米×1092 毫米　1/16　印张　21
字　数　502 千字
定　价　49.00 元
ISBN 978 - 7 - 5606 - 6176 - 6
XDUP 6478001 - 4

＊＊＊如有印装问题可调换＊＊＊

前　　言

毕业设计是高等教育人才培养方案中的重要组成部分,是培养学生综合运用所学基础知识、基本理论和基本技能,分析、解决实际问题和初步从事科学研究的一个重要实践环节,在整个教学环节中起着极其重要的作用。

应用型本科工科专业毕业设计以工程设计为主,通过毕业设计训练,培养学生综合运用理论知识的能力,使其掌握工程设计的一般方法,具备一定的工程实践能力,树立正确的设计思想,初步建立工程概念。由于工科专业毕业设计中所涉及的知识较多,且本科生在综合设计、设计说明书撰写和科技论文规范等方面的能力普遍比较欠缺,因此,编写一本指导书系统地指导学生进行毕业设计是十分必要的。

本书主要有以下特点:

(1)本书将毕业设计规范化要求与案例分析相结合,面向学生毕业设计使用,针对性强。

(2)本书所述毕业设计规范化要求与科技论文写作国家标准相衔接。

(3)本书所选案例注重每个专业方向的代表性和可学习性。书中的案例分析能让相关专业的学生更好地掌握本专业毕业设计的设计原理和设计方法。

(4)书中展示的案例均是历届本科毕业设计中的优秀作品,通过穿插点评,突显其优点,以供读者借鉴,同时真实地展现其不足之处,并提出改进之处。

(5)本书覆盖了应用型本科工科专业中机械、电子信息、自动化、计算机四大专业类别,学生在了解本专业毕业设计的同时,也可参考其他专业的课题,这样有利于综合类课题的完成,符合"新工科"要求,专业适用性强。

无锡太湖学院杨敏、李莎担任本书主编。本书第1、2、3、5章由杨敏统稿,第4、6章由李莎统稿。参与编写的人员还有白亚雯、包莹莹、赵顺达、陈炎冬、谭飞、俞萍。

在本书编写过程中,无锡太湖学院教务处给予了大力帮助,智能装备工程学院、物联网工程学院的相关领导与提供范文的指导教师给予了大力支持,在此表示衷心的感谢。

由于水平和时间有限,书中不足之处在所难免,衷心希望广大读者批评指正。

编　者
2021 年 6 月

目　　录

2

第1章　概　　述

1.1　毕业设计的目的及特点

毕业设计是本科教学过程中最后一个重要的实践性环节。它是实现培养目标和要求的重要阶段，是学生学习深化和升华的重要过程，也是对学生综合素质、科学研究能力与工程实践能力的全面提升及检验总结。

1.1.1　毕业设计的目的

毕业设计的主要目的是：

（1）在毕业设计的过程中，学生把所学的专业知识提升到分析和解决实际问题的高度。同时，通过毕业设计，详细地了解科学研究，学会整理、利用资料，能够观察、描述实验现象，处理实验数据，进行相关设计、计算和分析，会充分利用图书馆、网上资源检索文献等。

（2）培养学生严肃认真的科学态度和求实的工作作风，并使学生掌握科学的理论和方法。

（3）熟悉独立思考与集思广益相结合的团队合作方式，为后续从事技术工作与进一步学习奠定基础。

（4）提升综合素质，如提高学生的外语水平、计算机操作技能、书面表达和口头阐述能力等。

（5）便于学校对学生的知识、能力、素质进行全面考察，包括掌握知识的深度和广度，综合运用所学基础理论、专业知识的能力，发现、分析、解决与本专业相关的实际问题的能力。

1.1.2　毕业设计的特点

一般来说，毕业设计主要有指导性、学术性、实践性和创新性4个特点。

1. 指导性

毕业设计说明书（论文）是学生在指导教师的指导下独立完成的研究成果。学生在毕业设计过程中，指导教师要启发引导学生独立进行工作，并注意激发学生的主动创造能力，帮助学生确定思路和方法，指导设计过程，解答疑难问题和困惑，审核论文内容及设计成果等。学生为了更好地完成毕业设计，必须在指导教师的指导下积极主动钻研课题，独立完成设计任务和论文撰写。

2. 学术性

毕业设计所探讨研究的问题具有较强的专业性，以学生专业或相近专业的某一问题为研究内容，让学生运用所学的专业知识去论证或解决相关学术问题，体现出一定的学术水平和专业水平。毕业设计说明书（论文）与一般学术论文一样需要论证合理、逻辑严谨、表达清晰，能形成一定的理论体系。

3. 实践性

毕业设计的研究成果在社会实践中应具有一定的应用价值和现实意义。应用型工科类专业的毕业设计主要解决实际工程中的问题，其实践性和现实意义体现得更为明显。

4. 创新性

创新性是科学研究的生命，一个毕业设计总要有创新才有研究的价值。创新性包括探索前人未曾涉足的领域，补充前人的见解，纠正前人的谬误，综合整理前人的成果等几个方面，只要符合其中任何一点，都可算具有创新性。

1.2 毕业设计的基本流程

毕业设计的基本流程为：选题、下达任务书、撰写开题报告、翻译外文资料、中期检查、撰写毕业设计说明书（论文）、查重、答辩与成绩评定。

1.2.1 选题

选择恰当的课题是做好毕业设计工作的前提。选题时应遵循以下原则：

（1）符合专业培养目标，满足教学基本要求，使学生得到比较综合的训练。

（2）课题应尽可能结合生产、科研和实验室建设的实际任务，为学生提供较强的工程背景，促进教学、科研、生产的有机结合，调动学生的积极性。

（3）课题应有一定的深度与广度，工作量应饱满，使学生在规定的时间内通过努力能按时完成任务。

（4）课题的选择应贯彻因材施教的原则，使学生在原有的水平和能力上有较大提高，并鼓励学生有所创新。

（5）对学生自己提出的课题，若符合培养目标、有特色、条件允许，则经所在系审查后，可积极支持并给予安排。

（6）对下列情况的课题，不宜安排学生做毕业设计：

① 课题偏离本专业所学基本知识；

② 课题范围过专、过宽或课题内容简单，达不到综合训练的目的；

③ 课题属于难以胜任的高新技术；

④ 课题在毕业设计期间难以完成或不能取得阶段性成果。

毕业设计课题一般由指导教师提出，也可以由学生自拟课题，经指导教师审核确认后，填写"毕业设计选题表"，陈述课题来源、课题简介、难易程度、工作量大小、设计要求及所具备的条件等，经所在系讨论和专业负责人审定后生效。

毕业设计所选题目中，如果同一项课题需由 2 名及 2 名以上同学完成，应在申报题目的名称上加以区别（加副标题），并且在"设计要求"中加以体现。

1.2.2　下达任务书

"毕业设计任务书"应由指导教师根据各课题的具体情况以及本专业毕业设计教学大纲填写，经由学生所在系负责人审查签字后生效，并于学生拿到毕业设计课题后一周内下发给学生。

任务书中需介绍课题来源和背景，布置整体工作内容，提供必要的资料、数据，同时应提出明确的技术要求和量化的工作要求，包括论文字数、图纸或软硬件的数量和技术指标等。

由 2 名及 2 名以上同学共同完成的课题或与他人协作进行的课题，应参照"毕业设计选题表"中的内容，明确课题中学生需各自独立完成的工作。

任务书一经审定，指导教师不得随意更改，如因特殊情况确需变更，应提出书面报告说明变更原因，经所在系负责人同意、学院（系）主管领导批准后，方可变更。

任务书必须按学校统一设计的电子文档标准格式填写和打印，按要求存档于相关资料中。

1.2.3　撰写开题报告

"开题报告"应在指导教师的指导下，由学生在毕业设计工作前期完成，经指导教师签署意见及所在系与学院相关负责人审查后生效。

撰写开题报告的主要目的是使学生通过开题，熟悉科研工作的一般步骤、流程和解决问题的思路与方法。它初步拟订了课题研究各方面的内容，对整个研究工作的顺利开展起着关键作用。

学生需要结合毕业设计课题情况，查阅国内外的相关文献资料，从课题来源与科学意义、国内外研究概况和水平以及发展趋势和应用前景等几方面对课题背景进行全面了解。同时根据课题的具体任务要求，明确研究内容及预期成果，提出拟采取的研究方法、技术路线、实验方案，分析已具备的条件和尚需解决的问题，分析方案可行性，拟订研究计划，并提出一定的特色或创新之处。

开题报告一般包括以下几个部分：

（1）课题意义：也就是为什么要研究这个课题。一般介绍课题研究的有关背景，即根据什么、受什么启发、实际有什么需求而进行这项研究，说明该课题的研究价值，阐述过程应具体、有针对性，不能空喊口号。

（2）研究内容及拟解决的关键问题：相对于课题意义而言，研究内容及拟解决的关键问题是具体的、目标明确的、与设计任务紧密结合的。在确定研究内容时，往往存在的主要问题有：只有课题而无具体研究内容，研究内容与课题不吻合，课题很深奥而研究内容很粗浅，把研究目的、意义当作研究内容。

（3）国内外研究现状文献综述：综述包括"综"和"述"两个方面。"综"，是指对大量的素材进行归纳整理、综合分析，使文献资料更加精练、明确、层次分明，更有逻辑性；"述"，是指对各文献资料的观点进行评述，提出自己的见解和观点。作为毕业设计开题报告，需要学生查阅一定量与课题相关的国内外研究现状的文献资料后进行综合评述。撰写文献综述最关键的是要弄清楚他人关于此课题已经进行了哪些研究，主要有哪些成果（观点、理论、具体实践成果等），已经获得了哪些对自己课题研究有支持意义的成果，还存在哪些不清楚或未解决的问题，或者还有哪些不足，有待于从哪些方面进一步探索。

（4）研究方法、技术路线：课题不同，研究方法、技术路线则往往不同。研究方法、技术路线是否正确，会影响到毕业设计的水平，因此，在开题过程中，学生要拟订自己准备采用的研究方法及研究思路，明确技术路线，并在指导教师的建议下修改完善。研究方法主要有观察法、调查法、实验法、实验研究法、文献研究法、跨学科研究法、个案研究法、定量分析法、定性分析法、功能分析法、模拟法、探索性研究法、信息研究法、描述性研究法、经验总结法、数学方法、思维方法等。课题研究一般有以其中一种为主、多法综合运用的，有多法并用、交替使用、各法互补的，也有单一方法的，但比较少见。不同类型的课题，可以从不同的角度，按不同的标准选择。

（5）研究计划：即毕业设计在时间和顺序上的安排，要充分考虑研究内容的相互关系和难易程度，一般从基础问题开始，分阶段进行。研究计划主要包括：整个研究过程划分成哪些阶段，各阶段的起止时间，各阶段要完成的研究目标和任务，各阶段的主要研究步骤等。

（6）特色或创新点：这是对学位论文的基本要求，是学位被授予者创新精神、创新能力和创新思维在学位论文中的具体体现，最终表现为理论上或实践上的价值。对于本科毕业设计来说，要求学生运用所学的基本理论、基本方法和基本技能，对所研究课题的某一方面有自己的认识、观点或解决实际问题的独立设计。

（7）参考文献：开题报告中的参考文献是指国内外研究现状文献综述的原始素材，即拟订研究方法、技术路线时的参考资料，应与毕业设计说明书（论文）的参考文献区分开。

开题报告必须按学校统一设计的电子文档标准格式填写和打印，按要求存档于相关资料中。

1.2.4　翻译外文资料

外文资料翻译应在指导教师的指导下，由学生在毕业设计工作前期查阅课题相关文献资料时完成，由指导教师批改。

学生在完成开题报告时需要查阅国内外的相关文献资料，内容必须与课题相关，可以是专著、论文、专利等各类文献资料，一般外文资料存档格式应为 PDF 的原版形式。

中文译文内容应与外文资料内容相吻合，表达正确，语法正确，语句通顺。

英文原文与中文译文需配套存档，按要求存档于相关资料中。

1.2.5　中期检查

毕业设计中期，学院一般着重检查学生学风、工作进度、教师指导情况及毕业设计工作中存在的困难和问题，以便采取必要、有效的措施解决存在的问题。

中期检查表内容上应真实、具体，指导教师对所指导的学生的工作进度、工作态度、工作质量等方面进行阶段考核，具体分析该学生存在的问题，并给出检查结论，判断是否需要延期或终止毕业设计。

中期检查表按要求存档于相关资料中。

1.2.6 撰写毕业设计说明书(论文)

毕业设计说明书(论文)应反映学生毕业设计的整体思路和过程,一份完整的毕业设计说明书(论文)一般包括前置部分、主体部分、附录部分(必要时)。其中,前置部分包括封面、诚信承诺书、中文摘要及关键词、英文摘要及关键词、目录;主体部分包括绪论、正文、结论与展望、参考文献、致谢等。

毕业设计说明书(论文)中的各部分内容应紧密结合课题要求,能完整反映出课题任务要求的设计内容和最终成果,并体现完成过程。数据必须真实,且与图纸和程序相符。

毕业设计说明书(论文)要符合相关国家标准,按学校统一设计的电子文档标准格式撰写和打印。完整的毕业设计说明书(论文)应单独成册。

1.2.7 查重

根据教育部关于"学位论文作假行为处理办法"的文件精神和规定要求,为提高毕业设计说明书(论文)的质量,加强学术道德和学风建设,营造学术诚信氛围,杜绝论文抄袭行为的发生,学校统一启用"中国知网"大学生论文检测系统进行论文文字复制比检测。检测工作主要分为初检、二次检测、终检、学院复查(答辩后)四部分。检测主要以"线上反抄袭系统检测+线下指导教师人工审阅"的方式进行。

初检与二次检测的检测结果不影响最终毕业设计说明书(论文)的成绩。终检将安排在答辩开始前,以终检结果审核毕业生的答辩资格,所有学生需在规定时间内将最终答辩版本的论文上传至检测系统进行检测。终检完毕后,论文不再进行修改。学生答辩用的论文必须与终检上传论文完全一致。通过终检的论文需打印"文本复制检测报告单(简洁)",由指导教师确认检测论文与提交论文一致并签字,作为学校后期复检和省毕设抽检、评优的支撑材料,保存在毕业论文资料袋中。

终检结果的合格标准如下:

(1)图纸、程序部分:不参与线上检测,其中内容的原创性统一由各专业的指导教师在线下进行人工审定,审定结果在"指导教师审阅意见"中体现。凡毕业设计的图纸、图像在终检阶段被审定为存在过度引用或抄袭行为者,经指导教师审定上报教务处核查定性后,一律按照相关文件精神取消其初次答辩资格。学生必须对内容进行修改直至满足要求后重新参加二次答辩。

(2)文字内容部分:毕业设计说明书(论文)的文字内容部分必须上传"中国知网"大学生论文检测系统进行在线比对,以比对后系统提供的检测报告单作为主要认定依据。对于检测结果,学校一般会有相关规定。

对于终检结果超标的论文,一般可采用以下两种处理办法:

(1)超标一定范围内的论文,需在指导教师的指导下进行修改,修改完成后再次接受知网检测,达到标准后由指导教师签字确认并提交至所在二级学院进行审核,通过后学生方可恢复初次答辩资格。如学生论文修改后仍未达标,则由学院上报学校取消其初次答辩资格。

（2）严重超标的论文，学校将直接取消该论文作者的初次答辩资格。修改完成后再次接受知网检测，达到标准后由指导教师签字确认并提交至所在二级学院进行审核，通过后学生方可参加二次答辩。

1.2.8　答辩与成绩评定

学生按任务书要求完成毕业设计说明书（论文）且论文符合学院规范化要求，论文文字复制比符合要求，经指导教师同意，方可参加答辩。

毕业设计的成绩评定应以学生完成工作任务的情况、业务水平、工作态度、设计说明书（论文）和图纸、实物的质量以及答辩情况为依据。毕业设计成绩的评定由指导教师（占40％）、评阅教师（占20％）和答辩小组（占40％）三者分别评定，再按加权求和后折算。

学生完成毕业设计说明书（论文）后，由指导教师对其进行成绩评定，并写出评语；学院答辩委员会指定答辩组内的一名教师作为评阅教师，再对其进行评阅，给出成绩并写出评语；答辩小组根据学生完成质量、答辩时的自我汇报和回答问题进行成绩评定，并做好答辩记录，写出答辩小组评语。

成绩的评定必须坚持标准，从严要求。"优秀"的比例一般在15％以内，严格区分"良好""中等""及格"的界限，对工作态度差、达不到毕业设计要求的学生，应评为"不及格"。

1.3　毕业设计的成果及归档

毕业设计的成果、相关资料及成绩评定材料放入专用资料盒中，并统一按班级及学号存放，存放期不少于3年。

毕业设计的成果包括毕业设计说明书（论文）、图纸、程序或其他形式的成果。

相关资料包括毕业设计任务书、毕业设计开题报告、毕业设计中期检查表、毕业设计外文资料翻译原文及译文、毕业设计指导过程记录、毕业设计查重报告等。

成绩评定材料包括毕业设计成绩评定表、毕业设计评语表（指导教师评语、评阅教师评语、答辩小组评语）、毕业设计说明书（论文）答辩记录表等。

学生需提供完整的毕业设计成果和相关资料的电子稿，以供存档备查。

如学生毕业设计的硬件成果无法放入资料袋内，可以另放他处，但必须在资料袋封面上注明存放地。

第 2 章　工科毕业设计说明书(论文)概述

2.1　基本结构

2.1.1　国家标准的编写格式

本科生毕业设计说明书(论文)也称为学士学位论文。

国家标准 GB 7713—87《科学技术报告、学位论文和学术论文的编写格式》统一了科学技术报告、学位论文和学术论文的撰写和编辑格式,便于信息系统的收集、存储、处理、加工、检索、利用、交流和传播。

标准中指出:学位论文是表明作者从事科学研究取得创造性的结果或有了新的见解,并以此为内容撰写而成、作为提出申请授予相应的学位时评审用的学术论文。其中,学士论文应能表明作者确已较好地掌握了本学科的基础理论、专门知识和基本技能,并具有从事科学研究工作或担负专门技术工作的初步能力。

学位论文一般分成前置部分、主体部分、附录部分和结尾部分。

2.1.2　毕业设计说明书(论文)的通用格式

学士学位论文一般至少包括前置部分、主体部分,如有必要,还会加上附录部分。

2.2　前置部分

学士学位论文的前置部分一般包括封面、摘要、关键词、目录等信息。若论文中图、表较多,可以分别列出清单置于目录页之后,图、表的清单应有序号、图题(表题)和页码。必要时还可以有关于符号、标志、缩略词、首字母缩写、计量单位、名词、术语等的注释表,置于图表清单之后。

一般来说,论文前置部分的排版格式可以与主体部分不同,如页眉、页脚样式等。

2.2.1　封面

学位论文封面一般根据学校规定,有统一的样式,主要包括以下信息:校内编号,课题名称,学生所在学校、学院、专业,学生学号、姓名,指导教师姓名、职称,完成日期等。

2.2.2　摘要

论文一般均有摘要,为了国际交流,还应有外文(多用英文)摘要。

摘要是论文的内容不加注释和评论的简短陈述,要交代清楚课题的背景,把论文的观点和价值简明扼要地展示出来，使读者即使不阅读全文，也能获得必要的信息。摘要也可以视为反映论文核心内容和全面信息的独立性短文，是论文最简明、最准确的独立性报道，因此，国家标准中也提到："摘要应具有独立性和自含性。"

摘要内容的四要素包括课题研究或设计的目的、方法、结果和结论。目的主要说明为什么要做此课题，如有多个目的，应择其精要。方法主要说明如何做。结果主要说明做的结果如何。结论主要说明在结果的基础上得出的最终结论。摘要一般按照目的、方法、结果、结论的顺序排列，有些论文中为了强调结果的重要性，也可按结果、结论、目的、方法的顺序排列，还有些论文可能将结果与结论合并。

要写好论文摘要，首先要在整体上完成论文所设定的各项任务，其次要提高摘要的编写质量。对摘要的编写一般有以下要求：

（1）摘要应重点反映论文的主要内容，突出创新点或技术创新的特色，特别是在"结果"上，重点突出论文作者的工作成果。

（2）摘要全文不分段落，一气呵成。

（3）摘要宜用第三人称的写法。不使用"本人""作者""本文""我们""我们课题组"等作为主语，一般采用的是省略主语的句型，如"对……（研究对象）进行了研究""报道了……（研究对象）现状""进行了……（研究对象）调查"等表述方法。

（4）采用规范化的名词术语。

（5）摘要的编写应繁简适度。

（6）摘要应是不加注释和评论的简单陈述，不应对自己论文的成果进行渲染与夸张。

（7）摘要的内容应具备完整性和准确性。摘要写作质量的基本要求是保持内容完整性、描述内容的准确性以及文字的简明性。

摘要的篇幅一般为 200～300 字，毕业设计说明书（论文）可增加到 400 字左右。中英文摘要应内容相同。

2.2.3　关键词

关键词是科技论文的重要组成部分，它具有表示论文的主题内容及文献标引的功能。国家标准 GB 7713—87 指出：关键词是为了文献标引工作从报告、论文中选取出来用以表示全文主题内容信息款目的单词或术语。关键词必须是单词或者专业术语，并能表示全文的主题内容。

关键词的选择原则如下：

（1）关键词应包含论文的主题内容。关键词的首要功能是反映论文的主题思想，所以选择关键词时，要首先选取能揭示论文核心思想与主题内容的词语，其次是论文中其他主要研究事物的名称、研究方法等。

（2）关键词要符合专指性规则。关键词应当表示一个专指概念，避免选用不加组配的泛指词，出现概念含糊。从论文中选用的术语应尽可能规范为专业名词，其中有些是专指性的名词，有些名词还要通过组配才能成为只表示单一概念的关键词。

关键词的选取来源如下：

（1）论文题目。题目是关键词的词源之一，一般有 20%～80% 的重合率。从题目中选取适宜的关键词是一种很有效的、便捷的方法。

（2）正文各层次标题。层次标题是论文主题内容的一个组成部分，也反映了论文的部分内容，所以关键词也可以从层次标题中选取。

关键词的数量一般为 3~8 个，以显著的字符另起一行，排在摘要的下方，关键词之间一般用"；"隔开或留出 1 个汉字的空白，不加任何标点符号。

为了便于国际交流，应标注与中文对应的英文关键词。

2.2.4　目录

目录是论文的提纲，应层次分明。目录由毕业设计说明书（论文）各章节的序号、名称和页码组成，其目的是使阅读者在阅读全文之前对全文内容和结构有一个大致的了解。

目录中的标题应与正文中的标题一致，一般显示至三级标题。如有附录，那么附录也应依次列入目录。

目录一般另起一页，排在摘要之后。

2.3　主 体 部 分

毕业设计说明书（论文）主体部分包括绪论、正文、结论、致谢、参考文献等。

2.3.1　绪论

绪论应说明课题的意义、目的、研究范围及要达到的技术要求，简述课题在国内外的发展概况及存在的问题，说明课题的指导思想，阐述课题要解决的主要问题。绪论在文字量上比摘要多。

2.3.2　正文

正文是对设计、研究工作的详细表述，其内容包括：问题的提出，研究工作的基本前提、假设和条件；模型的建立和实验方案的拟订；基本概念和理论基础；设计方案的论证；设计计算的主要方法和内容；实验方法、内容及其分析；理论论证，理论在课题中的应用；课题得出的结果以及对结果的讨论等。一般毕业设计说明书（论文）根据课题性质，仅涉及上述内容中的一部分。

1. 正文部分编排次序

毕业设计说明书（论文）一般按三级标题编写（即 1……　1.1……　1.1.1……）。文中的图、表、公式、附注、参考文献等，一般用阿拉伯数字分别依序连续编排序号，如图 2.1 所示。

各章节内容中，如果有用点列出的内容，可按级别依次采用（1）（2）（3）……1）2）3）……以及大小写英文字母 ABC……abc……表示。

2. 公式

公式序号中第一个数字为公式所在一级标题的序号，第二个数字按公式在该级标题下

```
┌─ 1. ── 1.1 ── 1.1.1
│           1.2      1.1.2
│           1.3       ⋮
│           ⋮
│
├─ 2. ── 2.1 ── 2.1.1
│           2.2      2.1.2 ── 2.1.2.1
│           2.3       ⋮          2.1.2.2
│           ⋮                      ⋮
│         图2-1/表2-1
│         图2-2/表2-2
│         图2-3/表2-3
│           ⋮
│
├─ 3.
│
⋮
```

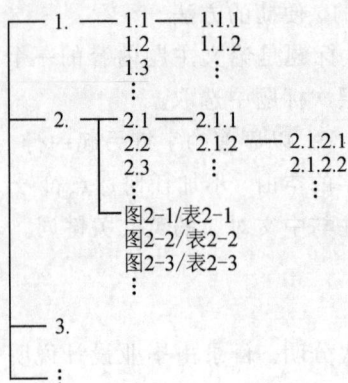

图 2.1　正文部分次序编排示意图

出现的先后顺序依次排序，两个数字中间一般用"-"或"."隔开。

(1) 公式应居中书写，公式较长时最好在等号"＝"处转行，如难实现，则可在＋、－、×、÷运算符号处转行，运算符号应写在转行后的行首。

(2) 公式的编号用圆括号括起放在公式右边行末，公式和编号之间不加虚线。

(3) 公式应采用公式编辑器按标准格式编写，公式中字体大小应与小四基本相同。

(4) 对公式中参数变量的注解，用双字节长的破折号隔开，如 F_1——紧边拉力。

(5) 公式中参数变量一般采用斜体，如有上下标，则上下标用正体，如 F_1。

(6) 计算过程及结果的有效数字位数一般取 4 位，采用科学计数法表示。

(7) 公式注解中所用"式中""其中""所以"等字样，一般另起一行顶格。

3. 表

每个表格应有表序和表题，表序和表题写在表格上方正中间。表格允许在下页接着写，表题可省略，表头应重复写，并在右上方写"续表××"。同一单元格的内容尽量放于同一页上。

为使表的结构简洁，优先采用三线表。

表序中第一个数字为表所在一级标题的序号，第二个数字按表在该级标题下出现的先后顺序依次排序，两个数字中间一般用"-"或"."隔开。

4. 图

毕业设计说明书(论文)的插图必须精心制作，线条粗细要合适，图面要整洁美观。每幅插图应有图序和图题，图序和图题应放在图位下方居中处。如有图注，一般放于图序和图题的下方。

一般图面大小以能看清图中必要结构的最小尺寸为宜，图内文字一般比正文小一号，图面底色一般用白色；图边空白(上下)不要太多；注意调整图在文中的位置，不要使文中出现大面积空白。

图序中第一个数字为图所在一级标题的序号，第二个数字按图在该级标题下出现的先后顺序依次排序，两个数字中间一般用"-"或"."隔开。

5. 名词、名称

科学技术名词术语尽量采用全国自然科学名词审定委员会公布的规范词或国家标准、

部标准中规定的名称，尚未统一规定或叫法有争议的名称术语，可采用惯用的名称。若使用外文缩写代替某一名词术语，则首次出现时应在括号内注明其含义。外国人名一般采用英文原名，按名前姓后的原则书写。一般很熟知的外国人名（如牛顿、达尔文、马克思等）可按通常标准译法写译名。

6. 量和单位

量和单位必须采用中华人民共和国的国家标准 GB 3100—93、GB 3101—93 和GB 3102—93，它是以国际单位制（SI）为基础的。非物理量的单位，如件、台、人、元等，可用汉字与符号构成组合形式的单位，如件/台、元/km。

单位一般采用正体，字母大小写要符合国标规范，如 kPa（k 要小写，表示 kilo，即 10^3）、MPa（M 要大写，表示 Mega，即 10^6）；一般用人名缩写的单位要大写，如力的单位 N。

7. 数字

毕业设计说明书（论文）中的测量统计数据一律用阿拉伯数字。

8. 注释

毕业设计说明书（论文）中有个别名词或情况需要解释时，可加注说明。注释可用页末注（将注文放在加注页的下端）或篇末注（将全部注文集中在文章末尾），而不可在行中加注（夹在正文中的注释）。注释只限于写在注释符号出现的同页，不得跨页。

2.3.3　结论与展望

结论是对整个研究工作进行综合归纳而得出的总结，全面总结研究的目的、过程、方法、得出的结论及取得的成果，补充说明研究过程中的不足和课题尚存在的问题，以及进一步开展研究的见解与建议。

结论要写得概括、简短，在毕业设计说明书（论文）中一般列为层次标题。

2.3.4　致谢

致谢应以简短的文字对在课题研究和毕业设计说明书（论文）撰写过程中给予过帮助的人员或单位表示自己的谢意，这不仅是一种礼貌，也是对他人劳动的尊重，是治学者应有的思想作风。

2.3.5　参考文献

参考文献是毕业设计说明书（论文）不可缺少的组成部分，反映了作者的治学态度、论文工作的出发点、论文的研究水平。

一般毕业设计说明书（论文）的参考文献原则上不少于 15 篇（册）（含外文文献）。

1. 参考文献的标注

参考文献的标注一般采用顺序编码制，凡有引用他人成果之处，均应按在文中所出现的先后次序列于参考文献中，在方括号内用阿拉伯数字从小至大连续排序。它们可以成为语句的组成部分，也可以上角标的形式出现。同一处引用多篇文献时，只需将各篇文献的序号在方括号内全部列出，各序号间用"，"隔开，如遇连续序号，可标注起讫序号。多次引用同一著者的同一文献时，在正文中标注首次引用的文献序号。

2. 参考文献的类型及标志代码

国家标准 GB/T 7714—2015 规定了文后参考文献的文献类型及标志代码，分别为：专著[M]、论文集[C]、报纸文章[N]、期刊文章[J]、学位论文[D]、报告[R]、标准[S]、专利[P]、数据库[DB]、计算机程序[CP]、电子公告[EB]。对于专著、论文集中的析出文献，其文献类型标识建议采用单字母[A]；对于其他未说明的文献类型，建议采用单字母[Z]。

电子文献一般用[文献类型/载体类型]表示。文献类型与载体类型均采用双字母表示。载体类型及其标识为：磁带[MT]、磁盘[DK]、光盘[CD]、联机网络[OL]。例如，[DB/OL]，联机网上数据库；[DB/MT]，磁带数据库；[M/CD]，光盘图书；[CP/DK]，磁盘软件；[J/OL]，网上期刊；[EB/OL]，网上电子公告。

3. 参考文献的编排格式

参考文献的编排格式及示范实例如下：

1）专著、论文集、学位论文、报告

[序号]主要责任者. 文献题名[文献类型标识]. 出版地：出版者，出版年：起止页码.

[1] 刘国钧，陈绍业，王凤翥. 图书馆目录[M]. 北京：高等教育出版社，1957：15－18.
[2] 辛希孟. 信息技术与信息服务国际研讨会论文集：A 集[C]. 北京：中国社会科学出版社，1994.
[3] 张筑生. 微分半动力系统的不变集[D]. 北京：北京大学数学系数学研究所，1983.
[4] 冯西桥. 核反应堆压力管道与压力容器的 LBB 分析[R]. 北京：清华大学核能技术设计研究院，1997.

2）期刊文章

[序号]主要责任者. 文献题名[J]. 刊名，年，卷（期）：起止页码.

[1] 金显贺，王昌长，王忠东，等. 一种用于在线检测局部放电的数字滤波技术[J]. 清华大学学报（自然科学版），1993，33(4)：62－67.

3）论文集中的析出文献

[序号]析出文献主要责任者. 析出文献题名[C]// 原文献主要责任者. 原文献题名. 出版地：出版者，出版年：析出文献起止页码.

[1] 钟文发. 非线性规划在可燃毒物配置中的应用[C]//赵玮. 运筹学的理论与应用中国运筹学会第五届大会论文集. 西安：西安电子科技大学出版社，1996：468－471.

4）报纸文章

[序号]主要责任者. 文献题名[N]. 报纸名，出版日期（版次）.

[1] 谢希德. 创造学习的新思路[N]. 人民日报，1998－12－25(10).

5）国际、国家标准

［序号］标准编号，标准名称［S］.出版地：出版者，出版年.

［1］GB/T 16159—1996，汉语拼音正词法基本规则［S］.北京：中国标准出版社,1996.

6）专利

［序号］专利所有者.专利题名［P］.专利国别：专利号，出版日期.

［1］姜锡洲.一种温热外敷药制备方案［P］.中国专利：881056073，1989－07－26.

7）电子文献

［序号］主要责任者.电子文献题名［电子文献及载体类型标识］.电子文献的出处或可获得地址，发表或更新日期/引用日期.

［1］王明亮.关于中国学术期刊标准化数据库系统工程的进展［EB/OL］.http://www.mianfeiwendang.com/pub/wml.txt/980810－2.html，1998－08－16/1998－10－04.

［2］万锦坤.中国大学学报论文文摘(1983—1993).英文版［DB/CD］.北京：中国大百科全书出版社,1996.

2.4 附录部分

对于一些不宜放在正文中，但有参考价值的内容，可编入毕业设计说明书（论文）的附录中，如公式的推演、编写的程序等。当文章中引用的符号较多时，为便于读者查阅，也可以编写一个符号说明，注明符号代表的意义。

一般附录的篇幅不宜过大。如果没有补充内容，可以不放附录。

2.5 其他要求

考虑到毕业设计说明书（论文）排版的统一性，学校一般会列出更为详细的格式规范化要求。例如：

（1）毕业设计说明书（论文）一律用 A4 标准大小竖版幅面打印并装订成册。

（2）页面边距设置：上空 2.5 cm，下、左、右各空 2 cm，装订线一侧增加 0.5 cm 空白。

（3）段落字体：段落采用 1.25 倍行距，段前 0 行，段后 0 行；中文字体为宋体，英文数字字体为 Times New Roman；正文字体为小四号，参考文献为五号。

（4）页眉：正文部分奇数页为课题名称，偶数页为"××(学校)本科毕业设计(论文)"；除正文部分外，其他章节页眉同章节名，五号字，居中。

（5）页码：从摘要开始到目录，以Ⅰ，Ⅱ，…罗马字母编号；从正文开始到附录，以数字编号；五号字，居中。

第3章　机械类专业毕业设计案例分析

3.1　机械设计方向

机械设计方向课题主要进行机械产品的结构设计，一般在机械类专业的毕业设计中占比较高。此方向课题的设计过程遵循机械设计通用原则，其全过程一般包括：

（1）产品规划：根据生产和市场需求提出机械设计任务；

（2）方案设计：包括机械系统总体方案设计、传动系统方案设计、控制系统方案设计和其他辅助系统设计；

（3）技术设计：根据合理的结构设计方案，进行产品的总体结构设计、部件和零件设计，绘制全部生产图纸，编制设计计算说明书、机械使用说明书、标准件明细表等技术文件；

（4）制造及试验：经过加工、安装和调试制造出样机，对样机进行试运行或在生产现场试用，将试验过程中发现的问题反馈给设计人员，经过修改完善，最后通过鉴定。

学生在完成机械设计方向课题时，应了解实际生产中的机械产品设计过程，按照上述步骤和内容完成课题任务要求的部分，一般必须包括方案设计和技术设计。

此方向课题的设计思路一般为：先进行总体方案设计，再进行动力计算，之后进行主要零部件结构设计，如图3.1所示。对于结构较多、驱动较复杂的产品来说，可以按图3.2所示的流程进行。毕业设计说明书（论文）的提纲也可参考此流程完成。

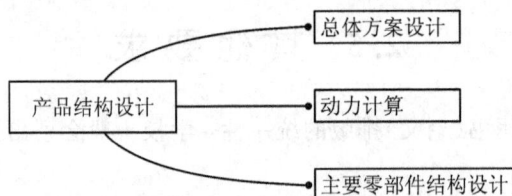

图 3.1　机械设计方向课题设计思路1

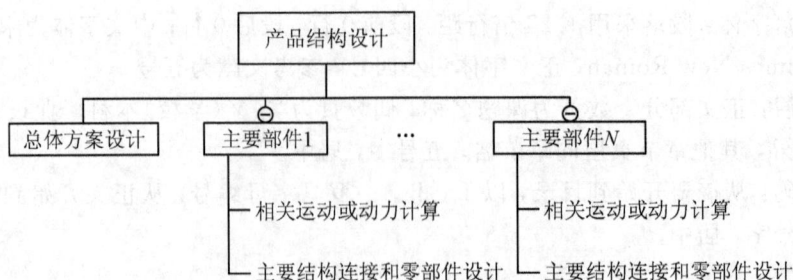

图 3.2　机械设计方向课题设计思路2

3.1.1 课题范例

表 3.1 为机械设计方向毕业设计课题范例,以供参考。

表 3.1 机械设计方向毕业设计课题范例

序号	课 题 名 称
1	汽车生产线用中心旋转滚床结构设计——总体及滚床部件设计
2	汽车生产线用中心旋转滚床结构设计——中心旋转装置设计及运动仿真
3	基于自动化物流输送线的多楔带滚筒线及顶升移载机设计
4	电容全自动上料及充电装置结构设计
5	马铃薯收获机设计
6	液压驱动自行车设计
7	拨指轮式土豆挖掘机设计
8	踏步健身自行车设计
9	气压传动自行车设计
10	工业用旋转搬运器设计
11	蜂窝纸板生产线递纸单元设计
12	双齿辊破碎机设计
13	高粱加工装置设计——烘干、脱粒部件设计
14	高粱加工装置设计——颗粒输送及颗粒筛分部件设计
15	高粱加工装置设计——颗粒称重装袋及袋装玉米输送部件设计
16	高粱加工装置设计——颗粒筛分余料的磨粉及粉料输送部件设计
17	全自动单轴测振仪的可调式工装设计
18	水面垃圾打捞收集装置设计
19	翻袋式离心机的推料系统设计和分析
20	薄板卷料纵切分条机结构设计

3.1.2 案例分析

1. 题目

汽车生产线用中心旋转滚床结构设计——总体及滚床部件设计。

2. 设计任务要求

滚床输送线是车间物流生产线中的一种专用输送设备,结构简单紧凑,形式多样,在物流输送领域有着广泛的应用。旋转滚床能将工件从一条生产线旋转后移动到另一条生产线上,实现相互垂直的线体间工件的转运,更进一步扩展了滚床输送线的应用范围。本课题设计参数:额定载荷为 250 kg,滚床传动速度为 24 m/min,可旋转 180°,旋转转速为 3 r/min,变频调速。设计任务的具体要求如下:

(1) 熟悉整个输送线的结构及设计参数,根据所输送工件的结构特点和相关参数,完成中心旋转滚床总体及滚床部件方案设计。

（2）根据设计参数和输送要求，完成相关动力及强度计算。

（3）确定中心旋转滚床的结构尺寸，完成具体结构设计，绘制总装图（二维、三维）及重要零部件的部件图或零件图（二维、三维）。

3. 摘要与关键词

摘要：随着社会的发展，汽车的年产量越来越大，汽车生产线的工作效率也需要进一步提高。为了实现这一目标，需要对汽车生产线之间的输送系统作进一步的完善，其中工厂实际生产车间不同生产线之间的输送问题是影响生产线工作效率的一个重要因素，各条生产线不仅需要实现各自的直线输送，还需要实现工件在各生产线之间的转运。本课题研究了可以实现直线输送的滚床组件和可以实现旋转运动的旋转组件所构成的输送线，针对某企业汽车生产线中的车门输送线设计了满足车门输送的中心旋转滚床。这种中心旋转滚床应用在汽车车门生产线上，实现了车门在不平行的两条生产线之间的转运，可以减少车门的输送时间，提高了生产效率。这种滚床的结构方案设计不仅可以运用于汽车生产线，还可以运用于其他行业的地面输送线。

关键词：中心旋转滚床；滚床组件；旋转组件；汽车生产线

4. 目录

5. 正文

节选一:

■ +·

第 2 章　总体方案设计

2.1　滚床总体方案设计

　　在汽车生产车间,最早采用的普通输送方式只能实现水平输送和垂直输送。普通输送方式不能满足汽车车间生产线多样化的要求,不能适应现阶段的高效装配模式[4]。

　　现如今的滑橇式输送机可以集多种运动状态于一体,可以实现水平输送、垂直升降、中心旋转和偏心旋转的运动组合,弥补了传统输送机的不足。本课题主要设计集直线输送运动和中心旋转运动于一体的中心旋转滚床,提出了两种方案。

2.1.1　方案一:带传动式中心旋转滚床

　　带传动式中心旋转滚床主要由滚床组件、旋转组件、旋转轴组件、旋转轨道等部件组成。为了清楚介绍带传动式中心旋转滚床的结构,下面结合图 2-1 来分别介绍其零部件,以及零部件之间的相互关系。

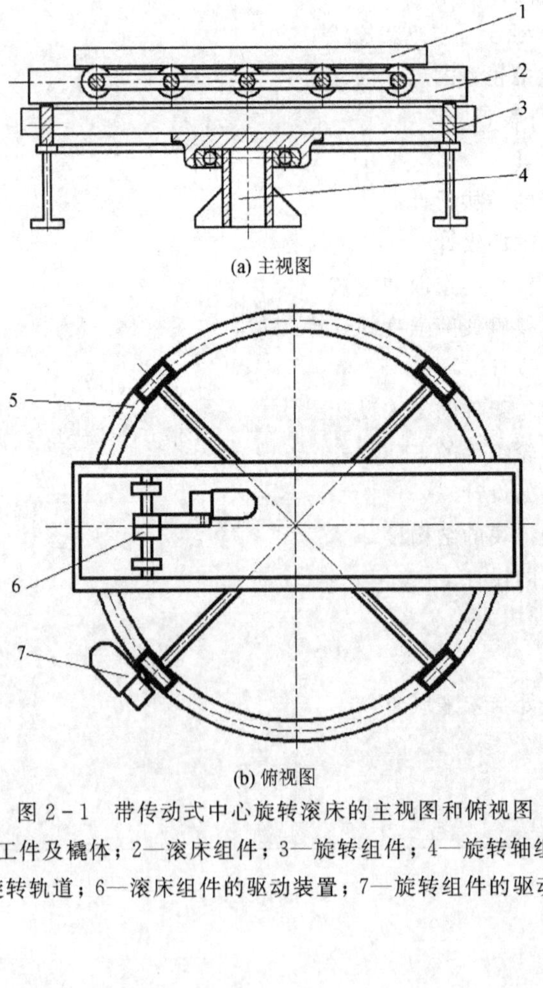

(a) 主视图

(b) 俯视图

图 2-1　带传动式中心旋转滚床的主视图和俯视图

1—工件及橇体;2—滚床组件;3—旋转组件;4—旋转轴组件;

5—旋转轨道;6—滚床组件的驱动装置;7—旋转组件的驱动装置

图 2-1(a)是滚床的主视图,图中旋转轴组件 4 固定在地面上,旋转组件 3 通过带座轴承和旋转轴组件 4 连接。带座轴承内圈和旋转轴组件的轴过渡配合,外圈和轴承座配合,轴承座通过螺栓、螺母及垫片和旋转组件上的平板连接固定。

　　滚床组件 2 布置在旋转组件 3 之上,滚床组件和旋转组件之间通过多个螺栓、螺母固定在一起。已知工件及橇体在中心旋转滚床上要实现两个运动:一是直线输送,二是绕中心旋转。该滚床的滚床组件的驱动装置 6 可以带动橇体作直线运动,旋转组件的驱动装置 7 可以带动橇体作旋转运动。在作旋转运动时,橇体和滚床组件一起随旋转组件作中心旋转运动。

　　从图 2-1(a)中以看出,旋转轴组件的轴为空心的,以方便电缆的穿入,为整个中心旋转滚床提供电源。旋转轨道承载着滚床的全部重力,轨道组件也固定在地面上,轨道上有可调节地脚,以方便调节滚床的总体高度。

　　在图 2-1(b)中可以看到滚床的圆形旋转轨道 5、滚床组件的驱动装置 6 和旋转组件的驱动装置 7。滚床组件的驱动装置 6 中的电机是通过带轮和主动滚轮连接在一起的,用于传递动力;滚轮和滚轮之间也是通过带轮连接在一起的,用于传递转矩。旋转组件的驱动装置 7 中,电机直接和走轮的轴连接在一起,用于带动轴的旋转。

2.1.2　方案二:双排链式中心旋转滚床

　　双排链式中心旋转滚床的组成和带传动式中心旋转滚床大体相同,下面结合双排链式中心旋转滚床的结构简图来进行具体分析。图 2-2(a)和(b)分别是这种滚床结构的主视图和俯

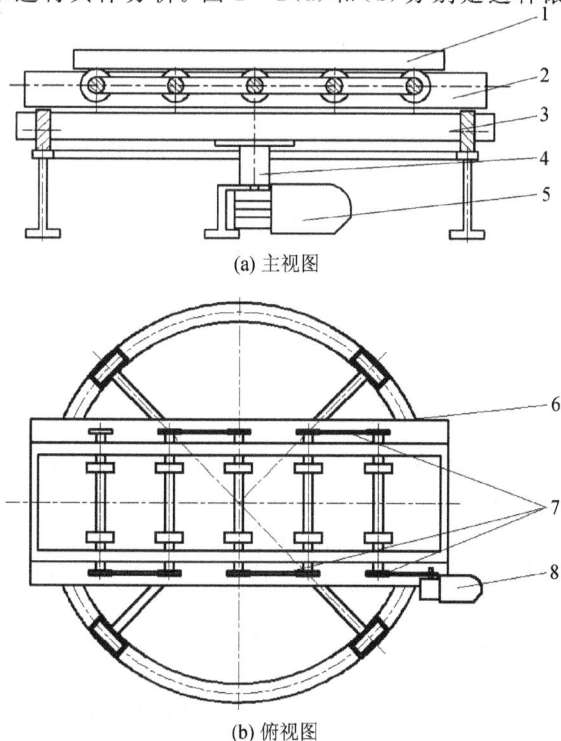

(a) 主视图

(b) 俯视图

图 2-2　双排链式中心旋转滚床的主视图和俯视图

1—工件及橇体;2—滚床组件;3—旋转组件;4—中心轴;

5—旋转驱动电机;6—旋转轨道;7—链条;8—滚床组件的驱动装置

视图。

从图 2-2(a)中可以看出,该方案的结构和方案一的结构相似。工件及橇体 1 位于滚床组件 2 之上,滚床组件 2 和旋转组件 3 靠螺栓、螺母固定在一起。滚床组件带动工件实现运动,旋转组件带动工件旋转运动。旋转组件上有四个轮子,这四个轮子绕着旋转中心转动,轮子的运动轨迹为旋转轨道 6,是一个圆形轨道。轨道组件固定在地面上,承载着滚床的所有重力。

从图 2-2(b)中可以看出,滚床组件上共有 5 根辊子,滚床组件的驱动装置 8 位于滚床组件的外侧,驱动电机和主动辊子之间靠链条连接,辊子之间也是靠链条相互连接、传递转矩的。

旋转驱动电机在滚床组件的下面,如图 2-2(a)所示。电机的伸出轴套在旋转轴的孔中,两者之间靠键连接或者胀套连接,电机直接带动中心旋转轴转动。在电机旁边有一个固定在地面上的支架,用来固定安装电机。

2.2　两种方案的比较

方案一和方案二都可以带动工件及橇体作直线运动和旋转运动,实现工件及橇体在不同生产线之间的相互传送,但是两个方案也存在很大不同,下面就针对两个方案的不同点进行比较分析。

(1) 旋转驱动电机的安装位置不同。方案一的旋转驱动电机安装在走轮上,通过带动走轮自身的转动带动整个旋转组件绕中心轴转动。方案二的电机安装在一个固定在地面的支架上,电机的伸出轴直接和旋转中心轴连接,带动整个旋转组件转动。两种方案的电机都要克服走轮和轨道之间的摩擦力,但是滚床运动的转速较低,每分钟只有 2~3 转,而走轮的直径比滚床轨道的直径小很多,走轮的转速是滚床转速的十倍左右,每分钟为 20~30 转。一般电机的转速都会达到几百转,所以这两种方案的电机都需要配有减速箱,方案一的减速比较低,对减速箱的要求较低,因此采用方案一时旋转驱动电机的安装位置相对比较合适。

(2) 滚床组件的传动装置不同。方案一的电机和主动辊子之间以及辊子和辊子之间靠带来传动,如图 2-1(b)所示,电机安装在滚床组件内部,带轮和带也布置在辊子轴的中部。方案二的电机和主动辊子之间以及辊子和辊子之间通过链来传动,如图 2-2(b)所示,电机安装在滚床组件的外侧,链轮和链都分布在辊子轴的两端。假设带传动和链传动施加在辊子轴上的力是相等的,则方案一和方案二辊子轴所受带轮和链轮施加的力如图 2-3 所示。图 2-3(a)为方案一的辊子受力示意图,图(b)为方案二的辊子受力示意图,其中 F_1 和 F_2 为带轮和链轮对辊子轴施加的力,F_3 和 F_4 为滚床组件的旁板对辊子轴施加的反作用力。由图 2-3 可知,方案一中辊子轴所受的弯矩较大,所以方案二中驱动装置的安装方法比较合适。

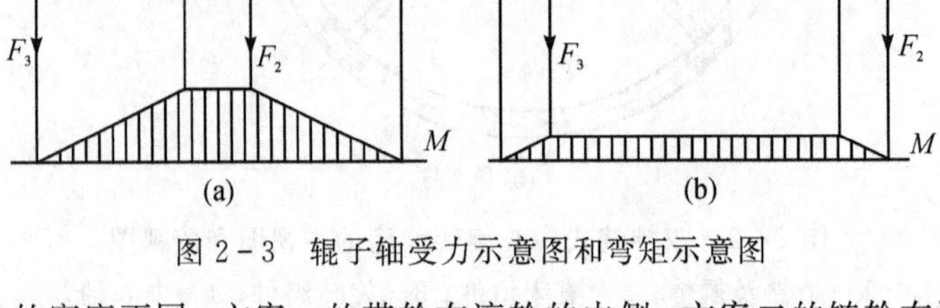

图 2-3　辊子轴受力示意图和弯矩示意图

(3) 滚床组件的宽度不同。方案一的带轮在滚轮的内侧,方案二的链轮在滚轮的外侧,所以在滚轮间距相同的情况下,方案二的滚床组件的宽度比方案一中的宽,方案一比较节省空间,方案一较适合。

（4）中心旋转轴结构不同。方案一的中心旋转轴为空心轴，方便电缆线的穿入，通过带座轴承和旋转组件连接，在滚床转动过程中固定不动，不承受扭矩及轴向压力。方案二中的中心轴结构比较复杂，和电机直接连接，滚床转动时承载的扭矩较大。方案二对中心轴的要求高，中心轴需要有较强的承载能力，且方案二的缆线穿入需要另设通道，整体结构比较复杂，所以方案一比较适合。

综上所述，方案一的结构优点较多，比较适合运用在现代的汽车生产车间，所以经过比较分析，本课题采用方案一。

分析

（1）本案例对于中心旋转滚床总体设计提出了两种方案，每种方案均有结构图，配合文字详细地介绍了其工作原理和结构连接，可以看出作者对结构方案进行了深入了解和思考。

（2）两个方案的对比从"旋转驱动电机的安装位置""滚床组件的传动装置""滚床组件的宽度""中心旋转轴结构"四个方面展开，考虑了电机结构、尺寸空间、承载能力及自身结构等多方面因素，必要之处还进行了详细的受力分析，研究深入且言之有物。

（3）对于方案中的具体结构分别用1，2，3，…指引，在图的下方用图注说明，对照文字阅读，可以了解该装置的结构，便于理解。

（4）插图线条清晰，线型及粗细符合机械制图规范，图形及图中文字大小适中。

节选二：

第 3 章　滚床总体结构设计

3.1　滚床组件总图

已知滚床要完成的主要动作有两个：一是把工件从一条生产线输送到另一条生产线；二是中心旋转滚床可以旋转90°或者180°。该滚床的总体结构图如图 3-1 所示。

工件在滚床上运动的主要过程如下：

（1）输入端活动挡块动作。当滚床的控制系统检测到将有橇体驶入的信号时，控制活动拨块的电器系统将会发生动作，促使该滚床的活动挡块组件从闭合状态（如图 3-2（a）所示）转过一个角度变成打开状态（如图 3-2（b）所示）。

（2）橇体运动到滚床上。在输入端的活动拨块打开之后，橇体就会慢慢运动到滚床上，滚床组件 2 上面的辊子开始转动。在橇体完全进入滚床之后，打开的输入端活动挡块会自动闭合。

（3）橇体减速停止。当橇体在滚床上运动到某一位置的时候，滚床组件 2 上面的控制系统会放出信号，控制橇体运动减速；当滚床将要到橇体输出端的时候，滚床组件将再次发出信号，橇体运动停止。

（4）滚床旋转。橇体运动到位之后，旋转组件 4 开始转动。旋转组件上有四个走轮，沿着旋转轨道组件 5 的圆形轨道发生180°的旋转。地面上有感应滚床是否旋转到位的接近开关，用于

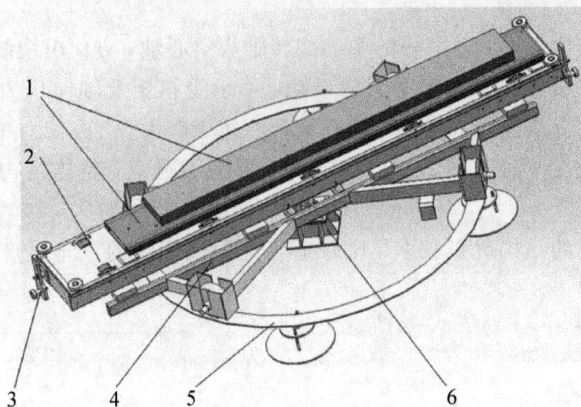

图 3-1 总体结构图

1—橇体及工件；2—滚床组件；3—活动挡块组件和活动拨块组件；
4—旋转组件；5—旋转轨道组件；6—旋转轴组件

控制滚床的旋转角度。

（5）输出端活动挡块动作。和输入端活动挡块一样，该活动挡块原始处于闭合状态，当接收到橇体将要驶出滚床的时候，活动挡块会在活动拨块的推动下开始旋转，旋转到打开状态，以方便橇体输出。

（6）橇体运出滚床。在活动挡块打开之后，辊子再次转动，带动橇体运出滚床，运动到下一条生产线。在橇体驶出滚床之后，输出端的活动挡块会自动返回闭合状态。

由图 3-1 可以看出，中心旋转滚床的总体结构由上而下依次为橇体及工件、滚床组件、活动挡块组件和活动拨块组件、旋转组件、旋转轨道组件及位于旋转中心的旋转轴组件。橇体及工件位于滚床组件之上，滚床组件可以带动橇体进行直线运动，在滚床组件的上表面有四个导向轮组件，四个角各一个，该组件可以保证橇体稳定地从滚床上输入、输出。在滚床组件的两端都有一个活动挡块组件，两个活动挡块组件的原始状态都是打开状态[5]，如图 3-2(b)所示。当橇体完全位于滚床之上时，两个活动挡块都处于闭合状态，保护橇体及工件，如图 3-2(a)所示。

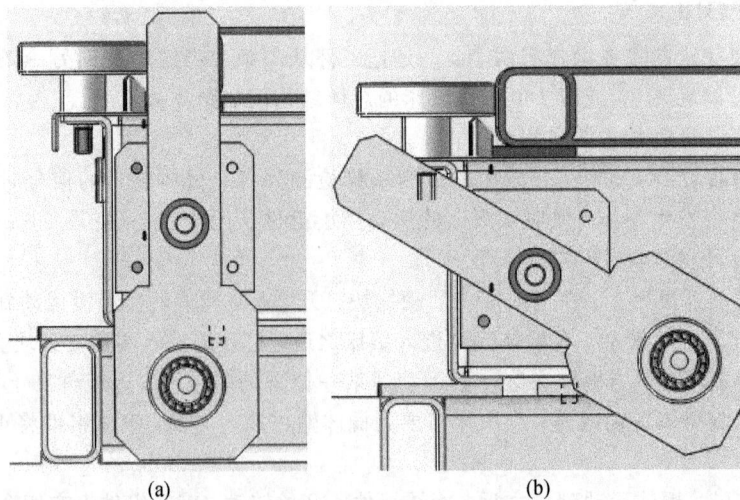

(a)　　　　　　　　(b)

图 3-2 活动拨块的闭合和打开状态

滚床组件固定在旋转组件之上，可以跟随旋转组件做90°或180°旋转。滚床组件及旋转组件的旋转中心在滚床的中心。旋转轴组件固定在地面上，靠一个带座轴承和旋转组件中心连接。轴承外圈和旋转组件固定，内圈和地面固定，滚床的旋转实际上是带座轴承内外圈的相对转动。

3.2　各组件之间的连接方式

中心旋转滚床组件可以分成两大类：一是滚床类组件，即为橇体直线移动过程服务的各种组件，这类组件有滚床组件、活动拨块组件和活动挡块组件；二是旋转类组件，即在橇体旋转过程中才会作用的组件，这类组件有旋转组件、旋转轨道组件、旋转轴组件及限位装置等。

由图3-1可以看出，滚床组件基本位于旋转组件之上，它们的连接结构位于滚床组件和旋转组件之间。由于滚床组件需要满足跟随旋转组件作90°或180°旋转的要求，即滚床组件相对于旋转组件是静止的，它们之间总体是不能发生相对运动的，所以此处用螺栓组合，便于调节，具体连接方式如图3-3所示。

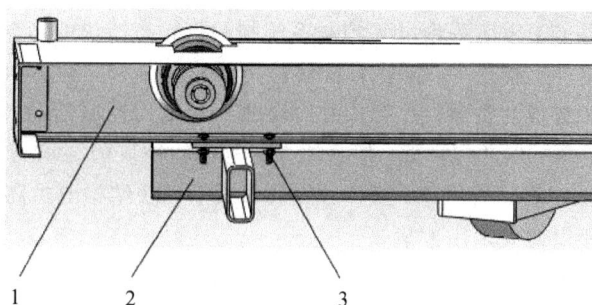

图3-3　滚床组件和旋转组件的连接方式
1—滚床组件；2—旋转组件；3—螺栓

图3-3是滚床组件和旋转组件的局部剖切图。从图3-3中可以看出，靠螺栓连接滚床组件1上的旁板和旋转组件2上的连接板。为了提高螺栓连接的稳定性，这里用了平垫和弹簧垫圈。像这样的连接板共有八个，对称布置在旋转组件上，如图3-4所示。

图3-4　旋转组件框架图

3.2.1　滚床组件连接方式的设计

活动拨块和活动挡块都是在滚床组件的两端起作用，现有两种方案，结构示意图分别如图3-5(a)和(b)所示。

由图3-5可知，方案一中，活动挡块2和活动拨块3都固定在滚床组件1上，在滚床旋转时跟随滚床组件1一起转动，在滚床运动到一定位置时由电气控制系统控制它们动作；方案二中，活动挡块2固定在滚床组件1上，而拨块组件3固定在地面上，活动挡块在一般位置时由于

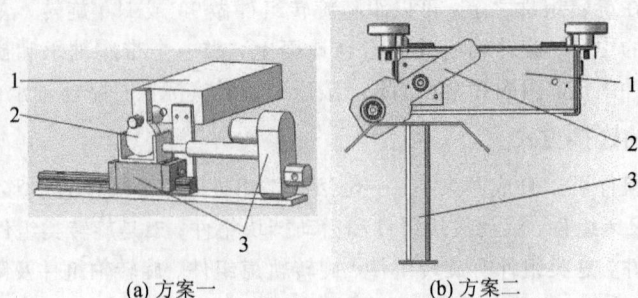

(a) 方案一　　　　　　　　　　(b) 方案二

图 3-5　活动拨块和活动挡块结构示意图

1—滚床组件；2—活动挡块；3—活动拨块

重力作用，处于闭合状态，当活动挡块运动到活动拨块所在地方时，活动拨块的外形结构促使活动挡块发生动作转为打开状态。

　　两种方案各有优缺点：方案一由电气控制系统控制，活动挡块的运动状态较稳定，且方便可调，但是活动拨块组件比较烦琐，需要有推动机构和导向结构，且活动拨块固定在滚床组件的端面封板上，加重了封板的负载；方案二由拨块的外形结构控制活动挡块的动作，拨块固定在地面上，外形结构简单，生产成本低，但是该方案对活动挡块的要求高，在滚床选装过程中，活动挡块要依靠重力保持在闭合状态。虽然方案二对活动挡块结构要求高，但是方案仍然可行，并且生产成本较低，所以此处采用方案二。

3.2.2　旋转类组件连接方式的设计

　　旋转类组件有四个组成部分：旋转组件、旋转轴组件、旋转轨道和限位装置。限位装置用来限定滚床的旋转角度，固定在地面上某一个位置，限制滚床只能绕中心旋转某一角度，如 90°或 180°，具体旋转角度根据生产线的具体情况而定。旋转轨道是一个圆形，也固定在地面上，旋转组件的走轮沿着轨道绕滚床中心转动。旋转轴组件位于滚床的中心，也是滚床的旋转中心。由上面的分析可知，旋转轴轨道和旋转轨道是通过一个带座轴承连接的。为了方便轴承的安装，此处选择可以轴向固定的带座轴承；旋转轴组件固定在地面上，轴为空心轴，供电缆穿过。旋转轴组件和旋转组件的连接方式如图 3-6 所示。

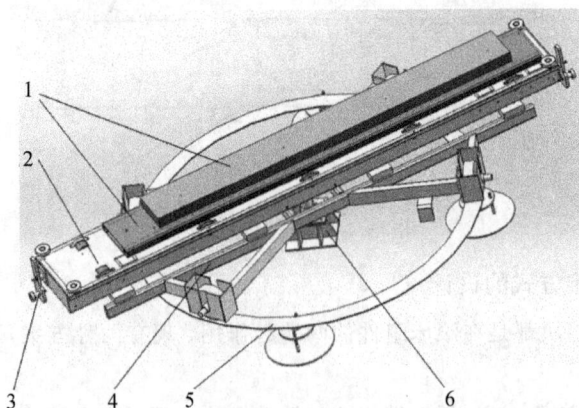

图 3-6　旋转轴组件和旋转组件连接示意图

1—螺栓；2—带座轴承；3—旋转组件；4—旋转轴组件

3.3　滚床组件的结构设计

根据图 3-1 可知，滚床组件要满足以下几个要求：

（1）滚床组件要有足够的长度和宽度，可以容纳整个橇体。根据实际经验和橇体的尺寸要求，现规划滚床的线体长度为 3900 mm，滚床的有效宽度为 765 mm。

（2）滚床组件需要有导向装置，以保证滚床的输入、输出可靠稳定。考虑到导向装置主要在橇体输入、输出时起作用，现将导向装置安装在线体的两端。

（3）滚床组件驱动装置要运行平稳，以保证橇体运动的稳定。驱动装置的运行状态将会直接影响滚床运行的稳定性，所以在选择电机类型、安装方式及传动方式都要经过严格的设计计算，以保证所设计的驱动装置满足滚床的要求。

滚床组件的总体结构如图 3-7(a)和(b)所示。

图 3-7(a)是滚床组件去掉上面盖板的结构示意图，图(b)是滚床组件未去盖板的局部示意图。本课题滚床组件的外框架由两块旁板、两块断面封板、两根横梁和一块盖板组成；总体外形是一个长方体，结构稳定；封板下方有辊子、传动装置和驱动装置；上方有四个导向装置，分别安装在滚床的四个角上。

如图 3-7(a)所示，电机安装在滚床组件最右边的第一根辊子和第二根辊子之间，通过传动装置和滚床右边第一根辊子连接。该滚床组件上均布 5 根辊子，每根辊子的两端高度都要高出盖板的高度，高出的部分将和橇体直接接触，如图 2-1(a)所示，橇体在滚床组件之上。从图 3-7(a)中还可以看出，辊子和辊子之间都由传动装置连接，辊子之间靠传动装置传递转矩。

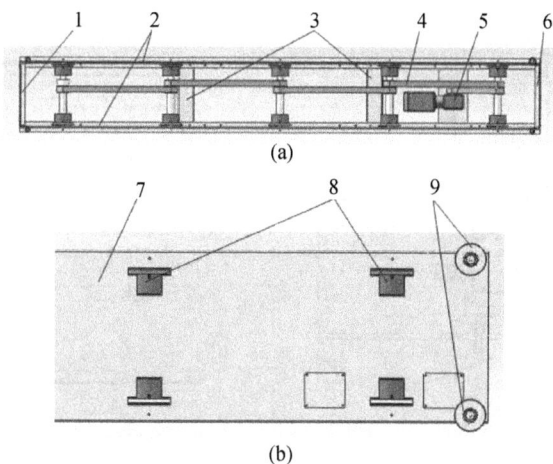

图 3-7　滚床组件结构图
1,6—断面封板；2—旁板；3—横梁；4—传动装置；
5—驱动装置；7—盖板；8—辊子；9—导向装置

从图 3-7(a)中可以看出，此处的传动装置主要承担电机与辊子、辊子与辊子之间的动力传递。由于滚床线体较长，辊子之间间距较大，不适合采用齿轮传动，因此传动装置考虑选择链传动或者带传动[6]。链传动需要定期润滑，链轮间距大，运行时间长，需要张紧装置，而传动带质量小，运行噪声小，无须润滑，运行平稳，因此传动带适合用在此处传递动力[7]。同步带除了具有其他传动带的优点外，还靠齿轮啮合传动，传动效率高，需要的张紧力小[8]，所以此处首选同步带传送。同步带具体类型的选择将在后面传动带的选择计算中予以说明。

电动机的选择是滚床设计计算中最重要的部分。选择电动机时既要保证辊子能平稳转动，又要保证电机功率的合理利用，所选功率不宜太大，否则会造成电机功率的浪费。考虑一般电机转速较高，而此处要求滚床直线运动的速度是 24 m/min 左右，速度较低，所以此处选减速电机才能满足滚床的速度要求。由图 3-7(a)可知，电动机安装在两个旁板中间，靠带轮和第一根辊子连接。带传动属于软连接，为了方便同步带的安装以及同步带松紧的调整，此处电机的安装位置做成可调式，如图 3-8 所示。

在图 3-8(a)中，电机 1 靠四个螺栓和下面的电机安装板 2 连接，电机安装板也靠四个螺钉连接在滚床组件两侧的旁板上。图 3-8(b)是电机安装板的局部示意图，图中四个长孔分别对应电机上的四个安装孔，在调节螺钉 3 的调节下，电机可以沿着长孔作前后移动，这样不仅便于同步带的安装，还可以适当调节同步带的松紧。

由于两根辊子之间的距离有限，电机自身尺寸和同步带型号不确定，所以现在还不能确定电机的具体安装位置。电机的具体安装位置将在确定电机的型号、同步带的型号及带轮在辊子上的具体位置之后确定。

已知辊子是用来传送橇体的，它既要有足够的摩擦力带动橇体作直线运动，又要有足够的强度承载橇体及工件的重力。由图 3-7(a)可知，辊子上要分布两个滚轮和两个同步带轮。两个滚轮外表面将会和橇体直接接触，这就要求辊子表面要有很强的耐磨性，辊子又要有足够的刚度来承受橇体施加的压力，所以此处辊子将采用外包结构，内部为有足够强度和刚度的金属材料，外面包着耐磨性强的非金属材料，如加强尼龙、聚氨酯等。辊子的两端连接在滚床组件两侧的旁板上，具体的外形结构和安装方式将在后面辊子结构设计中予以说明。

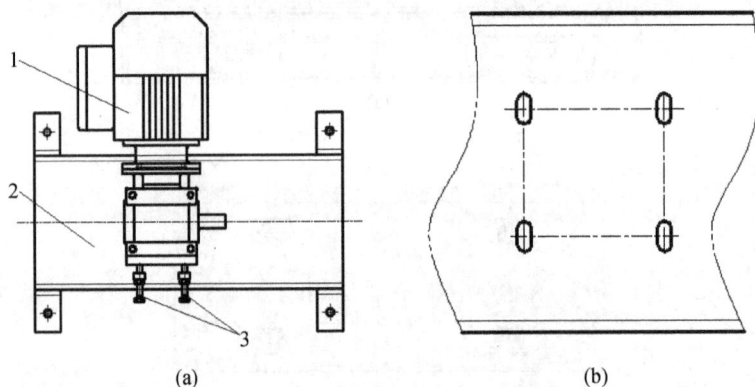

(a)　　　　　　　　　　　　　　　(b)

图 3-8　电机安装方式示意图

1—电机；2—电机安装板；3—调节螺钉

分析

（1）一般总体方案设计后为动力计算和零部件设计计算，但本案例为与他人协作完成的课题（本案例主要完成总体设计及滚床部分设计），因此除了第 2 章的总体设计之外还增加了本章对于滚床部分的整体设计。

　　（2）在完成总体设计后，本案例进行了滚床组件的结构设计，将每一部分的结构及连接部分的细节作了详细说明。

　　（3）本案例合理地将工作过程分成六个动作，配合插图分别讲解每个动作各部分结构是如何工作的，清晰明了。

　　（4）本案例在进行滚床总体设计时，对各结构部分的连接做了比较详细的说明，避免产生设计上的"三不管地带"，符合工程实际应用的需要。

　　（5）本案例对结构细节处的设计理由充分，考虑周全，思路清晰，描述到位，值得借鉴。

　　（6）本案例如果能加入其他滚床组件结构方案作对比，将会更完善。如果图 3-2 能配上零件序号和图注，配合讲解，将会更清楚。

　　（7）本案例中关于驱动电机布置在哪根辊轴上，亦可以做分析。

节选三：

4.1　电动机功率的初选

　　已知橇体和工件的总质量约为 250 kg，预估滚床组件的质量为 300 kg，其中每个辊子质量为 23 kg，要求橇体直线运动的速度约为 24 m/min，变频。电机和辊子之间采用如图 4-1 所示的传动方式。

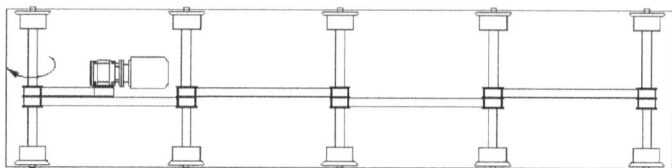

图 4-1　滚床组件传动示意图

　　橇体位于辊子上方，依靠和辊子之间的摩擦力实现直线运动，辊子和橇体之间有静摩擦力和滚动摩擦力，摩擦传动副材料是钢和加强尼龙，摩擦系数 μ 取 0.035，则五个辊子所受的摩擦力 f 为

$$f = \mu mg = 0.035 \times 250 \times 9.8 \text{ N} = 85.75 \text{ N} \tag{4-1}$$

　　橇体的运动速度取 24 m/min＝0.4 m/s，则电动机的负载功率 P_0 为

$$P_0 = fv \times 10^{-3} = 85.75 \times 0.4 \times 10^{-3} \text{ kW} = 0.0343 \text{ kW} \tag{4-2}$$

　　电动机在启动时的机械特性是非线性的，为了保证电动机在工作环境中有足够的负载能力，取系数 $k=1.2$（k 一般取 1.2～1.5）。考虑电动机在传动过程中会损失一定的效率，根据经验取电机功率到负载功率之间的传动效率 $\eta = 0.8$[9]，则可以确定初选电动机的功率应不小于 P_1：

$$P_1 = \frac{kP_0}{\eta} = \frac{1.2 \times 0.0343}{0.8} \text{ kW} = 0.051\ 45 \text{ kW} \approx 0.05 \text{ kW} \tag{4-3}$$

4.2　电动机型号的选择

根据式(4-3)可知，选用电机功率大于等于 0.05 kW 即可。根据要求滚轮直径 $D=\phi125$ mm，橇体的移动速度就是滚轮外径上点的线速度 $v=24$ m/min，由此算出辊子的转速 n 为

$$n=v(\pi D)^{-1}=\frac{24\times10^{3}}{3.14\times125}\ r/min=61.15\ r/min \qquad (4-4)$$

因为一般电机的转速在 100 r/min 以上，而 61.15 r/min 转速较低，所以一般电机不能满足，此处选择减速电机，暂定选择德国品牌 SEW 电机。由于所选电机需要和同步带轮连接，通过同步带带动辊子转动，而对电机没有什么特殊要求，所以此处选择普通的 S 型伸出轴电机。图 4-2 是 S 型伸出轴电机和减速机组合模型图，伸出的轴可以通过一定的方式和带轮连接[10]。参照 SEW 减速电机 S 系列的型号样本(如表 4-1 所示)来确定 S 型减速电机的具体型号。

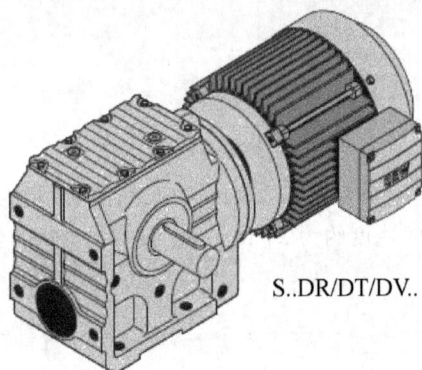

图 4-2　S 型伸出轴电机和减速机组合模型

表 4-1　斜齿轮-涡轮蜗杆减速电机选型表

功率 P_m /kW	输出转速 n_a /(r/min)	输出扭矩 M_a /(N·m)	传动比 i	F_{Ra} /N	使用系数 f_b
0.37	48	59	28.76	3000	1.30
0.37	54	52	25.38	2940	1.40
0.37	61	47	22.50	2870	1.55
0.37	69	44	19.89	2610	1.20
0.37	76	41	18.24	2570	1.30

根据表 4-1 选择使用系数 $f_b=1.55$、转速为 61 r/min 的减速电机，电机型号是 S37DT72D4。

4.3　电动机的校核

4.3.1　电动机启动转矩的校核

异步电动机在启动的过程中其机械特性是非线性的，加速转矩是一变量。启动负载较

大的机械设备，需要进行启动转矩校验。当交流电动机采用直接启动时，按式(4-5)进行校验：

$$K_u^2 K_{min} T_N \geqslant K_n T_{is} \tag{4-5}$$

式中，T_N 为电机的额定转矩；T_{is} 为启动时电动机轴上的静阻转矩；K_u 为最小启动电压与额定电压之比，取 0.85；K_{min} 为电动机的最小启动转矩与额定转矩之比；K_n 为保证启动时有足够加速的系数，取 1.2[11]。代入式(4-5)得

$$K_u^2 K_{min} T_N = 0.85^2 \times 1.2 \times 47 \text{ N} \cdot \text{m} = 40.75 \text{ N} \cdot \text{m} \tag{4-6}$$

$$K_n T_{is} = 1.2 \times 11 \text{ N} \cdot \text{m} = 13.2 \text{ N} \cdot \text{m} \tag{4-7}$$

由式(4-5)~式(4-7)可知，该电机满足启动转矩校核。

4.3.2　电动机最大过载转矩的校核

对于变动负载连续工作周期工作制的电机，需要检验最大过载转矩。最大过载转矩的校核可按式(4-8)进行校验[12]：

$$T_N \geqslant T_{Lmax}(0.9 K_u \lambda_T)^{-1} \tag{4-8}$$

式中，K_u 为电网电压波动系数，取值为 0.85；λ_T 为电动机转矩过载倍数，取值为 1.65。代入式(4-8)得

$$47 \text{ N} \cdot \text{m} \geqslant 11 \times (0.9 \times 0.85 \times 1.65)^{-1} \text{ N} \cdot \text{m} = 8.7 \text{ N} \cdot \text{m}$$

经过校核，所选电动机 S37DT71D4 满足要求。

4.4　电动机安装方式的确定

由图 4-1 可知，电动机安装在两个滚轮之间。根据 S37DT71D4 的电动机型号，可查出电动机的安装尺寸。查找 S 型电动机的样本资料，标出需要考虑的安装尺寸，如图 4-3 所示。

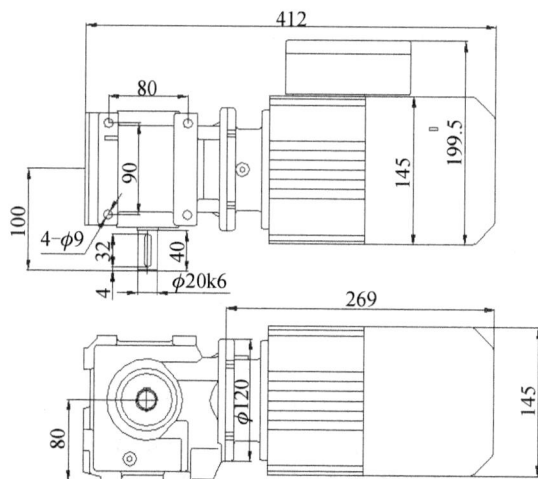

图 4-3　S37DT71D4 电机的安装尺寸

SEW 减速电机有六种安装位置 M1~M6。图 4-4 说明了六种安装位置的空间排布。

由图 4 - 4 可见，M1 安装位置可以确保 S 系列减速机有较小的搅动损失，且 M1 安装位置方便，只要固定在滚床组件的两个旁板上即可，既可以固定电机，又可以连接两个旁板，所以滚床组件的电机选择 M1 安装位置。M1 在滚床组件中的具体安装位置见滚床组件装配图。

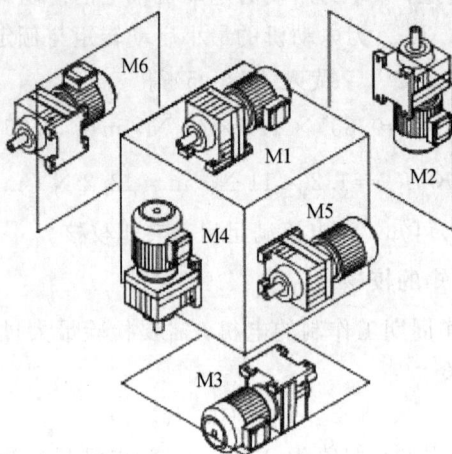

图 4 - 4　六种安装位置的空间排布

分析

　　电动机作为机械设备常用的动力源，其计算属于通用零部件设计环节的基本设计，在本专业的机械设计课程设计中讲授过常规流程。但是在工程实际中，需要设计者去分析实际工况条件下的受力情况，并经过适当的简化，将其处理成与计算模型相统一的参数，然后进行电机选型的理论参数计算。同时，电动机的具体型号、安装尺寸和位置也应明确，并应与设计相结合。本案例对电动机的选型符合机械设计规范化流程，并且与工程实际结合，选择了某品牌下带减速机的具体电动机型号，还根据厂家提供的电动机样本，确定了电动机的安装方式与尺寸，以便在进行结构设计时合理安排电动机的位置与连接方式。

节选四：

6.1　辊子的设计

6.1.1　辊子的结构设计

　　由滚床组件结构图 3 - 7 可知，辊子上有两个辊轮和两个带轮，辊子轴两端安装在滚床组件的旁板上。已知在滚床组件传动的过程中，辊子需要带动橇体转动，所以在辊子轴上需要安装轴承。一般情况下，辊子上的轴承只承受径向力，不承受轴向力，所以这里选择深沟球轴承。辊子的转动实际上就是轴承内外圈的相对转动，现在有两种设计思路：一是轴承内圈和轴固定，外圈跟着带轮一起转动；二是轴承外圈固定不动，内圈和轴跟着带轮一起转动。图 6 - 1 和图 6 - 2 是这两种方案的示意图。

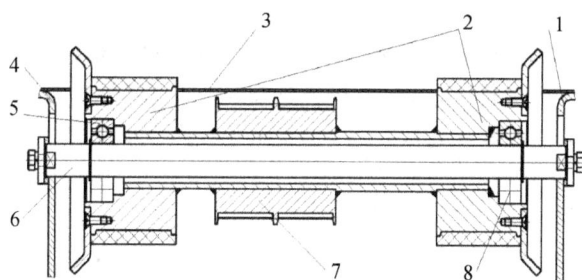

图 6-1　轴承外圈转动示意图

1,4—旁板；2—辊轮；3—盖板；5,8—轴承；6—轴；7—同步带轮

1. 方案一

图 6-1 是轴承内圈和轴静止不动、轴承外圈跟随同步带轮一起转动的方案示意图。其结构介绍如下：

(1) 辊轮和同步带轮的安装：辊轮是和橇体直接接触的，其外径要高出盖板外表面一段距离。同步带的外径要低于盖板下表面一段距离，以保证同步带在转动过程中不会触碰到盖板。图中两个辊轮 2 和同步带轮 7 靠焊接固定在一根空心轴上。

(2) 轴的安装：图中与轴承 5、8 连接的轴是一根实心轴，该轴 6 穿过和辊轮焊接在一起的空心轴。轴两端有一段圆柱面被削平，两侧卡在旁板的孔中，绕中心线旋转的自由度被限制。实心轴的两端面钻有螺纹孔，靠螺钉固定连接在两侧的端盖上，限制了轴沿轴向移动的自由度，实心轴被固定。

(3) 轴承的安装：辊子的转动实际上就是辊子内外圈的相对转动。图中的轴承内圈套在轴上，靠轴用挡圈挡住内圈，外圈安装在辊轮孔中，靠辊轮的台阶面挡住外圈。

2. 方案二

图 6-2 是轴承外圈固定、内圈跟随同步带轮一起转动的方案示意图。其结构介绍如下：

(1) 辊轮和同步带轮的安装：图中两个辊轮 4 和同步带轮 5 固定在实心轴 10 上，可以用焊接、键连接或者胀套连接等方式固定，图中所示的固定方式为焊接方式。

(2) 轴的安装：该图中只有一根实心轴，轴两端伸入旁板中，和轴承内圈配合安装。

(3) 轴承的安装：轴承内圈和轴配合，靠轴用挡圈挡住内圈，外圈和旁板中的孔配合，靠轴承端盖挡住外圈。

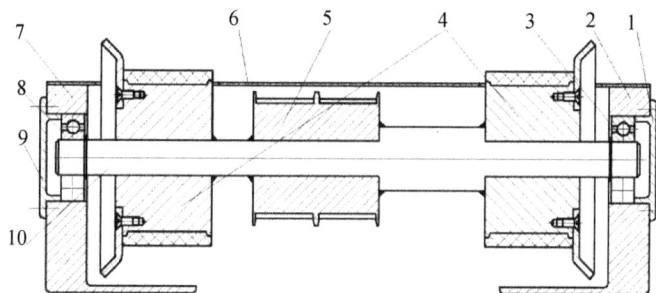

图 6-2　轴承内圈转动示意图

1,9—轴承盖板；2,7—旁板；3,8—轴承；4—辊轮；5—同步带轮；6—盖板；10—轴

3. 方案比较

图 6-1 和图 6-2 所示的两种方案都可以使得辊子跟随同步带转动，两个方案各有优缺点。方案一不需要轴承端盖，旁板也比较薄，总体质量较轻，但是辊轮内孔相对复杂，需要加工多个台阶孔，且内孔与轴配合处的精度要求较高，加工工序较多。方案二的零件总数比方案一少，但是方案二的轴承安装在旁板的孔中，旁板壁较厚，并且有两个轴承端盖靠螺栓紧固在旁板上，总体质量较大，增加了旋转轴组件的负载。

方案一虽然零件较多，但是轴两侧的端板和空心轴都比较容易加工，空心轴可以选用现有的钢管作为毛坯，加工其外表面即可，加工成本较低。总体来说，方案一成本低，总体质量小，便于安装，所以此处选择轴承内圈静止、外圈转动的结构方案，其二维图示意如图 6-1 所示。图 6-3 为图 6-1 所示方案的三维结构图。

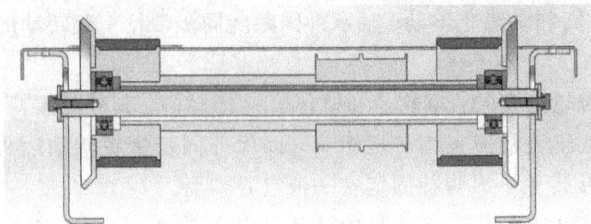

图 6-3　方案一的辊子三维结构图

已知电机和主动辊子之间、辊子和辊子之间都是等速传动，即每一个同步带轮的齿数和节圆都相同。由带和带轮的选择计算可知，带轮的齿数为 34，节圆直径为 86.53 mm，外径为 85.22 mm，带轮宽度为 42 mm。由图 6-1 所示方案可知，带轮和滚轮都是被焊接在空心轴上的。带轮、滚轮和空心轴的剖视图如图 6-4 所示。

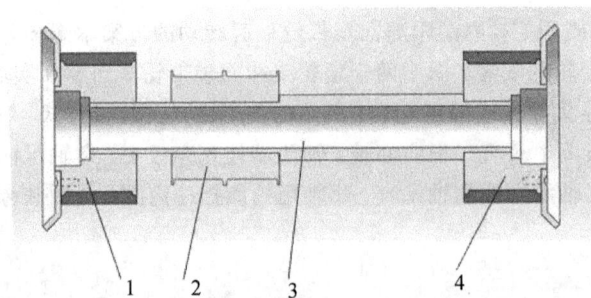

图 6-4　带轮、滚轮及空心轴的剖视图
1，4—滚轮；2—带轮；3—空心轴

……

6.2　导向轮的设计

6.2.1　导向轮组件的结构设计

如图 3-7(b) 所示，导向轮安装在滚床组件的四个角上，保证橇体及工件稳定地从滚床上输入、输出。导向轮组件的二维示意图和三维示意图如图 6-10 所示。

在导向轮滚动的过程中，轮子 1 和轴承 2 的外圈以及孔用挡圈 3 一起转动，轴 4 和轴承 2 的内圈固定不动。轴承外圈和孔之间、内圈和轴之间都是过渡配合[11]。因为橇体在输入滚床时对轴承的径向作用力不大,所以此处对轴和轴承没有太大要求。此处设计轴的直径为 25 mm,选择普通的深沟球轴承,轴承型号为 6205。

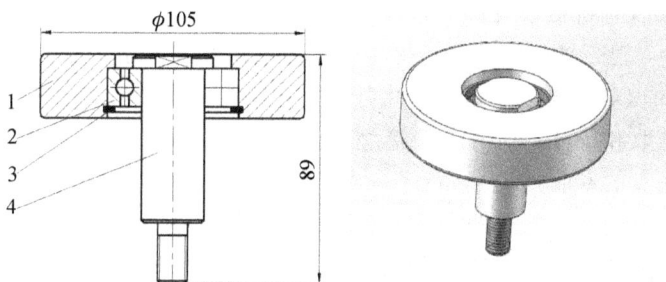

图 6 - 10　导向轮组件
1—轮子;2—轴承;3—孔用挡圈;4—轴

深沟球轴承的外圈靠轮子 1 的台阶面和孔用挡圈 3 定位,外圈靠轴 4 的台阶面以及焊接在盖板上的套筒定位。轴 4 的下端铣有螺纹,该段螺纹主要用来把导向轮组件固定在滚床组件的盖板和旁板上。

6.2.2　导向轮组件的安装方式

导向轮组件主要靠螺母安装在滚床组件的盖板上,其结构图如图 6-11 所示。

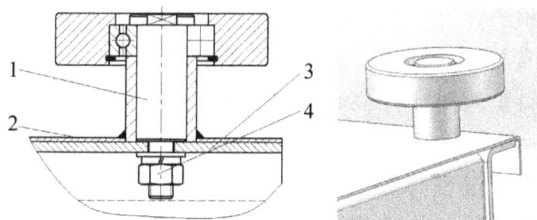

图 6 - 11　滚轮组件的安装方式
1—导向轮组件;2—盖板;3—旁板;4—螺母、弹垫、平垫

图 6-11 中,盖板 2 上焊接一根钢管,旁板上有可供轴螺纹段穿过的孔。盖板上的钢管固定轴承内圈,螺母从旁板下面拧紧,防止导向轮组件沿垂直方向运动。螺纹连接的压力可以增加各零件之间的摩擦力,保证轴不会绕中心线旋转[20]。

此处装配时要注意以下几点:

(1)钢管的外径不能大于孔用挡圈的内径;

(2)焊接钢管的中心线要保证和盖板平面的垂直度要求;

(3)螺母的拧紧力要适中,既要防止轴的旋转,又不能把轴承顶死。

分析

主要零部件的设计计算一般根据具体结构的情况适当选择 2～5 个典型零部件进行,可以做受力分析、强度计算校核、部件结构组成分析、结构连接等。

(1)案例中选择带传动、棍子作为主要传动部件,其设计过程属于通用零部件设计环节的基本设计，在进行实际工况条件的分析后，确定计算参数，按机械设计常规流程进行设计计算。带传动的设计计算与结构设计、辊子轴设计、辊子轴承的选取和校核、辊子接触疲劳强度的计算等符合机械设计的规范化流程。

（2）本案例中，辊子轴作为滚床组件中重要的承载件，受力情况复杂，要求较高。该论文利用理论力学知识对其受力进行了简化处理，利用机械设计知识对轴的结构、轴上零件的定位、轴承的选取和校核、辊子滚轮接触疲劳强度的计算进行了全面、具体、准确的说明，反映出作者扎实的专业知识。

（3）对于导向轮和活动挡块的设计，主要围绕工作原理、结构设计、安装方式等方面展开，虽然作为次要部件，篇幅不多，但是阐述思路清晰、详细，便于阅读和理解。

3.1.3　案例点评

（1）本课题来源于生产实际，设计任务及设计参数明确，侧重于工程设计能力的训练，能培养学生具备产品设计工程师的能力和素养。

（2）本案例整体架构合理，包括总体方案、相关计算、各主要部分的设计等。

（3）本案例根据任务完成了中心旋转滚床总体结构方案及滚床部件方案设计，采用方案分析对比的方式，选择了最优方案，并对其具体结构、各部件之间的连接方式等进行了详细设计，符合一般机械产品的设计步骤。

（4）本案例完成了相关计算，主要包括电机功率的计算及选型、带传动的设计计算、驱动轴的设计计算、辊子梁刚度的计算、滚轮接触强度的计算，以及轴承、键、联轴器的选用等，符合机械类专业本科阶段对于产品设计计算能力的训练要求，计算流程符合规范，思路清晰，结果正确。前后计算数据一致，产品结构尺寸与计算结果吻合。

（5）本案例将结构设计过程与工程应用相结合，电动机减速器的选型、同步带的选择、轴类零件的设计计算、各部件结构细节的考虑等均从工程实际的角度出发，给出"能落地"的设计，对于尚未踏上工作岗位的学生来说是难能可贵的。

（6）本案例全文紧密围绕设计对象展开，言之有物，语言规范，图、表、公式表达符合规范。

（7）本案例完成了课题的全部任务要求。

（作者：沈桦；指导教师：杨敏）

注：本文曾获得 2015 年度江苏省普通高等学校本专科优秀毕业设计（论文）三等奖。

3.2　机械加工方向

机械加工方向课题主要包括零件加工工艺规程设计、工装夹具设计、专用组合机床设计、数控加工程序编制等方面，此方向课题的设计过程遵循机械加工通用原则，常用方法和步骤一般如下：

（1）待加工零件分析：包括分析零件在产品中的作用，零件图的完整性、工艺性，主要加工表面的精度要求，生产类型和生产节拍；

（2）机械加工工艺规程设计：包括确定毛坯类型、结构和尺寸，拟订工艺路线，选择定位基准，选择加工设备及工艺装备，确定工序尺寸及其公差，确定切削用量及工时定额，填写工艺卡片，绘制工序简图。

（3）专用夹具设计：为提高某一工序的生产效率或加工精度而进行的非标夹具设计，主要包括确定工件的定位方式，选择定位元件，确定工件的夹紧方案和设计夹紧机构，确定夹具的其他组成部分（如分度装置、对刀块、引导元件、微调机构、辅助支撑机构等），协调各元件装置的布局，确定夹具体的总体结构和尺寸，绘制夹具装配图，必要的时候还需进行定位误差计算、夹紧力计算等。

（4）专用刀具或专用量具设计：给出刀具或量具工作图。

（5）专用设备设计：针对某一工序的专用机床设计，主要包括"三图一卡"设计、机床总体设计、主轴箱设计、进给系统设计、导轨及机床其他部件设计等。

（6）数控加工程序编制：针对某一个或几个数控加工工序，编写其数控加工程序。一般利用 CAD/CAM 软件实现自动编程。

作为本科毕业设计课题，一般（1）～（3）是必选的内容，（4）～（6）根据课题任务需要选做。

作为应用型本科机械类专业毕业设计，此方向课题一般分为三类：机床专用夹具设计、组合机床总体设计、数控加工技术及程序设计。其设计思路及毕业设计说明书（论文）纲要可参考图 3.3～图 3.5 进行。

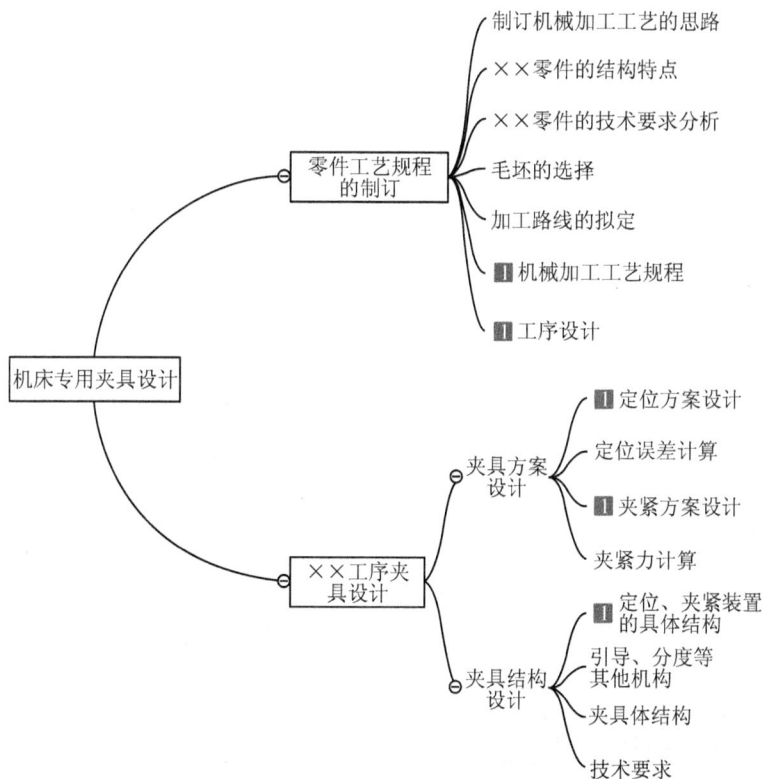

图 3.3　机床专用夹具设计课题设计思路

图 3.4 组合机床总体设计课题设计思路

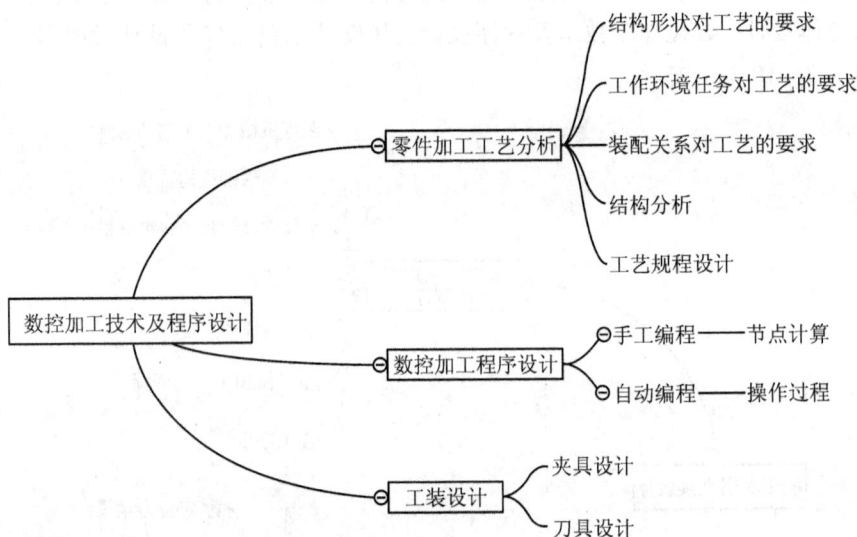

图 3.5 数控加工技术及程序设计课题设计思路

3.2.1 课题范例

表 3.2 为机械加工方向毕业设计课题范例，以供参考。

表 3.2 机械加工方向毕业设计课题范例

序号	课 题 名 称
1	基于 UG 的垂直轴风力发电机机壳三通法兰的工艺及夹具设计
2	管夹底板零件加工工装设计
3	涡轮壳加工工艺及自动车床夹具设计

续表

序号	课 题 名 称
4	基于 UG 的屏蔽泵泵体工艺及夹具设计
5	R180 曲轴攻丝专用气动夹具设计
6	基于组合机床设计与开发——智能组合夹具设计
7	200 吨非液压式冲压机床设计
8	R180 柴油机气缸体三面钻削组合机床总体及后主轴箱的设计
9	轴承座底板孔系加工组合钻床设计
10	基于精密加工开发与研究——数控切割机总体设计
11	气缸体平面磨床结构设计
12	注塑件产品进胶点多轴铣削设备设计
13	一种数控旋转锻造机设计
14	广汽汽车发动机增压器涡轮壳加工工艺设计及数控编程
15	发动机缸盖铸造模具数控加工工艺设计

3.2.2　案例分析

1. 题目

基于 UG 的垂直轴风力发电机机壳三通法兰的工艺及夹具设计。

2. 设计任务要求

该课题来源于企业实际项目。某公司生产的三通法兰用于在垂直轴风力发电机机壳上连接风力发电机塔筒和风轮叶,以方便风力发电机的安装和维修。生产纲领为 1000 件/年,精度为 0.01 mm,需要根据加工企业的实际生产条件,合理安排工序,并通过设计专用夹具提高生产效率和加工精度。设计任务的具体要求如下:

(1)充分了解企业的实际生产条件及零件工艺特点、精度要求、年生产纲领等具体要求,完成零件加工工艺规程的制订及各工序的工序设计,要求能满足生产节拍、零件形状和尺寸精度要求。

(2)完成钻削 12×ϕ21 孔和车法兰端面及外圆两道工序的专用夹具设计(包括夹具装配图及主要非标零件图的 UG 三维图及二维 CAD 图),要求能保证加工精度,有效提高生产效率,降低劳动强度。

(3)完成设计说明书及相关的计算和说明。

3. 摘要与关键词

摘要:风力发电机正是当代社会所需的设备,其需求量每年都在增长,因此,风力发电机零部件的需求也随之增加。三通法兰是连接风力发电机塔筒和叶片的重要零件,且该零件体积较大,在加工过程中不易加工,因此需要借助专用夹具来完成对加工面的加工。

课题主要结合企业实际机床情况,对三通法兰专用车床夹具和钻床夹具的结构设计进行说明，并且通过 CAD 和 UG 完成对专用夹具的结构设计。车床夹具主要用来加工法兰端面及其外圆，钻床夹具主要用来加工法兰端面上的 $12×\phi21$ 的通孔。两套夹具定位、夹紧、分度方案相同，因为所加工的三个法兰端面成 120°均匀分布，所以为了节省加工时间，将夹具设计成可转动的，并且可以准确定位到三个法兰端面的每一个加工面。设计的专用夹具在实际使用中取得了良好的效果，该夹具减少了人工工作量，降低了生产成本，提高了生产效率。

关键词：三通法兰，专用夹具，钻床，车床，分度机构

4. 目录

5. 正文

节选一:

■·-·+·-·+·-·+·-·+·-·+·-·+·-·+·-·+·-·+·-·+·-·+·-·+·-·

第 2 章　零件的分析

2.1　待加工零件图

待加工零件的三维图和二维图分别如图 2-1 和图 2-2 所示。

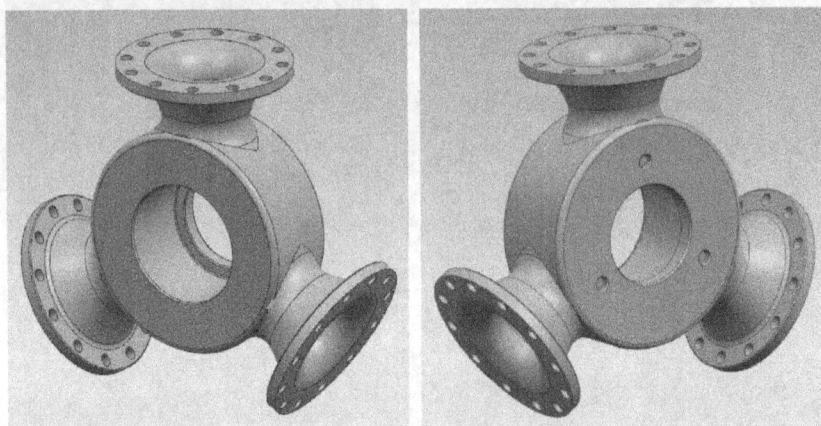

图 2-1　零件三维图

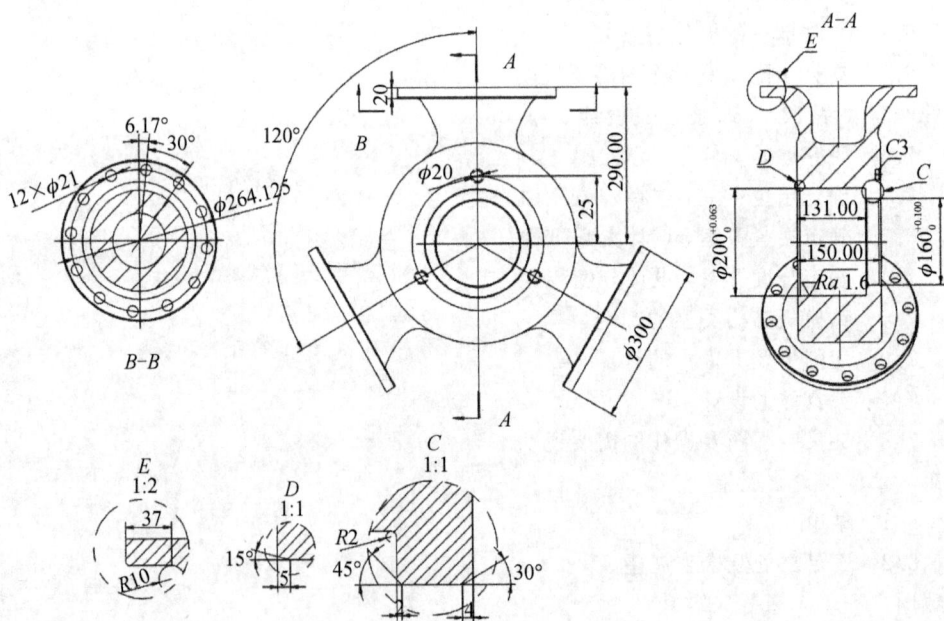

图 2-2　零件二维图

2.2　零件的用途分析

该零件是一个风力发电机机壳的三通法兰，主要作用是连接，用于连接风力发电机塔筒和风轮叶。三个法兰端面上的孔用于连接风轮叶，两个法兰平面用于连接塔筒。

2.3　零件的工艺分析

零件的材料为 42CrNi2Mo，毛坯的种类是结构合金钢铸件，生产类型为大批生产[6]。

该零件一共有 11 处加工面，这些加工面之间有一定的位置要求。具体如下：

(1) 以 $\phi 200_0^{+0.063}$ 的左端平面为加工基准面加工表面，车 $\phi 160_0^{+0.100}$ 的右端平面，镗 $\phi 160_0^{+0.100}$ 内孔，孔口倒角为 $3 \times 30°$。

(2) 以 $\phi 160_0^{+0.100}$ 的右端平面为基准，车 $\phi 200_0^{+0.063}$ 的左端平面，镗 $\phi 200_0^{+0.063}$ 内孔，孔口倒角为 $4 \times 45°$，车三个 $\phi 300$ 外圆（其端面距中心 290 ± 0.25），钻 $12 \times \phi 21$ 的孔。

由此可知，必须先加工完成一组表面，再以加工完成后的该表面作为基准来加工另一组表面。

2.4　生产纲领和生产类型

由任务书可知，该零件的年产量 $Q = 1000$ 件/年，结合实际生产可知，该零件的备品率为 3%，废品率为 0.5%，则该零件的年生产纲领为

$$N = Qn(1 + \alpha\% + \beta\%) = 1000 \text{ 台/年} \times 1 \text{ 件/台} \times (1 + 3\% + 0.5\%) = 1035 \text{ 件/年}$$

由此可见，该三通法兰的年生产量为 1035 件。该风力发电机三通法兰属于中型机械。因此，由《机械制造工艺学课程设计指导书》中的表 5-8 可确定该零件的生产类型为大批生产，其工艺特点见《机械制造工艺学课程设计指导书》中的表 5-9。

分析

该案例对待加工零件的用途，材质，主要加工面的尺寸精度、表面粗糙度以及形位公差等进行了分析，并计算了生产纲领，确定了生产类型，为后续进行工艺设计提供了依据。方法和步骤符合常用零件工艺分析的要求，且分析过程紧密结合课题要求。

节选二：

3.1　选择毛坯

该三通法兰的零件材料为 42CrNi2Mo，由《机械加工工艺手册》查得，镍合金钢的硬度为 647HB，表面硬度值为 58HRC。根据镍合金钢的物理性能，42CrNi2Mo 密度 $\rho = 7.85 \text{ g/cm}^2$，毛坯的重量约为 172.5 kg，由第 2.4 节可知该零件为中型零件，生产类型为大批量生产[11]。

3.2　机械加工余量、工序尺寸以及毛坯尺寸的确定

根据零件的生产纲领和《机械制造工艺学课程设计指导书》中的表 5-3 可知，铸件的生产类型为砂型铸造机器造型和壳型。

根据《机械制造工艺学课程设计指导书》中的表 5-1、表 5-2 选择公差等级为 7 级。

根据上述原始资料以及加工工艺，确定各加工表面的毛坯尺寸、工序尺寸、机械加工余量

以及表面粗糙度，具体如表3-1所示。

表3-1 毛坯加工余量

加工面	加工内容	毛坯尺寸 /mm	工序尺寸 /mm	加工余量 /mm	表面粗糙度 $Ra/\mu m$
ϕ160 左端平面	铸件	76	76±0.5	1	
	精车	76	75±0.03	1	0.8
ϕ200 右端平面	铸件	76	76±0.5	1	
	精车	76	75±0.03	1	0.8
ϕ160 内孔	铸件	ϕ152	ϕ152±0.5	8	
	粗镗	ϕ152	$\phi\,159^{\,0}_{-0.2}$	7	1.6
	精镗	$\phi\,159^{\,0}_{-0.2}$	$\phi\,160^{+0.01}_{0}$	1	1.6
ϕ200 内孔	铸件	ϕ193	ϕ193±0.5	7	
	粗镗	ϕ193	$\phi\,197^{\,0}_{-0.2}$	4	1.6
	精镗	$\phi\,197^{\,0}_{-0.2}$	$\phi\,200^{+0.063}_{0}$	3	1.6
ϕ300 法兰 端面外圆	铸件	ϕ303	ϕ303±0.5	3	
	粗车	ϕ303±0.5	ϕ301±0.1	2	0.8
	精车	ϕ301±0.1	ϕ300±0.1	1	0.8
ϕ300 法兰 端面厚20	铸件	25	25±0.5	3	
	粗车	25±0.5	21±0.25	2	0.8
	精车	21±0.5	20±0.25	1	0.8
12×ϕ21 孔	钻孔		21		3.2

根据表3-1中所确定的各待加工表面的毛坯余量，同时考虑毛坯成型机制，绘制毛坯图，如图3-1所示。

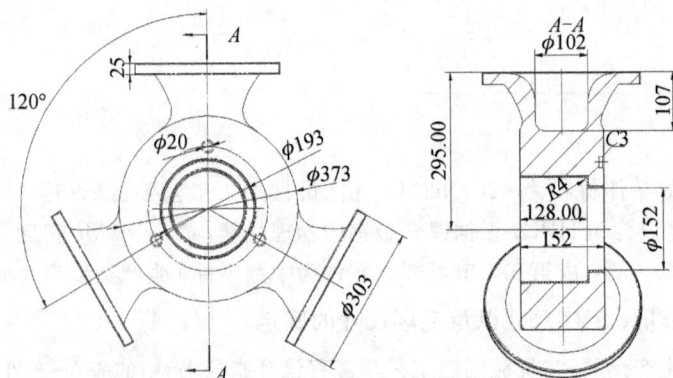

图3-1 零件毛坯图

✏️ 分析

（1）根据待加工零件主要加工面的尺寸精度、表面粗糙度以及形位公差，分析每个待加工面的毛坯余量，从而确定毛坯尺寸，符合工艺规程制订流程。

（2）毛坯图采用规范画法，待加工部位，用网格线示意，标出毛坯尺寸。

节选三：

■·+·+·+·+·—·+·—·+·—·+·—·+·—·+·—·+·—·+·—·+·—·+·.

4.1　确定毛坯的制造形式

零件的材料为 42CrNi2Mo，铸件的特点是液态成型，其主要优点是适应性强，能适用于不同重量和壁厚的铸件，同时也适用于不同的金属，可用于制造形状复杂的零件。该零件起连接作用，其在工作过程中所受的载荷较大，因此最后选用铸件，使其金属纤维尽量不被切断，保证了零件的牢固、可靠[7]。

4.2　定位基准的选择

定位基准就是工件上直接与机床或者夹具的定位元件接触的点线面。合理的基面选择能够保证加工质量，提高生产效率。反之，不但会使加工过程中出现很多问题，更有可能造成大批量的零件报废，使得生产无法继续正常进行。

零件的定位基准的选择如下：

（1）粗基准的选择：按照有关粗基准的选择原则，应选择不加工表面作为粗基准，或选择与加工表面相对应的位置精度较高的不加工表面作为粗基准。因此，这里选择 $\phi200$ 的左端平面为该零件的粗基准[8]。

（2）精基准的选择：按照有关精基准的选择原则，以及零件的结构特点和加工特点进行选择。这里主要考虑基准重合的问题，因此选择 $\phi160$ 的右端平面为精基准[9]。

4.3　工件表面加工方法的确定

该零件的加工面有平面、端面、外圆、孔等 11 个加工面，零件的材料为 42CrNi2Mo。由《机械制造工艺设计简明手册》分析，其加工方法如下：

（1）$\phi160$ 左端平面：未注公差等级，根据 GB/T 6414—2017 规定公差为 IT8，表面粗糙度为 0.8，采用精车的加工方法。

（2）$\phi200$ 右端平面：未注公差等级，根据 GB/T 6414—2017 规定公差为 IT8，表面粗糙度为 0.8，采用精车的加工方法。

（3）$\phi160_0^{+0.100}$ 内孔：公差等级为 IT8，表面粗糙度为 1.6，采用粗镗→精镗的加工方法。

（4）$\phi200_0^{+0.063}$ 内孔：公差等级为 IT8，表面粗糙度为 1.6，采用粗镗→精镗的加工方法。

（5）$12\times\phi21$ 孔：未注公差等级，根据 GB/T 6414—2017 规定公差等级为 IT13，表面粗糙度为 3.2，采用的加工方法为钻削。

（6）$\phi300$ 法兰端面：未注公差等级，根据 GB/T 6414—2017 规定公差等级为 IT13，表面粗糙度为 0.8，采用粗车→精车的加工方法。

4.4　制订工艺路线

制订工艺路线是为了保证在零件的几何形状、尺寸精度、位置精度、表面质量均为合理以及生产纲领为批量生产的前提下，提高生产效率，降低生产成本，取得较好的经济效益。

4.4.1　工艺路线方案一

工序 10　铸造毛坯。

工序 20　进行时效处理。

工序 30　车：以 ϕ193 内孔及左端面为基准，粗车左端平面至法兰中心 75±0.03。

工序 40　粗镗：镗 ϕ152 内孔尺寸为 $\phi159^0_{-0.2}$，孔口倒角为 3×30°。

工序 50　车：以 $\phi159^0_{-0.2}$ 内孔为基准，车右端平面至法兰中心 75±0.03，总长保持为 150±0.5。

工序 60　粗镗：镗 ϕ193 内孔尺寸为 $\phi197^0_{-0.2}$，孔口倒角为 4×45°。

工序 70　焊：焊补铸造缺陷。

工序 80　精镗：以 $\phi197^0_{-0.2}$ 内孔为基准，精镗 $\phi159^0_{-0.2}$ 内孔尺寸为 $\phi160^{+0.1}_0$，孔口倒角为 5×45°。

工序 90　精镗：以 $\phi160^{+0.1}_0$ 内孔为基准，精镗 $\phi197^0_{-0.2}$ 内孔尺寸为 $\phi200^{+0.063}_0$，孔口倒角为 5±15°。

工序 100　粗车：以 $\phi160^{+0.1}_0$ 内孔为基准，车法兰中心至端面 291±0.25，保证法兰厚 $21^{+0.25}_0$，车外圆 ϕ303 至 ϕ301±0.1。

工序 110　精车：以 $\phi160^{+0.1}_0$ 内孔为基准，车法兰中心至端面 290±0.25，保证法兰厚 $20^{+0.25}_0$，车外圆 ϕ301±0.1 至 ϕ300±0.1。

工序 120　钻削：钻铣 12×ϕ21 通孔，中心距为 D264.125，孔口倒角为 1×45°。

工序 130　钳工：清除各部分的毛刺及孔口倒角。

工序 140　检验。

工序 150　清洗。

工序 160　包装。

工序 170　入库。

4.4.2　工艺路线方案二

工序 10　铸造毛坯。

工序 20　进行时效处理。

工序 30　车：以 ϕ193 内孔及左端面为基准，粗车左端平面至法兰中心 75±0.03。

工序 40　车：以 ϕ152 内孔为基准，车右端平面至法兰中心 75±0.03，总长保持为 150±0.5。

工序 50　半精车：以 ϕ200 内孔为基准，车法兰端面至中心 291±0.25，车法兰外圆 ϕ303 至 ϕ301±0.1。

工序 60　焊：焊补铸造缺陷。

工序 70　钻削：钻铣 12×ϕ21 通孔，中心距为 D264.125，孔口倒角为 1×45°。

工序 80　粗车：以 $\phi160^{+0.1}_0$ 内孔为基准，车法兰中心至端面 291±0.25，保证法兰厚 $21^{+0.25}_0$，车外圆 ϕ303 至 ϕ301±0.1。

工序 90　精车：以 $\phi200^{+0.063}_0$ 内孔为基准，车法兰中心至端面 290±0.25，保证法兰厚 $20^{+0.25}_0$，车外圆 ϕ301±0.1 至 ϕ300±0.1。

工序 100　钳工：清除各部分的毛刺及孔口倒角。

工序 110　粗镗：镗 ϕ152 内孔尺寸为 $\phi159^0_{-0.2}$，孔口倒角为 3×30°。

工序 120　精镗：镗 $\phi193$ 内孔尺寸为 $\phi197^{0}_{-0.2}$，孔口倒角为 $4\times45°$。

工序 130　检验。

工序 140　清洗。

工序 150　包装。

工序 160　入库。

4.4.3　工艺路线方案比较

上述两个方案的特点在于：方案一的工艺路线的定位和装夹都较为简便，而且有些工序在车床上也可以进行加工，如镗孔等，所以在加工过程中虽然需要更换刀具，但是不需要来回更换机床，使得加工过程较为轻松方便，同时保证了加工过程中的位置精度，而且零件体积和质量较大，不方便来回搬运。综合考虑，选择方案一的工艺路线[4]。

4.5　选择加工设备和工艺装备

4.5.1　机床的选用

（1）粗车、粗镗时因为镗孔可以在车床上进行加工，所以选用 CW6280 卧式车床。

（2）精车、精镗时精度要求较高，普通的卧式车床没办法满足加工面的精度要求，故选用 VL‑1000ATC＋C 台湾油欣数控立式车床。

（3）钻孔时选用 Z3040 摇臂钻床。

以上所有机床是根据企业实际设备情况进行选用的。

4.5.2　刀具的选用

在车床上加工时，不论是普通车床还是数控车床，立式车床还是卧式车床，通常选用硬质合金车刀和硬质合金镗刀。因为该零件直径较大，所以本次设计加工车刀均选用钨钴钛类 YT15 硬质合金车刀中的可转位车刀，其主要用于普通铸铁、冷硬铸铁、高温合金的精加工和半精加工。该车刀的参数为主偏角 $\kappa_r=45°$、前角 $\gamma_o=10°$、刃倾角 $\lambda_s=-5°$、刀尖圆弧半径 $r_\varepsilon=0.6$ mm，其合理耐用度 $T=30$ min[5]。

钻孔时选用 $\phi21$ 整体硬质合金麻花钻，其使用寿命高，加工效果好，虽然其成本比高速钢麻花钻较贵，但是因为工件是大批生产，所以该成本可以忽略不计。

以上所有刀具是根据企业实际设备情况进行选用的。

4.5.3　量具的选用

该零件属于大批生产，一般采用通用量具，如内径量表、游标卡尺和深度尺等。

分析

（1）零件加工工艺规程的制订与零件特征、生产纲领及加工条件等方面的因素有关，一般理论教材会给出一些基本原则。作者在设计和撰写论文时，没有照搬照抄这些原则，而是很好地将原则与待加工零件紧密结合起来考虑，值得借鉴。

（2）关于工艺路线，文中提出了两种方案，进行了对比分析，从而确定了最佳方案，这是一种常用的设计方法。将这个方法运用在学生论文中，常见的问题就是分析浮于表面、空泛，解决这一问题的关键在于要与课题实际紧密结合，分析要具体、深入、言之有物，把理由说清说透。

（3）加工机床、刀具、量具的选用与每个工步的具体加工情况有关，建议分工步逐一选择，不要一概而论。

节选四：

■ ·+·

5.1　确定切削用量

切削用量由切削深度、进给量以及切削速度这三个因素决定。一般先确定切削深度和进给量，再确定切削速度。

5.1.1　工序30　车左端平面

（1）采用的机床型号为 CW6280。

（2）采用的刀具为 YT15 45°可转位车刀（整体为硬质合金）。

（3）由毛坯图可以看出，总加工余量为 1 mm。

（4）背吃刀量：

$$a_p = \frac{d_w - d_m}{2} = \frac{1-0}{2} = 0.5 \text{ mm}$$

（5）确定进给量。查《机械制造工程原理》中的表 2-14，得 $f = 0.08 \sim 0.3$ mm/r，取 $f = 0.2$ mm/r。

（6）计算切削速度。由 $a_p = 0.5$ mm、$f = 0.2$ mm/r，查《机械制造工程原理》中的表 2-14 得切削速度 $v = 70 \sim 90$ m/mim，即选择 $v = 80$ m/mim。由公式

$$n = \frac{1000v}{\pi d} \tag{5-1}$$

可求得该工序车刀的转速 $n = \frac{1000 \times 80}{\pi \times 75} = 340$ r/min。

参照卧式车床 CW6280 的主轴速度，取转速 $n = 400$ r/min，将求得的转速代入公式（5-1），求出实际切削速度 $v = \frac{400 \times \pi \times 75}{1000} = 94.2$ m/min。

......

5.1.9　工序120　钻削 $12 \times \phi 21$ 通孔

（1）采用的机床型号为 Z3040。

（2）采用的刀具为 $\phi 21$ 硬质合金内冷麻花钻。

（3）由毛坯图可以看出，总加工余量为 21 mm。

（4）背吃刀量：

$$a_p = \frac{21}{2} = 10.5 \text{ mm}$$

（5）确定进给量。查《机械制造技术基础课程设计指导》中的表 3-38，得 $f = 0.26 \sim 0.32$ mm/r，所以 $f = 0.3$ mm/r。

（6）计算切削速度。由 $a_p = 10.5$ mm、$f = 0.3$ mm/r，参考《机械制造技术基础课程设计指导》中的表 3-39 得切削速度 $v = 0.3$ m/s，即 $v = 18$ m/mim。由公式（5-1）可求得该工序钻头的转速为

$$n = \frac{1000 \times 18}{\pi \times 21} = 273 \text{ r/min}$$

参照摇臂钻床 Z3040 的主轴速度(38~947 r/min),取转速 $n = 300$ r/min。再将此转速代入公式(5-1),可求出切削速度为

$$v = \frac{300 \times \pi \times 21}{1000} = 19.78 \text{ m/min}$$

5.2　计算基本工时

5.2.1　基本时间 t_j 的计算

1. 工序 30

基本时间:

$$t_j = \frac{L}{fn} i \qquad (5-2)$$

其中:

$$L = l + l_1 + l_2 + l_3 \qquad (5-3)$$

则

$$t_j = \frac{l + l_1 + l_2 + l_3}{fn} i \qquad (5-4)$$

式中:l——切削加工长度,单位为 mm,计算式为

$$l = \frac{d - d_1}{2}$$

l_1——刀具切入长度,单位为 mm,计算式为

$$l_1 = \frac{a_p}{\tan \kappa_r} + (2 \sim 3)$$

l_2——刀具切出长度,单位为 mm,$l_2 = 3 \sim 5$ mm;

l_3——单件小批生产时的试切附加长度,单位为 mm;

i——进给次数,$i = 1$。

已知 $l = 110.5$ mm,$l_1 = \frac{0.5}{\tan 45°} + 3 = 3.5$ mm,$l_2 = 4$ mm,$l_3 = 0$,$f = 0.2$ mm/r,$n = 400$ r/min。

将上述结果带入式(5-2)~式(5-4),则该工序的基本时间:

$$t_j = \frac{110.5 + 3.5 + 4 + 0}{0.2 \times 400} = 1.475 \text{ min} = 88.5 \text{ s}$$

……

9. 工序 120

基本时间:

$$t_j = \frac{L}{fn} i \qquad (5-5)$$

其中:

$$L = l_w + l_f + l_1 \qquad (5-6)$$

则

$$t_j = \frac{l_w + l_f + l_1}{fn} i \qquad (5-7)$$

式中：l_w——工件切削部分的长度，单位为 mm；

l_f——切入量，单位为 mm，计算式为

$$l_f = \frac{d_m}{2}\cos\kappa_r + 3$$

l_1——超出量，单位为 mm，$l_1 = 2 \sim 4$ mm；

i——加工孔的数量，$i = 36$。

已知 $l_w = 20$ mm，$d_m = 21$ mm，$l_1 = 3$ mm。将上述结果带入式(5-5)~式(5-7)，则该工序钻 36 个通孔的基本时间：

$$t_j = \frac{20 + \dfrac{21}{2}\cos\dfrac{140°}{2} + 3 + 3}{0.3 \times 300} \times 36 = 11.84 \text{ min} = 710.19 \text{ s}$$

5.2.2　辅助时间 t_f 的计算

辅助时间 t_f 和基本时间 t_j 之间的关系为 $t_f = (15\% \sim 20\%)t_j$，故取

$$t_f = 0.15t_j \tag{5-8}$$

则由式(5-8)可求得

工序 30 的辅助时间：$t_f = 0.15 \times 88.5 = 13.28$ s；

……

工序 120 的辅助时间：$t_f = 0.15 \times 710.19 = 106.53$ s。

5.2.3　其他时间的计算

除了基本时间和辅助时间这两个作业时间之外，每一道工序还有单件时间，具体包括布置工作地时间 t_b（作业时间的 3%）、休息和生理需要时间 t_x（作业时间的 3%）。各工序的其他时间的关系式为

$$t_b + t_x = (3\% + 3\%) \times (t_j + t_f) \tag{5-9}$$

由式(5-9)可以计算出：

工序 30 的其他时间：$t_b + t_x = (3\% + 3\%) \times (88.5 + 13.28) = 6.11$ s；

……

工序 120 的其他时间：$t_b + t_x = (3\% + 3\%) \times (710.19 + 106.53) = 49$ s。

单件加工时间 t_{dj} 的计算公式为

$$t_{dj} = t_j + t_f + t_b + t_x \tag{5-10}$$

则由式(5-10)可以计算出各工序的单件加工时间分别如下：

工序 30 的单件加工时间：$t_{dj} = 107.89$ s；

……

工序 120 的单件加工时间：$t_{dj} = 865.72$ s。

分析

案例中对每一工步的切削用量、工时进行了详细的计算，较为完整地呈现了工艺设计的过程。但是作为毕业设计论文，可以有选择性地选取具有代表性的若干工序进行详细阐述，其余可以结果的形式放入附件的各工序卡上。

节选五：

6.1　研究原始资料

该夹具主要用来车三个法兰端面及其外圆，进行该工序的是 VL－1000ATC＋C 数控立车，加工精度及表面粗糙度可以达到要求，且该工序所用的数控立车是企业所安排的加工设备，和普通车床一样，是工件转动，刀具进给，所以工件必须安装在底盘中心，且底盘上配有四爪卡盘，可以用来固定工件和夹具体。

6.2　定位基准的选择

夹具的定位基准需要合理选择，否则会影响加工过程的质量，最终影响工件的质量。并且若选择了不合理的基准，则会增加很多不合理的工艺，导致设计夹具的时候困难重重，达不到需要的精度，所以我们为了保证加工精度，必须选择已经加工好的面作为夹具的定位基准。由零件图和工艺过程卡可知，在车端面和外圆之前，平面已经完成了粗、精车的加工。

该零件需要限制 6 个自由度，因此选择以 $\phi160$ 的孔的右端面为第一定位基准，如图 6－1 所示，限制工件的三个自由度 $\hat{x}$、$\vec{y}$、$\vec{z}$，以 $\phi160$ 的心轴为第二定位基准，限制工件的两个自由度 $\hat{z}$、$\vec{y}$，以三个法兰端面平均分布，心轴凸台上与右端面上三个定位孔相对应的锥度定位销为第三定位基准，限制工件的一个自由度 $\hat{x}$。

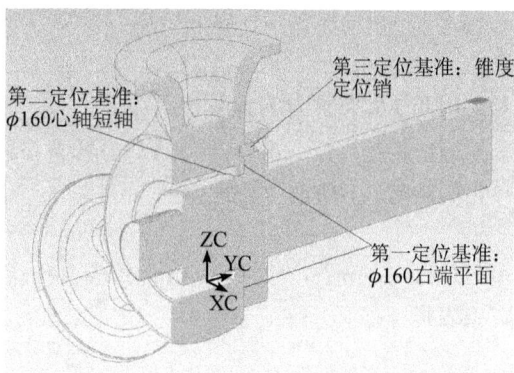

图 6－1　定位分析简图

6.3　确定夹紧方案，设计夹紧机构

根据工件的形状特点以及定位方案可知，工件的夹紧力方向如图 6－2、图 6－3 所示，工件的 $\phi160$ 的右端面与心轴凸台上的定位销定位接触，在工件的左端面套上快换垫片，再拧上螺母，

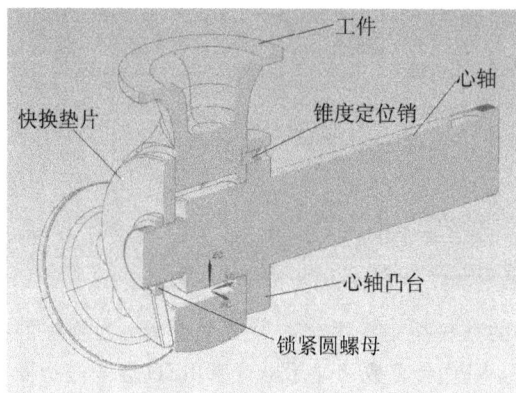

图 6－2　夹紧装置半剖图

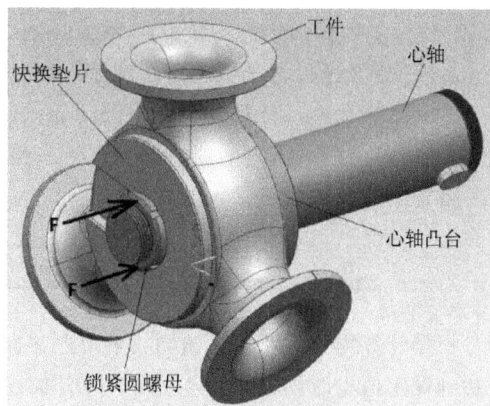

图 6－3　夹紧装置的组成及夹紧力的分布

形成夹紧装置。该夹紧装置遵循了工件不移动、不变形、不振动原则,安全可靠,经济实用。

常用的夹紧方案有以下两种:

1. 手动夹紧机构

手动夹紧机构的制造成本低,但增加了工人的劳动力,操作效率低于气动夹紧机构。

2. 机动夹紧机构

机动夹紧机构虽然减少了工人的劳动量,提高了操作效率,但是需要设计一个特定的动力夹紧装置,夹具制造成本较高。

综上分析,最终选择增力比大、自锁性好的手动夹紧机构。为了弥补采用手动夹紧机构拆卸工件所浪费的时间,与工件的接口处采用了快换垫片,工人在拆装工件时,不需要将夹紧螺母全部拧下,只需要拧松后将开口垫圈径向取出,即可快速拆装工件。这样就能保证生产效率不降低[11]。

由于是手动夹紧,考虑到普通扳手无法保证对工件的夹紧力,因此选用专用的数显扭矩扳手,不仅可以精确地对工件施加设定的夹紧力,而且易于操作,同时降低了对操作人员的技术要求。

6.4　切削力及夹紧力的计算

车端面选用 VL-1000ATC+C,刀具为 YT15 硬质合金可转位车刀。

由文献可知,切削力公式:

$$F_c = 2943 a_p f^{0.75} v_c^{-0.15} K_p$$

式中,$f=1.3$ mm/r,$v_c=230$ mm/r,$a_p=0.5$ mm。

查表得

$$K_p = \left(\frac{\sigma_b}{736}\right)^{0.75}$$

式中:$\sigma_b=736$ MPa,$K_p=1$,即 $F_c=792.43$ N。

所需的夹紧力:

$$W_k = \frac{4 \times K \times F_c \times \frac{D}{2}}{\mu(d_1-d_2)}$$

式中:K——安全系数,取 3;

D——工件待加工面外径,$D=303$ mm;

μ——锁紧螺母与工件之间的摩擦系数,取 0.2;

d_1——锁紧螺母外径,$d_1=316.5$ mm;

d_2——工件孔径,$d_2=200$ mm。

将各个变量的取值代入上式得

$$W_k = \frac{4 \times K \times F_c \times \frac{D}{2}}{\mu(d_1-d_2)} = \frac{4 \times 3 \times 792.43 \times \frac{303}{2}}{0.2 \times (316.5-200)} = 61\,829.95 \text{ N} = 61.8 \text{ kN}$$

根据计算得到的所需夹紧力,采用上文提到的数显扭矩扳手来拧紧锁紧螺母,当施加的力矩达到设定值的时候,扳手会发出“咔嗒”的声音,同时会有数字显示屏或者 LED 灯来提示操作人员,从而保证了夹紧力。

✎ 分析

（1）充分利用三维软件建模和图形显示的优势，配合图中文字，清晰而且直观地展示了定位方案。

（2）对于定位方案，作者说明了各基准限制的自由度，选择了相应的定位元件。如果能进行不同定位方案的比较分析，会更完善。

（3）案例中利用三维图装配结构展示了本道工序切削力和夹具夹紧力，并进行了力学计算，若能画出其力学模型简图，则效果更好。

（4）作者对计算出来的切削力和夹紧力如何使用作出了说明。这一点是不少学生常常会忽略的。

节选六：

■ ·─·+·─·+·─·+·─·+·─·+·─·+·─·+·─·+·─·+·─·+·─·

6.5　确定分度方案，设计分度装置

本工序加工的是三个端面及其外圆，三个法兰端面之间呈 120°均匀分布。为了保证工序的加工要求，采用分度装置来使工序集中，减轻工人的劳动强度，提高劳动生产率。该分度装置由分度盘和分度定位器所构成。分度盘可以绕着心轴回转；分度定位器则安装在固定不动的夹具体上，它是一个手拉式挡销，结构简单，操作简便；分度盘上有三个和挡销尺寸相匹配的卡口，每个卡口的中心距为 120°。

考虑到分度盘的分度只用手拉式挡销来卡位，其配合精度要求较高，而采用方形挡销和卡口容易定位不精准，因此，分度盘上的卡口和挡销均设计为 V 型，其配合精度要求较低，更容易精准定位。

分度盘与心轴长轴由键固定，装入夹具体中。心轴有两段轴径：一段轴径作为短轴实现工件的定位；另一段轴径与夹具体上的衬套和轴承过盈配合。当心轴绕着夹具体上的衬套中心旋转时，最终带动工件旋转。当分度定位器上的挡销插入卡口时，实现夹具的分度，即当工件加工完一个端面及其外圆之后，拨开分度定位器上的挡销，将工件或者分度盘转动120°，当工件到达分度盘的另一个卡口位置之后，将分度定位器上的挡销插入卡口，然后加工另一个加工面，具体如图 6-4 所示。

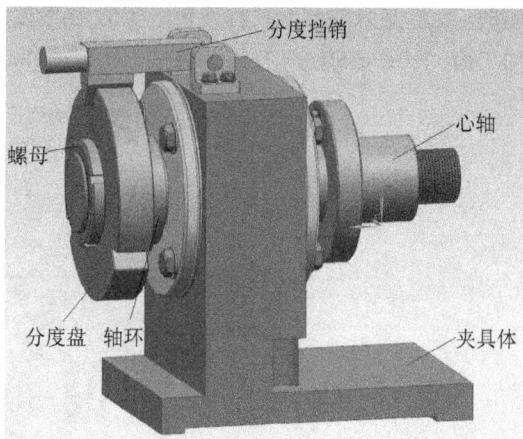

图 6-4　分度机构

6.6　夹具体的设计

由于公司规定本工序在 VL-1000ATC＋C 台湾油欣数控立式车床上使用，而此数控立车的工作台上装有四爪卡盘，因此，该夹具体的底座根据该数控立车的工作台设计成如图 6-5 所示的形式，1、3 卡盘限制了夹具体的左右移动，2、5 卡盘限制了夹具体的前后移动，4、6 压板

限制了夹具体的上下移动。

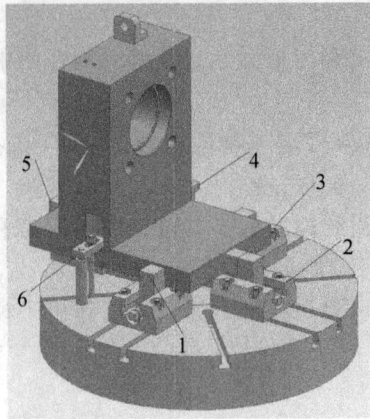

图 6-5　夹具体

6.7　心轴部件的设计与安装

心轴部件由轴承、轴套、轴环相互配合来保证工件和分度机构的转动。如图 6-6 所示，夹具体两边的端盖和夹具体用螺钉连接，用来固定中间的轴承、轴套、轴环等，保证其在加工过程中不前后松动，不影响刀具对工件的切削。考虑到如果工件和分度盘都放置在夹具体一面的话，整根心轴会承受不住压力而断裂，因此，将定位机构、加紧机构和工件都放在夹具体的左侧，分度机构则放在夹具体的右侧，并且在工件夹紧之后，可以看作其与心轴、夹具体、分度机构是一体的，也就是只要分度机构旋转一定的角度就可以带动工件转动，而且能准确地定位到下一个加工面，不需要再次进行人工校准，提高了劳动生产率。

图 6-6　心轴部件结构

轴环能对轴上零件起准确定位作用，能够准确地保证定位精度。首先将图 6-5 所示的工作台上的四爪卡盘 1、2、3、5 和压板 4、6 按照一定的距离放置。卡盘 1、3 和压板 4、6 均为中心对称且距离工作台中心的长度相同，卡盘 2、5 距离工作台中心的长度不等。然后计算四爪卡盘中心到夹具体中的轴环 1 的距离，再根据计算得到的距离调整轴环 1 到心轴凸台右端面的距离。因为当工件装入心轴时，工件的右平面与心轴凸台左端面接触，且工件的右平面已经进行过精加工了，所以其位置精度可以保证，而工件中心到心轴凸台左端面的距离是确定的，因此只需要调整轴环 1 到心轴凸台右端面的距离，即可保证当工件装入心轴时，待加工的面、外圆和孔的中心正好在四爪卡盘中心。

心轴部件的安装过程是：

（1）将端盖 1 和垫片 1 装入与其尺寸相配合的心轴长轴处；

（2）将轴承 1 装入心轴，紧挨端盖 1；

（3）将轴套 1 装入心轴，紧挨轴承 1；

（4）将轴环 1 装入心轴，紧挨轴套 1，并且用 M12 的螺钉将轴环 1 固定锁紧；

（5）将这先装好的几个零件先从夹具体左边装入夹具体中，并用 4 个 M30 的螺钉将端盖 1 与夹具体的左端面上相对应的四个孔连接；

（6）将轴套 2 装入心轴，紧挨轴环 1；

（7）将轴承 2 装入心轴，紧挨轴套 2；

（8）将垫片 2、端盖 2 装入心轴，紧挨轴承 2，与端盖 1 相对，并用 4 个 M30 的螺钉将端盖 1 与夹具体的左端面上相对应的四个孔连接；

（9）将轴环 2 装入心轴，紧挨端盖 2，并且用 M12 的螺钉将轴环 2 固定锁紧；

（10）将键装入心轴的键槽；

（11）将分度盘装入心轴，紧挨轴环 2，并且与心轴由键固定，完成对分度盘的定位；

（12）将锁紧圆螺母装入心轴，拧紧，完成对分度盘的夹紧，使分度盘与整个轴成为一个整体。

安装成果如图 6-6 所示。

6.8　夹具装配图及操作的简要说明

车床夹具用于在数控车床上车三个法兰端面和外圆。车床夹具具有以下特点：

（1）保持精度和稳定性。

对于夹具体表面的重要的面，必须采用足够的精度，且零件体积较大，更需要保证工件装夹的精度。

（2）结构合理，使用方便。

因为工件较大，在装夹的时候搬运不易，所以夹具结构应该简单，使用起来方便。

（3）便于排屑。

在加工过程中，铁屑会不断堆积，如果不能及时清理，容易使得刀具和工件损坏，影响生产效率。

（4）安装稳定、牢固。

夹具安装是通过所有安装表面和相应表面的接触实现的，为了夹具的稳定，必须使得夹具的接触面积足够大，支撑应力足够，安装精度较高才可以保证加工的时候误差减少。[8]

由图 6-7、图 6-8 可以看出，车床夹具的整体结构为夹具体、工件和分度盘安装在一根心轴上，夹具体内部装有轴承以控制工件和分度盘的运转。

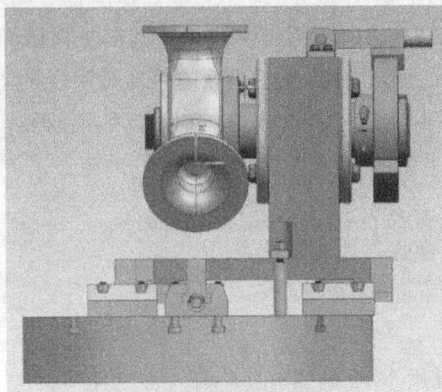

图 6-7　车床夹具装配右视图　　　图 6-8　车床夹具装配轴测图

　　当工人将夹具装入数控立车的工作台之后，将工件根据工件上预留的定位孔和心轴上的定位销准确定位；装上快换垫片，拧上锁紧圆螺母，完成对工件的夹紧；工件和夹具体之间留有一定的间距，以此来保证工件在加工过程中和夹具体不会产生干涉，同时也是为了方便排屑。当数控立车加工完一个三通法兰的一个端面及其外圆之后，将夹具体上的定位挡销拨开，转动工件或者分度盘，使其转动 120°之后，将定位挡销放下，卡入分度盘上对应的卡口，完成对工件的分度，然后继续加工下一个加工面。当所有加工面加工完成之后，拧松心轴左端装工件处的锁紧圆螺母，拿下快换垫片，即可取下工件，再装入下一个待加工的零件，完成对工件的拆装。

分析

　　（1）三个法兰端面及其外圆的加工这道工序本身可以采用铣床或加工中心来加工，但作者结合企业车间的实际情况，选择了数控车削，更贴近工程实际。

　　（2）作者重视对夹具结构细节的设计，对夹具体、分度机构、心轴部件的结构配合插图做了细致描述，特别是心轴部件的设计，充分考虑了车床的加工特点与各部件安装位置的合理性、可靠性和操作便捷性等因素，并且对其安装步骤作了详细说明。本案例全面、具体、深入，可操作性高，作为本科生毕业设计来说，难能可贵。

3.2.3　案例点评

　　（1）案例课题来源于生产实际，设计任务及设计参数明确，侧重于工程设计能力的训练。

　　（2）论文分成工艺规程设计和夹具设计两大部分，整体架构合理，内容完整，条理清晰，符合该类型毕业设计的一般设计方法和步骤规范。

　　（3）案例中待加工零件结构具有工程应用的普遍性，尺寸精度和表面粗糙度以及形位公差要求较高，其加工工艺分析、设计过程对其他零件的设计加工具有一定的参考意义。

　　（4）案例设计过程、论文撰写与工程应用相结合，从工艺方案的制订到夹具结构细节的考虑，均从工程实际的角度出发，给出"能落地"的设计。这对于尚未踏入工作岗位的学生来说是难能可贵的，体现了作者较高的工程素质。

（5）夹具部分的插图充分利用了三维软件建模和图形显示的优势，配合图中文字，清晰、直观地展示了所想表达的内容，与课题名称相对应。这也是夹具设计类毕业设计论文写作的发展方向，具有借鉴意义。

（6）全文紧密围绕设计对象展开，言之有物，语言规范；图、表、公式表达符合规范。

（7）案例完成了课题全部任务要求。

（作者：尤方圆；指导教师：杨敏）

3.3　模具设计方向

模具类型较多，但毕业设计常见的课题是注塑模和冲压模，总体计算和设计流程相对固定，在常用的模具设计类教材上都有很详细的介绍，学生完成此方向课题，一般需要根据零件的材料、形状、尺寸及其他工艺要求，合理地按规范流程完成设计。

注塑模具设计课题的设计思路如图 3.6 所示；冲压模具设计课题的设计思路如图 3.7 所示。

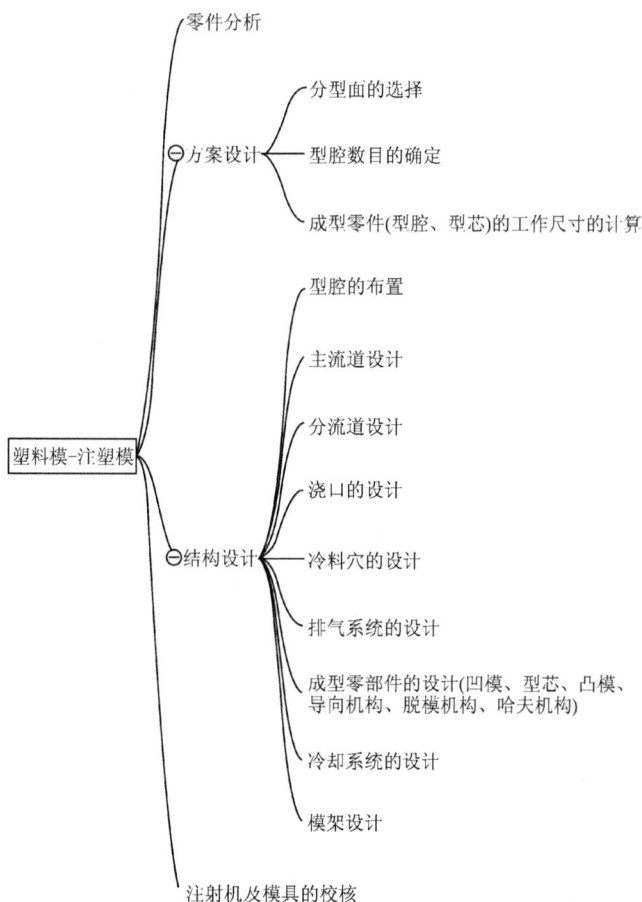

图 3.6　注塑模具设计课题的设计思路

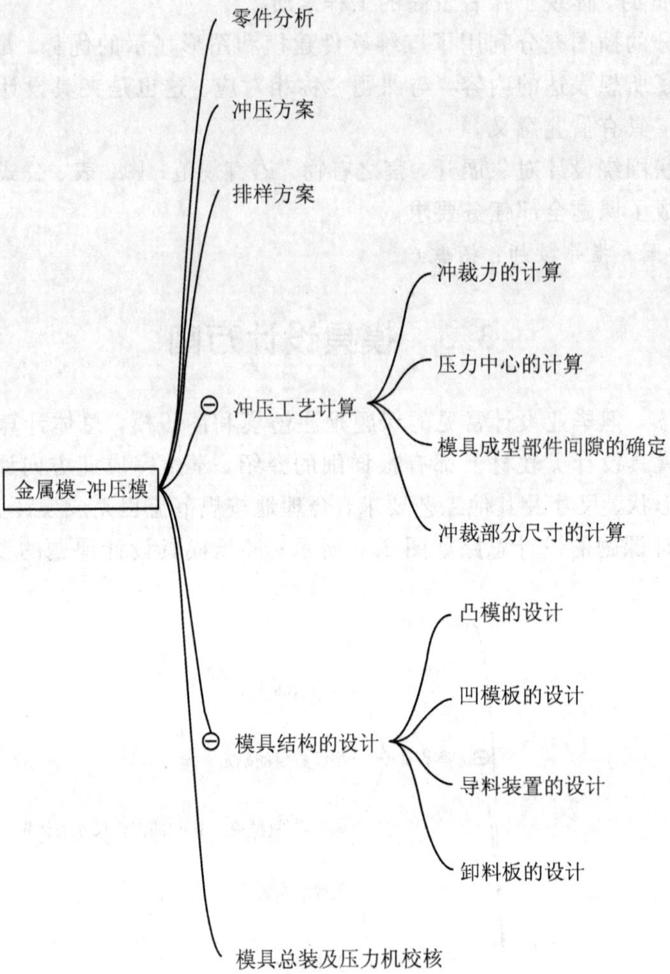

零件分析

冲压方案

排样方案

冲压工艺计算 ─ 冲裁力的计算

压力中心的计算

模具成型部件间隙的确定

冲裁部分尺寸的计算

金属模-冲压模

凸模的设计

凹模板的设计

模具结构的设计 ─ 导料装置的设计

卸料板的设计

模具总装及压力机校核

图 3.7　冲压模具设计课题的设计思路

3.3.1　课题范例

表 3.3 为模具设计方向毕业设计课题范例，以供参考。

表 3.3　模具设计方向毕业设计课题范例

序号	课 题 名 称
1	吸尘器上盖注塑模具设计
2	吸尘器弯接头注塑模具设计
3	鼠标电池盖注塑模具设计
4	轮椅腿部旋转座注塑模具设计
5	滤清器外壳注塑模具设计
6	乳液喷嘴注塑模具设计
7	照相机前罩壳模具设计

序号	课 题 名 称
8	机床固定挂片冷冲压模具设计
9	刹车线基架冷冲压模具设计
10	洗衣机离合器支架冲压模具设计
11	自动送料多工位模具设计
12	内齿轮轴套精密模锻成型工艺与模具设计
13	外齿轮轴套挤压成型工艺与模具设计
14	精密双联齿轮注塑工艺优化与模具设计
15	助听器扬声器不锈钢膜片成型工艺与模具设计

3.3.2　案例分析

1. 题目

吸尘器上盖注塑模具设计。

2. 设计任务要求

注塑模具的设计是机械制造领域的一个典型的成型加工方法，它区别于金属模具成型，更和传统的加工不一样。随着塑料制品普遍应用于日用品、汽车、电动车、家电、电子产品等领域，注塑模具在整个零件制造产业中的占比越来越大。注塑模具是由定模和动模组成的。定模部分安装在注塑机的固定模板上；动模部分安装在注塑机的移动模板上，在注塑成型过程中，随注塑机的合模系统运动。在注塑成型时，动模和定模闭合，构成浇注系统和型腔；开模时，动模与定模分离，以便取出塑料制品。注塑模具由成型部件、浇注系统、冷却系统、模架及标准件等组成，因此注塑模具设计主要围绕以下内容进行设计计算和校核。

（1）吸尘器上盖材料使用的是 ABS，对吸尘器上盖的工艺性进行分析，定出合理的产品结构方案。

（2）根据吸尘器上盖年产量 350 万只、日均产量 1.16 万只来确定注塑模具的型腔数量，并确定分型面。

（3）设计浇注系统。

（4）设计主流道及主流道衬套结构。

（5）选用分流道系统及浇口。

（6）确定标准注塑模架。

（7）设计模具成型零件，即计算型腔成型尺寸。

（8）以侧抽芯机构方便可靠的原则设计模具斜顶机构。

（9）设计模具冷却系统。

（10）选择注塑机并对注塑机的工艺参数进行校核。

（11）基于 Moldflow 软件，对模具进行模流分析，验证模具设计是否合理。

3. 摘要与关键词

本文详细介绍了吸尘器上盖注塑模具的设计过程，包括以下几方面的内容：

（1）对吸尘器上盖进行工艺性分析及工艺结构设计。具体设计内容包括：塑件的工艺性分析；产品的结构方案设计；注塑模具型腔数量的确定；分型面的确定；普通浇注系统的设计；主流道以及主流道衬套结构的设计；分流道系统的设计；浇口的选用；标准注塑模架的确定；模具成型零件的设计；型腔成型尺寸的计算；模具斜顶机构的设计；斜导柱机构的设置；模具冷却系统的设计。

（2）选择注塑机并对注塑机的工艺参数进行校核，具体内容包括：注塑机技术标准的查阅；注塑压力的校核；锁模力的校核；注塑量的校核；开模行程和塑件推出距离的校核；模具闭合高度的校核；模具装配图的校核。

（3）基于 Moldflow 软件，对模具进行模流分析，验证设计是否合理，具体内容包括：模流分析前期处理；模流分析验证结果；平均体积收缩率的核验。

经过以上的设计校核和模流分析，结果表明本文设计的模具是合理的。

关键词：吸尘器上盖；工艺性；注塑模具；模流分析

4. 目录

5. 正文

节选一：

■ ·—·—·—·—·—·—·—·—·—·—·—·—·—·—·—·—·—·—·

第 2 章　塑件的工艺性分析及产品的结构设计

2.1　塑件的工艺性分析

　　基于 UG 的吸尘器上盖注塑模具设计，其零件如图 2-1、图 2-2 所示。本产品年产量 350 万只，日均产量 1.16 万只，日产量较大。

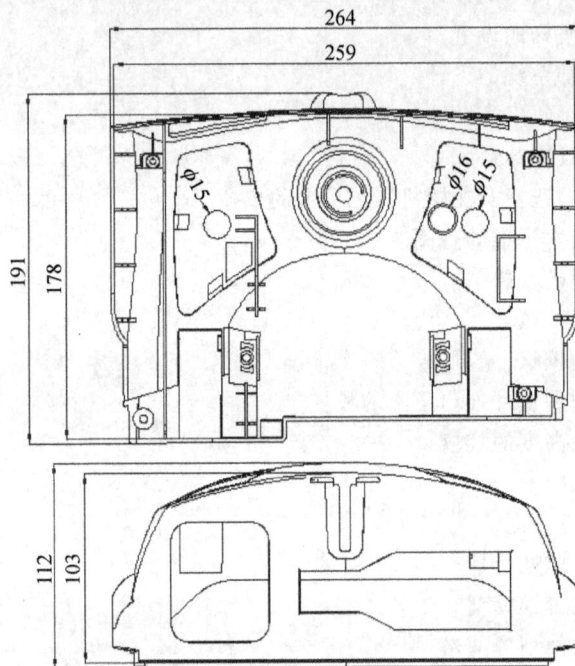

图 2-1　产品二维图

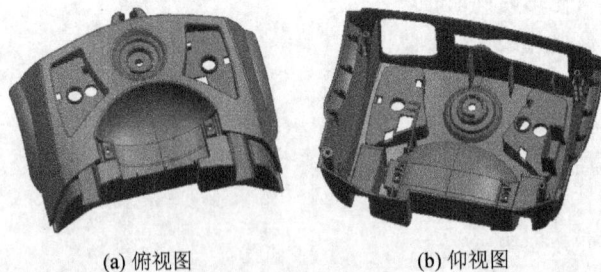

(a) 俯视图　　　　　(b) 仰视图

图 2-2　产品三维图

　　本产品的材料选用的是 ABS。在考虑零件结构的同时，着重考虑这种塑料的特性。该塑件的成型温度与冷却后的零件温度相差很大，而它们所处不同温度下的尺寸比值就是该塑件的实际收缩率。影响收缩率的另一个因素就是线膨胀系数。ABS 的收缩率为 0.3%～0.6%，一般进行理论计算时取 0.4%～0.5%。

塑件的结构和尺寸如图 2-1 和图 2-2 所示。显然，本产品的几何结构和尺寸具有一定的复杂性，后期装配要求高，因此该产品质量要求高，产品外表面精度等级较高，外观光滑并且有光泽，内表面要求平整，不能有毛刺，整个产品不能有裂纹，产品在注塑过程中不能出现气孔、飞边、烧熟等现象，不能有划手的毛刺。在这种要求下，考虑设置精度等级为 MT3。

2.2　产品的结构方案设计

1. 动模滑块以及侧抽芯的考虑

如图 2-3 所示，塑件的后侧有两个不规则的侧孔，不能通过模具开合来直接脱模，所以添加侧抽芯装置，以完成对零件的脱模。通过综合考虑，在设计模具时，设计斜导柱和滑块的侧抽芯装置。动模滑块如图 2-4 所示。

图 2-3　产品的滑块抽芯　　　　　　　图 2-4　动模滑块

2. 考虑定模滑块抽芯的设计

如图 2-5 所示，零件的前侧有两个对称的凹槽，距离是 47 mm，由于距离比较长，通过对比方案比较，考虑使用油缸和滑块的抽芯装置，如图 2-6、图 2-7 所示。

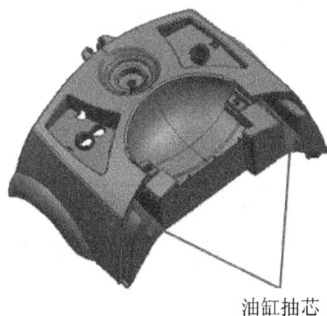

图 2-5　产品的油缸抽芯　　　　图 2-6　定模滑块　　　　图 2-7　定模滑块油缸抽芯机构

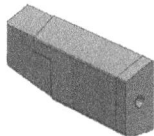

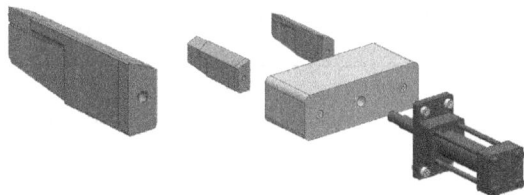

3. 零件内表面的斜顶抽芯机构设置

如图 2-8 所示，零件的内侧有内凹孔，所以要先将倒钩抽芯完成，之后完成顶出脱模。要实现这种结构，必须使用斜顶抽芯机构，才能使零件顺利完成脱模。斜顶抽芯机构起着脱模和侧向抽芯的双重作用。

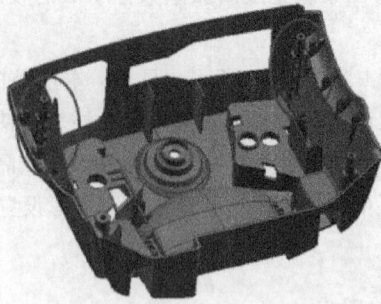

图 2-8　产品斜顶抽芯位置

2.3　注塑模具型腔数量的确定

2.3.1　根据注塑机最大注塑质量求型腔数

如图 2-9 所示,经测量,产品体积为 266.54 cm³,产品总质量为

$$m = \rho V = 1.2 \text{ g/cm} \times 266.54 \text{cm}^3 = 319.85 \text{ g}$$

初选注塑机型号为海天牌 HTF380W2-I(380 吨)卧式,其功能参数见表 2-1。

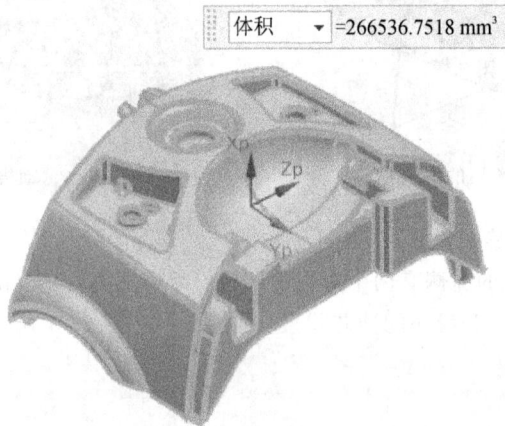

| 体积　▼ | =266536.7518 mm³ |

图 2-9　产品体积测量

表 2-1　HTF380W2-I 注塑机的功能参数

注塑(喷射)机构	单位	数值
理论最大容量	cm³	1068
实际最大注塑质量	g	972
模具锁紧力	t	380
射料嘴伸出量	mm	50
模具最大开模行程	mm	700
动定模固定板尺寸	mm×mm	730×730
最大模厚	mm	730

注塑(喷射)机构	单位	数值
最小模厚	mm	280
定位孔中心尺寸	mm	$\phi 160$
射料嘴尺寸	mm	$\phi 3.5$
喷嘴球径	mm	SR18

型腔理论数量：

$$N \leqslant \frac{0.8 m_0 - m_1}{m_2} \tag{2-1}$$

式中：m_0——注塑机的理论最大注塑量(972 g)；

　　　m_1——浇注系统凝料的质量(预估 5 g)；

　　　m_2——单个产品的质量(319.85 g)。

代入式(2-1)可得

$$N \leqslant (0.8 \times 972 - 5)/319.85 = 2.4 \text{ 个}$$

经综合讨论，考虑到成本、模具加工方法、制造工艺、设计难度等因素，决定使用单型腔模具，一次只生产一件产品，这是因为单型腔模具结构紧凑，相对简单，容易设计和修改，制造成本较低，加工周期也较短。

2.3.2　由模具锁紧力和模板尺寸确定型腔数

模具锁紧力是指注塑机的模具夹紧力。该力为气缸施加给塑料的压力，迫使塑料在型腔、型芯内成型，当到浇注口时，该力转化为挤出力，所以注塑机的压力必须大于模具锁紧力，即 $F_{塑} \geqslant F_{模}$。

本产品和浇注系统凝料在分型面上的正面投影面积：

$$A = n \times A_1 + A_2 = 1 \times 504.24 + 176.49 = 680.7 \text{ cm}^2$$

式中：A_1——一个投影面的面积(投影面积＝投影长×投影宽＝26.4 cm×19.1 cm＝504.2 cm²)；

　　　A_2——凝料在分型面上的投影面积，一般取 $A_2 = 0.35 n A_1 = 0.35 \times 1 \times 504.24 = 176.5 \text{ cm}^2$。

理论锁紧力：

$$F_{模} = \frac{(n \times A_1 + A_2) \times P}{1000} = \frac{680.73 \times 300}{1000} = 204.2 \text{ t}$$

式中：P——塑料熔融时所产生的平均压力(一般平均压力为 150～350 kg/cm²，对于 ABS，可选用 300 kg/cm²)。

因此，$F_{塑} = 380 \text{ t} \geqslant F_{模} = 204.22 \text{ t}$，经计算验证，所选注塑机满足生产要求。

2.3.3　型腔位置的布局

通过计算，我们可以知道腔的位置。

由于本模具设计为单型腔模具，因此设计者会考虑简单的模具形式，要么将塑件全部设计在定模内，要么将塑件全部设计在动模内。由于本零件结构的特性，最佳设计方案是将零件设计在动模和定模内。

2.4   分型面的确定

2.4.1   分型面设计

分型面设计是模具设计中的一个重要环节,它对模具结构有着很大影响。分型面设计是否合理,直接关系着整个模具的结构。分型面还和浇注系统、零件的脱模、生产模具的加工工艺有关,所以,设计好分型面,对模具设计而言,是十分重要的。下面总结了分型面设计的参考原则:

(1) 分型面尽量选择在零件的最大轮廓处。这一原则是设计分型面的基本原则,也是前辈总结出的设计经验。如果分型面不是选在最大轮廓处,塑件是无法从型腔中取出来的。

(2) 分型面位置的选择需考虑零件的脱模。在设计分型面时,一般会进行多方案设计,因为分型面位置的合理性直接影响到塑件的脱模。在设计时,应尽量让塑件留在动模,塑件会在这一侧随着推出装置的运动完成脱模。

(3) 设计分型面时还要考虑塑件的精度等级。塑件在各个方向或者面上的精度要求也影响着分型面位置的确定。一般从设计角度看,设计者是不会将分型面选择在有精度要求的面上的,也不会将分型面选择在有同轴度或者圆度的孔或者半圆上。

(4) 设计分型面时应考虑到塑件的外观。设计师不会选择有外观要求的表面作为分型面,也不会设计在圆弧倒角处。由于分型会有痕迹,所以设计时应尽量避免。

(5) 应对模具的制造加工有利。这也是设计者应考虑的一方面。如果设计的分型面需要模具加工内阶梯,则认为该副模具存在加工难度,即分型面设计不妥。

(6) 在设计分型面时应考虑排气。设计出的分型面如果导致模具不能排气,或者排气效果差,即视为设计不合理。

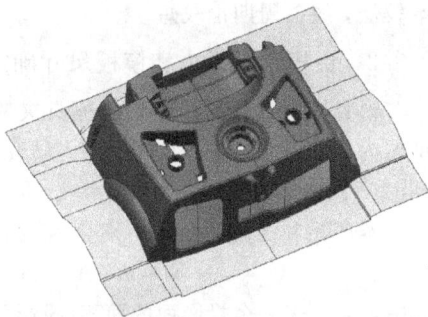

图 2-10   主分型面

2.4.2   确定分型面位置

在考虑以上因素后设计的主分型面如图2-10所示。分型面选在最大轮廓处,对孔洞进行了封补,并且分型面的位置保留在型芯侧。

2.5   普通浇注系统的设计

浇注系统一般指注塑机喷嘴到达型腔之间的送料通道,浇注系统一般由主流道、分流道、浇口和冷料穴组成。

浇注系统设计也会影响到模具的整体结构和零件的质量,设计出好的、结构合理的浇注系统是十分有必要的。通常设计师在设计浇注系统时会参考下面的设计经验:

(1) 对塑件的成型特性充分了解。设计之前,设计师肯定会对设计的产品本身进行深入剖析,了解其不同温度下的特性,选择理想的目标状态,还要研究熔融温度、各个条件下的线性变化曲线,多方位考虑,才能保证零件的质量合格。

(2) 浇口与塑料连接处减少痕迹。在设计时应减少痕迹的产生,设计流道时每一个流道与塑料之间都会产生连接痕,应该尽量减少塑料分流的次数,因为有分流,必然有汇合,汇合时会产生熔痕。

（3）浇注系统的设计也要考虑排气。因为在浇注时，型腔、型芯抽了真空，但在大气层内完全真空状态是不存在的，所以在注塑熔融过程中会出现漩涡和紊流，随之而来会产生气体，如果气体不能及时排出，则会出现产品缺陷，如缩孔、气泡，有些情况下还会出现烧焦。

综合以上设计原则，本设计采用的浇注系统的流道如图 2-11 所示。考虑到零件结构形式，主流道采用对称结构，分流道采用非对称结构。喷射机的喷嘴将塑料挤压到浇口处，再由浇口进入主流道，由主流道分流到各个分流道上。

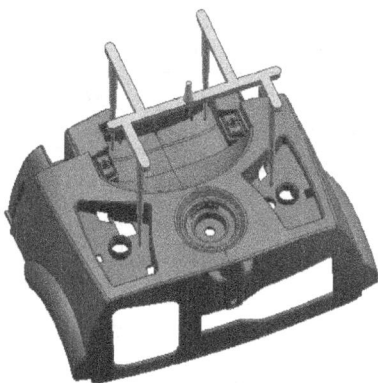

图 2-11 产品流道图

2.6 主流道以及主流道衬套结构的设计

1. 主流道的设计

在设计主流道时，我们结合实际情况，设计出合理实用、可行性高的主流道。在设计方案对比中，优先考虑了全对称结构，之后分析零件的结构与模具结构，分流道需要采用非对称结构，这种布置看似不对称，但对零件的实际注塑情况是非常好的。这种设计具备速度稳定、稳流的特点，让塑料很均衡地熔融到各个型腔内。与此同时，优秀的设计者还会考虑管道热量的损失以及压力的损失。

2. 定位圈的合理设计

定位圈的设计也是模具设计的一个必要环节，因为在注塑机喷嘴与模具工作时，需要一个定位装置，每次模具开合时，模具和注塑机喷嘴都会进行一次"撞击"，保证了浇口的中心位置和注塑机射嘴的中心线能重合，这样的撞击也需要定位圈来保护，而且从长远角度来讲，模具的维修费用远比更换定位圈便宜，所以设计合理结构的定位圈也是十分有必要的。定位圈的具体尺寸和三维效果图如图 2-12(a)和(b)所示。

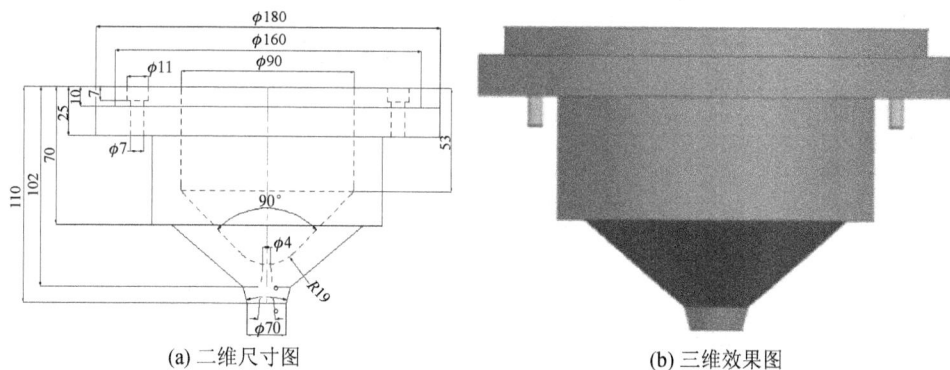

(a) 二维尺寸图　　　　　　　　　　(b) 三维效果图

图 2-12 产品定位圈

3. 主流道剪切速率的校核

在设计的基础上，还要通过计算来进行校核。表 2-2 是主流道剪切速率的校核过程。根据设计参考书和前辈的设计经验，其中主流道 $\dot{\gamma} = 5 \times 10^2 \sim 5 \times 10^3 \ \text{s}^{-1}$，分流道 $\dot{\gamma} = 5 \times 10^2 \ \text{s}^{-1}$，点浇道 $\dot{\gamma} = 5 \times 10^5 \ \text{s}^{-1}$，其他浇口 $\dot{\gamma} = 5 \times 10^3 \sim 5 \times 10^4 \ \text{s}^{-1}$。

表 2 - 2　主流道剪切速率的校核

公式	符号	各符号的含义	出处	结果
$Q=\dfrac{0.6-Q_n}{t}$ $\gamma=\dfrac{3\times 3Q}{\pi R_n^3}$	R_n	流道的半径，为 5.58 mm	《注塑模具设计手册》，哈尔滨工业大学出版社，第256 页	$Q=\dfrac{0.7\times 291}{3}=67.9(\text{cm}^3/\text{s})$ $\dot{\gamma}=\dfrac{3\times 3\times 67.9}{3.141\ 59\times 0.558^3}$ $=1.12\times 10^3$ 计算结果在 $5\times 10^2 \sim 5\times 10^3\ \text{s}^{-1}$ 之间，所以设计是符合要求的
	π	3.141 59		
	Q	主流道的体积流率		
	γ	剪切速率		
	t	注塑时间，为 3 s		
	Q_N	注塑机的标准注塑量，为 291cm³		

2.7　分流道系统的设计

1. *流道外形确定*

主流道和分流道的外形也属于设计范畴。流道的外形影响注塑机器的注塑压力和对零件的注塑成型。流道的外形还会影响模具的外形结构，并且影响其余各零件的布局。流道外形有圆形管、锥形管、梯形管等。综合对比，采用通用圆形管。

2. *分流道断面尺寸*

分流道断面的经验公式如下：

$$d=0.27\sqrt{m\ \text{g}}\cdot\sqrt[4]{L} \qquad (2-2)$$

式中：d——分流道的直径(mm)；

　　　$m\text{g}$——流经的塑料熔体重量(g)；

　　　L——分流道的长度(mm)。

表 2 - 3 给出了普通塑料分流道的最小设计直径。

表 2 - 3　普通塑料分流道的最小设计直径　　　　　　mm

塑料种类	直径取值	塑料种类	直径取值
PE, PA	1.6	PSF, PPO	6.4
PS, POM	3.2	ABS, SAN	7.6
PP, PC	4.8	PMMA	8

3. *流道校对*

假定目标值 $\dot{\gamma}=5\times 10^2\ \text{s}^{-1}$，分流道理论剪切速率的计算如下：

$$q_{vi}=\frac{\pi}{4}R^3\cdot\dot{\gamma} \qquad (2-3)$$

$$\dot{\gamma}=\frac{4q_{vi}}{\pi R^3}=\frac{4\times 67.9}{3.141\ 59\times 0.4^3}=1.35\times 10^3>\dot{\gamma}=5\times 10^2$$

因此得出结论，分流道设计合理得当，满足要求。

2.8　浇口的选用

浇口是模具设计中的关键步骤之一。浇口选用的合理性对塑件成型的影响很大。浇口在模具行业中俗称进料口，它的功能是将型腔的通道和分流道连接起来。浇口的合理选用和位置布局对零件的成型有很大影响。因为该副模具是单型腔模具，生产方式是一出一，所以考虑采用直浇口设计方式。这种设计方式简单,在注塑过程中可直接将熔融塑料注射到型腔各部分,而且使用直浇口,在注射时流体阻力小,具有较短位移,且 ABS 塑料颗粒在熔融状态下黏度较高。

2.9　标准注塑模架的确定

参考相关的文献资料,以及国家制定的相关标准,根据指导老师提供的意见,并查阅各种参考资料,在模具库搜索模架,对多方案进行对比后,选用 P3 型号的模架,如图 2-13 所示。

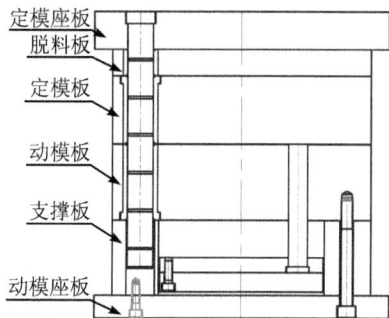

定模座板
脱料板
定模板
动模板
支撑板
动模座板

图 2-13　模架图

2.10　模具成型零件的设计

2.10.1　型腔、型芯的结构设计

型腔、型芯作为模具设计中的成型零部件,它是由塑件的外形结构和尺寸决定的。型腔、型芯作为成型零部件,在加工制造时,有特定的加工方法,一般采用机加工、热处理、修模等方式来达到装配要求。型腔、型芯因为要接受塑料的高温压力和冲刷,不断的脱模力的摩擦,所以对它们内表面的加工要求是极高的,要求满足零件尺寸精度的同时,还要满足零件的粗糙度。所以,它们要有很好的刚度要求和耐磨性要求。

型腔的结构形式多种多样。对于不同的零件结构,需采用不同的结构形式。型腔按照结构形式进行分类,可分为组合式结构和整体式结构。但在实际应用中,多为组合式凹模结构形式,下面对各种组合式凹模结构进行对比。

(1)整体嵌入式凹模。整体嵌入式凹模在模具设计中多作为考虑对象,根据设计经验,其表现的模具特性非常好,这种模具结构拆装方便,且加工难度不是太复杂,在设计合理的条件下,是可以满足零件的尺寸要求的。这种模具结构通常在设计时带台阶和盲孔,所以可以减去垫板结构。

(2)局部镶嵌式凹模。有时为了满足零件的要求,需要采用局部镶嵌式凹模,这种凹模属于异性凹模,使用的场合不是太多,所以暂不考虑。

(3)底部镶拼式凹模。有时为了加工模具方便,减少加工时间,便于装配,会采用底部镶拼式凹模。这种凹模在机加工、热处理、研磨、抛光等处理环节都比较方便。

综上所述,在满足零件要求、减少加工工艺复杂度、减少凹模变形的情况下,本设计选用整体嵌入式凹模。

型芯的结构方式也有多种方案,但通过对以往设计案例进行调查可知,采用组合式结构较多,便于加工。将结构进行组拼,可单独加工各型芯,但在制订该结构方案时必须保证结构的合理性,各型芯的强度不能发生变形,以便于后期生产加工和装配。

型腔和型芯的三维模型如图 2−14 和图 2−15 所示。

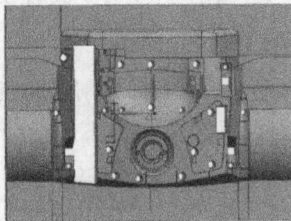

图 2−14　型腔　　　　　　　　　图 2−15　型芯

本设计的组合式内模结构如图 2−16 和图 2−17 所示。

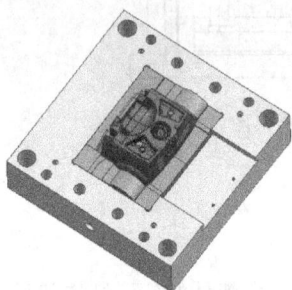

图 2−16　动模镶块图　　　　　　　图 2−17　定模镶块图

2.10.2　注塑模排气的设计

对于注塑模具设计，有些细节往往占决定性因素，所以要将这些不起眼的设计因素处理好。在设计时，模具排气这一环节是不可忽略的，排气系统或者装置的设置对于零件的质量有一定的影响。下面对排气系统做分析和设计。

1. 模具中排气槽的功能

排气槽主要起排气功能，在模具实际生产中的两个环节起作用。其中一个环节是塑料熔融颗粒进入流道和型腔时，需要先将模具内的空气排净，才能进行注塑。另一个环节是在注塑和保压的时候，需要将融进塑料颗粒的气体排出，否则生产出的塑件会出现残次品。

2. 一般采用的排气方式

一般设计时会采用普通排气孔，在设计型腔和型芯时会预留好气孔，用于排气；在加工型芯、型腔的时候，会在内表面直接加工排气槽，这种方法运用较少；通过各导柱、导套之间的间隙来排气。在设计时，应考虑可能存在的问题，避免出现设计错误。要避免塑料熔融颗粒的溢出。如果出现溢出，也要考虑其相对位置是否对零件有影响，是否需要二次加工。如果有影响，则表示该排气系统是不合理的。另外要考虑的因素是在设置排气系统的时候确保压力值在所选范围内，并且是可控的，不能因为排气系统的设置而影响到模具的注塑压力。

排气系统的最终目的是将型腔以及浇注系统中的气体和塑料在熔融状态下产生的气体排到模具外面，这样熔融塑料颗粒才能充满整个型腔。综合以上结论，并听取导师意见，本设计采用型腔、型芯气孔排气和模具零件本身配合间隙排气，以满足零件设计的要求。

2.11　型腔成型尺寸的计算[1-3]

影响零件精度误差的有如下三个因素：

(1) 型腔、型芯的加工误差 δ_m。

本设计中，零件精度等级为 6 级，那么设计的模具建议采用 4 级精度。

(2) 塑件的收缩率 δ_s。

(3) 凹模磨损量 δ_w。

本副模具为小型零件，所以磨损量相对较小，磨损量用 $\dfrac{\delta_w}{2}+\delta_r=\dfrac{\delta_m}{2}$ 取定。

按照之前取定的收缩率为 0.5%，所有的尺寸选为平均尺寸，这里模具制造公差 Δ_m 取塑件公差 Δ 的 1/3，即 $\Delta_m=\Delta/3$。

(1) 凹模尺寸的计算：

$$L_凹=\left[L(1+\delta_s)-(3/4)\Delta\right]^{+\Delta_m} \tag{2-4}$$

式中：$L_凹$——凹模的内部尺寸(mm)；

　　　L——该零件的实际尺寸(mm)；

　　　δ_s——塑件的收缩率，这里取 0.5%。

(2) 型腔尺寸的计算：

$$L_1=\left[264\times(1+0.005)-(3/4)\times0.74\right]^{+\frac{0.74}{3}}=264.8_0^{+0.25}$$

$$L_2=\left[191\times(1+0.005)-(3/4)\times0.86\right]^{+\frac{0.86}{3}}=191.3_0^{+0.29}$$

型腔深度的计算：

$$h_凹=h_塑\left[(1+k)-(3/4)\Delta\right]^{\Delta_m} \tag{2-5}$$

式中：$h_凹$——凸模/型芯的高度(mm)，计算式为

$$h_凹=\left[112\times(1+0.005)-(3/4)\times0.32\right]^{+\frac{0.32}{3}}=112.3_0^{+0.107}$$

　　　$h_塑$——零件的内部尺寸(mm)，表示零件的实际尺寸。

(3) 凸模尺寸的计算：

$$L_凸=\left[L_塑(1+\delta_s)-(3/4)\Delta\right]^{+\Delta_m} \tag{2-6}$$

式中：$L_凸$——凸模/型芯的外形尺寸(mm)；

　　　$L_塑$——塑件的基本形状(mm)，也就是塑件的实际大小。

本塑件考虑到收缩率为 0.5，值虽然可控，但值还是比较大的，需要通过计算验证，零件相对小的位置可不考虑尺寸收缩变化。

型芯尺寸的计算：

$$L_1=\left[259\times(1+0.005)-(3/4)\times0.74\right]^{+\frac{0.74}{3}}=259.7_0^{+0.25}$$

$$L_2=\left[178\times(1+0.005)-(3/4)\times0.86\right]^{+\frac{0.86}{3}}=178.2_0^{+0.29}$$

型芯深度的计算：

$$h_凸=\left[h_塑(1+\delta_s)+(2/3)\Delta\right]^{+\Delta_m} \tag{2-7}$$

式中：$h_凸$——凸模/型芯的高度(mm)，计算式为

$$h_凸=\left[103\times(1+0.005)-(3/4)\times0.32\right]^{+\frac{0.32}{3}}=103.275_0^{+0.107}$$

　　　$h_塑$——塑件的内部尺寸(mm)。

2.12　模具斜顶机构的设计

2.12.1　斜顶机构的设置

　　通过对零件进行分析可知，零件的背面存在卡扣机关，如图 2-18 所示。对于零件而言，设计卡扣是为了满足装配需要，这种代替螺栓螺母的零件设计增加了模具的设计难度，因为模具开合只会在一个方向上，所以设计开模时，就用到了斜顶机构，以帮助完成脱模。之所以运用斜顶机构，是因为存在位移差和高度差，斜顶机构在运动时并不做直线运动，而是在力的驱动下平滑地完成脱模。

2.12.2　脱模机构的设计

　　脱模机构的设置是为了方便模具顺利开模，完成零件的脱模。由于零件的结构性，必须考虑添加脱模装置，否则无法实现零件与型腔型芯的正确分离。合理的脱模机构不仅对塑件有利，而且对模具结构也有利。图 2-19 给出了斜顶机构的布置图。斜

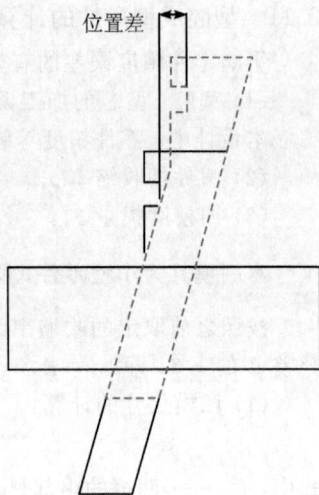

图 2-18　产品卡扣

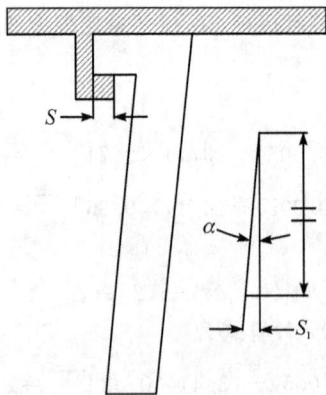

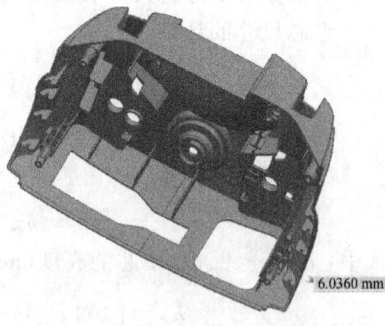

顶角度与顶出距离的关系如图 2-20 所示。图中斜顶机构的水平位移为

$$S_1 = H \times \tan\alpha \tag{2-8}$$

要使模具顺利脱离，S_1 要大于卡扣的倒置位移，而且要取一定的余量（1~5 mm），即

$$S_1 \geqslant S + (1\text{~}5 \text{ mm}) \tag{2-9}$$

式中：S_1——斜顶机构的水平位移；

　　　H——顶出距离；

　　　α——斜顶角度；

　　　S——零件卡扣的倒置位移。

　　如图 2-21 所示，经测量得出卡扣的倒置位移 $S = 6.036$ mm，顶出距离 $H = 80$ mm，斜顶角度为 6°，代入公式（2-8），计算结果为

$$S_1 = 80 \times \tan6° = 8.4 \text{ mm}$$

$S_1 = 8.4$ mm $\geqslant 6.036$ mm $+ (1\text{~}5)$mm，经计算验证，设计合理。

图 2-19　斜顶机构布置图　图 2-20　斜顶角度与顶出距离的关系　图 2-21　卡扣位置距离

2.13　斜导柱机构的设置

在不能顺利完成脱模的情况下，需要设置斜滑块和斜销，本产品采用了滑块与斜销的组合机构，最终使模具完成脱模。

设计运用的公式如下：

$$S = 11 + 5 = 16 \text{ mm}$$

$$\beta = \alpha + 2° \sim 3°$$

其中，β 为压座倾斜角，用于消除模具闭合时的干涉或者摩擦；α 表示斜导柱倾斜角。当 $\alpha \leqslant 25°$ 时：

$$S = T + 3 \sim 5 \text{ mm}$$

其中，S 表示滑块运动的水平位移；T 表示倒扣位移。

本设计中，α 取 15°，β 取 17°，三维软件测量倒扣位移为 11 mm，则 $S = 11 + 5 = 16$ mm，设计结果如图 2-22(a)、(b)所示。

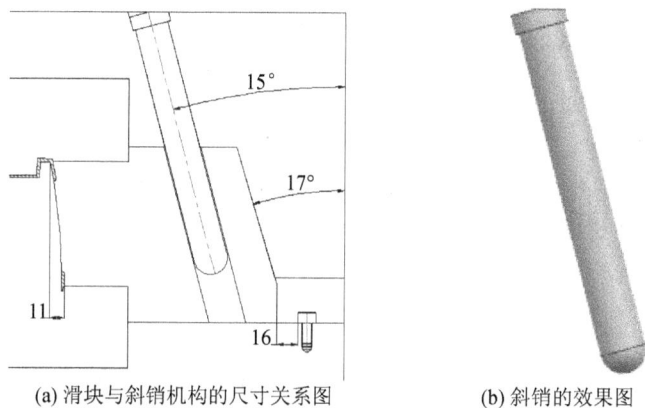

(a) 滑块与斜销机构的尺寸关系图　　　　　　(b) 斜销的效果图

图 2-22　斜导柱机构

2.14　模具冷却系统的设计

2.14.1　模具热平衡计算

注塑模具温度的控制，对于模具生产也是重要的一环。各种塑料在成型时的温控曲线不一，设置温度值也是非常有学问的。因此，应在了解塑料曲线的情况下，加上结合实际工况，得出合理的温控值或温控范围。

(1) 塑料颗粒所需热量：

① 熔融颗粒注塑的热量：

$$Q = n \times \Delta i \times G \tag{2-10}$$

式中：G——一次注塑量(kg)；

n——每小时注塑次数；

Δi——塑料熔体进入模腔及冷却结束时的塑料热熔之差(kJ/kg)，其值由以下公式计算得到：

$$\Delta i = C_p(t_{1\max} - t_{1\min}) + L_E = 1.47 \times (240 - 40) + 0 = 294 \tag{2-11}$$

式中：C_p——平均比热；

L_E——潜热(这里取 0)；

t_{1max}——塑料熔体进入模腔时的温度(240℃)；

t_{1min}——塑料熔体冷却结束时的温度(40℃)。

将式(2-11)代入式(2-10)得

$$Q=80\times294\times0.1503=3535.06\ (kJ/h)$$

② 经过喷嘴的总热量：

$$Q_Z=3.60F_0\beta(t_{1max}-t_{2m})k_c=3.6\times3.14\times2\times140\times(240-40)\times1=63.3\ (kJ/h)$$

式中：F_0——喷嘴的圆周表面积(m^3)；

β——普通钢的传热系数(140 W/($m^2\cdot$℃))；

t_{2m}——模具的平均温度(40℃)。

(2) 损失的热量：

① 对流散发走的热量：

$$\begin{aligned}Q_C&=\alpha_1(F'+F'')(t_{2m}-t_0)\\&=4.1868\times\left(0.25+\frac{360}{t_{2m}+300}\right)(F'+F'')(t_{2m}-t_0)^{3/2}\\&=4.1868\times[0.25+360/(40+300)]\times(0.5967+0.18)\times(40-25)^{3/2}\\&=247.26(kJ/h)\end{aligned}\qquad(2-12)$$

式中：F'——模具四侧的面积(m^3)；

F''——模具的对合面积(m^3)；

t_0——室温(25℃)。

② 辐射散发的热量：

$$Q_R=F'\times\varepsilon\left[\left(\frac{273+t_{2m}}{100}\right)^4-\left(\frac{273+t_0}{100}\right)^4\right](kJ/h)\qquad(2-13)$$

式中：ε——辐射率(一般加工面的辐射率为0.8～0.9，这里取0.8)。

计算结果如下：

$$Q_R=0.5967\times0.8\times\left[\left(\frac{273+40}{100}\right)^4-\left(\frac{273+25}{100}\right)^4\right]=8.17(kJ/h)$$

③ 向注塑机工作台面所传热量：

$$Q_L=3.6\alpha F_L(t_{2m}-t_0)\qquad(2-14)$$

式中：F_L——模具与工作台面的接触面积(m^3)。

结算结果如下：

$$Q_L=3.6\beta F_L(t_{2m}-t_0)=3.6\times140\times0.405\times15=3061.8(kJ/h)$$

(3) 热平衡条件：

$$\begin{aligned}Q_{in}-Q_{out}&=(Q+Q_Z)-(Q_C+Q_R+Q_L)\\&=(3535.06+63.3)-(247.26+8.17+3061.8)=281.13(kJ/h)\end{aligned}$$

显然，热平衡条件为进入的热量稍微大于输出的热量，所以该模具需要设置必要的冷却系统。

2.14.2　模具冷却系统

注塑模具的温度对零件的合格生产起着决定性的作用。其中，温度是否控制得当影响熔融塑料的充模状态、塑件的固化定型以及塑件的尺寸精度，而冷却系统的设置就是对注塑模具的温度控制，为零件生产提供温度保障。

结合 ABS 的生产工艺特性，该副模具需要设置水路冷却系统。

冷却系统的设计准则如下：

(1) 冷却水路应设置充足，并且管路直径足够大；

(2) 冷却水的管路距离型腔的位置距离大致相等；

(3) 冷却水在浇口处的冷却应得以保证；

(4) 冷却水路的走向尽量和塑件收缩方向一致；

(5) 冷却水的温差范围不能太大。

另外，冷却水路的位置要避开塑件的熔接处，不然会产生明显的熔接痕，从而降低塑料的质量和强度。在设计时，还要考虑冷却水路的密封性，必要时，需要给水路添加密封圈。

本模具设计的水路布置示意图和效果图如图 2-23～图 2-25 所示。

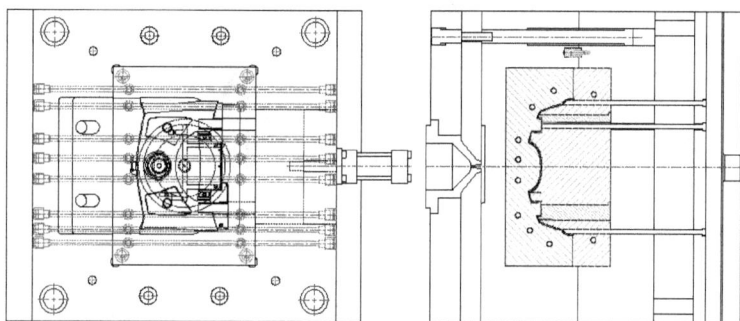

图 2-23　冷却水路

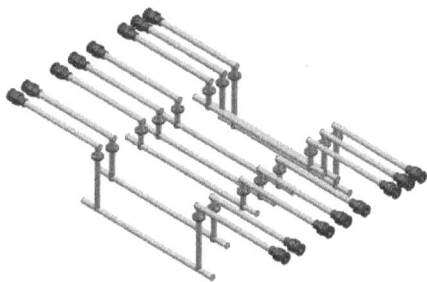

图 2-24　定模冷却水路

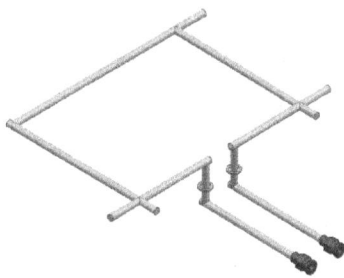

图 2-25　动模冷却水路

分析

(1) 第 2 章整体内容比较完整，将注塑模具的核心结构都进行了清楚的说明，具体介绍了各个子结构方案，涉及计算及效果图展示，表达得比较清楚，但是在介绍各个子结构之前最好做一个总体方案介绍。

(2) 基本上能够参考相关设计手册进行计算和选取参数，说明该生对于注塑模具的相关规范比较了解。但需要指出的是，计算的公式、符号有部分没有用公式编辑器，导致个别变量符号的表达不规范。

节选二：

■ ·+·

第 3 章　注塑机的选择及注塑机工艺参数的校核

3.1　注塑机技术标准的查阅

注塑机型号选择海天注塑机 HTF380W1(380 吨)，实物如图 3-1 所示。

图 3-1　注塑机

3.2　注塑压力的校核

注塑压力应满足：

$$0.7p_{max} > \Delta p_e + \Delta p_c + \Delta p_j + \Delta p_z \tag{3-1}$$

式中：

p_{max}——该注塑机的最大注塑压力(140 MPa)；

Δp_e——注塑压力机的压力损失(25.2 MPa)；

Δp_c——成型所需压力,参考值为 25～45 MPa(由于 ABS 具有较好的流动性,所以选取压力值为 25 MPa)；

Δp_j——模具浇注系统的压力损失(2.71 MPa)；

Δp_z——经喷嘴的压力损失 (11.2 MPa)；

经计算得出：

$$0.7p_{max} = 98 \text{ MPa}$$
$$\Delta p_e + \Delta p_c + \Delta p_j + \Delta p_z = 64.11 \text{ MPa}$$

因此，符合要求。

3.3　锁模力的校核

塑件和流道凝料在分型面上的投影面积：

$$A = n \times A_1 + A_2 = 1 \times 504.24 + 176.49 = 680.73 \text{ cm}^2 \tag{3-2}$$

其中：A_1——单个塑件在分型面上的投影面积,计算式为

$$A_1 = \text{投影长} \times \text{投影宽} = 26.4 \text{ cm} \times 19.1 \text{ cm} = 504.24 \text{ cm}^2； \tag{3-3}$$

A_2——流道凝料在分型面上的投影面积,计算式为

$$A_2 = 0.35nA_1 = 0.35 \text{ cm} \times 1 \times 504.24 \text{ cm} = 176.484 \text{ cm}^2 \tag{3-4}$$

所需锁模力：

$$F_{模} = (n \times A_1 + A_2) \times P/1000 = 680.73 \times 300/1000 = 204.2 \text{ t} \tag{3-5}$$

其中：P——塑料熔体对型腔的平均压力。一般平均压力为 $150\sim350$ kg/cm²，对于 ABS，一般取 300 kg/cm²，则

$$F_塑 = 380 \text{ t} \geqslant F_模 = 204.22 \text{ t} \tag{3-6}$$

故选定的注塑机满足要求。

3.4 注塑量的校核

塑件的注塑模具和浇注系统的凝固预期总投资量或质量（体积）应在注塑机的额定喷油量的 80% 以内，即

$$nV_s + V_j \leqslant 0.8V_g \tag{3-7}$$

将上式代入值得

$$1\times266.54 + 28.31 < 0.8\times1068$$

实际测量的注塑模具体积和浇注系统体积如图 3-2(a)和(b)所示。

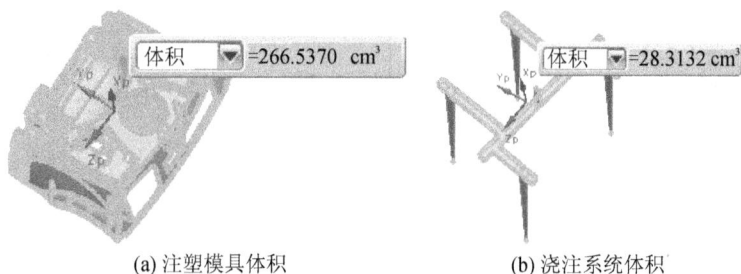

(a) 注塑模具体积   (b) 浇注系统体积

图 3-2 模具总注塑量

因此，所选注塑机的注塑量满足要求。

3.5 开模行程和塑件推出距离的校核

注塑模具的开模行程最大，模具范围最大，模具零件的移动距离必须小于注塑机，模具注塑机采用双弯头夹紧结构[1]，注塑机最大高度为 730，模具闭合时注塑机的运动行程示意图如图 3-3 所示。

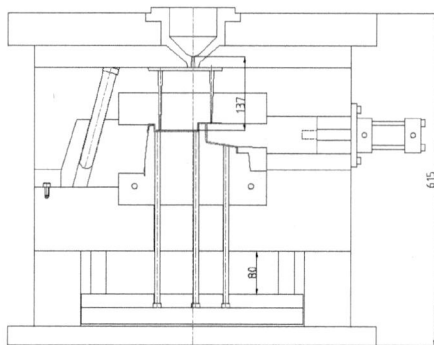

图 3-3 注塑机的运动行程

模腔行程压力校核公式为

$$S \geqslant H_1 + H_2 + 5\sim10(\text{mm}) \tag{3-8}$$

通过计算我们可以知道：

$$L_{max} = 80 + 137 + 10 = 227 \ mm$$

$$S = 700 \ mm \geqslant 227 \ mm$$

结论：注塑机的开模行程满足设计要求。

3.6 模具闭合高度的校核

模具闭合高度必须满足注塑机的装模高度，即

$$H_{min} \leqslant H_{闭} \leqslant H_{max} \tag{3-9}$$

结论：280 mm≤615 mm≤730 mm，注塑机的装模高度满足设计要求。

3.7 模具装配图

下面给出了本文设计的模具装配图，如图 3-4(a)、(b)所示。三维效果图如图 3-5 所示。

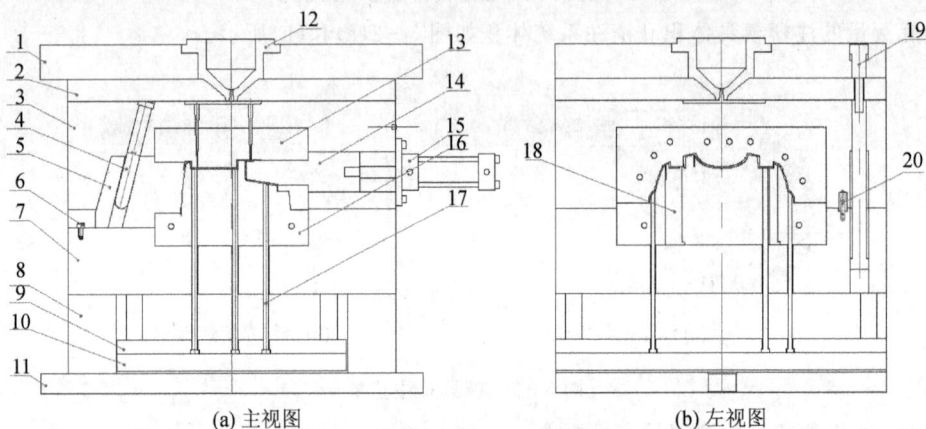

(a) 主视图　　　　　　　　(b) 左视图

图 3-4　模具装配图

1—定模座板；2—卸料板；3—定模板；4—斜导柱；5—滑块；6—限位螺钉；
7—动模板；8—支撑板；9—推杆固定板；10—推板；11—动模座板；12—浇口套；13—型腔；
14—定模滑块；15—油缸；16—型芯；17—推杆；18—动模镶件；19—小拉杆；20—尼龙拉钩

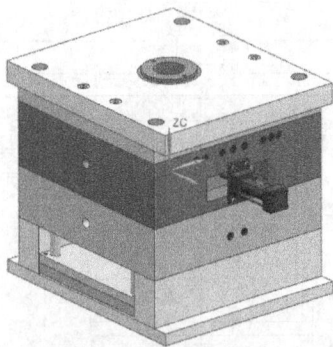

图 3-5　模具三维效果图(正等测图)

分析

(1) 第 3 章整体来说内容比较简洁、完整，虽然注塑模具需要校核处都做了计算，但是

一些计算细节有简化，这个可以和后面的模流分析验证有一个呼应，如果这一章介绍得太详细，下一章将会显得多余。

（2）基本上能够按照相关设计手册来进行计算和选取参数，理论校核说明满足要求。

（3）模具装配图不太符合规范，比如粗细实线未区分、缺了剖面线，总体尺寸及视图表达不够全面等。

节选三：

■ ·—·+·—·+·—·+·—·+·—·+·—·+·—·+·—·+·—·+·—·+·—·+·—·+·—·+·

第4章　模流分析验证

4.1　模流分析前期处理

Moldflow 为塑件模流分析的流行软件。本次设计将采用此软件对模具设计的合理性进行验证。模流分析能很好地设计模具和验证模具，通过塑件的模流分析，对模具结构进行调整和优化。通常 Moldflow 的分析流程如图 4-1 所示。

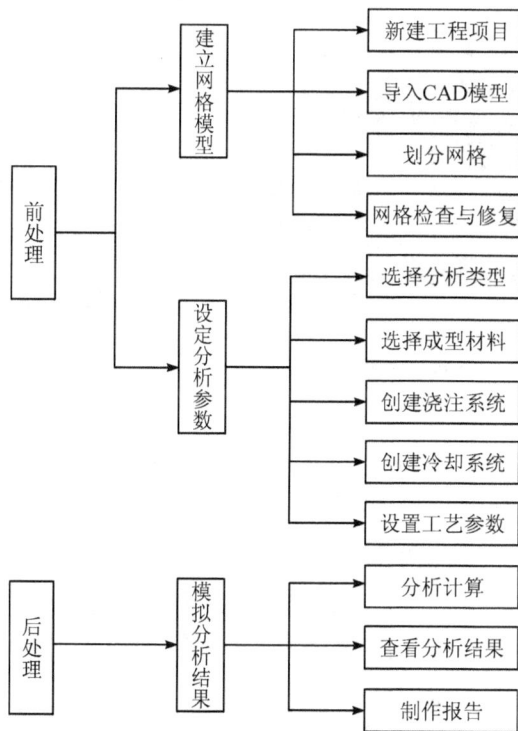

图 4-1　Moldflow 的分析流程

4.1.1　建立三维模型

本文模流分析的目的是做设计验证，并非方案对比，而三维模型是之前绘制好的，转换成STP 格式后，可直接进行分析。

4.1.2　将塑件划分网格

前期的准备工作还需要对塑件进行划分网格，以便于分析塑件的结构。网格划分形式为表面网格。软件划分结束后，还需手动进行简单的修复，通过软件给出数据。该塑件划分网格数为56 176，共28 052 个节点，需要连通的区域 1 个，模型划分的纵横比平均是 1.89，匹配的百分比达到了 91.2%。因此得出结论，网格划分较细，符合验证设想。图 4-2 和图 4-3 给出了划分网格效果图和划分网格数据结果报告。

```
三角形
--------------------------------
实体计数：
    三角形                      56176
    已连接的节点                28052
    连通区域外                  1

    不可见三角形式上             0

面积：
(不包括模具镶块和冷却管道)
    表面面积：    2588.32 cm²

接单元类型统计的体积：
    三角形：      266.778 cm³
纵横比
    最大        平均        最小
    26.32       1.89        1.16

边细节
    自由边                      0
    共用边                      84264
    多重边                      0

取向细节：
    配向不正确的单元             0

交叉点细节：
    相交单元
    完全重叠单元                0

匹配百分比：
    匹配百分比                  91.8%
    相互百分比                  91.2%
```

图 4-2　划分网格　　　　　　　图 4-3　划分网格数据结果

4.1.3　浇口位置验证

在使用 UG 进行设计浇口时，已经预估好浇口的位置，通过分析云图可知，浇口位置布局是合理的，浇口设置在塑件的中部区域，如图 4-4 所示。

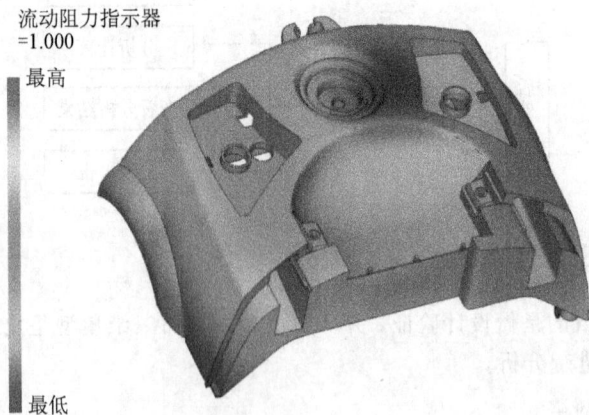

流动阻力指示器
=1.000

最高

最低

图 4-4　浇口位置验证

4.2　模流分析验证结果

4.2.1　塑料充填时间验证

通过图 4-5 所示的充填分析结果中的云图信息可以得出验证结果，充填时间符合模具设计结果，熔融塑料颗粒在流道和型腔内部没有滞留，整副型腔是充满塑料的，充填时间为 2.042 s。

所以，模具的充填时间是满足设计要求的。

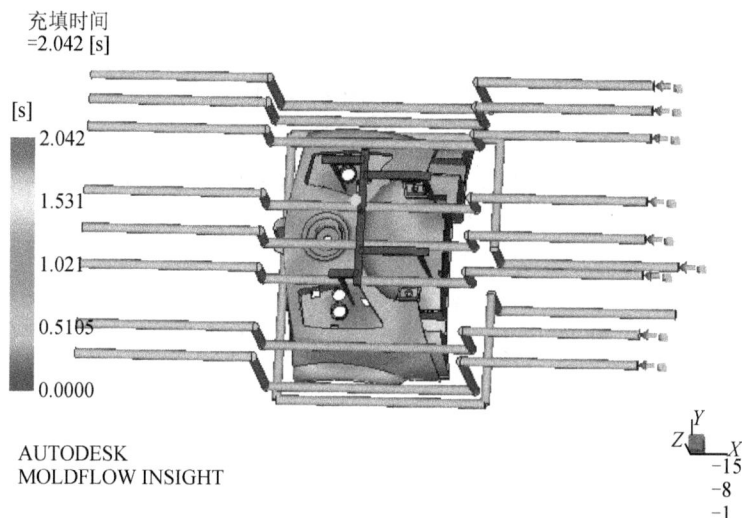

图 4-5　充填分析结果

4.2.2　塑件熔接线

在注塑成型制品的众多缺陷中，熔接线是最为普遍的。除少数几何形状非常简单的注塑件外，大多数注塑件上的熔接线的形状为一条线或 V 形槽，尤其是需要使用多浇口模具和嵌件的大型复杂制品。熔接线不仅使塑件的外观质量受到影响，而且使塑件的力学性能，如冲击强度、拉伸强度、断裂伸长率等受到不同程度的影响。另外，熔接线还给制品设计和塑件的寿命带来了严重的影响，因此应尽可能地予以避免或改善。本文进行了软件分析。从图 4-6 中的结果可以

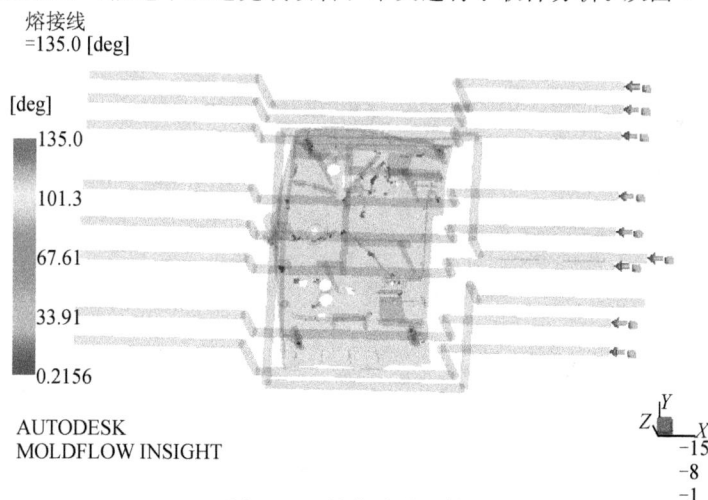

图 4-6　熔接线分析结果

看出，注塑模具产生熔接线的位置不多，红色部分为散点形式分布，没有连成线，其余大部分为蓝到绿的颜色范围，说明整体平均大小较小，可以满足塑件要求。

4.2.3　冷却系统温度

　　冷却系统的设置是为了保证塑件的质量。合理地设置冷却系统，可以避免塑件在生产过程中产生缺陷，防止塑件产生翘曲变形。如图 4-7 所示，回路冷却温度控制合理。回路冷却温度差值为 2.3℃，温差不大，符合设计方案。

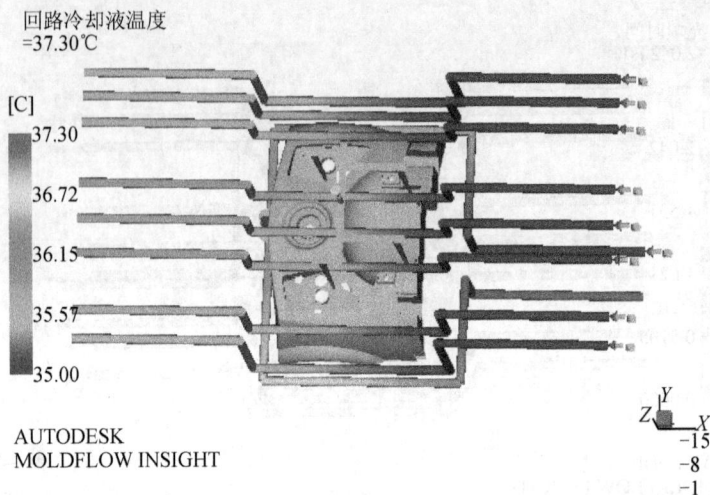

图 4-7　回路冷却温度

4.3　平均体积收缩率的核验

　　从云图分析结果可知，该副模具生产的零件的体积收缩率为 2.4，体积收缩率均匀，塑件在生产过程中不会产生翘曲变形现象，也不会出现缩水。体积收缩率如图 4-8 所示。

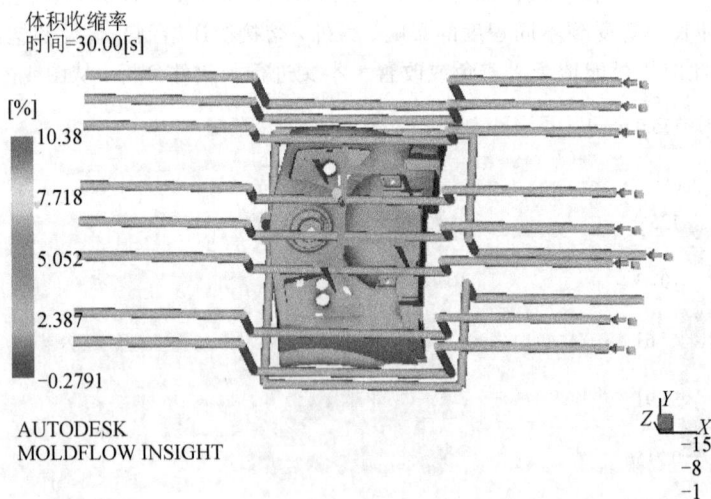

图 4-8　体积收缩率

✎ **分析**

（1）第 4 章整体来说内容比较简洁，可能是篇幅的原因，具体的软件操作步骤没有做介绍。不过为了突出模流分析的技术优势，首先应该有一些常用功能的介绍和具体仿真时参数设置的细节展示。

（2）每个仿真最好和前面的理论校核做一个简单的对比分析，说明仿真结果和理论计算是否一致，这样更有说服力。

（3）Moldflow 为模具相关专业中比较有用的一个软件，在大学里学生对该软件的学习可能还处于起步阶段，但在实际工作中对 Moldflow 的应用就比较普遍了。若在毕业设计中对该软件有一定的应用，那么对于后面就业会有帮助。

3.3.3　案例点评

（1）该毕业设计的计算说明书从整体上看其框架基本按照常见的注塑模具设计流程布局，同时又有新意，另外引入了目前流行的模流分析技术（Moldflow 软件平台）来验证设计的合理性，比传统的设计校核更合理和更能接近现实情况。从具体步骤看，有总体方案对比分析，每个部分的重点突出，详略安排合理，设计计算有参考文献来源，数据选取有理有据，同时在设计计算每一个结构时配了三维图和各种计算用的分析图，方便读者理解。因此该论文相较于传统注塑模具设计，既有传承，又有新意，值得大家去参考学习。

（2）计算说明书内容紧密围绕设计对象展开，针对给出的注塑件，设计出所需的各个结构，计算详细，分析逻辑清晰。

（3）计算说明书前后设计、数据、图表还有模流分析的结果和前面理论预测结果基本一致。

（4）整篇计算说明书的语言比较规范，正确使用注塑模具设计的专业术语，而非口语（这个问题需要注意，注塑模具设计是比较专业的一个方向，有自己特有的术语）。

（5）计算说明书中的公式表达基本符合规范，但是有一些变量及其下标不符合规范（强烈建议用公式编辑器输入。如果直接输入，又不去查看规范的相关规定，则变量名称和单位格式不符合学术规范）。插图的主要问题是模具整体结果展示图中线条粗细和清晰度不够。

（6）计算说明书整体排版格式基本规范，但计算部分的符号参数表达需要进行规范。

（7）该毕业设计整体内容充实，计算说明书字数、图纸数量都达到本科毕业设计要求，且有模流分析仿真验证的内容（属于目前流行的方法，比较符合企业需求），因此，本文已经达到预期的设计任务。

（作者：崔洲；指导教师：陈炎冬）

3.4　机电综合方向

机电产品传统的定义是由传动件、动力件、执行件及电气和机械控制单元组成的产品。随着计算机技术的发展，形成了机械、电子相结合的机电一体化技术，这一技术提高了机电产品的质量和性能，给传统机电工业带来了巨大变革，出现了机械与微电子技术相结合的一大类产品。在做此类毕业设计课题时，应立足于"机械"，将电子技术应用于机械设计、机械设备、机械生产系统中。机电产品设计全过程一般包括：

（1）功能设计：对机电产品从可行性、必要性、经济性三方面进行功能分析，明确功能要求，对其机械运动机构、动力及传动机构、传感器、信号系统等进行精度设计，并根据需要提出必要的可靠性分析。

（2）总体方案设计：包括功能分析、资料积累、综合研究和方案比较和确定，即确定总体参数，并划分为机械、电路、传感器等各分系统的技术指标，确定动力与传动方案。

（3）结构设计：可以参考一般机械产品的设计流程，更多地考虑使用环境及场合、各部件的功能和要求等，有时也会加入造型设计的要求。

（4）控制系统设计：主要包括控制系统流程图设计、硬件设计、软件设计以及显示、人机界面等方面。

此方向课题的设计思路及毕业设计说明书（论文）纲要见图 3.8。

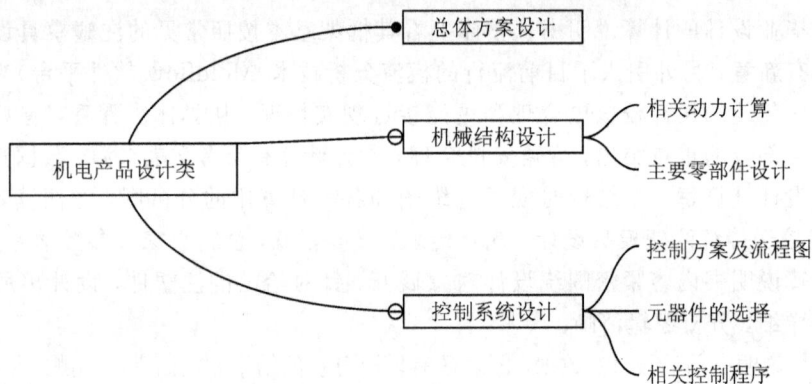

图 3.8　机电综合方向课题的设计思路

3.4.1　课题范例

表 3.4 为机电综合方向毕业设计课题范例，以供参考。

表 3.4　机电综合方向毕业设计课题范例

序号	课 题 名 称
1	一种汽车模拟操纵装置驾驶平台的设计
2	汽车 ABS 实训台结构与控制系统设计
3	高压输电线路除冰机器人机构和控制系统设计
4	微型轴承外圈直径自动检测装置设计
5	可移式多功能机械臂结构设计和 PLC 控制
6	智能三轮车的总体结构设计和控制系统的硬件设计
7	基于 UG 的装配生产线研究——总体布局及控制系统设计
8	搬运机械手结构及控制系统的设计
9	数控垃圾压缩设备结构及控制系统的设计
10	数控食品罐头封装机结构及控制系统的设计

3.4.2　案例分析

1. 题目

一种汽车模拟操纵装置驾驶平台的设计。

2. 设计任务要求

大型特种车辆装备实车操纵训练的安全隐患大，若操纵不当，会造成人员伤亡、设备损毁等重大安全事故。因此，需研制车辆装备训练模拟系统，借助现代计算机仿真技术，采用计算机模拟与实体训练器材相结合的方法，模拟后勤车辆装备操纵过程，为训练机构培训操作人员提供有效的室内训练手段。本课题针对汽车起重机，设计一种汽车模拟操纵装置驾驶平台，具有一定的现实意义和应用价值。

本平台要求实现三自由度运动仿真环境的模拟，驾驶员具有与实车操作相似的感觉。驾驶平台的主要功能包括俯仰、侧翻、升降，平台提供接口，支持外部控制方式，驾驶平台可以回转。本课题需完成设计说明书 1 份，总体电路图、装配图各 1 份。技术参数要求如下：

（1）平台承载能力为 150 kg；

（2）工作电压为 $220 \times (1 \pm 10\%)$ V/50Hz；

（3）驾驶平台具有俯仰、侧翻、升降三自由度；

（4）驾驶平台最大俯仰角为 $\pm 15°$；

（5）驾驶平台最大侧翻角为 $\pm 15°$；

（6）驾驶平台可升降 ± 110 mm。

3. 摘要与关键词

摘要：随着时代的进步，科技在不断地发展，当今大型特种车辆装备的科技水平越来越高，结构越来越复杂。在使用汽车起重机时，由于普通车辆驾驶员只经过简单的适应性训练，对实车操纵流程不熟悉，因此易造成因操作不当而导致驾驶人员伤亡、运输设备损毁等重大交通安全事故，存在很大的安全隐患。

本文针对汽车起重机，设计一种用于汽车模拟操纵装置的驾驶平台。首先，对汽车起重机模拟操纵装置驾驶平台的功能和驾驶要求进行了分析，提出了驾驶平台的设计方案；其次，对驾驶平台的总体布置做了优化设计，包括座椅与操纵装置的分布、重心的分布、驱动装置的分布等；再次，设计了铰链机构连接驱动装置与支撑框架，使运动不干涉；之后设计了显示装备安装架，同时采用实车操纵机构，在操纵机构上安装传感器；最后，设计了一种用于此驾驶平台的控制电路，包含单片机最小系统电路、采集信号电路、通信电路、驱动电路与扩展接口。此控制系统可以对操纵杆与油门踏板进行信号采样，并且可以通过伺服驱动器对电动缸和回转机构进行控制。

关键词：汽车驾驶模拟器；电动缸；单片机；传感器

4. 目录

5. 正文

节选一：

第 2 章　系统的总体设计

2.1　方案设计

  本课题设计是"车辆装备训练模拟系统"项目中的驾驶平台设计部分，此系统包含驾驶平台的机械操纵装置部分、控制系统部分、计算机仿真模拟演示部分。机械部分采用三自由度的动感平台，包括操纵机构、支撑框架、支撑座、驱动装置、回转机构等。控制系统部分利用单片机控制系统控制驱动装置，从而使驾驶平台实现俯仰、侧翻、升降三种基本运动。计算机仿真模拟演示部分既可以与上位机进行通信，也可以输出控制机构动作，还可以采集操纵机构的操作信号，并通过通信接口将采样结果实时发送至图形工作站。其中，上位机的动力学模型、三维平台的动画设计、驾驶场景模拟等模块不作为本课题的研究内容。

  本文研究的技术路线如图 2-1 所示。

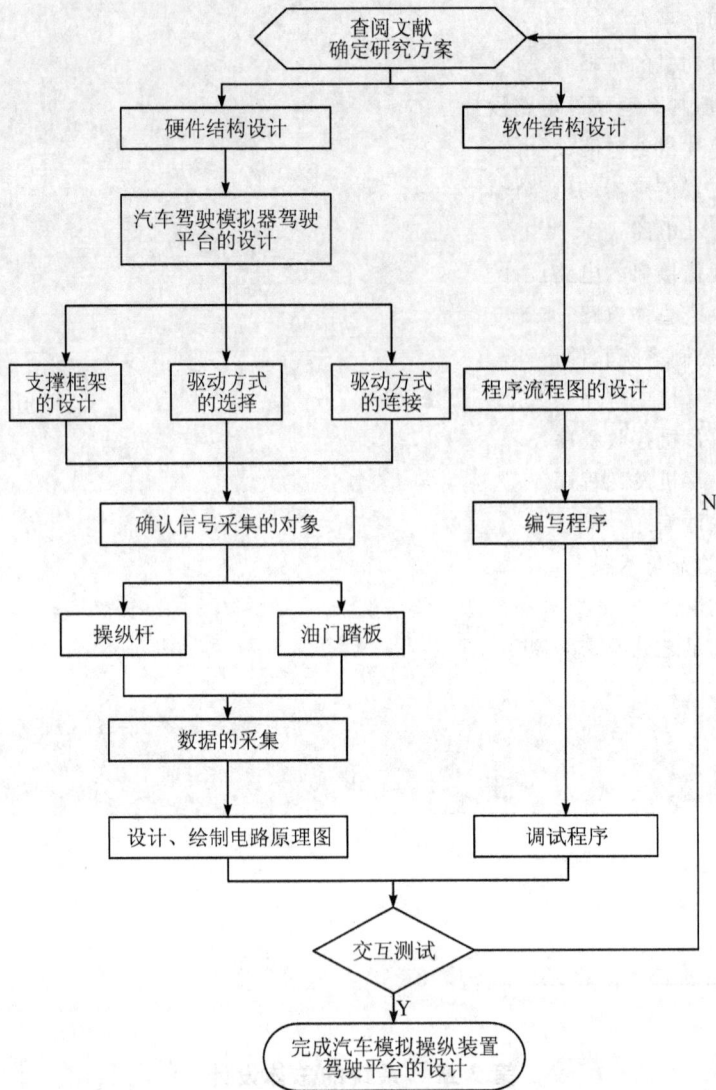

图 2-1　技术路线

2.2　驾驶平台单片机控制系统

　　该汽车模拟操纵装置驾驶平台的控制系统以单片机为核心。如图 2-2 所示，单片机控制系统总框图由上位机部分(虚线部分)和下位机部分组成。下位机部分的核心是单片机控制系统，与单片机控制系统相关联的是输入信号的采集、输出控制系统和与上位机进行通信的通信系统。

　　图 2-2 中，模拟量信息处理模块的主要功能是对操纵机构等的变化量进行处理，削弱噪声干扰，增强信号。通信接口是微处理器和主计算机之间通信的媒介，它有两方面的功能：第一是将采集的操纵信号传输至主控计算机中，以达到向动力学模型传递参数的目的；第二是将上位机软件中汽车动力学模型的运动姿态信息传输至单片机，经运算后控制电动缸[10]。为使系统正

常运行,电源模块提供稳定的电压。

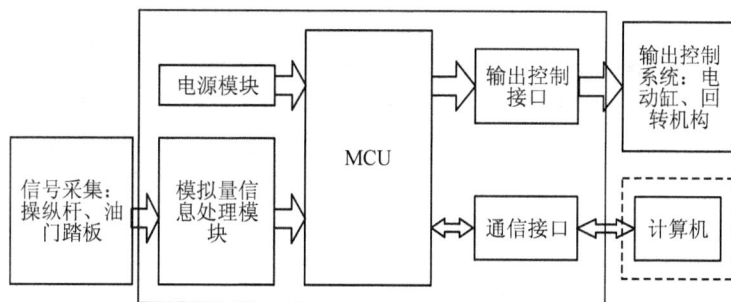

图 2-2　单片机控制系统总框图

2.3　系统的设计原则

(1)该系统能够保持一定的高精密运动控制。

(2)驾驶平台简便轻巧,经济耐用,性价比高,节省成本。

(3)系统稳定,调试方便。

分析

(1)系统的总体设计包含了技术路线和控制系统总框架的说明,但作为机电产品,结构总体设计介绍也是不可缺少的,如能将本章内容调整为总体结构方案＋控制系统方案,则会更完善。

(2)本案例采用技术路线的形式表达系统总体设计方案和思路,条理清晰明了,值得借鉴。

节选二:

3.3　驱动方式的选择

在汽车模拟驾驶器的设计中,最常见的驱动方式有电动驱动、气压驱动和液压驱动,这三者的主要区别是采用的直线传动元件不同。各驱动方式的区别如表 3-1 所示。

表 3-1　各驱动方式的区别

对比项目	液压驱动	气压驱动	电动驱动
传动媒介	液压油	空气	机械结构
工作温度	工作温度范围为-40～120℃,工作性能易受温度波动的影响	工作温度范围为5～60℃,工作性能易受温度波动的影响	工作温度范围为-30～80℃,工作性能易受温度波动的影响

对比项目	液压驱动	气压驱动	电动驱动
结构复杂度	需要发动机、液压泵、液压阀和液压管路等，占用空间大，结构复杂	需要发动机、气泵、压阀和液压管路等，占用空间大，结构复杂	需要电机和机械传动元件，占用空间小，方便布置，结构简单
位置可控制性	困难	很困难	容易
维护工作量	很大	大	小
环境污染	油液泄漏	噪声大	小

电动缸作为一种新颖的机电一体化产品，在许多工业场合被逐步推广使用。由表3-1可知，电动缸不仅结构简单，传动效率高，定位精度高，占用空间小，噪声少，维护方便，而且在工作时可以在很宽的速度范围内调节速度，其执行器也能更加简便地集成到可编程控制系统中，精度更高，低速运行时稳定且控制精准，同步性好。这都符合我们在此设计中对驱动装置的要求，因此，我们选择电动缸提供驱动力。

3.4　电动缸的选型

3.4.1　驱动装置的布置

汽车模拟操纵驾驶平台的支撑板主要是对座椅、驾驶员、操纵机构、显示装置等起支撑作用。根据人体工程学将支撑板设计成上底30 cm、下底50 cm、高110 cm、厚度10 mm的等腰梯形板。这里采用的是三支架的机构运动，且将电动缸作为它的驱动方式，它们的支撑点分别在图3-2中的1、2、3位置（前面一个支撑点，后面两个支撑点），将支撑点连接起来形似等腰三角形（虚线部分）。为了方便计算，我们在进行电动缸推力计算的时候，可以将其看成一个等腰三角形。

如图3-2所示，三自由度驾驶平台实现升降、侧翻、俯仰体感运动的方式如下：当三个伺服电动缸从初始位置开始同时做伸缩运动时，驾驶平台做垂直运动，即升降运动；当1号电动缸在初始位置或运动到一定位置时保持不动，当2号电动缸与3号电动缸作独立运动时，驾驶平台做侧翻运动；当1号电动缸作伸缩运动，其他两个电动缸与1号电动缸作独立运动时，驾驶平台做俯仰运动。

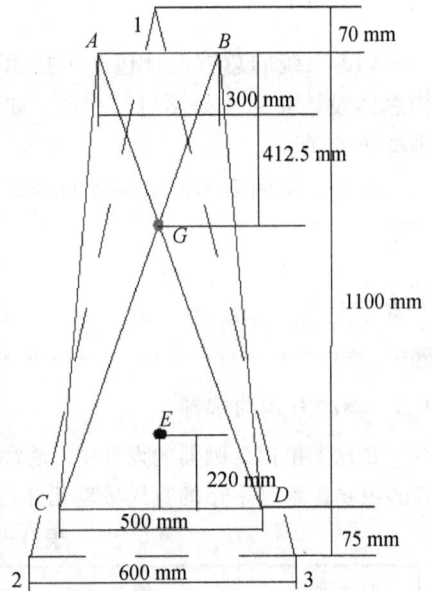

图3-2　电动缸安装位置

3.4.2　电动缸的选型

要想进行电动缸的选型，就必须先知道电动缸所需的推力。首先需求出支撑板自身的重量，再进行受力分析，求出电动缸的所需推力。此次设计需要三个电动缸，即需求出每个电动缸的受力情况，再根据所需的最大推力来进行选型。考虑到驾驶平台的系统稳定性及一致性，这里我们选择同样型号的电动缸。

（1）选择的梯形支撑板的材料为钢，其密度 $\rho = 7.85 \times 10^3$ kg/m³，则梯形钢板的面积为

$$S = \frac{1}{2}(AB + CD) \times h \tag{3-1}$$

代入参数得

$$S = \frac{1}{2}(AB + CD) \times h = (0.3 + 0.5) \times 1.1 \times \frac{1}{2} = 0.44 \text{ m}^2$$

质量为

$$m = \rho V \tag{3-2}$$

代入参数得

$$m = \rho V = 7.85 \times 10^3 \times 0.44 \times 0.01 = 34.54 \text{ kg}$$

因此，估算梯形支撑钢板的重量为 40 kg。

（2）已知支撑框架的平台承载能力为 150 kg，支撑框架的重量约为 40 kg。根据牛顿第二定律：

$$F = ma \tag{3-3}$$

其中，$a = 10$ N/kg，则电动缸所需总的推力 $F_{总}$ 为梯形钢板自身的重力 G_m 加上梯形钢板所能承受的力 F_n，即

$$F_{总} = G_m + F_n \tag{3-4}$$

代入参数得

$$F_{总} = G_m + F_n = 40 \times 10 + 150 \times 10 = 1900 \text{ N}$$

由图 3-3 可以看出，G 点为等腰梯形钢板的重心，支撑板上主要的承载能力来自驾驶员的重量，则座椅的位置决定着每个电动缸所需的推力。又根据人体工程学调查研究可知，人坐在椅子上时重心在臀部，而大多数人一般会坐座椅的 1/2 左右，因此将座椅靠着支撑板边 CD 放置，其受力处大约在距离 CD 的 220 mm 处（即 E 点）。

因此，支撑框架受力分析如图 3-3 所示。

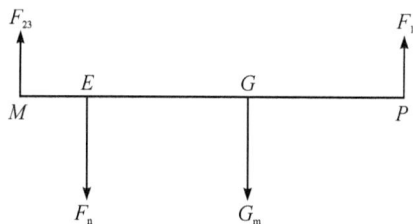

图 3-3　受力分析图

图 3-3 中，F_1 为 1 号电动缸所受的力；F_{23} 为 2、3 号电动缸所受的合力，2 号电动缸与 3 号电动缸受力相等；G_m 为梯形钢板自身所受的重力；F_n 为梯形钢板所能承受的力。列方程组得

$$F_1 + F_{23} = G_m + F_n \tag{3-5}$$

$$F_n \times d_{ME} + G_m \times d_{MG} = F_1 \times d_{MP} \tag{3-6}$$

代入参数计算可得

$$F_1 = 600.4 \text{ N}$$

$$F_{23} = 1299.6 \text{ N}$$

因此可得

$$F_2 = 649.8 \text{ N}, F_3 = 649.8 \text{ N}$$

由此可知，所需的电动缸最大推力为 649.8 N。

因此，可以在伺服电动缸选型参数表中查找 DDA60 系列伺服电动缸的参数，其缸体部分外形尺寸为 61 mm×61 mm。

① 要求驾驶平台升降最大为 ±110 mm，根据参数表初步选择电动缸的行程为 250 mm。在进行俯仰、翻转运动之前，电动缸处于初始位置（中位 125 mm）。

a. 当 1 号电动缸作伸缩运动，2 号或 3 号电动缸与 1 号电动缸作独立运动时，俯仰角 α 最大为 15°。俯仰角投影垂直面示意图如图 3-4 所示。

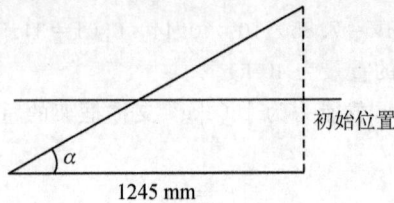

图 3-4　俯仰角投影垂直面示意图

当 $\alpha = 15°$ 时，电动缸的行程为 $\tan 15° \times 1245 = 333.60$ mm＞250 mm，不符合要求。

b. 当 1 号电动缸在初始位置或运动到一定位置保持不动，2 号电动缸与 3 号电动缸作独立运动时，侧翻角 β 为 15°。侧翻角投影垂直面示意图如图 3-5 所示。

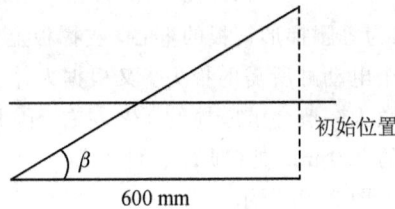

图 3-5　侧翻角投影垂直面示意图

当 $\beta = 15°$，电动缸的行程为 $\tan 15° \times 600 = 160.77$ mm＜250 mm，满足要求。

根据上述计算结果，当电动缸的行程为 250 mm 时，不符合设计要求。当电动缸的行程为 350 mm 时，满足设计要求。因此选择电动缸的行程为 350 mm。

② 电动缸的类型有直连式和折叠式。折叠式电动缸的电动机与缸体部分分开安装，总长较短，适合安装在位置较小的场合；直连式电动缸的伺服电机与电动缸整体相连，安装简单，精度高，使用方便。因此选择直连式电动机。

③ 减速比为 1∶1。

④ 由前面计算得出电动缸所需的最大推力为 649.8 N，根据参数表选择电动缸的额定推力为 0.9 kN，则其最大推力为 3 kN，丝杠导程为 4 mm，电机额定功率为 0.2 kW，额定转矩为 0.64 N·m，额定速度为 200 mm/s，额定转速为 3000 r/min。

电机输出扭矩与电动缸输出力的关系为

$$F = \frac{T \times \eta \times 2\pi \times R}{L} \tag{3-7}$$

式中：F——电动缸输出力（kN）；

　　T——电机输出扭矩$(N \cdot m)$；

　　R——减速比；

　　L——丝杠导程(mm)；

　　η——机械效率$(0.9 \sim 0.95)$。

当电动缸输出力 F 为最大推力 649.8 N 时，将已知量代入公式得

$$649.8 = \frac{T \times 0.9 \times 2\pi \times 1}{0.004}$$

计算得出 $T = 0.46\ N \cdot m < 0.64\ N \cdot m$，符合要求。

　　综上所述，选择行程为 350 mm，直连式，减速比为 1∶1，最大推力为 3 kN，额定推力为 0.9 kN，丝杠导程为 4 mm，电机额定功率为 0.2 kW，额定转矩为 0.64 N·m，额定速度为 200 mm/s，额定转速为 3000 r/min 的 DDA60 系列伺服电动缸。

　　根据电机的额定功率可以选择电动机的类型，这里我们选择的是松下 A6 - 200W 伺服交流电动机，其额定电流为 1.4 A。松下电动机在结构上无电刷和换向器，工作可靠，维护、保养要求低，惯量小，易于提高系统的速度，适应于高速大力矩工作状态，在相同功率下有较小的体积和重量[12]，可与 DDA60 系列伺服电动缸配套安装。

3.5　电动机的安装

　　DDA60 系列伺服电动机的安装方式有前法兰式、后法兰式、单片尾铰式、双片尾铰式、侧面耳轴式、侧面法兰式等。为了安装方便，选择后法兰式安装方式，与回转平台用 M8 的螺栓和六角螺母相连接，如图 3 - 6 所示。

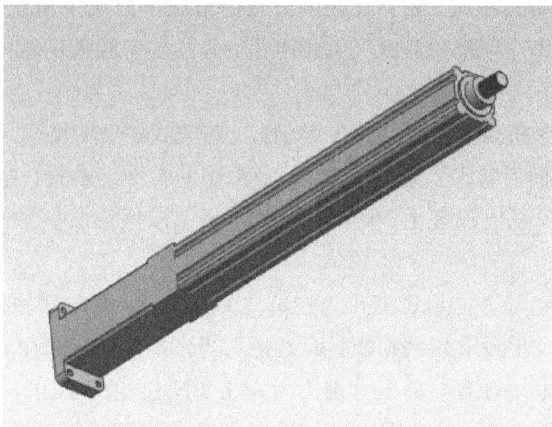

图 3 - 6　直线式后法兰式安装方式

分析

　　(1) 对于驱动机构设计，本文从驱动方式的选择与电动缸的位置、选型、计算、安装等方面进行了详细设计，思路清晰，流程正确，特别是电动缸的选型计算，力学模型符合工程实际，对驾驶平台升降、俯仰、翻转等动作做出了详细分析，从而确定了电动缸的行程，计

算过程分析详尽，研究有深度。

（2）案例中对最常见的 3 种驱动方式从 6 个方面列表对比其性能，从而得出选择电动缸的理由，简洁清晰，有理有据。

（3）设计电动缸安装位置时，案例充分分析了三自由度驾驶平台实现升降、侧翻、俯仰基本运动的方式和位置，绘制了方案简图，从而计算获得电动缸的安装位置点，这种分析方法体现了设计者扎实的专业基本功，对设计对象的工作流程和运动方式的充分研究以及将实际问题简化成理论模型进行分析的能力。

（4）文中插图的作用是配合文字，将想要表达的力学模型、参数、位置、结构等表达清晰，如图 3-2 中用 1、2、3 表示 3 个电动缸位置，但是并未对图中 A，B，…做说明，如能结合字母说明驾驶平台实现升降、侧翻、俯仰等运动的方式，并说明各点间尺寸是如何确定的，效果会更好。图 3-6 反映的是电动机的安装方式，要突出后法兰式，因此，可以在图中标出法兰位置。

节选三：

3.6　铰链的选择与设计

选择的 DDA60 系列伺服电动缸的类型是直连式，安装方式是后法兰式，其活塞杆头形式是外螺纹，因此需要设计铰链使电动缸的外螺纹与支撑框架相连接。

万向联轴器利用其结构特点，在存在轴线夹角的情况下能实现所连接的两轴连续回转，并可靠地传递转矩和运动。万向联轴器的最大特点是：其结构有较大的角向补偿能力，结构紧凑，传动效率高[13]。

根据结构形式，万向联轴器可以分为十字轴式、球笼式、凸块式等。扭矩的传递是通过连接不同机构中的两根轴共同回转来实现的。其中，最常用的为十字轴式。在实际的应用中，万向联轴器一般采用双联形式，从而保证主、从动轴的同步性。双联形式一般是焊接或法兰盘通过螺栓连接。

因此在这里选择法兰式万向联轴器作为铰链。一般来说，万向联轴器在结构中的作用是传递扭矩，但是在此次设计中没有用到扭矩，而是把它当作柔性连接来用，传递的是轴向支撑力。根据前面的计算结果，电动缸需要的最大推力为 649.8 N。一般情况下，联轴器在工厂进行设计的时候就可以承受 100 kg 左右的支撑力，所以，这里不再进行计算验证。

在生产过程中，绝大多数联轴器已标准化或者规格化，这里选用的法兰式万向联轴器的重量为 1.5 kg，其尺寸如图 3-7 所示。

选用的法兰式万向联轴器的一面法兰与支撑框架采用螺栓和螺母连接，因为电动缸活塞杆头形式是外螺纹，所以要想使支撑框架与电动缸相连接，需设计一个轴孔连接式法兰盘与万向联轴器的另一面法兰相连接，轴孔与电动缸活塞杆头相连接。电动缸活塞杆头尺寸如图 3-8 所示。

轴孔连接式法兰盘的法兰盘需要与万向联轴器中的法兰相连接，因此轴孔连接式法兰盘的法兰盘尺寸应与万向联轴器的法兰尺寸相一致，如图 3-7 所示，此处设计便不再重复。由电动缸活塞杆头尺寸可以得出将轴孔连接式法兰盘的螺纹孔设计成直径为 20 mm，长为 30 mm，它们之间也是由 M8 的螺栓和螺母进行连接的。根据所给尺寸可设计出如图 3 - 9 所示的法兰盘。

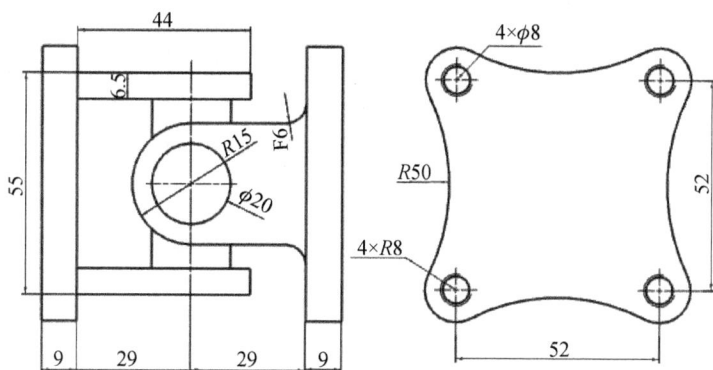

图 3 - 7　法兰式万向联轴器

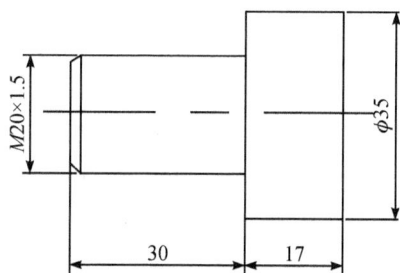

图 3 - 8　活塞杆头尺寸

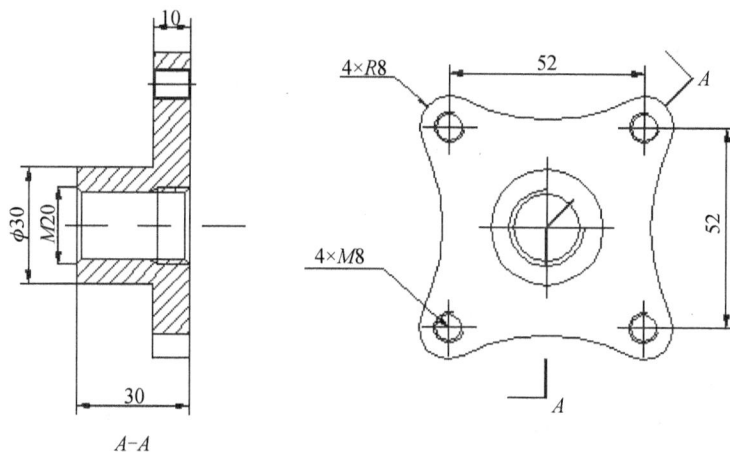

图 3 - 9　轴孔连接式法兰盘

3.7　支撑框架的结构设计

3.7.1　支撑板的设计

根据前述设计计算，设计支撑板形状，如图 3 - 10 所示。

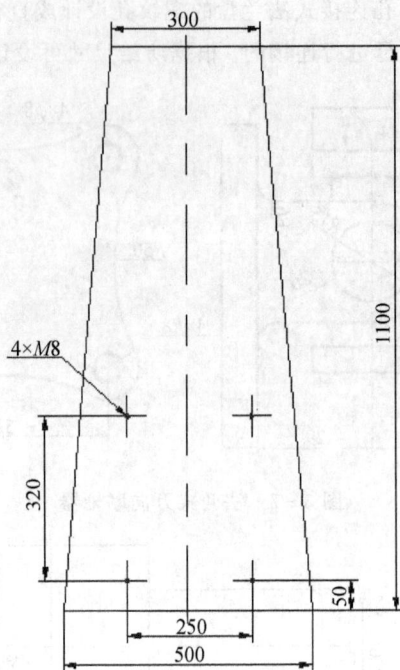

图 3 - 10　支撑板形状尺寸

3.7.2　座椅的安装

根据前面座椅的选择可知，只需在支撑板上打上相应的螺纹孔，然后用螺母进行紧固即可。座椅是靠着梯形支撑板的下底放置的，因此，支撑板上的 $M8$ 螺纹孔如图 3 - 11 所示。

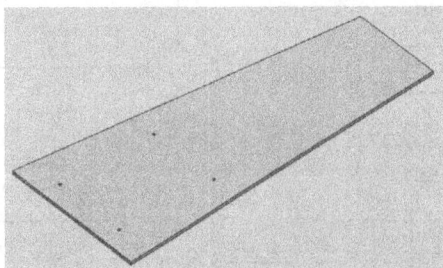

图 3 - 11　支撑板上的螺纹孔

3.7.3　操纵装置的放置

此次设计的汽车驾驶模拟器的驾驶平台，除了支撑框架外，还有操纵装置，如操纵杆、油门、刹车和离合器。本次设计不需要对这些操纵装置进行设计，但是要考虑它们所放的位置是否满足人体工学设计要求。

图 3 - 12 所示的操纵杆是购买的原设备，因此只需要将它放置在合适的位置即可。操纵杆需要驾驶人员进行手动控制，所以放置的位置要合乎驾驶员在实际中的情况，不能离得太远，使驾驶员够不着，也不能离得太近，使驾驶员在驾驶时不舒适，否则都易造成意外事故。因此，应设计一个小平台，将支撑框架前面分成两层，上面放置操纵杆，下面放置踏板。

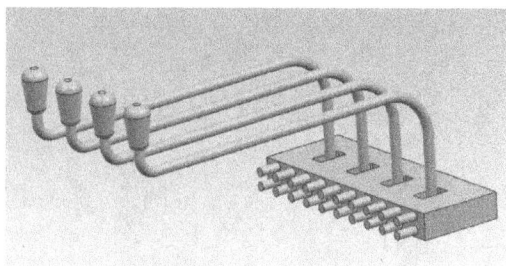

图 3-12 操纵杆

这里采用的是 Logitech 公司的踏板，其包括油门、刹车和离合踏板，如图 3-13 所示。因为此次驾驶平台是固定在原地不动的，所以只采集油门的信号，不采集刹车和离合器的信号。

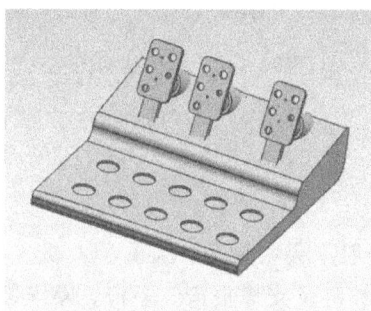

图 3-13 踏板

3.7.4 显示设备的安装

本次设计虽然不涉及显示设备，但是在进行驾驶平台的结构设计时，需要设计能够放置显示装置的支架。显示设备可以通过螺栓和螺母进行安装，这里的安装螺纹孔为 $M8$。整个显示装备安装架是焊接在支撑框架台上的，如图 3-14 所示。

图 3-14 显示设备安装架

3.8 驾驶平台的总体结构图

驾驶平台的总体结构图如图 3-15 所示，三个电动缸通过标准的 $M8$ 螺栓、螺母与支撑框架和回转平台连接，支撑框架前面下层放踏板，上层放操纵杆，显示设备安装架通过圆形钢管焊接在支撑框架上。

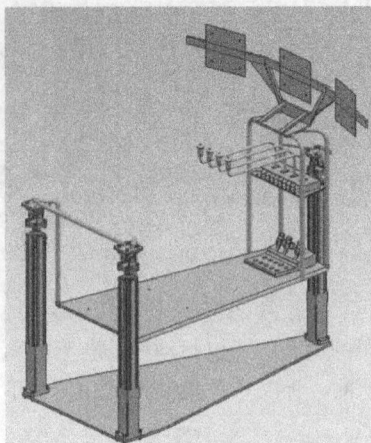

图 3-15　总体结构图

分析

　　机电类产品的结构设计一般不会太复杂，侧重于人机工学设计、部件选型及各部件的连接。本案例阐述了电动缸、铰链及支撑框架、座椅、操纵装置、显示装置等的定位连接，符合工程实际要求，避免了本科毕业设计中常出现的设计方案很漂亮、具体结构不落地的问题。

节选四：

4.1　主控芯片的选择

　　单片机在我们生活中广泛应用，遍及通信设备、航空航天、专用设备的智能化管理与过程控制等领域。单片机的微型存储系统具有实用性，每一系列单片机在加工速度、稳定性、I/O 能力、功耗、功能和价格方面具有不同的特点，而不同的微控制器系列为我们选择微控制器提供了很大的空间。

　　目前，常用的单片机种类有很多，每种单片机都各有其特点。例如，现在的主流单片机 ARM 单片机相较于其他单片机来说应用较多。ARM 处理器是 32 位，同时配备 16 位指令集，相同情况下比一般的 32 位处理器使用的代码少 35%，却能保留 32 位系统的所有优势，它还有耗电少、功能强、合作伙伴众多的特点。作为首批推广 MCU 的公司之一，摩托罗拉具有高运行速度、低晶振频率和强抗干扰性等特点，因此经常被用在军事、工业等环境恶劣的地方。

　　在校期间，我们学习和使用的均为 AT89C51 单片机，但这次设计不选用它，因为这种单片机型号老，而市面上出现了很多新型单片机，与 AT89C51 单片机相比，它们具有更多功能。现有一种新型单片机，是基于 8051 内核的 STC 单片机，它是新一代增强型单片机，指令代码完全兼容传统 8051，速度比 8051 快 8～12 倍，带 ADC、4 路 PWM、双串口，有全球唯一的 ID 号，加密性好，抗干扰性强，有 ADC 接口，并且内部自带晶振和复位，因此，可以在较大程度上简化外部电路[14]。又考虑到在学期间系统地学习过 8051 单片机，对它相对较熟，使用起来更方便、快捷，因此，此单片机能够满足此次控制系统的设计要求。

此次课题设计的控制系统将采用 STC15W404AS 系列单片机。在选择封装之前，应先确定此次设计需要使用到的 I/O 口的数量。本次设计需要进行输入信号的采集，采集的信号是 4 根操纵杆和油门踏板，并且都需要用到位置传感器，所采用的 WXY － 4B 角位移传感器是一种模拟传感器，都需要 A/D 转换，因此要使用 5 个 ADC 接口，此系列单片机共 8 通道 10 位高速 ADC，所以 ADC 接口满足要求。

输出接口需要控制三个电动缸进行独立运动，以实现驾驶平台俯仰、侧翻、升降三自由度运动，还需要控制驾驶平台回转。用 I/O 接口控制电动机需要两个信号：一个是脉冲信号，另一个是方向信号。因此，需要使用 8 个 I/O 接口。另外，通信接口需要 2 个 I/O 接口。综上分析，初期阶段估计需要 15 个 I/O 接口。为了给后续添加硬件提供便利性，还需要留有一定的余量，所以在这里打算采用 SOP28 封装，此封装提供 26 个 I/O 接口，其中有 8 个接口可以用于 A/D 转换，也可以作为一般的 I/O 接口来使用，此次设计需要对位置传感器进行 A/D 转换，因此该封装符合本次设计的要求。

STC15W404AS 系列单片机是 STC 公司生产的单时钟/机器周期的宽电压/高速单片机，采用 ISP/IAP 在系统可编程/在应用可编程技术，内部集成高可靠复位电路，可省去外部复位电路。共有 8 通道 10 位高速 ADC，速度可达 30 万次/秒，3 路 PWM 还可当 3 路 D/A 使用，还有 1 组超高速异步串行通信口和 1 组高速同步串行通信端口 SPI[15]。其引脚图如图 4 － 1 所示。

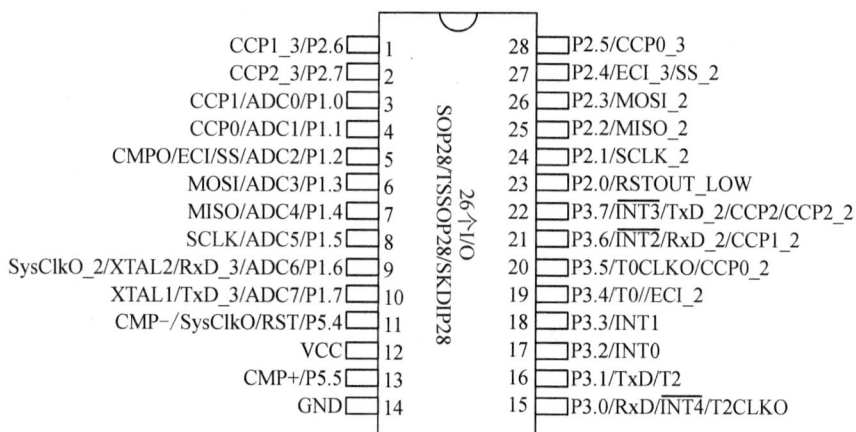

图 4 － 1　SOP28 封装引脚图

4.2　信息采集的对象

信息采集系统用来对汽车模拟器的操作量信息进行采集。在该课题所设计的汽车驾驶平台中，油门踏板的变幅值、操纵杆的变化量均为所需采集的模拟量信号，这些模拟量信号可以在一定区间内不间断变化。该课题的采集对象如图 4 － 2 所示。

图 4 － 2　采集对象

各操作杆的作用如下：

一号操纵杆：钢丝绳收、放操纵控制杆。向前推放绳，向后拉收绳。行程越大，收、放绳速度越快，一般要用最大开度，即最大行程。

二号操纵杆：吊臂仰俯操纵控制杆。向前推吊臂下落（吊臂仰角减小），向后拉吊臂抬升（吊臂仰角增大）。行程越大，吊臂伸出、缩回速度越快。

三号操纵杆：吊臂伸缩操纵控制杆。向前推吊臂伸出，向后拉吊臂缩回。行程越大，吊臂伸出、缩回速度越快。

四号操纵杆：起重机回转操纵控制杆，向前推起重机向左回转，向后拉起重机向右回转。行程越大，起重回转速度越快。需要注意的是，该操纵杆操纵速度过猛，会造成起吊货物的空中摆动，引起吊车倾翻，一般手柄球头为红色。

数据采样模块包含信号输入电路、模拟信号调理电路、滤波电路、ADC、MCU、RS232及图形工作站，框图如图 4-3 所示。

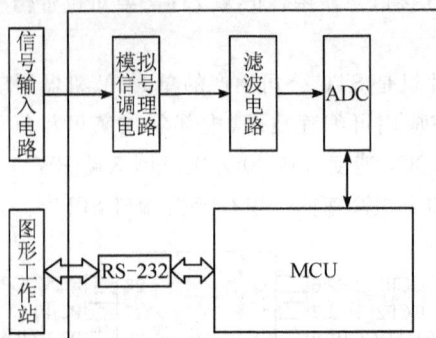

图 4-3　数据采样模块框图

4.3　位置传感器的选择

位置传感器是感应被测物的位置，将其转换成可用输出信号的传感器。位置传感器可分为两种：直线位移传感器和角位移传感器。在此设计中，操纵杆及油门踏板需安装位置传感器，用来对其位置变化量进行测量。由于它们的位置变化量是角度位移，因此，需选择 5 个角位移传感器。本设计选择的位置传感器的型号为 WXY-4B 角位移传感器，如图 4-4 所示。

WXY-4B 角位移传感器为模拟传感器，材质为金属。4 根操纵杆和油门踏板均需安装位置传感器，通过显示屏，模拟显示操纵杆当前位置和传感器输出信号。

图 4-4　WXY-4B 角位移传感器

WXY-4B 角位移传感器的标准阻值有 $1\,\mathrm{k}\Omega$、$2\,\mathrm{k}\Omega$、$3\,\mathrm{k}\Omega$、$5\,\mathrm{k}\Omega$、$10\,\mathrm{k}\Omega$ 五种，这里选择 $1\,\mathrm{k}\Omega$ 阻值的角位移传感器。它的机械转角在连续运动的情况下可以达到 $360°$，使用寿命可以达到 50×10^6 周，温度使用范围为 $-55 \sim 125\,℃$，耐振动，耐冲击。因此，此款 WXY-4B 角位移传感器符合本设计的要求。

4.4　驱动电路的设计

电机驱动器是用来控制电动机的一种控制器，主要应用于高精度的定位系统。它有两种通信方式：一种是通过通信接口传递信息，驱动器内带有单片机，可用 RS-232、RS-485 进行通信；另一种是外界不通信，通过脉冲信号的输入传递信息，这时需要两个信号，其中一个是方向信号，另一个是脉冲信号。

此次设计最初选用达林顿阵列晶体管和继电器来连接电动缸，形成驱动电路。但考虑到驱动电路需实现方向、速度等高精度运动，因此选择电动缸配套的伺服驱动器，它不仅能够实现高精度的传动系统定位，还能够简化驱动电路的设计，符合设计的要求。

此次选择用脉冲信号进行通信。当驱动器接收到一个脉冲信号时，驱动器根据电动机方向信号所设定的方向转动一个固定的角度。驱动器通过控制脉冲个数来控制角位移量，同时还可以通过控制脉冲频率来控制电机转动的速度和加速度，从而达到调速和定位的目的[16]。在进行电动缸的选型时，我们选择的是松下 A6-200W 伺服交流电动机，因此此处选择 3 个 200 W 的 DS3L-PFA 系列伺服电机驱动器，其 CON 端子说明如表 4-1 所示。

表 4-1　CON 端子说明

编号	名称	说明	编号	名称	说明
1	P-	脉冲输入 PUL-	8	SI2	输入端子 2
2	P+5 V	5 V 差分输入接入	9	SI3	输入端子 3
3	P+24 V	集电极开路接入	10	SI4	输入端子 4
4	D-	方向输入 DIR-	11	+24 V	输入+24 V
5	D+5 V	5 V 差分输入接入	12	SO1	输出端子 1
6	D+24 V	集电极开路接入	13	SO2	输出端子 2
7	SI1	输入端子 1	14	COM	输出端子地

脉冲与方向接口电路如图 4-5 所示，此处的伺服电机驱动器用的是+5 V 的电源，因此需要将 P+24 V 和 D+24 V 进行悬空。计算机与单片机进行通信，计算机发送指令给单片机，单

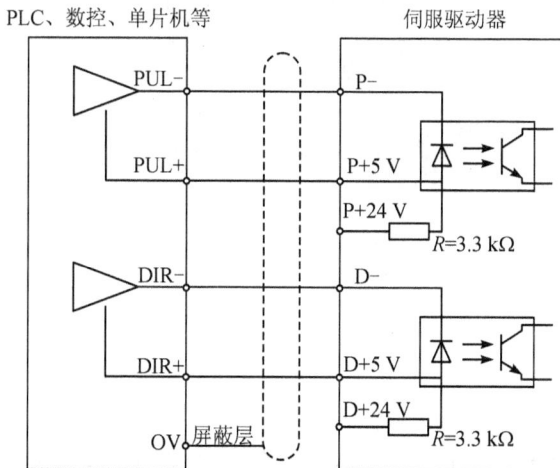

图 4-5　脉冲与方向接口电路

片机接收信号进行数据处理，随后发出信号，通过电机驱动器控制电动缸。

4.5　通信接口的选择

通信接口是设备用于信号（包括声音、画面等）传输的通道。通信接口主要有以下几类：RS-232、RS-485、具有 USB 2.0 的超高速数据接口等。由于本次设计是一对一通信，所以 RS-232、RS-485 均可作为通信接口。RS-232 一般用于 20 m 内的通信，传输距离短；RS-485 常用于车间、工厂通信等远距离传输。本次设计的是距离短、本地设备之间的通信，因此选择 RS-232 为通信接口。此处的通信接口与单片机进行通信。

一般 RS-232 接口有 9 个引脚（DB-9）或是 25 个引脚（DB-25），在这里我们选用的是 DB-9。计算机上通常会有两组 RS-232 接口，分别称为 COM1 和 COM2。图 4-6 所示为 RS-232 九针接口。

单片机有串行通信的功能，但本次设计选用的单片机输出的是 +5 V 和 0 V 的 TTL 电平。与 RS-232 的标准不同，当用单片机与计

图 4-6　RS-232 九针接口

算机通过串口进行通信时，需要类似于 MAX232 这种芯片将单片机输出的 TTL 电平转换成 PC 能接收的 232 电平或将 PC 输出的 232 电平转换成单片机能接收的 TTL 电平。所以，此外选择 MAX232 芯片作为 RS-232 接口转换元件。

4.6　电源的选择

在此设计中，除了用到 220 V 交流电压外，还需要 5 V 的电压电源。本次使用明伟 LSR-35-5 直流开关电源。其中，5 V 电源输出电流范围为 0.5~8 A，可以通过脉冲调频调宽来改变。本次设计的单片机的电源大约为 1 A，因此该电源可以满足本次设计的要求。其示意图如图 4-7 所示。

图 4-7　明伟 LSR-35-5 直流开关电源

✎ 分析

（1）对控制系统的硬件选择，从 5 个方面考虑，比较全面，思路清晰，分析具体。

（2）图 4-1、4-2 通过框图的形式明确了信息采集对象，并对其动作特征做了详细分

析，列出其数据采样的流程框图，有利于后面传感器选择和电路设计，清晰明了。

（3）对于单片机及封装的选择，不是空泛地介绍各种类型和选择原则，而是紧密结合设计要求及实际情况做出分析，言之有物。

（4）部分语言文字略显口语化，如"这里我们选择的是……"，建议文字描述更规范些。

节选五：

■ ·+·†·+·†·+·†·+·†·+·†·+·†·+·†·+·†·+·†·+·†·+·†·+·†·+·

6.1　单片机的电路设计

此次设计采用 STC15W404AS 进行单片机电路设计，此单片机内部自带晶振和复位，满足设计所需要的时钟精度。为了简化单片机的电路结构，不再单独设计振荡电路和复位电路。该单片机的电路设计如图 6-1 所示。

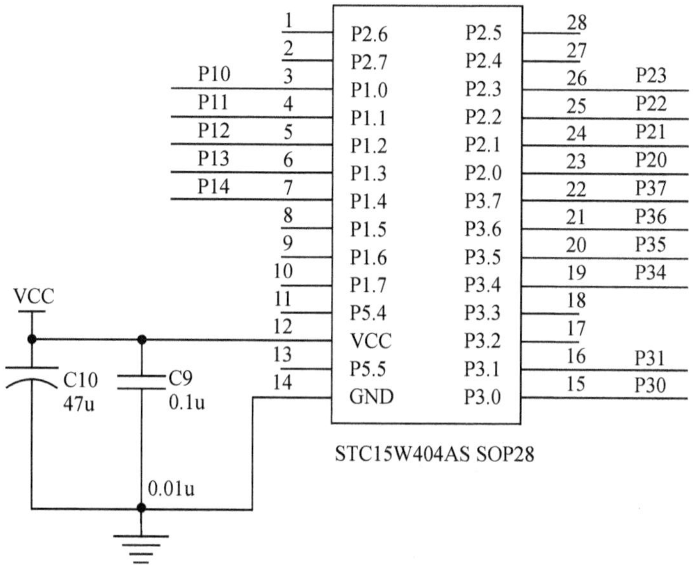

图 6-1　单片机最小电路

如图 6-1 所示：VCC 连的是电源的正极，GND 连的是电源的负极。为了去除电源的纹波，在电路中连接了滤波电容，以达到稳定输出电压的效果。在 STC15W404AS 的电源端与地之间接入了 $0.1\ \mu F$ 电容，可以减少滤波的干扰，获得稳定的电压。其中接口 P1.0～P1.4 连接的是位置传感器，P2.0～P2.3、P3.4～P3.7 用于控制电动缸和回转电动机，P3.0～P3.1 用于连接通信电路。STC15W404AS 各 I/O 口分配如下：

（1）P1.0 到 P1.3 四个 I/O 口依次连接四根操纵杆所需的位置传感器电路；

（2）P1.4 连接油门踏板所需的位置传感器电路；

（3）P2.0～P2.1、P2.2～P2.3、P3.6～P3.7 六个 I/O 口分别连接 1、2、3 号电动缸伺服驱动器电路；

（4）P3.4～P3.5 连接回转电动机伺服驱动器电路；

（5）P3.0～P3.1 连接通信系统电路。

6.2　位置传感器的电路设计

本设计的位置传感器 WXY-4B 用来检测 4 根操纵杆和油门踏板的位置变化量,并转换成可用输出信号的传感器,因此只需要一个 I/O 接口就可以完成对位置变化量的处理。

图 6-2 所示为油门踏板处的位置传感器,本次设计的位置传感器的输出电源固定为 5 V,1 口连接着电源的正极,2 口连接着电源的负极,3 口为信号输出口,由于该位置传感器是电压输出,需要将模拟信号转换为数字信号,因此需要接到具有 A/D 转换功能的 I/O 接口。

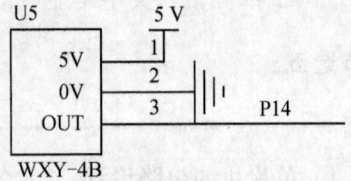

图 6-2　油门踏板处的位置传感器

一、二、三、四号操纵杆和油门踏板处的位置传感器的电路原理一样,只是所连接的 I/O 口不一样,此处不做过多阐述,详细见图 6-3。

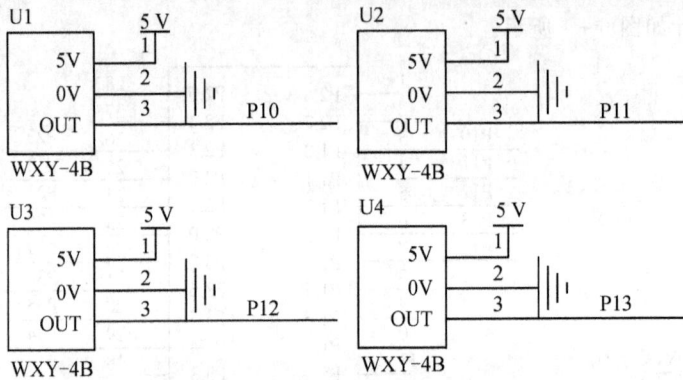

图 6-3　操纵杆的位置传感器电路

6.3　驱动电路

本次设计的驱动电路的执行器有三个电动缸和回转电动机。如图 6-4 所示,回转电动机的 2 口是脉冲输入端,3 口是方向输入端,可与单片机相应的引脚相连接,通过电机驱动器可以控制回转电动机进行运动。1、2、3 号电动缸和回转电动机的电路原理一样,只是所连接的 I/O 接口不同,详细见图 6-5。

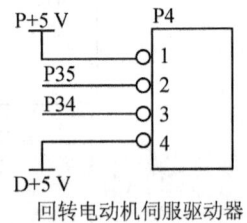

图 6-4　回转电动机的驱动电路

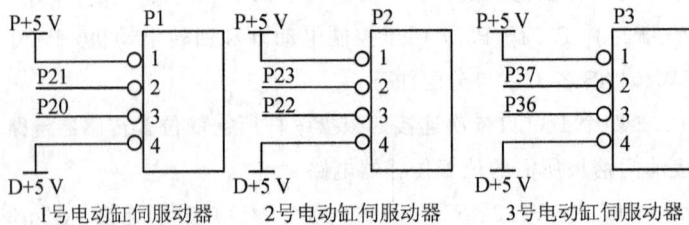

图 6-5　电动缸的驱动电路

6.4　通信接口的电路设计

通信接口的设计如图 6-6 所示。这里选择的是第一数据通道，用到的四个引脚分别是 11、12、13、14。为了减少滤波的干扰，获得稳定的电压，在引脚 1、3 和 4、5 中都接入 0.1 μF 的电容。

因此，MAX232 芯片的工作形式是通过 11 号引脚将单片机 P3.0 接口发出的 TTL 数据转换成 RS-232 数据，然后经 14 引脚输送到计算机端插头。串口可进行双向通信，因此芯片上的 13 号引脚接收计算机端插头的 RS-232 通信数据，转化成 TTL 数据之后再由 12 号引脚输出。

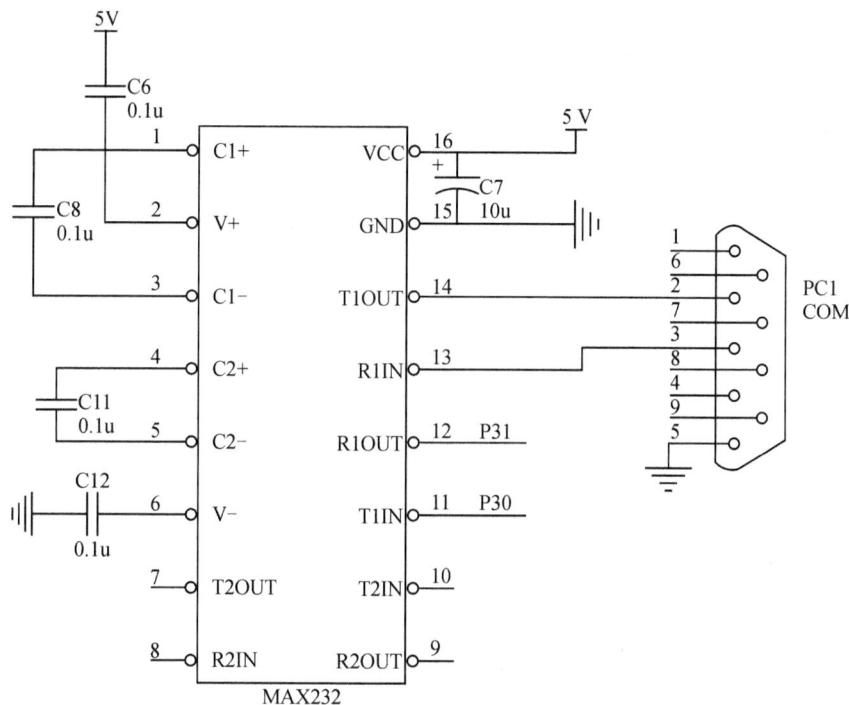

图 6-6　通信接口电路

分析

对于系统的硬件电路设计，从各元件电路的设计开始，结合课题设计要求对电路设计图进行分析，最后集成系统的总体电路，设计思路清晰，电路图及文字表达准确。

节选六：

7.1　单片机主程序

在控制系统中，单片机内部执行的程序能够实现处理采集信号、传输信号与接收计算机命令。整个系统的稳定性受单片机程序的影响，因此要设计好的程序，必须先设计好主程序流程图，如图 7-1 所示。

7.2　单片机接收程序

单片机在接收到计算机发过来的命令后，开始接收数据，进行处理。接收程序的流程图如图 7-2 所示。

7.3　单片机发送程序

当单片机接收到计算机发过来的命令后，将数据以通信协议的格式进行发送，其发送程序的流程图如图 7-3 所示。

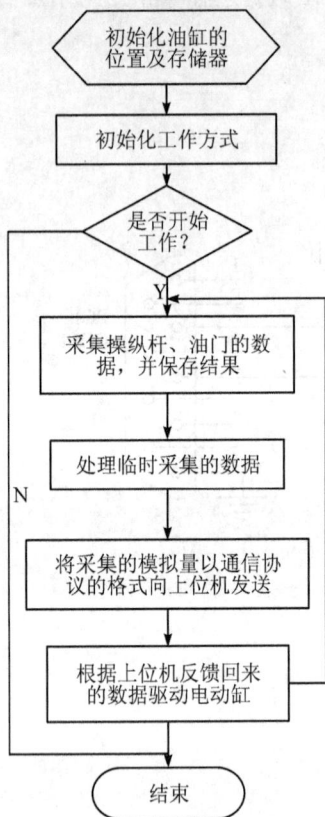

图 7-1　主程序流程图　　　图 7-2　接收程序的流程图　　图 7-3　发送程序的流程图

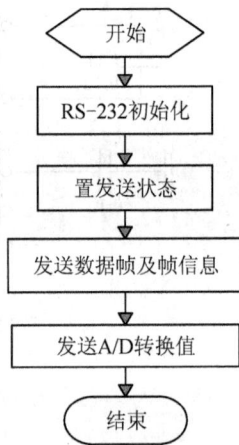

7.4　软件编译

本次设计所采用的编程软件为 Keil，这个软件是美国 Keil Software 公司开发的一款用来编写 C 语言或者汇编语言的软件。C 语言与汇编语言的对比如表 7-1 所示。

表 7-1　编程语言对比

编程语言	移植性	优点	缺点	开发难度
C 语言	具备	可读性好，语言简洁，使用方便、灵活，易于编程和调试，可进行模块化开发	代码生成效率不如汇编语言	较易
汇编语言	不具备	代码生成效率高	可读性差，语言晦涩难懂，编程和调试困难	较难

由表 7-1 可知，汇编语言的代码转换率很高，但可读性差，编程和调试都很困难，学习难度大；而 C 语言虽然代码转换率不如汇编语言好，但它的运行效率高，可以实现硬件的直接访问，代码的移植性好[17]。因此编写该设计的单片机程序时选择 C 语言，其通信程序和 A/D 转换程序见附录。

分析

对于系统的软件设计，列出各程序模块的流程图，并通过列表对编程语言进行了分析对比，思路清晰、明确。

3.4.3　案例点评

（1）本课题来源于社会需求，设计任务及设计参数明确，侧重于工程设计能力的训练。

（2）该论文整体架构合理，包括系统方案、机械结构、控制系统硬件选型、电路设计及软件设计等，符合一般机电产品的设计步骤。在章节前后安排中，如能将第 4、5 章对调位置更佳。

（3）根据任务要求，以单片机为主控芯片，给出了汽车模拟操作装置驾驶平台的设计方案，并进行了具体设计，思路清晰。

（4）该论文的设计过程与工程应用相结合，电动缸选型、支撑框架设计、控制系统硬件选型等均从工程实际的角度出发，给出"能落地"的设计，这对于尚未踏上工作岗位的学生来说是难能可贵的。

（5）全文紧密围绕设计对象展开，言之有物，部分语言略显口语化，但总体表达规范，图表符合要求。

（6）该论文完成了课题的全部任务要求。

（作者：甘仁；指导教师：姜斯平）

3.5　CAE 仿真分析方向

CAE 仿真分析方向课题主要包含应用 CAE 软件对结构或产品进行特定工况下的模拟、基于 CAE 软件平台在给定条件下的分析、基于 CAE 软件的优化设计等。CAE 软件也可以用包含算法的计算机程序代替。CAE 仿真分析用于在产品开发阶段辅助工程师进行产品的设计和改进。随着 CAE 技术的普及，CAE 仿真分析类课题在当前机械类专业学生的毕业设计中占有越来越高的比例。此类课题的设计过程通常包含：

（1）产品实际工况分析。CAE 仿真分析是对结构或产品在实际工况下的模拟，用来代替周期较长、试验成本较高的试验，或者代替较为严苛或破坏性的工作环境，模拟过程要尽量还原真实的工作环境，因此需要在仿真前对产品实际工况进行分析，如对于结构进行静力分析时，需要分析其结构本身的材料属性、结构尺寸等，同时也需要对其约束方式和施加的载荷进行分析。

（2）理论模型建立。理论模型是实际模型和仿真模型中间的过渡模型，建立理论模型时需要对实际模型进行一些简化和代替。一方面，理论模型要尽可能地还原实际模型；另一方面，考虑到计算成本，在工程允许误差的范围内，可以简化实际问题，建立简化后的理论模型。

（3）仿真方案设计。仿真方案设计即整个仿真流程的设计，包括仿真平台选择、仿真模型建立、仿真目标确定、仿真工况设计、仿真算法设计或选择等，这是 CAE 仿真分析类课题的核心部分，直接影响着仿真计算的效率、仿真结果的准确性与稳定性，以及对真实模型在实际工况下的还原程度，可进一步确定仿真结果对于真实模型的参考意义。

（4）仿真计算及分析。仿真计算及分析是对前面所确定的仿真目标的计算和分析。例如，基于 CFD 的车型流场分析问题，其仿真目标包括整车的六个气动参数（气动阻力、气动升力、气动侧向力、气动阻力系数、气动升力系数、气动侧向力系数），这六个气动参数是评估整车的燃油性、行驶的安全性和平稳性的参考指标，同时也需要在仿真过程中获得整车行驶过程中的气压云图、流线图等，这些仿真后获得的图形均是对整车外形进行评估的参考。

（5）基于仿真结果的优化设计。除了对产品在实际工况下进行模拟外，CAE 仿真分析还有一个目标——优化设计。还原度好的仿真结果可以作为产品设计改进的输入，仿真可以快速地模拟出结构在实际工作时所出现的问题和不足，进而针对性地对其进行改善。例如，基于仿真的结构轻量化设计类课题，通过仿真可以获得结构在静力载荷时应力和变形的分布状态，然后基于其应力分布重新布置结构材料，进行结构的拓扑优化设计。

（6）试验验证。一方面产品或结构仿真结果的准确率和精确率需要进行验证，除了理论计算验证外，试验验证能够更好地对其进行判定；另一方面，很多 CAE 仿真的案例也是对其在某种实验条件下的一种实验模拟。但前面讲过，某些仿真案例主要用来代替周期较长、试验成本较高的试验，或者代替较为严苛或破坏性的工作环境，所以在本科阶段大部分情况下不具备其实验条件，作为本科毕业论文，试验验证不作为整个毕业设计的必要流程。

在完成 CAE 仿真分析类课题论文时，应掌握仿真设计的整个流程，按照上述步骤和内容完成课题任务要求的部分，一般必须包括以上第（1）~（4）的内容。

此方向课题的设计思路一般为：先分析仿真对象的实际工况，然后根据仿真对象建立理论模型，再设计仿真方案，最后进行仿真计算和仿真结果分析。如需要进行优化设计，再基于仿真结果有针对性地进行优化，之后通过仿真分析对优化后的结果进行验证。最后，如果具备完善的试验条件，则可以通过试验对仿真结果进行验证。设计思路如图 3.9 所示。

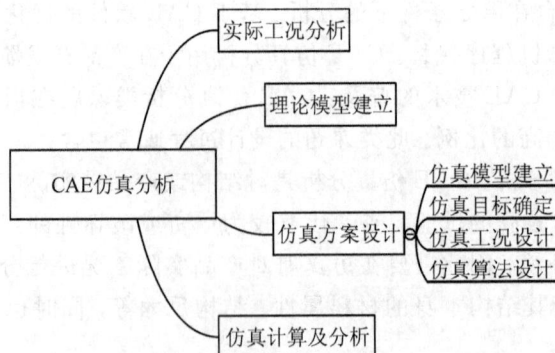

图 3.9　CAE 仿真分析方向课题的设计思路

3.5.1　课题范例

表 3.5 为 CAE 仿真分析方向毕业设计课题范例，以供参考。

表 3.5　CAE 仿真分析方向毕业设计课题范例

序号	课 题 名 称
1	基于 CFD 仿真分析的某电动公交车整车车型优化
2	基于 CFD 仿真分析的电动汽车液冷电池包设计
3	基于 CFD 仿真分析的小型无人机外形优化
4	基于 ANSYS 的六自由度机械臂静力学分析
5	基于 ANSYS 的电动公交车车架结构优化设计
6	基于 ADAMS 的 FSAE 赛车悬架仿真优化与评价
7	基于 ABAQUS 平台的齿轮疲劳模拟研究
8	基于有限元仿真的汽车车轮轻量化设计

3.5.2　案例分析

1. 题目

基于 CFD 仿真分析的某电动公交车整车车型优化。

2. 设计任务要求

整车流场的研究作为新能源车空气动力学设计的重点研究内容，当前主要有风洞试验法和计算流体力学(CFD)方法。风洞试验的投入成本大，试验周期长，CFD 作为风洞试验的一种补充，当前广泛用于整车的流场分析。CFD 广泛应用于各种数值计算，在模拟流场时的优势有：首先，可以充分模拟流动结构，使开发者有效地发现问题并提出改进方案；其次，与实验相比，缩短设计周期，节省成本。当前很多汽车企业在研发之初采用 CFD 对整车流场进行分析，作为整车空气动力学设计和车型改进的参考。本课题部分来源于某汽车企业的某新能源公交车项目，属于新车型整车 CAE 分析的子项目之一。设计任务的具体要求如下：

(1) 建立整车空气动力学模型；

(2) 建立整车仿真模型；

(3) 分析当前车型的整车外流场；

(4) 基于 CFD 优化车型的整车外流场。

3. 摘要与关键词

摘要：本文的研究对象为某电动公交车，研究目标主要有两个：第一，采用计算流体力学(CFD)方法对当前的公交车车型进行外流场分析，根据流场仿真分析结果和所获得的空气动力学参数对车型进行评估；第二，根据仿真分析结果对当前车型进行外形优化并对比优化前后整车流场变化。研究过程如下：首先，使用 CATIA 软件对企业给定的原整车三维模型进行模型预处理；然后基于原车身姿态把处理后的模型导入 STAR-CCM+ 中，建立该车型的空气动力学模型及整车面网格；接下来将建立好的空气动力学模型导入 ANSYS-ICEM 前期处理模块，基于整车外形参数以及行业标准建立风洞的空气动力学模型并生成整车体网格；之后把建立好的有限元模型导入 FLUENT 软件进行整车外流场实际工况的仿真分析；最后，基于原车型仿真分析结果，确定外形优化目标，对当前车型进行外形优化并对比优化前后整车参数变化。

研究结果表明：第一，STAR-CCM+在建立整车空气动力学封闭模型方面比其他软件有较大优势，ICEM 模块在划分非结构化网格时，效率较高，操作方便。FLUENT 软件在进行整车流场计算时收敛较快，运算效率较高；第二，当前车型的外流场仿真计算结果表明，空气阻力以及空气阻力系数较大，对整车的能耗有一定的影响；第三，通过增大前风窗倾角以及改善车身前部流线造型及曲面过渡可以极大地减小气动阻力以及阻力系数，优化了当前的整车造型。本文所建立的基于整车外流场仿真分析的整车车型评估流程，以及提出的整车车型优化方案可作为实际工程中新车型的流场评估和造型优化的参考。

关键词：车型优化；整车外流场；CFD

4. 目录

　　5. 正文

节选一:

■ ·+·

3.1　建立空气动力学模型

3.1.1　几何模型处理

　　在仿真模型建模前,应根据仿真目的预估计算时间和计算资源,制订仿真模型建模方案。仿真模型宜按 1∶1 的比例关系建立,且仿真模型应准确地表达所设计原车的几何信息。

　　在确保分析精度的前提下,可对模型中不影响计算结果的几何细节进行简化,模型的简化应符合汽车行业对整车进行 CFD 分析的简化要求,具体如下:

　　(1)去除模型中对气流流动影响小的细小零件,如螺栓、卡扣、垫片、线束等。

　　(2)整车模型表面对于后视镜区域、A 柱区域及侧窗密封条区域,应保留缝隙;对于模型中小于 3 mm 的凹槽和缝隙,可以用平滑的曲面补平,但不能存在尖角、干涉、重叠、扭曲的面。

　　(3)对于定位孔、螺栓连接孔,可直接密封。乘员舱地板以及前壁板上有较多连通内外的缝隙或孔洞,根据分析要求进行简化处理。建议将直径大于 30 mm 的孔保持原有特征。如需模拟车轮旋转工况，车轮建模要求如下：

① 基于有限体积法仿真软件求解时，轮胎与地面保持原状态建模，在车轮轮辐周围建立旋转区域的交界面，如图 3-1 所示。

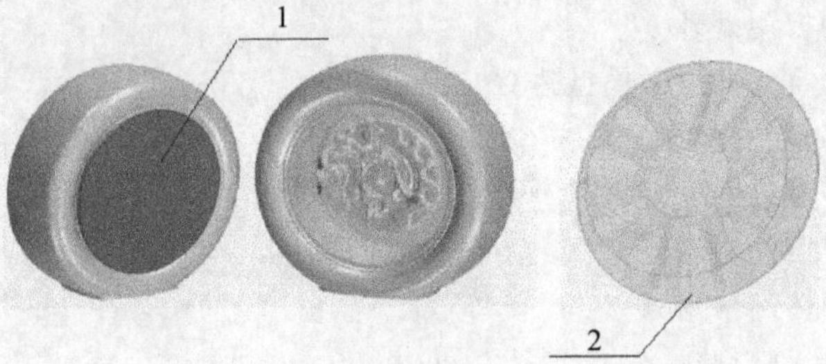

图 3-1　车轮简化
1—旋转区域交界面；2—轮毂旋转域模型

② 采用基于格子玻尔兹曼方法的软件求解时，车轮与地面保持原状态建模。

本课题所研究的电动公交车模型的主要外形参数如表 3-1 所示。

表 3-1　模 型 尺 寸

车长/mm	车宽/mm	车高/mm	轮距/mm	最小离地间隙/mm
10 456	2428	3229	5024	320

　　整车外流场模型处理目标是：在不改变原车身姿态的前提下，简化对外流场影响较小的细节，封闭车身上的大面积漏洞（如车窗、车门、进气隔栅等），建立封闭的壳体模型。处理过程首先在 CATIA 中进行。在处理过程中，对模型的关键特性进行了保留，其余部位按行业标准进行了适当简化。实际汽车表面有许多细小结构，这些结构对整车的外流场的影响比较小，但在模型建立网格划分时非常复杂，并且对电子计算机性能的要求很高，内存占用率较高，计算时间较长，效率低，因此在处理过程中本着计算效率最高、计算结果影响最小的原则，忽略悬架制动等结构，对车轮轮毂进行适当简化，对汽车车门进行光滑的曲面填平，并对车窗和底盘进行封闭操作。一般认为这样的简化处理对汽车整车外流场的数值模拟分析不会产生太大的影响。通过 CATIA 处理，公交车整车模型如图 3-2 所示。

图 3-2　公交车整车模型

3.1.2　整车空气动力学模型建立

　　CATIA 几何处理后的模型仍然存在小面积漏洞，同时，整车车身不是一个完整的壳体，而是由许多碎片拼接而成的。为了节约运行计算时间，同时更好地完成整车网格划分，需建立一个完整、封闭的整车壳体。整车表面尽量过渡光滑，以减少在仿真过程中出现的拐点加速或异常负压等对仿真精度有影响的状况。本课题模型的后续处理是在西门子公司的 STAR-CCM+ 软件中完成的。

　　为了减少车型处理的工作量，采用 STAR-CCM+ 软件中的包面功能。表面包面是对模型外表面拟合逼近的技术，其优点是能主动拟合修补模型表面，使整车变为一个封闭空间，成为一个完整的壳体。本课题中，将几何处理后的模型导入 STAR‒CCM＋中，进行表面包面处理，这样做能消除车身碎片与碎片之间存在的细小缝隙，为后续生成网格提供更好的前提条件。最终生成的整车的空气动力学模型如图 3‒3 所示。

图 3‒3　整车的空气动力学模型

3.1.3　风洞模型建立

整车外流场分析是模拟整车在风洞试验中的状况。在行业内，风洞有具体规格，常用的规格是 3∶8 规格（即车身前面距离与车身后面距离之比）。该规格模型如图 3‒4 和表 3‒2 所示。计算域尺寸应保证其边界不影响车辆周围的流动特性，同时满足在不同横摆角的仿真计算要求。

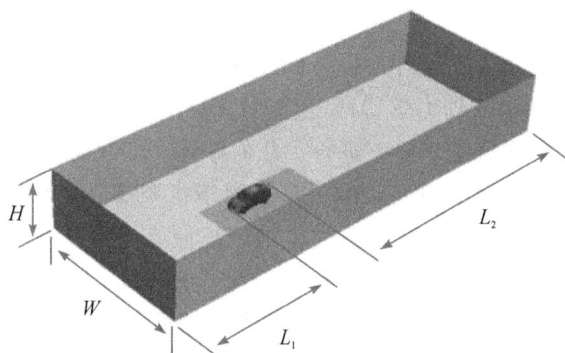

图 3‒4　计算域模型

计算域推荐尺寸如表 3‒2 所示。

表 3‒2　计算域模型尺寸

H	W	L_1	L_2
大于等于车高的 7 倍	两侧均大于等于车宽的 7 倍	大于等于车长的 3 倍	大于等于车长的 8 倍

根据整车外形尺寸，计算风洞的各个尺寸：

$$H = 7h = 7 \times 3.23 = 22.61 \text{ m} \tag{3‒1}$$

$$W = 15w = 15 \times 2.5 = 37.5 \text{ m} \tag{3‒2}$$

$$L_1 = 3l = 3 \times 10.5 = 31.5 \text{ m} \tag{3‒3}$$

$$L_2 = 8l = 8 \times 10.5 = 84 \text{ m} \tag{3‒4}$$

基于整车外形尺寸最终确定的计算域尺寸如表 3-3 所示。

表 3-3　最终确定的计算域尺寸

高 H/m	宽 W/m	长 L_1/m	长 L_2/m
22.61	37.5	31.5	84

　　风洞模型的建立是在 ANSYS 的前期处理模块 ICEM 中完成的。高度智能化的 ICEM 软件具有很好的网格构建和广泛的求解器支持能力，与传统的网格堆砌法不同，其独有的网格"雕塑"技术能将任意复杂的几何模型划分为多个块体的组合，然后对块体进行网格划分，最后投射到复杂的表面上。这样不仅能应付各种复杂的模型表面，还能保证细节部分的网格划分质量。

　　选取原始点，输入计算域尺寸，最终建立的计算域风洞模型如图 3-5 所示。

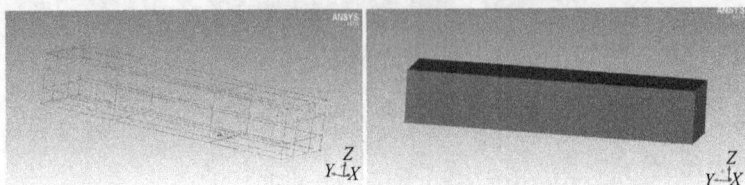

图 3-5　风洞模型

分析

　　本课题的研究对象是电动公交车，主要任务是对整车进行风洞试验时的模拟仿真，根据仿真分析结果对整车的空气动力学特性(主要对其燃油经济性)进行评估。

　　(1) 此部分首先对实际公交车模型进行了几何处理。实际整车模型在外形上较为复杂，而且也不封闭。建立空气动力学模型时既要符合原车身姿态，又要作简化，且简化的原则是不影响空气动力学特性参数。本文给出的模型处理原则参考了行业标准，能够在对空气动力学特性影响较小的前提下，提高建模和模型计算的速度。本文在查阅行业标准的基础上对公交车车身空气动力学不敏感位置进行了恰当的简化，极大地提高了整体的计算效率，同时也保存了对其空气动力学特性较为敏感的车身细节。几何模型的简化需要借助三维软件完成，本文采用了工程中较为常用的 CATIA 软件进行处理，此软件在处理存在曲面的车身表面具有一定的优势。

　　(2) 建立了公交车的理论模型部分。CFD 的仿真分析是 CAE 的一部分，属于基于流体力学理论的仿真分析，理论模型即为整车的空气动力学模型，本文中理论模型的建立在 STAR-CCM+软件中完成，与常用于流体分析的 FLUENT 软件相比，本文所使用的软件在建立理论模型时较为便捷，有较为高效的包面功能。本文在建立理论模型时对各种软件的对比分析较为完善。

　　(3) 建立了风洞模型。本文仿真分析模拟的是电动公交车在风洞中进行试验的过程。风洞的规格是整个试验的关键，风洞建立时需根据实际整车的外形尺寸结合风洞规格进行建立。实际工程中，根据行业标准，风洞的规格有几种，这里采用的是最为常用的 3:8 规格。本文在建立风洞模型时采用了 ICEM 平台，并参照了行业标准，可以保证仿真结果的精确性。

节选二：

■ ·+·+·+·+·+·+·+·+·+·+·+·+·+·+·+·+·+·+·+·

本文采用 STAR‐CCM＋中默认网格生成法（四叉树法）生成整车面网格，如图 3‐11 所示。

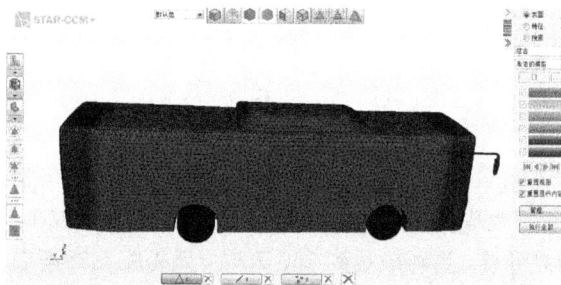

图 3‐11　整车面网格

3.2.3　有限元模型建立

生成自动体网格的一般流程如下：

（1）定义壳网格、体网格全局参数（包括网格类型、网格生成方法及相关选项，如图 3‐12 所示）。

图 3‐12　体网格全局参数设定

（2）定义 Part 网格尺寸，如图 3‐13 所示。

（3）定义壳/面元素的网格尺寸。

（4）定义线元素的网格尺寸。

（5）定义加密区域的相关参数。

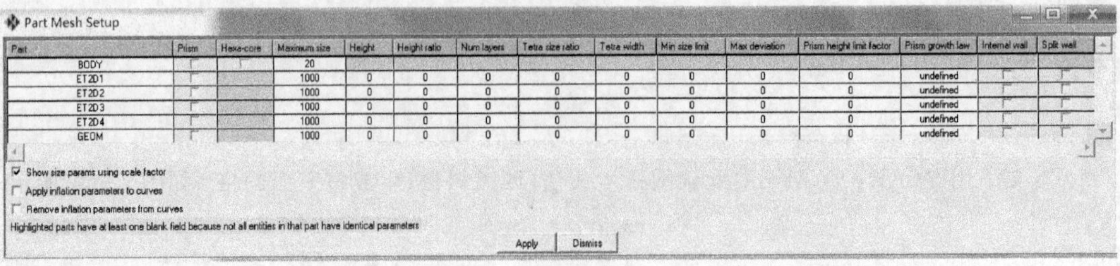

图 3 - 13　Part 网格尺寸

（6）生成线网格。

（7）生成体网格。

如图 3 - 14 所示，根据生成的有限元模型发现，整体模型共生成 1 525 107 个网格，通过气动阻力残差图的变化趋势可得，当网格达到 150 万时，残差变化逐渐趋于稳定，符合网格无关性要求。

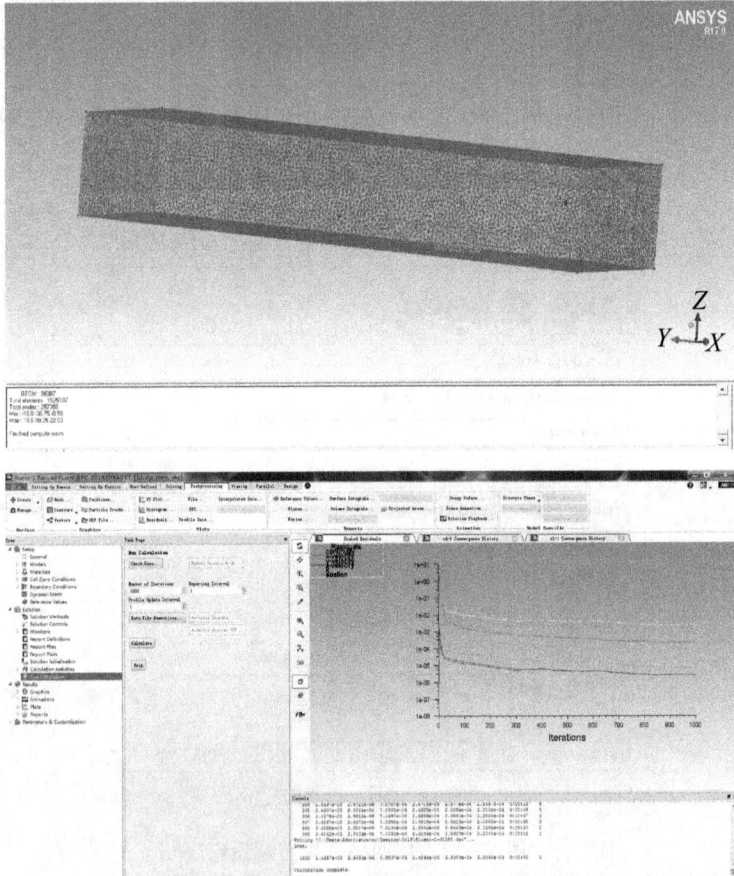

图 3 - 14　整车风洞体网格

分析

（1）本部分是整车和风洞的有限元模型建立。有限元模型的建模标准为：模型应保证各个重要的局部流场的真实模拟。仿真模型、计算域的壁面边界层计算节点的生成、边界条件的设置，应尽可能真实地复现实际风洞试验时汽车周围气流的速度分布特性。可根据各自的计算资源等条件，合理设定计算节点的尺寸和规模。

（2）第一部分节选为整车有限元模型建立。本文中的整车有限元建立较为合理。对于轮胎、后视镜等尺寸较小部分，网格划分相对细密，可以提高计算的精度；对于接近整车的迎风和背风处（车前围和后围），网格划分较细，可以更好地对空气的梯度进行还原；对于车身部分，网格划分较粗，可以节约计算时间。

（3）第二部分节选的是风洞有限元模型的建立。风洞是充满空气的空间，所以整个风洞应划分为体网格，相比整车，风洞尺寸较大，网格划分尺寸要大于整车，但贴近整车，过渡处的网格划分需较细，同时需要设置防接触来保证网格的质量。

节选三：

■　·+·

3.3　整车外流场问题求解

本文中整车模型的求解过程是在 FLUENT 中完成的。FLUENT 软件是目前流体力学专业领域应用比较广泛的 CFD 软件。其主要包括求解器、prePDF、Gambit、TGrid、Filters（Translators）几部分。其中，求解器是 FLUENT 软件的核心，所有的计算都在此完成。本文中整车的求解正是使用了该模块。

边界条件是流场变量在计算边界上满足的数学物理条件，边界条件与初始条件一并称为定解条件，只有边界条件和初始条件确定后，流场的解才唯一存在。在 FLUENT 软件里，初始化过程中需对初始条件和边界条件进行设定。边界条件大致分为进/出口边界条件、壁面条件、对称边界条件、周期性边界条件、内部表面边界条件等。一般根据实际情况选定适当的边界类型，根据行业标准，乘用车的仿真时速为 120 km/h，电动公交车的仿真时速为 69 km/h。

本文的研究对象为某电动公交车，仿真时速选择 69 km/h，具体工况如表 3-4 所示。

表 3-4　汽车实际工况

车速/(km/h)	温度/℃	气压/Pa
69	25	1.01×10^5

此处模拟采用的边界条件具体如下：

（1）进口边界：为速度入口，根据行业标准，此次模拟试验的速度大小设置为 69 km/h。风洞试验基于相对运动学原理，假设车静止，风速等价于车的时速，从行驶的相反方向吹入。空气的温度为环境温度，空气黏度设为默认值，设置如图 3-15 所示。

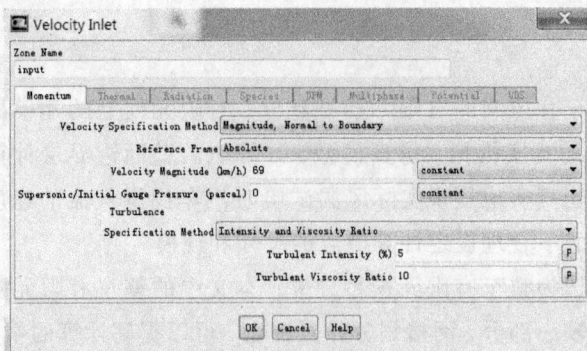

图 3-15　进口边界条件

（2）出口边界：空气流经整车之后到达模型出口，之后进入大气，故设置为压力出口，压强为 0 Pa，如图 3-16 所示。

图 3-16　出口边界条件

（3）壁面边界：为了简化计算，节约模拟计算时间，忽略风洞壁面对试验结果的影响，设置壁面边界为非滑移壁面，表面粗糙度常数设置为 0，如图 3-17 所示。

图 3-17　壁面边界条件

（4）地面边界：与入口风速设置的原理相同，整车设置为静止状态，地面则相对于整车运动，运动方向与汽车行驶方向相反，如图 3-18 所示。

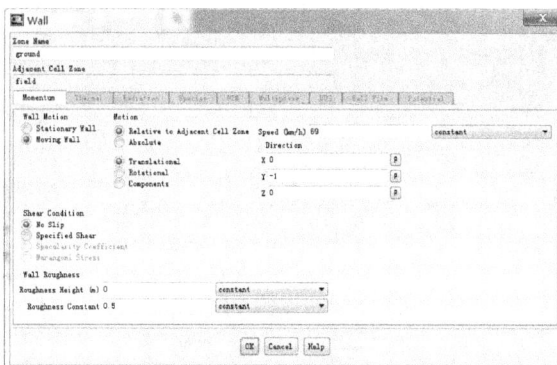

图 3-18　地面边界条件

-•-+-•-+-•-+-•-+-•-+-•-+-•-+-•-+-•-+-•-+-•-+-•-+-•-+-•-+-•-+-■

分析

（1）本部分是仿真条件设定，仿真条件要模拟整车实际行驶状况，最大限度地还原风洞试验的测试场景，材料设定要依据实际材料状况和行业测试标准，边界条件设置要符合风洞试验状况，求解方法设置要保证能够得到符合实际状况的计算条件。

（2）设置风洞进口为速度进口边界条件，速度大小需要与行业标准和实际风洞试验的风速保持一致。对于乘用车的试验，标准较为规范，对其他车型进行风洞试验时均参考乘用车标准。乘用车风洞试验时车速为 120 km/h，而公交车一般为69 km/h。本文为公交车，采用的是公交车标准，出口为压力出口边界条件，压力设置为 0 Pa。

（3）本文车体表面及地面设置为无滑移壁面，数值风洞外侧及顶部设置为滑移壁面。

（4）建议文中增加对进气物性参数和计算模型的说明，如"进气物性参数：本文采用的是行业常用的标准大气，空气的密度为 1.184 15 kg/m^3，黏度为 1.855 08×10^{-5} Pa•s，温度为 25℃""计算模型：$k-\omega$ 湍流模型；风洞内的气体流动为不可压的定常流"。

节选四：

■-•-+-•-+-•-+-•-+-•-+-•-+-•-+-•-+-•-+-•-+-•-+-•-+-•-+-•-

3.4　计算结果与分析

经测量车身正迎风面积为 7.578 008 m^2，其他物理参数如表 3-5 所示。

表 3-5　物 理 参 数

气动阻力 F_D/N	侧向气动力 F_S/N	气动升力 F_L/N	阻力系数 C_D	侧向力系数 C_S	升力系数 C_L
722.87	44.05	139.47	0.42	0.025	0.082

在迎风外流场仿真分析中，气动阻力的数值最大，是影响整车行驶和能耗的主要因素；侧向气动力相对数值较小，其主要影响整车的行驶安全性。与行业标准相比，本模型气动阻力系数为 0.42，在 0.3 到 0.6 之间，设计合理，但仍然偏大。

根据仿真分析结果输出整车表面的静压分布云图，见图 3-19。由于整车表面处理不够精细，因此表面存在细小拐点，出现拐点加速现象，但整体来看对试验结果没有太大影响。从图

图 3 - 19　静压分布云图

3 - 19 中可以看出，表面压力在前端面最高，在后端面最低，车身部位所受压力均匀分布。前部正压值较大，尾部负压值较大，正负压差是引起汽车运行阻力的重要原因。

　　根据仿真分析结果输出坐标系 $X = 0$ 方向的截面速度矢量图，见图 3 - 20。从图 3 - 20 中可以看出，气流在车顶处发生变化，经过车顶最高点，气流发散，且在尾部形成尾涡。

图 3 - 20　速度矢量云图

　　根据仿真分析结果输出整车车身周围空气流线图，见图 3 - 21。从图 3 - 21 中可见，流线紧贴整车表面，快速流动并通过车辆，整车车型设计较为合理。

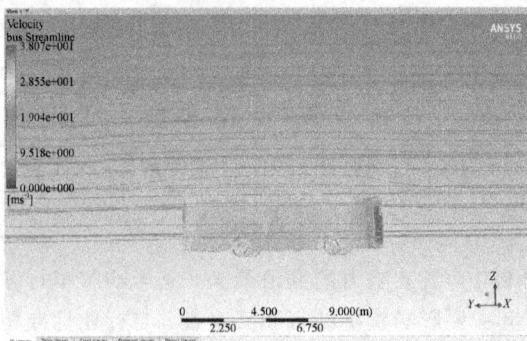

图 3 - 21　整车流线图

📝 分析

（1）仿真结果的分析和评估需要依据设计和分析目标，同时考虑行业标准。整车车型的评估包括节能性、安全性评估。本课题主要是对车型的节能性进行评估，并做相应的车型改善，所以主要评估对节能性有影响的指标和参数。仿真分析结果应输出气动参数及关键仿真信息，如仿真车速、迎风面积等。同时需对整车受的迎风和背风压力、整车表面气压变化等进行评估。

（2）本文通过仿真获得了气动分力及系数，并与行业标准进行了比较，得出结论——对节能性影响最大的是气动阻力系数。虽然设计合理，但结果仍然偏大。本文还提出了为提高整车的节能性，需对此参数进行改善。

（3）本文也对静压云图、速度矢量图、整车流线图进行了分析和比较，并进一步对车型进行了评估，以支撑本章提出的车型需要进一步改善这一结论。

节选五：

■ ·—·+·—·+·—·+·—·+·—·+·—·+·—·+·—·+·—·+·—·+·

第 4 章　基于空气动力学的整车造型优化

从力学角度分析，整车优化的设计准则是：注重车身各局部的气动优化设计。整车优化的总体目标是：降低能耗，提升整车性能。主要通过改变汽车的气动阻力、侧向气动力、气动升力及其各参数来实现。气动阻力是整车能耗的主要影响因素，因此，通过改变车型降低气动阻力，可以有效地降低能源损耗。气动升力和侧向气动力主要对行驶的安全性产生影响。侧向力过大可能发生侧翻现象，气动升力过大则会产生漂移。因此在对整车进行优化时，应将这些力纳入考虑范围。

根据研究发现，汽车的气动阻力与整车行驶时的速度呈正比关系，即气动阻力所消耗的能源与行驶速度成正比，而气动阻力主要是由整车前后压差决定的。因此，本文在保证整车性能和车型参数不变的基础上适当改变车身造型，以此来减小整车行驶时的车身气动阻力，以达到节约能源的效果。

4.1　优化方案

因为气动阻力的产生与车身前后压差有很大关系，因此本次优化设计主要通过改变车型来降低整车的前后压差，具体优化方案为：增大前风窗倾角，使前风窗和汽车顶部过渡更流畅，从而减小气流分离区；增强整车的流线性，达到降低气动阻力的效果。优化整车外形在 STAR - CCM＋中完成，通过调整网格节点位置对车身局部形状进行调整。软件 STAR - CCM＋具有基于网格单元来修复表面的功能，因此首先对车身前端网格进行增删操作，然后对细小部位进行修补，最后重构网格，得到优化后的模型。最终生成优化后的汽车空气动力学模型，如图 4 - 1 所示。

从整车车型来看，主要优化部位在车身前面，经测量，整车迎风面积有少许增加，车头与水平夹角由原来的 90°变为 80°，车身迎风面曲率增加，与四周车身连接区域过渡更光滑，增大了流体流过时的速度，而车身四周与车尾部分并没有明显的改变，满足车型优化的基本原则。所以，提出的整车车型优化方案可作为实际工程中新车型造型优化的参考。

图 4-1 优化后的模型

4.2 优化结果的比较与分析

表 4-1 所示为优化前后整车参数表。

表 4-1 优化前后整车参数表

参数	优化前	优化后
迎风面积 S/m^2	7.578 008	7.670 481
气动阻力 F_D/N	722.87	597.07
侧向气动力 F_S/N	44.05	109.88
气动升力 F_L/N	139.47	277.04
阻力系数 C_D	0.42	0.36
侧向力系数 C_S	0.03	0.08
升力系数 C_L	0.08	0.17

从表 4-1 中对比发现,优化后整车所受气动阻力减小。这是因为车头与车身顶部过渡更流畅,气流通过更迅速,正面迎风所受阻力很好地得以分散。但由于气流更容易流过,车身四周流速加快,因此侧向气动力与气动升力有所升高,但从系数可以看出,并没有超出行业标准限制,因此这样的优化可取。

重新进行数值模拟计算,得到的各个分析图如图 4-2~图 4-4 所示。

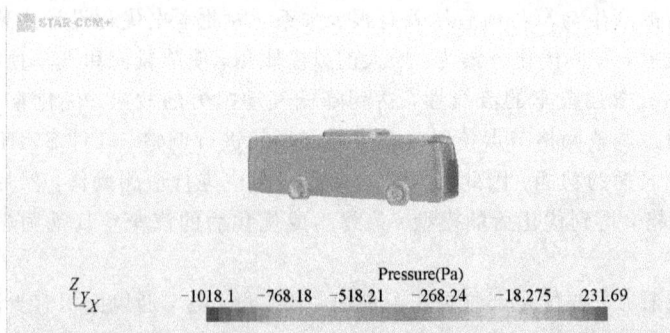

图 4-2 优化后压力云分布图

　　从图 4-2 中可以看出，与原来相比，优化后车身部位受压变化不大，主要不同点在车头部位，优化后，车头受压分布由中心向两边逐渐递减，虽最大受压系数没有减少，但四周压力分布有明显降低，因此该优化经仿真证明确实可行。

　　从图 4-3 中可以看出，车身部分速度与优化前相比，差距不大，但车尾部速度变大，其原因是车身改进后更有利于气流流动。其尾部涡流范围明显减少，湍流损失减少，达到了降低整车行驶时能源损耗的目标。

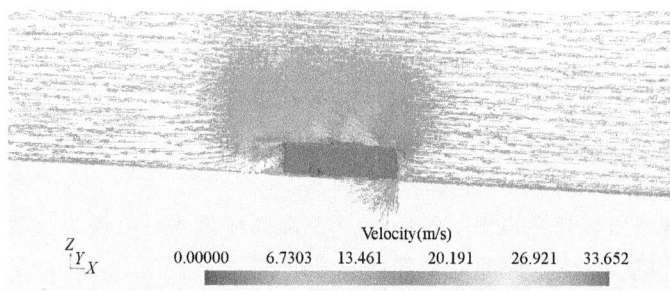

图 4-3　优化后速度矢量图

　　从图 4-4 中可以看出，整车周身流线紧贴车身，流体快速通过，符合车型设计原则，满足优化方案要求。

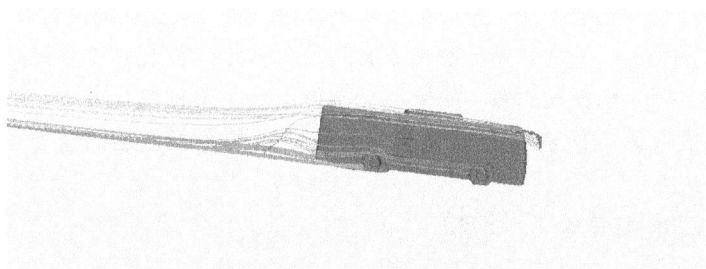

图 4-4　优化后整车流线图

分析

　　(1) 本部分首先提出了改善方案，然后通过对改善前后的仿真数据进行对比，发现改善后即使在迎风面积略微增加的基础上气动阻力仍比原车型小，同时气动阻力系数有较好的改善，新车型在相同里程的条件下比原车型更加节能，从而证明了改善方案的有效性。

　　(2) 本文对迎风压力云分布图和速度矢量图进行了对比和分析，进一步证明了改善方案的有效性。

3.5.3　案例点评

　　(1) 本课题来源于汽车企业的实际项目，在对整车建立空气动力学模型、有限元模型、模拟风洞试验的过程中，需要查阅行业的相关标准，培养了学生的工程意识以及解决实际工程问题的能力。

（2）该论文整体架构合理，包括整车空气动力学的理论、基于原车型的整车流场分析、车型改善方案、基于新车型的整车流场分析以及与原车型的对比等。

（3）该论文的逻辑性较强，阐述了原车型的实际参数、整车空气动力学模型的建立、整车有限元模型的建立、风洞模型的建立、外流场计算条件的设计、流场的计算、车型的评估和改善，评估了整个完整的基于CFD进行车型评估和改善的实际工作流程，具有一定的实际参考价值。

（4）在完成各个模型的建立和设置的过程中，查阅了大量的行业标准、法规文件，包含风洞的规格、整车模型简化的依据和要求、整车有限元模型的建立要求、整车测试和行驶速度的要求、风洞试验条件等，提出的方案尽可能地对实际的风洞试验进行了还原，仿真结果能够较为真实地反映整车风洞试验的状况。

（5）全文围绕着研究对象展开，每一个过程都有所依据，改善方案也有数据来支撑和证明，言语较为规范，完成了课题的全部任务要求。

（6）本文对各种软件进行了应用，包含三维建模软件（CATIA）、网格划分前处理软件（ICEM）、计算流体力学求解软件（FLUENT）、流体力学综合软件（STAR－CCM＋）。这样一方面使学生对CAE软件有了较为全面的理解，另一方面也促使其学习将CAD和CAE等各种软件融合的方法和流程，很好地锻炼了学生解决综合复杂问题的能力。

（7）本文也存在一定的不足，主要是在车型改善方面：首先，缺少对改善整车空气动力特性的优化方法的介绍；其次，提出改善方案时缺少一定的依据，没有提出其他优化方案，缺少对方案进行比较、选择的过程。如果本文能提出至少两种优化方案，并对改善效果、实施的难易程度、成本等方面进行全面比较，会使提出的车型改善方案更具有实际的参考意义。

（作者：邢为喆；指导教师：谭飞）

第4章　电子信息类专业毕业设计案例分析

4.1　单片机方向

基于单片机的电路系统设计主要包括设计分析、电路硬件设计、软件程序设计、样品制作等方面。此方向课题的设计步骤一般如下：

（1）设计分析：根据生产实践需求，分析系统功能与参数指标等。

（2）方案设计：一般采用自上而下的方法，先进行系统总体方案设计，再设计单元模块方案，如主控单元、传感模块、显示模块和其他辅助模块。

（3）硬件电路设计：包括电路原理图设计和 PCB 设计，一般采用自下而上的方法，根据单元模块方案，先设计各模块子电路，仿真调试无误后，再集合成总电路。

（4）软件程序设计：根据系统要求与设计的电路，对单片机编程，一般采用自上而下的方法，先设计主程序，再设计子程序，也可以采用自下而上的方法。

（5）仿真与调试：该步骤可分别在（3）和（4）之后，进行硬件电路和软件电路的仿真。若仿真结果有误，则需检查设计并修改，再仿真，直到仿真结果正确。

（6）样品制作与测试：焊接电路，制作样品，下载程序，测试样品功能与数据，通过数据分析验证设计是否达标，若有误差，需进行误差分析并修改，直到功能与参数达标。

学生在完成单片机类课题时还应了解生产实际中的工艺要求、工艺过程等，可根据课题实际设计需要，适当调整或增删上述步骤。

作为应用型本科电子信息类专业毕业设计，此方向课题应用场景较多，其设计思路及毕业设计纲要可参考图 4.1。

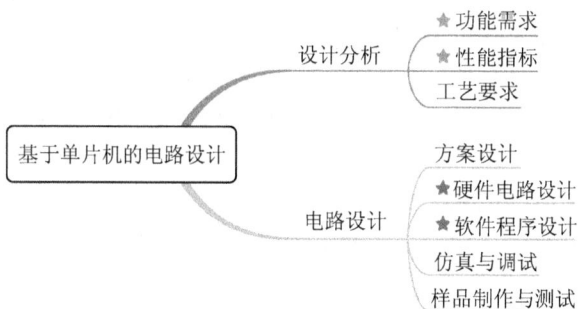

图 4.1　单片机方向课题的设计思路

4.1.1　课题范例

表 4.1 是单片机方向毕业设计课题范例，以供参考。

表 4.1　单片机方向毕业设计课题范例

序号	课 题 名 称
1	基于单片机的森林环境监测系统设计
2	基于单片机的恒温水龙头设计
3	基于单片机的 LED 点阵显示系统设计
4	基于单片机的超声波测距器设计
5	基于单片机的空气净化机的设计
6	基于单片机的实用八路物位测量仪设计
7	基于单片机的频率合成器设计
8	基于单片机控制的数控电源设计
9	基于单片机的数字化语音存储与回放系统设计
10	基于单片机的直流电机调速系统设计
11	基于单片机控制的智能充电器设计
12	基于单片机的智能水位控制系统设计
13	基于单片机的粉尘检测系统
14	基于单片机的智能游览车控制系统设计
15	基于单片机的火灾报警系统设计
16	基于单片机的 MP3 播放器设计

4.1.2　案例分析

1. 题目

基于单片机的森林环境监测系统设计。

2. 设计任务要求

森林和人类的可持续发展与自然界的生态平衡息息相关。森林生物灾害、火灾、土壤肥力下降等都可能严重影响人类生活，因此，需要对森林环境进行监测。本课题来源于科研项目，以无锡市惠山森林公园为监测对象，主要检测森林中的空气温湿度、二氧化碳浓度、土壤湿度、土壤酸碱度等环境因子，并对数据进行分析对比，实现自然灾害的预警。设计任务的具体要求如下：

（1）了解环境监测系统的相关技术和发展概况。

（2）熟练掌握单片机的工作原理和基本应用，会使用 Keil、Proteus 等软件。

（3）掌握常用的温度传感器、气体传感器、PH 值检测传感器、湿度传感器的工作原理，根据系统需要选择适合的传感器模块。

（4）以单片机为主控单元设计系统方案，完成各模块的设计。

（5）焊接电路，下载程序，完成功能测试。

3. 摘要与关键词

摘要：随着城市化水平日渐提高，温室效应、雾霾等空气污染愈发严重，已然威胁到了人类的健康和社会的可持续发展。为减少空气污染，我国大面积植树造林，目前我国的森林面积和森林蓄积量分别位居世界第 5 位和第 6 位，人工林面积居世界首位。然而，后期森林植被的养育与保护成了一大难题。为解决此问题，森林环境监测系统应运而生。本文以无锡市惠山森林公园为对象，设计森林环境因子监测设备。

　　本设计的硬件部分由主控单元、传感器模块、通信模块、数据显示模块等模块组成。主控单元由 STC89C52 单片机最小系统构成。通过单片机外接引脚接入 DHT11 温湿度传感器、FC - 28 土壤湿度传感器、MQ - 9 气体传感器等设备，构成了本设计中的传感器模块。通过外接蓝牙模块可将测量数据传送至森林管理中心的上位机，同时为方便森林监护人员在户外对设备进行数据监测，设备上还接入了 LCD1602 液晶屏，实时显示数据监测值。

　　在软件部分，通过 Keil 软件编写单片机运行程序，同时通过 Proteus 软件进行电路功能的模拟仿真与测试。然后根据总电路图，搭建各个功能模块电路，烧录程序至单片机中。最后进行检测与调试。

　　经实地测试，本设计可实现对森林的空气温湿度、土壤湿度、二氧化碳浓度等环境因子的测量，测量数据可实时显示于监测设备上，同时将数据发送至森林管理中心的上位机。

　　关键词：森林环境；单片机；传感器；蓝牙通信

4. 目录

5. 正文

节选一：

1.2　国内外的发展概况

　　目前关于森林环境状况动态监测系统的研究比较少，对于森林环境及资源变化情况的了解和掌握还不够及时，导致森林管理人员无法及时掌握一些森林自然灾害信息（如病虫灾害、森林火灾等），使得森林灾害无法得到及时有效的控制，甚至会导致情况进一步恶化，造成不可挽回的损失。

　　森林资源在人类社会发展的过程中起着重要作用，这些年来一些发达国家也逐渐加强对森林资源的调查与研究。到目前为止，发达国家的森林资源调查已经历了 3 个阶段：木材资源调查、森林综合资源调查（即多资源调查）和森林环境监测[1]。其中在森林动态监测技术的研究一直走在世界前列，取得了丰硕的成果，研制了多种应用于森林动态监测的系统，并在实际应用中取得了很好的效果[2]。国内虽然重视对森林资源的调查，但由于国内在监测技术方面的研究整体上一直落后于国外，因此在森林整体动态监测方面的研究同国外相比亦有相当大的差距，因此，我国必须大力开展森林动态监测技术的研究[2]。

　　随着信息化时代的到来，世界各国对本国森林环境监测技术进行了升级，建立了更加高效和便利的森林环境监测体系。

　　在测量仪器设备方面，德国、美国、日本、法国在森林环境调查中广泛使用激光测距仪、超声波测距仪、林分速测镜、叶面积测定仪等先进设备[3]，除此之外，美国还利用野外电子数据记录装置，在森林中进行野外调查的同时将数据输入临时存储器[4]。我国除上海等少数地方采用激光测距仪等先进设备用于测量距离和树高外，其他绝大部分地区仍在使用传统测量工具，如罗盘仪、皮尺、测绳、测高器等[5]。

　　由于森林环境因子数量较多，因此美国、德国、法国和日本等国家均开始广泛使用 3S 技术来进行森林环境数据的收集和分析管理、森林环境空间信息的汇总和分析[6]。其中，日本和法国侧重于对航片的运用[7]；德国和美国则侧重于卫片与航片共同成图和分层抽样控制的运用[8]；我国主要通过遥感技术对森林地貌、森林树种进行监测，包括 GPS（Global Position System，全球定位系统）定位导航、GIS（Geographic Information System，地理信息系统）数据处理与分析[9]。

　　在森林环境因子数据汇总与更新方面，美国和德国利用森林生长模式和各种营造林资料建立了森林资源动态更新系统，获得年度森林资源动态数据，对数据实行滚动更新[10]；法国也在 GIS 中运用数学模型进行森林生长预测[7]；日本各县均建立以森林簿为基础的资源数据，并以此为基础通过林分密度管理图或生长模型每隔 5 年进行一次修正[8]；我国主要运用森林生长模型进行材积计算，尚未建立可动态更新的森林资源信息管理系统[9-10]。

　　现阶段，国内环境监测技术日趋完善，针对森林环境监测的设备也层出不穷，但是功能单一，只能简单地测量空气的温湿度和土壤的酸碱度。森林环境整体评价数据的测量设备目前还处于起步发展阶段，相关技术仍在不断完善中。结合对资料的查阅与分析，我国目前的森林环境监测方案大体可分为下述两个：方案一，采用蜂窝式定点监测方案，即按照一定的距离间隔设置监测点，点与点之间有网络相连接，最后传送到主控制室中，由主控制室的计算机作出正确的判断结果[11]；方案二，采用飞行机器人进行扫描式监测，在飞行机器人上安装各种监测设备及 GPS 系统，采用遥感方式对林地进行监测[12]。

　　当今科技已进入大数据时代，以单一对象为监测目标的监测系统虽然在一定程度上提高了森林资源管理与决策的科学化、现代化水平，但已经不能满足多目的的森林资源监测要求，具有多目的的、可监测多个对象的森林动态监测系统将是未来森林监测技术研究的主流[13]，而那些只能测得数据，却无法进行数据传输与分析的监测设备已经无法满足现阶段的社会生活和生产需求。因此，对于森林环境监测系统的设计要求是：既包括全方位测量评价森林环境数据指标，同时还要将所测量的数据进行传输与分析，通过数据分析结果来指导人类对于森林的实践行为。我国的森林动态监测技术日臻成熟，研究与实践经验日趋丰富，其他相关的高新技术也发展迅速，这就为多目的森林动态监测系统的研究与开发提供了保障与技术支持[14]。

　　随着技术的不断发展，单片机的兼容性与可编程设计能力逐渐提高。STC89C52 是宏晶科技公司生产的一种低功耗、高性能 CMOS 8 位微控制器，STC89C52 使用经典的 MCS - 51 内核，并在其基础上做了很多改进，指令代码完全兼容 8051 单片机[15]。STC89C52 具有以下主要性能：8KB 的系统可编程 Flash 存储器，512B 的内部数据存储器，4×8 个可编程 I/O 口线，时钟频率范围宽，3 个 16 bit 定时器/计数器，三级加密程序存储器，看门狗定时器，双数据指针[16]。另外，STC89C52 有两种节电工作方式可供选择，分别是掉电方式和空闲方式。在掉电方式下，内部 RAM（Random Access Memory，随机存取存储器）的数据被保留下来，不会丢失，此时电源电压降到 2 V，等电源电压恢复到 5 V 后，通过硬件复位可使单片机退出掉电方式；在空闲方式下，虽然中央处理器停止工作，但是中断、串行口和定时器/计数器仍在工作，若此时有中断产生，则单片机从空闲方式中退出，继续执行原来的程序[17]。此外，单片机可通过其外部引脚接入通信模块，实现单片机与 PC 端的串口通信。

分析

(1) "国内外的发展概况"是本章的主要内容,可以按以下三种类别进行介绍:按时间,依次介绍课题相关技术的发展概况,不特别区分国内和国外;按国别,可以先介绍国外的发展概况,再介绍国内;按技术,分别介绍与课题相关的几种关键技术的发展概况。作者按第三种介绍,若再明确时间或时代,则发展概况就更清晰了。

(2) 国内外发展概况也可以根据(1)中所选的顺序设小标题,分节次介绍。

(3) 发展概况的内容紧紧围绕课题展开介绍,主要是课题相关技术的发展概况,但作者最后一段介绍单片机的内容偏多,可改为环境监测系统中主控单元的发展概况。

节选二:

1.3　本课题应达到的要求

本论文以 STC89C52 单片机为主控单元,加之各类功能传感器模块、蓝牙通信模块、A/D 转换模块及液晶显示模块,用于实现以下功能:

(1) 实现对森林空气温度(测量范围为 $0\sim50$℃,精度为 ±2 ℃)、空气湿度(测量范围为 $20\%\sim90\%$RH,精度为 $\pm5\%$RH)、二氧化碳浓度(测量范围为 $10\sim1000$ ppm(注:ppm = 10^{-6}),灵敏度为 $\geqslant5$ ppm)、土壤湿度等数据的测量。

(2) 测量数据可实时显示于液晶显示屏上。

(3) 设备可将监测的实时数据发送至上位机。

分析

本课题应达到的要求包括课题应达到的功能要求和性能的具体指标,应尽量细化技术指标,以便有目的的展开,并验证结果的正确性。

节选三:

2.1　系统总设计方案

本设计通过测量多种森林环境因子,如森林内空气的温度、湿度,空气中二氧化碳的浓度,土壤湿度等因子,将测量数据发送至森林管理员的数据分析处理端,以便管理员对森林环境状况进行实时监控,加强对森林的保护,防范森林自然灾害。本设计的系统整体框图如图 2-1 所示。从图 2-1 中可以看出,本系统包含主控单元、传感器模块、通信模块、显示模块等。其中,传感器模块由多个功能型传感器所组成,如 DHT11 传感器、MQ-9 传感器、FC-28 传感器。由于 MQ-9 传感器和 FC-28 传感器测出的数据为模拟量,因此还要加入一个 A/D 转换电路,将测量出的模拟量转换为数字量,以便显示与传输。显示模块可将测量得到的数据值显示出来,便于对设备进行调试与监测。通信模块用于数据通信,将测量的环境因子数据实时发送至 PC 端,通过 PC 端对数据进行分析处理。系统模拟演示如图 2 - 2 所示。

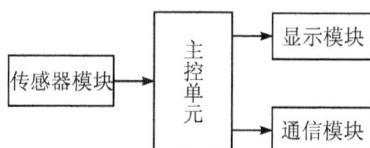

图 2 - 1　系统整体框图　　　　　　　　图 2 - 2　系统模拟演示图

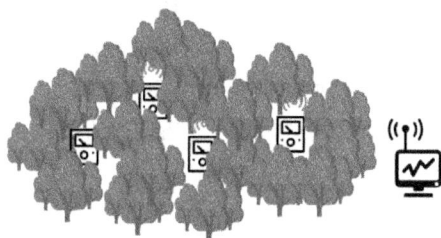

分析

(1) 作者采用自上而下的设计方法,先确定系统总体方案,再选择单元模块方案,写明各单元模块实现的功能。

(2) 所有的图、表都有匹配的文字介绍,即图、表都出现在段落文字中,如"图 2 - 2"出现在段落最后一句话。

节选四:

2.2.3　通信模块方案选择

本设计的数据传输为单向传输,即将测量数据从监测设备传输至 PC 端,以便 PC 端对数据进行处理与分析,森林管理员可以通过 PC 端实时监测森林环境动态。

第一种数据通信方案是选用 RS - 485 通信模块。一般情况下,RS - 485 采用的是主从通信方式进行通信,即一个主机带多个从机。RS - 485 的传输方式采用的是半双工工作方式,任何时刻只能有一个点处于发送状态,因此需要一个使能信号对发送电路进行控制。理论上讲,RS - 485 的最大传输速率为 10 Mb/s(可传送距离为 15 m),最大传输距离为 1200 m。若要传输更远的距离,则需要增加中继。在传输过程中,为防止信号衰减,要对其进行放大。

第二种数据通信方案是选用 BT06 蓝牙通信模块。BT06 蓝牙模块遵循 v3.0 蓝牙规范,内置 PCB 射频天线,支持串口接口和 SPP 蓝牙串口协议,它具有价格低、设备小、通信准确度高等特点。此外,BT06 蓝牙模块只需外接少许元件就能实现短距离的数据无线传输功能[18],将 BT06 蓝牙模块与 PC 端蓝牙设备互连,可实现森林环境监测端与森林管理人员的 PC 管理端的数据传输,避免了烦琐的线路铺设与连接。

结合本设计的要求,以线路最简为原则,决定采用 BT06 蓝牙模块进行数据通信。

2.2.4　显示模块方案选择

方案一,显示模块采用 LED 七段数码管。LED 的工作电压低,体积小,寿命长,响应快,在实际工作电路中为保证数码管正常工作，一般还要串联一定阻值的电阻。

方案二，显示模块采用 LCD1602 液晶显示屏。LCD1602 可显示 2×16 个字符，包含字母、数字、符号等字符类型。由于其具有功耗低、体积小、液晶显示对比度可调、内含复位电路等特点，因此 LCD1602 常用于小型测量仪器中。

本设计需要显示空气温度、空气湿度、二氧化碳浓度、土壤湿度这四种数据，涉及字母、数字、符号三种字符类型。综合上述两种方案的分析结果，采用 LCD1602 液晶显示屏更佳。

分析

（1）各单元模块的方案有多种，一般选择两到三个备选方案进行比较分析。

（2）应简要介绍各种方案的优缺点、适用范围等，再说明本课题考虑的因素，如指标要求、成本等因素，从而选定其中一种方案。

节选五：

本设计的单片机最小系统电路如图 3-3 所示，它由电源电路、下载电路、复位电路和时钟振荡电路所构成。

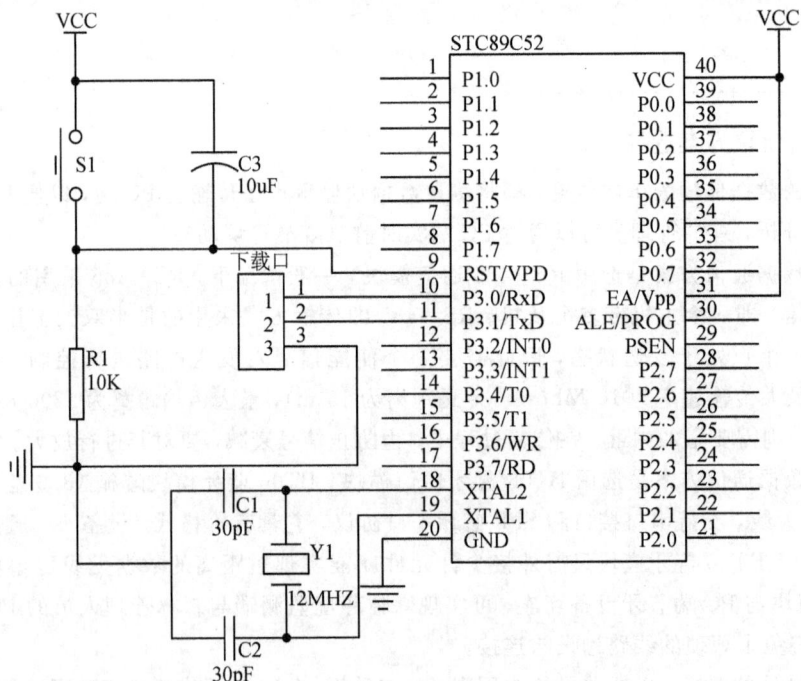

图 3-3　单片机最小系统电路

1. 电源电路和下载电路

下载电路用于烧入运行程序，本设计采用的是 DC 电源插口，其内部电路如图 3-4 所示。该插口一口两用：一是作为设备的电源端用于供电，二是作为下载端口烧入程序。DC 电源插口有三个外接引脚，其中 1 号引脚接入 STC89C52 的串行输入端（P3.0 口），2 号引脚接入 STC89C52 的串行输出端（P3.1 口），3 号引脚接地，如图 3-5 所示。电源电路如图 3-6 所示。

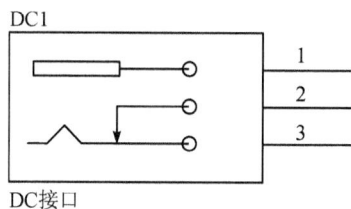

图 3-4　DC 电源插口内部电路

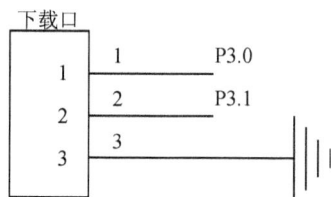

图 3-5　下载电路

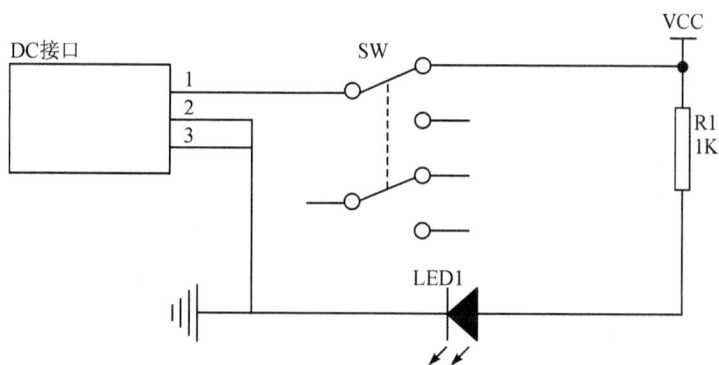

图 3-6　电源电路

2. 复位电路

通过按键开关产生复位信号，并将其发送至 STC89C52 控制芯片的复位输入端。本设计采用阻容复位方式进行复位电路的设计，即按压开关并联一个 10 μF 的电容，同时串联一个 10 kΩ 的电阻，然后将电容的负极接至 STC89C52 的 RST/VPD 口，具体电路如图 3-7 所示。

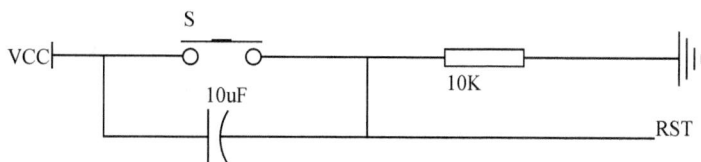

图 3-7　复位电路

3. 时钟振荡电路

本设计的时钟振荡电路所采用的晶振频率为 12 MHz，一般当晶振频率位于 2～25 MHz 区间时，所外接的两个电容的电容值均要小于等于 47 pF 且无须外接电阻。该设计的时钟振荡电路外接两个 30pF 的电容，并将晶振的两端接至振荡电路的输入端（XTAL1 口）和输出端（XTAL2 口），如图 3-8 所示。

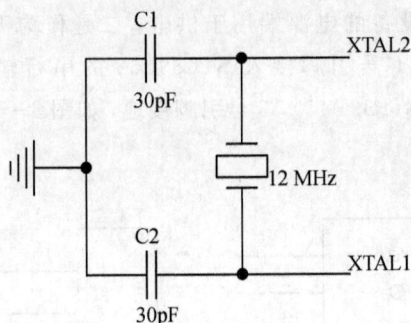

图 3-8　时钟振荡电路

分析

（1）电路图务必用相关软件绘制，然后截取清晰图片，如 Protel、Altium Designer、Cadence 等，一般不用绘画软件、办公软件等非专业软件绘制。

（2）电路图要有相应文字介绍，包括电路图的基本组成与工作原理。

节选六：

本设计的主程序要对空气温湿度、土壤湿度、二氧化碳浓度等环境因子数据进行实时数据的测量、显示与传输。STC89C52 控制芯片通过读取 P1.0 口的信号，判断 DHT11 温湿度传感器是否工作并测得数据，然后将测得的数据发送并显示在 LCD1602 液晶屏上。由于 FC-28 土壤湿度传感器和 MQ-9 二氧化碳浓度传感器都接入 PCF8591AD 模块，因此可直接通过 PCF8591 的 SCL、SDA（分别接入 STC89C52 的 P2.1、P2.0 口）读取数据信息并进行数据显示。主程序的流程图如图4-1所示。

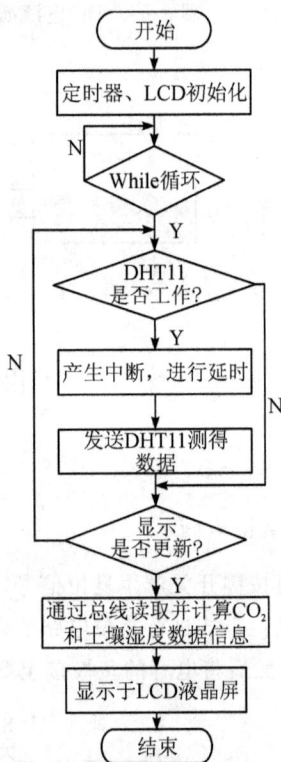

图 4-1　主程序的流程图

分析

（1）流程图的绘制必须符合相关规范。

（2）应对照流程图介绍程序流程。

节选七：

■ ·+·

AD 转换部分程序如下：

```
unsigned char ReadADC(unsigned char Chl)
{
    unsigned char Val；
    Start_I2c()；
    SendByte(AddWr)；
      if(ack==0)return(0)；
    SendByte(0x40|Chl)；
      if(ack==0)return(0)；
    Start_I2c()；
    SendByte(AddWr+1)；
      if(ack==0)return(0)；
    Val=RcvByte()；
    NoAck_I2c()；
    Stop_I2c()；
    return(Val)；
}
```

·+·■

📝 分析

一般在正文中只写程序的关键代码，其余代码写在附录里。

节选八：

■ ·+·+·+·+·+·+·+·+·+·+·+·+·+·+·+·+·+·

5.1　系统仿真

系统仿真是电子电路设计的必要环节，在确定各模块设计和软件设计方案后，根据各模块设计要求绘制仿真电路图，然后将程序烧入仿真软件中，进行电路仿真，以此确定各模块设计和软件设计无误，功能运作正常。在仿真成功完成后，再进行实体电路搭建与焊接。对于 51 系列的单片机设计，通常先用 Keil 软件进行程序编写与调试，编译程序生成 .hex 文件，然后利用 Proteus 仿真软件绘制电路图，将 .hex 文件烧入 STC89C52 芯片中，最后进行电路功能仿真实验。

5.1.1　Keil 编译软件及烧录软件

Keil C51 是当前使用最广泛的基于 80C51 系列单片机内核的软件开发平台之一，由德国 Keil Software 公司推出，是一款兼容单片机 C 语言软件的开发系统，它提供了丰富的库函数和功能强大的集成开发调试工具，采用全 Windows 界面，多数语句生成的汇编代码容易理解，尤其在开发大型软件时更能体现高级语言的优势[21]。Keil C51 通过一个集成开发环境 μVision3 IDE(Integration Develop Environment)构成其开发平台[22]。

　　本设计采用的 STC - ISP 烧录软件只能用于 STC 系列单片机的程序烧录，分为安装版本和非安装版本，其中非安装版本使用起来更为方便。打开 STC - ISP 烧录软件，选择对应的单片机型号、串口号和最高波特率，然后导入 Keil 编译的 . hex 文件，点击"Download"按钮后，计算机会不断反复地向单片机发送数据，但是单片机并不会接收该数据，这时就需要切断单片机的电源电路，等待几秒钟后，再重新接入电源，这时单片机就会检测到计算机发来的数据，并进行接收操作，将接收到的数据保存至单片机内部程序存储器，完成程序的烧录。

5.1.2　Proteus 仿真软件

　　Proteus 软件是由英国 Lab Centre Electronics 公司推出的著名的 EDA 工具软件，是一款将电路仿真、PCB 设计和虚拟模型仿真三合一的设计平台，它可完成从原理图布图、代码调试到单片机与外围电路协同仿真，并可以一键切换到 PCB 设计，真正实现从概念到产品的完整设计[21]。

　　当 PC 端上安装了 Proteus 软件后，用户可以对单片机芯片及外接电子器件一同进行仿真实验，用户甚至可以实时采用诸如 LED/LCD、键盘、RS - 485 终端等动态外设模型来对设计进行交互仿真[22]。

5.1.3　仿真结果

　　参照实物电路图，采用 Protues 软件对电路进行模拟仿真，观察电路各功能模块是否正常运行。由于本设计功能模块较多，涉及多种类型的传感器，造成仿真图难以整体全部绘制出来，因此采用化繁为简的思想，将各模块单个割离出来进行仿真。图 5 - 1 表示的是温湿度检测模块仿真电路，图中显示数据表明电路正常工作。

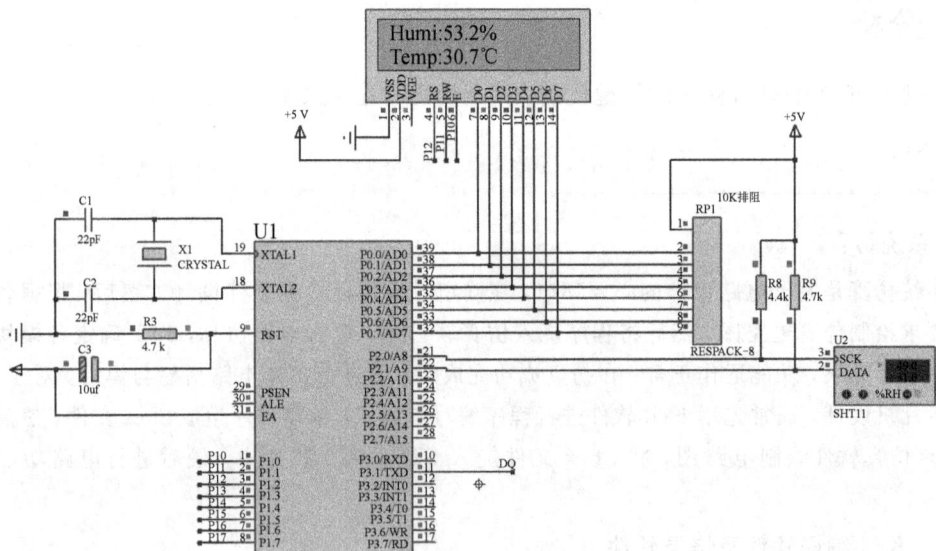

图 5 - 1　温湿度检测模块仿真电路

分析

（1）进行系统仿真前可适当介绍主要的仿真软件，再介绍仿真过程与结果分析。

（2）对照仿真目的阐述仿真结果是否正确，此处描述比较粗略，应详尽一些。

（3）若仿真结果有误，应分析原因，再修改电路或程序，直到仿真结果正确。这些错误分析、修改过程都可以写入本节，并总结调试经验。

节选九：

5.3.1　测试结果

待实物调试无误，各功能模块运行正常，即可进行实地测量。本设计以无锡市惠山森林公园为监测对象，主要监测森林中的空气温湿度、二氧化碳浓度、土壤湿度等环境因子，并对数据进行分析对比，实现自然灾害的预警。图 5-9 为实地测量图。

图 5-9　实地测量图

图 5-10 为森林环境监测设备的运行状态，以 STC89C52 芯片构成设备的主控单元，通过各个功能型传感器测得空气温湿度、二氧化碳浓度、土壤湿度等数据。

图 5-10　设备运行情况

图 5-11 为 PC 端数据接收界面，监测设备通过蓝牙收发模块，经由数据传输至 PC 端。

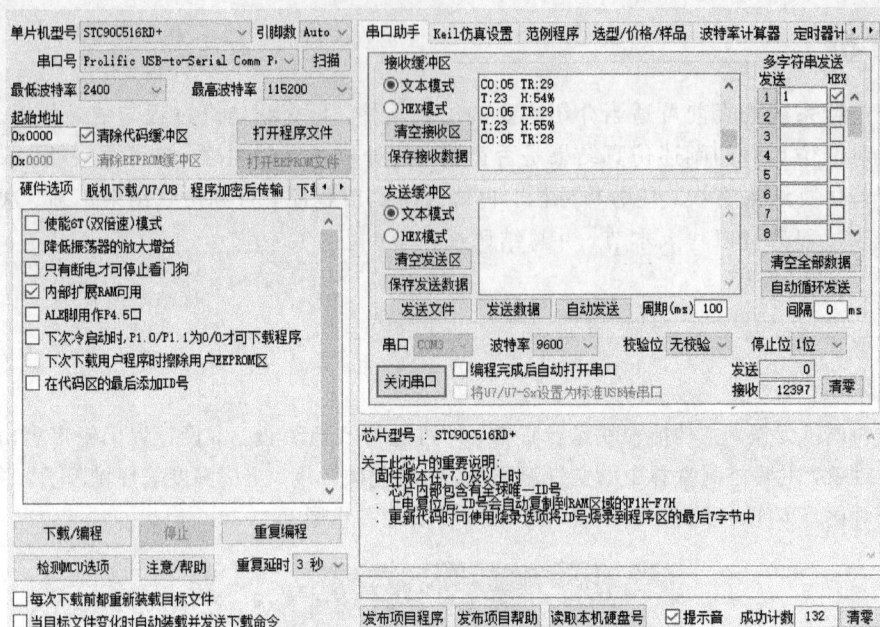

图 5-11　PC 端数据接收界面

5.3.2　数据分析

　　本设计以无锡市惠山森林公园为监测对象,进行实地的数据采集,主要选择中午这个时间段,进行了为期一周的监测实验。监测数据包含空气温湿度、土壤湿度、空气中二氧化碳浓度等环境因子数据,各项数据取该时间段的平均值。图 5-12 为无锡惠山森林公园环境因子某周数据统计表。

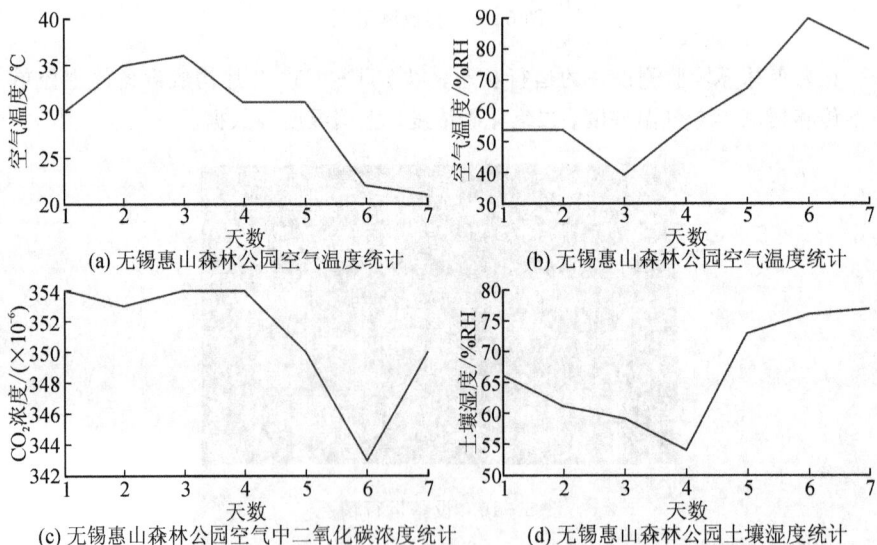

(a) 无锡惠山森林公园空气温度统计

(b) 无锡惠山森林公园空气温度统计

(c) 无锡惠山森林公园空气中二氧化碳浓度统计

(d) 无锡惠山森林公园土壤湿度统计

图 5-12　无锡惠山森林公园环境因子某周数据统计表

　　由于缺乏关于惠山森林公园土壤湿度、二氧化碳浓度等环境因子的官方数据,且无相关精密测量仪器进行数据对比，因此将当天无锡市的空气温湿度数据与监测设备监测到的数据进行对比分析，具体数据对比情况如图 5-13 所示。由图 5-13 可见，数据监测基本无误。

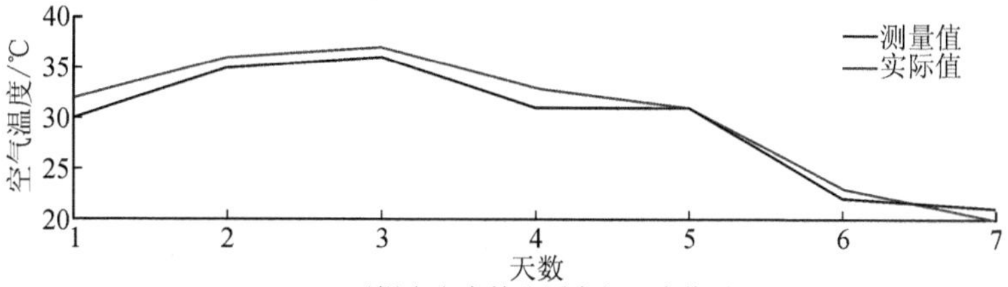

(a) 无锡惠山森林公园空气温度值对比

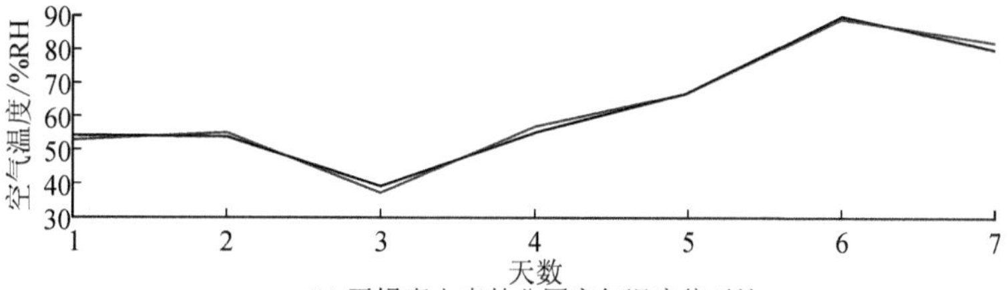

(b) 无锡惠山森林公园空气温度值对比

图 5-13　无锡惠山森林公园某周空气温湿度数据对比图

此外，为了更好地对设备的精度进行评估，进行了多次实地数据采集，总计 15 次实验，统计数据和误差率见表 5-1 所示。通过将测量值与实际值进行对比分析可加强评估的科学性、严谨性。

表 5-1　无锡惠山森林公园空气温度与湿度对比分析表

序号	空气温度/℃			空气湿度/%RH		
	测量值	实际值	误差率	测量值	实际值	误差率
1	29	29	0%	65	67	-2.9%
2	25	24	4.1%	70	68	2.9%
3	27	26	3.8%	72	71	1.4%
4	24	24	0%	76	75	1.3%
5	26	27	-3.7%	80	82	-2.4%
6	35	33	6%	73	72	1.4%
7	37	36	2.7%	68	70	-2.8%
8	33	34	-2.9%	73	71	2.8%
9	30	32	-6.2%	54	53	1.9%
10	35	36	-2.7%	54	55	-1.8%
11	36	37	-2.7%	39	37	5.4%
12	31	33	-6%	55	57	-3.5%
13	31	31	0%	67	67	0%
14	22	23	-4.3%	90	89	-1.1%
15	21	20	5%	80	82	-2.4%

通过图 5-13 和表 5-1 分析对比可知，本设计的森林环境监测设备误差值小，精度高，操作方便，能够满足森林环境动态监测的要求。

　　　　　　　　　　　　　　·+·+·+·+·+·+·+·+·+·+·+·+·+·+·+·+·+·+·+■

📝 分析

　　（1）本案例对测量数据进行了分析与比较，测试结果符合设计要求。

　　（2）表 5-1 按误差率计算，与课题要求的精度指标不统一，误差分析不够详尽。

　　（3）由于缺乏空气中二氧化碳浓度、土壤湿度的官方数据进行比对，所以未进行这些数据分析，文中应说明原因。

节选十：

■·+·+·+·+·+·+·+·+·+·+·+·+·+·+·+·+·+·+·+·

6.1　结论

6.1.1　总结

　　本设计采用 STC89C52 芯片构成的单片机最小系统、DHT11 温湿度传感器、FC-28 土壤湿度传感器、MQ-9 气体传感器、蓝牙控制电路、PCF8591 芯片构成的 A/D 转换电路和 LCD1602 液晶显示屏共同组建森林环境监测硬件设备。当仪器置于监测环境时，可以监测多个环境因子，并将监测数据传输到森林管理员的 PC 端，进行有效的监测。

　　在进行设计时，首先应确定设计方案，选择合适的主控单元、传感器；其次进行森林环境监测系统的硬件设计，明确 STC89C52 芯片、元器件、传感器的引脚功能，确定各个引脚的连接方式，绘制出电路原理图；然后进行软件设计，由 Keil 编程软件编写主函数、液晶显示函数、蓝牙数据传输函数、传感器功能函数和延时函数，编译、运行并生成 .hex 文件；之后用 Proteus 进行电路仿真；最后根据电路原理图搭建、焊接电路，焊接完后对设备进行调试与功能测试。

　　通过此次设计积累了以下几条经验：

　　（1）在确定系统设计方案时，要多查阅相关文献和书籍，确定大体的系统设计框架，选择恰当的元器件。

　　（2）对于选择的元器件，要认真研读其使用手册，了解各引脚功能、工作时序图等相关内容，为后面的软件设计奠定基础。

　　（3）在进行软件设计时，首先要确定一个主函数和各个功能函数模块，对于每个函数绘制流程图，然后进行程序编写。在编写程序的过程中总会遇到一些语句看不懂，这时就要多查阅书籍，多与老师、同学探讨。

　　（4）本设计的实操环节便是电路的焊接，在焊机过程中要对各个元器件进行合理的布局，焊接时要慢、稳、准并且要有耐心，切不可因为连焊、虚焊等一些操作失误而放弃。

6.1.2　设计中遇到的困难及解决方案

　　（1）用 Proteus 8.0 进行仿真操作时，有些功能传感器元件在元件库中找不到。

　　在 Proteus 8.0 进行电路功能仿真时，除了 51 系列芯片和一些电容、电阻器件能够在库中搜寻到，其他器件都找不到与之一一对应的元件。这时可采用替代法，用 LM016L 替代

LCD1602，虽然这两个元件的外接引脚个数不同，但是其工作原理是相同的；同理可用 SHT11 替代 DHT11。对于一些功能型传感器，根据其工作原理和输出量类型，选择适当的替代元件。本设计中 FC-28 土壤湿度传感器和 MQ-9 气体传感器的输出量为模拟量，根据其工作原理，可用滑动变阻器来替代，输出量变为电流或电压值，也是模拟量，这样就解决了无元件的问题。

（2）焊接电路时，各个器件与线路布局不易规划。

本设计采用面包板进行电路搭建。由于面包板的尺寸限制，需要对电路进行合理布局。虽然已经有了完善的电路原理图，但是它与焊接电路图在布局考量上存在一定区别。因此在规划焊接电路时采用模块法，分模块搭建电路，按照单片机最小系统模块、传感器模块、蓝牙控制模块、LCD1602 液晶显示模块的顺序进行线路布局与电路搭建。

6.2　不足之处及未来展望

本设计中对于环境因子的测量有一定限制，比如 DHT11 温湿度传感器所能监测的温度范围为 0～50℃，在温度处于零下时，就无法准确测量出其温度值；为了实现设备与 PC 端的通信，采用蓝牙通信模块，但蓝牙通信传输距离有待提高，其抗干扰性能有待优化。

未来随着传感器技术的不断发展，传感器的测量范围和精度不断提升，会使得该森林环境监测设备的工作性能不断优化。加之网络与云技术的发展，设备所测量的数据可以实现远程共享，无须中继站。到那时，森林环境监测设备将遍及中国各个森林系统，对森林保护与灾害防范将起到很大作用。

分析

（1）结论部分内容翔实，还分享了个人如何克服困难的经验。

（2）本设计监测的环境因子还不够全面，监测系统的性能还需完善，这些可以写入"不足之处及未来展望"中。

（3）未来展望内容偏少，应结合环境监测系统的发展概况进行展望。

4.1.3　案例点评

（1）本课题来源于科研项目，设计任务及设计指标明确，侧重于工程设计能力的训练，能培养学生基于单片机分析设计电路、焊接、测试等工程应用能力。

（2）该论文整体架构合理，包括方案设计、具体电路设计、仿真与测试等。

（3）采用方案对比分析法，设计了监测系统的总体方案及主要模块的设计方案，方案合理可行。

（4）本课题完成了单元模块电路设计、单片机程序设计与仿真，并焊接电路制作了样品，通过现场测试，验证了系统可实现对空气温湿度、土壤湿度和二氧化碳浓度的测量与显示，并同时发送测量数据至上位机，达到了设计的功能目标；对测量的空气温湿度数据进行了简单的误差分析，基本达到了设计的性能指标。

（5）该论文紧密围绕设计对象展开，语句通顺，格式规范，图、表质量较好。可见，作者制订了合理的计划，具有严谨的科学态度与良好的独立分析、解决问题的能力，具备良好的专业知识基础和素养，达到了该专业本科人才培养目标和要求。

（作者：刘继军；指导教师：李莎）

注：本文曾获得2018年无锡太湖学院优秀毕业设计。

4.2　EDA仿真设计方向

随着电路规模的日益增大，EDA软件被广泛用于电路仿真、可编程电路和系统辅助设计等。此方向课题在电子信息类专业的毕业设计中占比较高。这类课题的设计步骤一般如下：

（1）设计分析：根据应用需求，分析电路功能与参数指标等要求，并选定EDA软件。

（2）方案设计：一般采用自上而下的方法，先进行总体方案设计，再设计单元模块方案，如选定芯片、定义变量等。

（3）模块电路设计：一般采用自下而上的方法，先设计核心单元电路，再由核心电路构成模块电路，包括电路原理图设计（Verilog HDL或VHDL编程）、仿真、验证等。

（4）总电路设计：将仿真无误的模块电路集合成总电路，对总电路进行仿真调试。若有误，需返回到步骤（3），修改后再进行此步骤，直到仿真正确。

（5）版图设计与后仿真：根据选用的PLD、FPGA等特定芯片，对芯片进行适配编译、逻辑映射和编程下载，经综合、优化、布局、布线等，完成版图设计及后仿真。

（6）样品制作与测试：制作样品，测试样品功能与数据，通过数据分析验证设计是否达标，若有误差，需进行误差分析并修改，直到功能与参数达标。

学生在完成EDA仿真设计类课题时应了解芯片的功能、工艺要求等，可根据课题的实际设计需要，适当调整或增减上述步骤。

作为应用型本科电子信息类专业毕业设计，可应用的场景很多，此方向课题的设计思路及毕业设计纲要可参考图4.2。

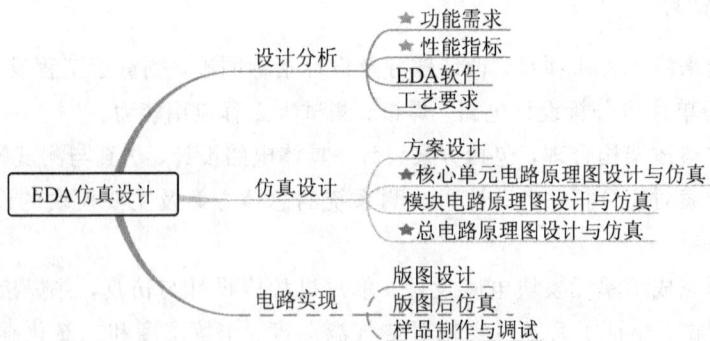

图4.2　EDA仿真设计的思路

4.2.1　课题范例

表 4.2 为 EDA 仿真设计方向毕业设计课题范例,以供参考。

表 4.2　EDA 仿真设计方向毕业设计课题范例

序号	课 题 名 称
1	基于 FPGA 的学校作息时间管理系统设计
2	基于 FPGA 的交通信号控制系统设计
3	基于 FPGA 的加油机控制系统设计
4	智能教室灯光控制系统设计
5	一种简易锁相放大器的设计
6	基于 FPGA 的固话屏显控制系统设计
7	基于 FPGA 的掷骰子游戏电路设计
8	基于 FPGA 的出租车屏显控制系统设计
9	基于 FPGA 的智能密码锁设计
10	基于 Quartus Ⅱ 的自动售货机系统设计
11	基于 Quartus Ⅱ 的多功能数字时钟设计
12	一种带语音提示功能的空调遥控器设计
13	基于射频技术的智能门禁系统设计
14	基于 FPGA 的车辆识别系统设计
15	基于 FPGA 的数字高通滤波器设计

4.2.2　案例分析

1. 题目

基于 Quartus Ⅱ 的多功能数字时钟设计。

2. 设计任务要求

数字时钟广泛应用于人们的日常生活与实际生产中。利用 EDA 软件设计电子产品,可实现硬件设计软件化,降低开发成本,设计灵活,可移植。本课题要求在 Quartus Ⅱ 开发环境下设计数字时钟,该时钟具有计时、校时、蜂鸣闹钟和温度显示等功能。设计任务的具体要求如下:

(1) 了解数字时钟的相关技术和发展概况。

(2) 熟练掌握 Quartus Ⅱ 软件的开发环境、设计方法,常用数字芯片的功能与典型应用电路。

(3) 数字时钟除了基本的计时功能外,还应具有复位、校时、闹钟、测温、显示等功能。

(4) 完成各模块电路、总电路原理图设计,并进行仿真验证。

3. 摘要与关键词

摘要： 随着数字集成电路的发展，数字时钟的精度越来越高，具有显示直观、能耗低、体积小等优点。数字时钟的设计方法很多，利用 EDA（Electronic Design Automation）设计电路，使得硬件设计如同软件设计那样方便快捷，极大地提高了电路设计的效率和可操作性。本课题正是基于 Quartus Ⅱ 软件平台设计一个多功能数字时钟。

本课题采用自上而下的设计方法，电路主要分为以下模块：计时模块、校时模块、整点报时模块、闹钟模块和显示模块。在校时模块中利用 D 触发器的锁存功能设计开关，并手动控制输入时钟脉冲来进行校时。在设计闹钟模块时，为简化电路，节约资源，与校时模块复用开关，只需要引入一个闹钟使能开关以示区分即可。在设置闹钟时，显示界面随之改变，当设置完成之后又恢复计数显示界面，采用数据选择器来完成两者的切换。

本设计完成了对模块电路的仿真调试，将模块电路连通后完成了总电路，仿真结果表明所设计的数字时钟满足设计要求。

关键词： EDA；Quartus Ⅱ；数字时钟；仿真

4. 目录

5. 正文

节选一：

■ ·+·

1.1　本课题的研究内容和意义

　　随着人们对时间的重视度越来越高，生活节奏的加快，处于忙碌中的人们似乎忘记了时间，甚至因此耽误重要事情，造成损失。此时需要一个可以自动提醒的计时系统，让人们的生活更加便捷有效。显然，传统的机械钟表已无法满足当今社会人们对时间的控制需求。

　　当今社会，晶体振荡器和数字集成电路的不断发展和应用使得多功能钟表更加精准。在现代社会中，多功能数字时钟有显著的营销价值，钟表的数字化带给人们更加轻松的生活，同时在原始功能的基础上扩展了一些新功能。例如，定时自动报警、按时自动打铃、定时广播、自动起闭路灯等，这些都是以钟表数字化为基础的，因此对数字时钟的研究有着很现实的意义[1]。与传统的机械钟相比，数字时钟具有走时精准、方便携带、显示直观、功耗小等优点，并且其使用寿命远远高于传统机械时钟。

　　多功能数字时钟从原理上看是一种典型的数字电路，包括了组合逻辑电路和时序逻辑电路[2]。在设计过程中不仅可以了解数字时钟的构造原理，而且可结合实际进一步掌握各种组合逻辑电路和时序逻辑电路的应用。本课题利用 EDA(Electronic Design Automation)工具进行设计仿真，选用 Quartus Ⅱ 开发软件设计一个多功能数字时钟。采用自上而下的模块化设计理念，先确定电路原理框图，再设计各模块电路，经编译、仿真、引脚锁定无误后，组成完整的总电路[2-3]。利用 Quartus Ⅱ 实现的多功能数字时钟具有编程灵活、电路结构清晰简明、功率耗损小、功能扩展容易实现等优点。

·+· ■

分析

　　（1）分析了课题的研究意义。
　　（2）写明了课题的研究内容与设计思路。

节选二：

■ ·+·

1.2　国内外的发展概况

　　集成电路技术和计算机技术的蓬勃发展，使电子产品设计有了更好的应用市场，也使电子产品的实现方法有了更多的选择。传统的电子产品设计是基于电路板的设计，需选用大量的具有固定功能的器件,然后通过这些器件的配合来模拟电子产品的功能[4]。科学技术的发展推动了电子计算机的制造水平,可编程逻辑器件应运而生。为实现电子系统的各种功能,设计人员大多根据自己的想法进行设计。从 1990 年开始,各种电子系统的设计软件应运而生,如采用计数-译码电路,可直接控制数码显示装置,也可直接和 CMOS－LED 光电器件相结合,成功设计出一个石英晶体数字时钟。

20 世纪下半叶,电子技术突飞猛进的发展使得现代电子产品遍布社会的每个角落,电子产品的性价比得到提高,更新速度逐渐加快,并极大地促进了生产力的发展水平。电子产品中的数字时钟在人们的生活中担当着重要角色。和普通机械时钟相比,它具有体积小、重量轻、抗干扰能力强、精度高、损耗小等特征。由于其众多优点,加之适应性强,在各种场合都能适用,给生产和生活带来了极大的便利,已经成为人们日常生活中的重要组成部分[5]。

对于人们来说,时间是非常珍贵的。因而人们开动大脑发明了时钟,从此它便成为人们现实生活中的重要部分。20 世纪末,电子技术迅速发展,使得电子产品在各个领域中的应用越来越广,更新步伐越来越快。与以前的时钟相比,数字时钟在外观、功能等各方面都得到了改善。此外,以数字时钟为基础,现代钟表的一些功能很容易实现,如火灾报警、温度检测、整点报时、夜光显示等。

随着科技的迅速发展,产品更新速度日渐加快,人们对数字时钟的要求也越来越高,传统的功能单一的数字时钟已经不能满足人们的日常生活需要了,这就需要研究人员设计出更加新颖、功能更多的钟表。现在钟表发展过程中的不足主要有以下几点:

(1) 大多采用全硬件实现,电路复杂,成本较高;

(2) 功率损耗大;

(3) 走时容易有偏差;

(4) 存在脉冲延迟;

(5) 生产过程中环境污染严重。

目前数字时钟不仅仅可以实现时间准确显示这一功能,常常还会附加一些功能,同时液晶大屏显示与多层次结构也越来越受到人们的喜爱。

分析

围绕数字时钟国内外的发展概况展开了介绍,但内容偏少,发展脉络不够清晰,一般应按时间顺序依次介绍关键技术或单元模块的发展历程。

节选三:

2.3　设计方案

本设计主要通过手动控制开关来实现校准、清零和选择。开关具体包括校分钟开关 k1、校小时开关 k2、校星期开关 k3、闹钟使能端 k4、清分钟开关 k5 和清小时开关 k6。输入脉冲包括秒脉冲 f_1、校准脉冲 f_2、整点报时的低音输入脉冲 f_3 和高音输入脉冲 f_4。计数功能可显示时、分、秒和星期数,都是通过 74160 的同步置数功能来实现。分和秒电路由六十进制计数器组成,小时电路由二十四进制计数器组成,星期电路由七进制计数器组成。以秒电路为例,它由两片 74160 组成,一片为低位,计数到"9",另一片为高位,计数到"5",每来一个 f_1,秒电路的低位就从 0 开始计数到 9,当计数到 9 时,秒高位加 1 计数,直到计数到"59",产生进位脉冲,传送到分电路的输入脉冲端,分电路开始计数,以此类推。为了校准分钟、小时和星期,在分和小时电路中设置清零开关 k5 和 k6,并在开关中加入 D 触发器,以消除打开或关闭时的抖动。进位脉冲输出和校准脉冲输出通过或门分别连接到分钟、小时和星期电路的脉冲输入端。以分钟校准为例,当校分钟开关 k1=0 时,校准电路输出秒进位脉冲,进行正常计数;当 k1=1 且闹钟使能开关 k4=0 时,输出 f_2,进行快速校准。整点报时电路是根据 59 分、53 秒、55 秒、57 秒和 59 秒的二进制数设计组合逻辑电路来实现的。闹钟电路仍然基于 74160 计数,利用校分钟开关 k1、校小时开关 k2 以及使能开关 k4 切换设置与显示界面,通过 7485 比较计数时刻和闹钟设置时刻是否一致。最后,用 7 片共阴极显示译码器 7448 完成显示。

控制开关的逻辑功能如下:k1 为校分钟开关,当 k1=0 时,正常计数,当 k1=1 时,快速校分钟;k2 为校小时开关,当 k2=0 时,正常计数,当 k2=1 时,快速校小时;k3 为校星期开关,当 k3=0 时,正常计数,当 k3=1 时,快速校星期;k4 为闹钟使能端,当 k4=0 时,正常计数或者校时并显示,当 k4=1 时,进入闹钟设置界面;k5、k6 为分钟和小时清零开关,当 k5、k6 为 0 时正常计数,当 k5、k6 为 1 时实现清零。

分析

(1) 设计方案非常详尽,包括参量说明、计数电路、校准电路、整点报时电路、闹钟电路和显示电路的说明。但整段文字描述过多,可适当划分成小段,或采用示意图,更清晰明了。

(2) 第二段文字介绍烦琐,建议列表介绍各种开关变量的逻辑功能。

节选四:

3.1　计时模块

计时模块主要包括秒电路、分钟电路、小时电路和星期电路。其中,秒电路和分钟电路采用六十进制,小时电路采用二十四进制,星期电路采用七进制。此次设计主要采用 74160 的同步置数功能,先对各个子模块进行设计,等到各个子模块原理图和仿真波形图调试、仿真无误后再将其组合。时钟信号 f_1 送入秒脉冲 CLK,秒计数器产生的进位输出送到分钟脉冲输入端,分钟计数器产生的进位输出送到小时脉冲输入端,小时计数器产生的进位输出送到星期脉冲输入端,这样就构成了一个完整的计时模块。计时电路原理示意图如图 3-1 所示。

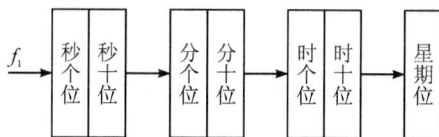

图 3-1　计时电路原理示意图

3.1.1　芯片简介

74160 是应用十分广泛的十进制同步计数器，如图 3-2 所示，可对 0~9 进行计数。CLK 为时钟信号，时钟脉冲从 CLK 端输入，只有当 CLK 为上升沿时计数器才置数或计数；$\overline{\text{LDN}}$ 是芯片预置数端，低电平有效；D、C、B、A 是输入端，D 为高位；$\overline{\text{CLRN}}$ 为异步置零（复位）端，低电平有效，当 $\overline{\text{CLRN}}$=0 时，计数器清零，进行清零操作时其他输入信号不起作用，其优先级最高；ENT、ENP 为使能控制端，只有当 ENT=ENP=1，$\overline{\text{CLRN}}$=1 且 CLK 为上升沿时，74160计数器才开始计数；QD、QC、QB、QA 是计数器的输出端，QD 为最高位；RCO 为进位输出引脚，当 RCO=1 时，系统产生进位，当 RCO=0 时，没有进位信号输出。

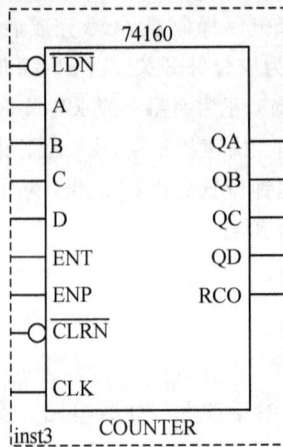

图 3-2　74160 芯片

74160 的功能表如表 3-1 所示。

表 3-1　74160 的功能表

输入									输出			
CLK	$\overline{\text{CLRN}}$	$\overline{\text{LDN}}$	ENP	ENT	D	C	B	A	QD	QC	QB	QA
×	0	×	×	×	×	×	×	×	0	0	0	0
↑	1	0	×	×	D	C	B	A	D	C	B	A
×	1	1	0	×	×	×	×	×	保持			
×	1	1	×	0	×	×	×	×	保持			
↑	1	1	1	1	×	×	×	×	计数			

3.1.2　六十进制计数器

1. 六十进制计数器设计

秒计时模块和分计时模块都由六十进制计数器组成，显示 0~59，选用 74160，采用同步置数法。现在以秒计数电路作一说明。因为需要显示秒十位和秒个位，所以用两片 74160 来解决分别显示的问题，即一个用来设计十位，另一个用来设计个位。如图 3-3 所示，两片计数器的 CLK 连接到 f_1，清零端 $\overline{\text{CLRN}}$ 置 1，DCBA=0000，前一片 74160 表示秒的个位，计 0~9，使能端 ENT、ENP 都置 1，这样计数器才处于计数工作状态，每来 1 秒脉冲，计数器加 1 计数，每当个位计数到 1001 时，进位 RCO 由 0 变为 1，后一片 74160 表示秒的十位，计 0～5，将前一片 RCO 与后一片 RCO 的使能控制 ENT、ENP 相连接，当 RCO 有进位，ENT＝ENP＝1 时，后一片计数器开始加 1 计数，当十位计数到 0101 时，个位计时到 1001，即 59，待来 1 秒脉冲，输出秒进位信号 COS＝1，将十位的 QCQA 和个位的 QDQA 与非后连接到置数端，此时两个芯片的 $\overline{\text{LDN}}$ 为 0，即输出变为 0，重新从 0 开始计数，这样就完成了一个 60 周期的计数。输出信号 COS 为下一级时钟信号，当计数到 59 由高电平变为低电平，再来一秒时，低电平变为高电平，时钟上升沿到，下一级计数器开始计数。

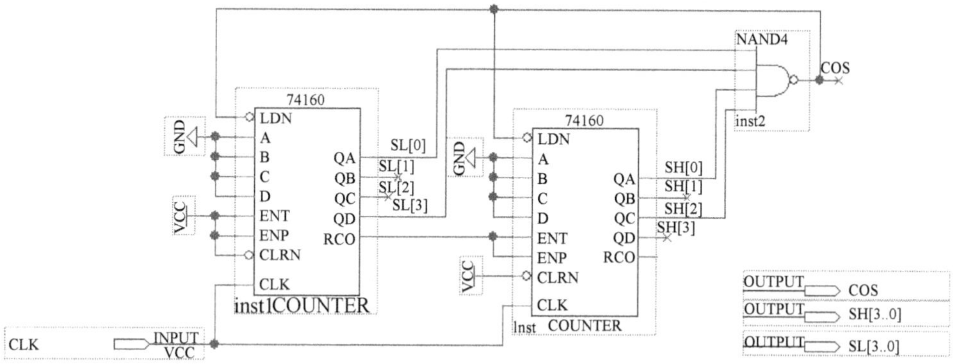

图 3-3　秒计数电路仿真波形图

仿真波形如图 3-4 所示。

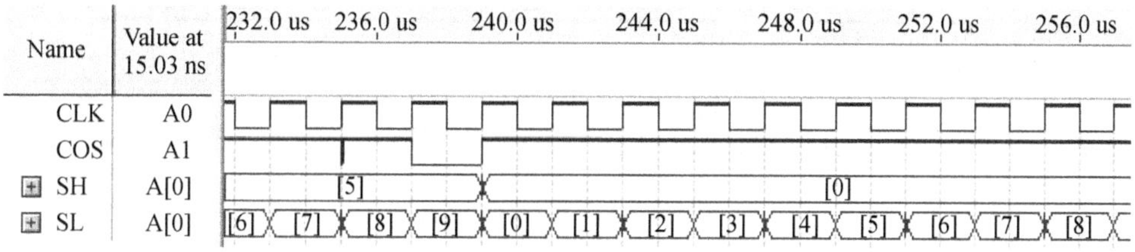

图 3-4　秒计数电路原理图

由仿真波形图可知，每当 SL 计数到 9，再来 1 秒脉冲时，SH 加 1 计数，SL 从 0 开始计数，以此类推，每当计数到 59 末时，产生一个上升沿秒进位脉冲，作为下一部分分钟计数器的脉冲信号输入。由于电路中引入逻辑与非门，所有逻辑门电路都存在传输时间延迟，因而仿真图中存在竞争与冒险现象。此电路设计是合理的。

图 3-5 所示为秒计数电路集成图。

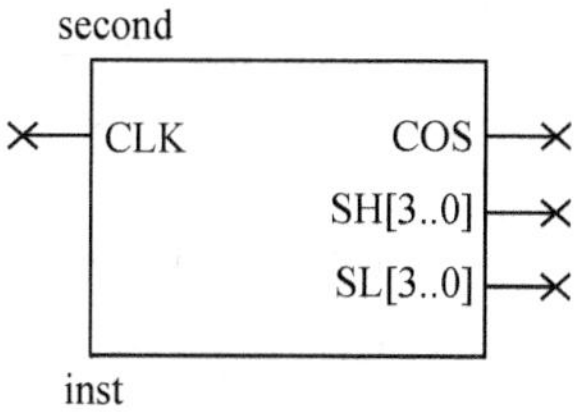

图 3-5　秒计数电路集成图

图 3-5 中，CLK 为秒脉冲 f_1；COS 为秒进位输出，作为下一级的输入信号；SL[3..0]代表秒个位 8421BCD 码，包括 SL[3]、SL[2]、SL[1]、SL[0]，SL[3]为高位；SH[3..0]代表秒十位 8421BCD 码，包括 SH[3]、SH[2]、SH[1]、SH[0]，SH[3]为高位。

同样可以得到分钟计数器电路，同时在分钟计数器中加入清零开关 k5（主要在校分钟和设置闹钟电路中使用）。当 k5＝0 时，计数；当 k5＝1 时，进行清零操作。分钟计数电路原理图如图 3-6 所示。

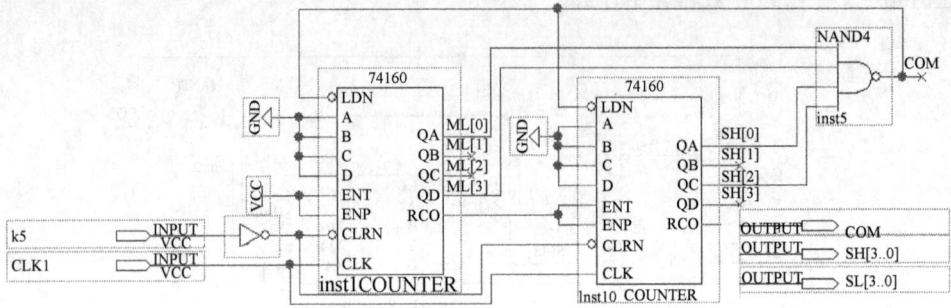

图 3-6　分钟计数电路原理图

仿真波形如图 3-7 所示。

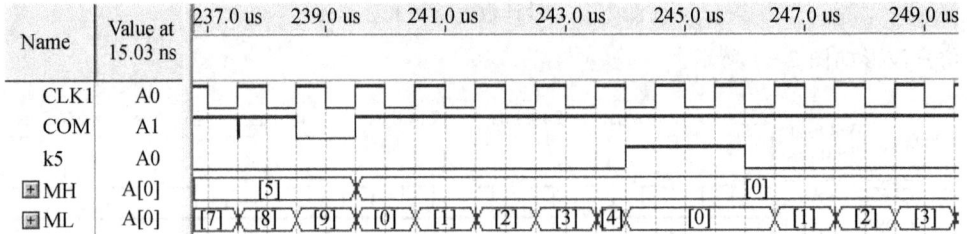

图 3-7　分钟计数电路仿真波形图

由仿真波形图可知，当 k5＝0 时，计数，当 ML 计数到 9，再来 1 脉冲时，MH 加 1 计数，ML 从 0 开始计数，以此类推，每当计数到 59 时，产生一个上升沿分钟进位脉冲，作为下一部分小时计数器的脉冲信号输入；当 k5＝1 时，计数器清零。此电路设计是合理的。

图 3-8 所示为分钟计数电路集成图。

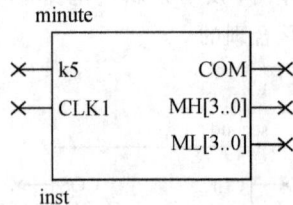

图 3-8　分钟计数电路集成图

图 3-8 中，k5 为清分钟开关；CLK1 为分钟脉冲输入端，即满 60 个秒脉冲后，分钟脉冲到；COM 为分钟进位输出，作为下一级的输入信号；ML[3..0]代表分钟个位 8421BCD 码，包括 ML[3]、ML[2]、ML[1]、ML[0]，ML[3]为高位；MH[3..0]代表分钟十位 8421BCD 码，包

括 MH[3]、MH[2]、MH[1]、MH[0]，MH[3]为高位。

　2. 六十进制计数器程序

```
LIBRARY IEEE；  //打开 VHDL 中的 IEEE 库
USE IEEE. STD_LOGIC_1164. ALL；
USE IEEE. STD_LOGIC_UNSIGNED. ALL[12]；  //打开程序包
ENTITY cnt60 IS  //实体描述语句，cnt60 为实体名
   PORT(CLEAR：IN STD_LOGIC；  //输入清零端口 CLEAR
          CLK：IN STD_LOGIC；  //CLK 是时钟信号输入端
          RCO：OUT STD_LOGIC；  //进位输出端 RCO
          OH：BUFFER STD_LOGIC_VECTOR(3 DOWNTO 0)；  //高位输出 OH[3..0]
          OL：BUFFER STD_LOGIC_VECTOR(3 DOWNTO 0))；  //低位输出 OL[3..0]
END ENTITY cnt60；  //结束实体 cnt60
ARCHITECTURE ART OF cnt60 IS  //定义结构体，ART 为结构体名，cnt60 为实体名
   BEGIN
   RCO<='0'WHEN(OH="0101"AND OL="1001")ELSE'1'；
   //当计数到 59 时，RCO=0，否则 RCO=1
     PROCESS(CLK，CLEAR)IS
//进程语句定义该进程所需的 CLK 和 CLEAR，即有时钟进程和清零进程
       BEGIN
       IF(CLEAR ='0')THEN
         OH<="0000"；
         OL<="0000"；  //当 CLEAR 为 0 时，进行清零操作
       ELSIF(CLK'EVENT AND CLK='1')THEN  //时钟到来并为上升沿时
         IF(OL=9)THEN
           OL<="0000"；  //OL 到 9 时清零
           IF(OH=5)THEN
             OH<="0000"；  //OH 到 5 时清零
           ELSE
             OH<=OH+1；  //OH 未到 5 时加 1
           END IF；
         ELSE
           OL<=OL+1；  //OL 未到 9 时加 1
         END IF；
       END IF；
     END PROCESS；
   END ARCHITECTURE ART；
```

✐ 分析

　（1）本节对计时模块的核心单元六十进制计数器进行了详细介绍，设计思路很清晰，包括原理图设计、选用芯片的简介、仿真结果与主要程序。

（2）本节对仿真波形图进行了结果分析，验证了设计的正确性。

（3）主要程序有注释，可读性强。

节选五：

■ ·＋·

4.2 校时电路

将各个计时和校时的集成电路连接起来进行检测，其原理图如图 4-3 所示。图中，k1、k2、k3 分别为校分钟开关、校小时开关和校星期开关；k4 为闹钟使能端；k5、k6 为清分钟和清小时开关；f_1 为秒计数时钟信号；f_2 为校准时钟信号。校准的输出连接到计数器的输入脉冲。

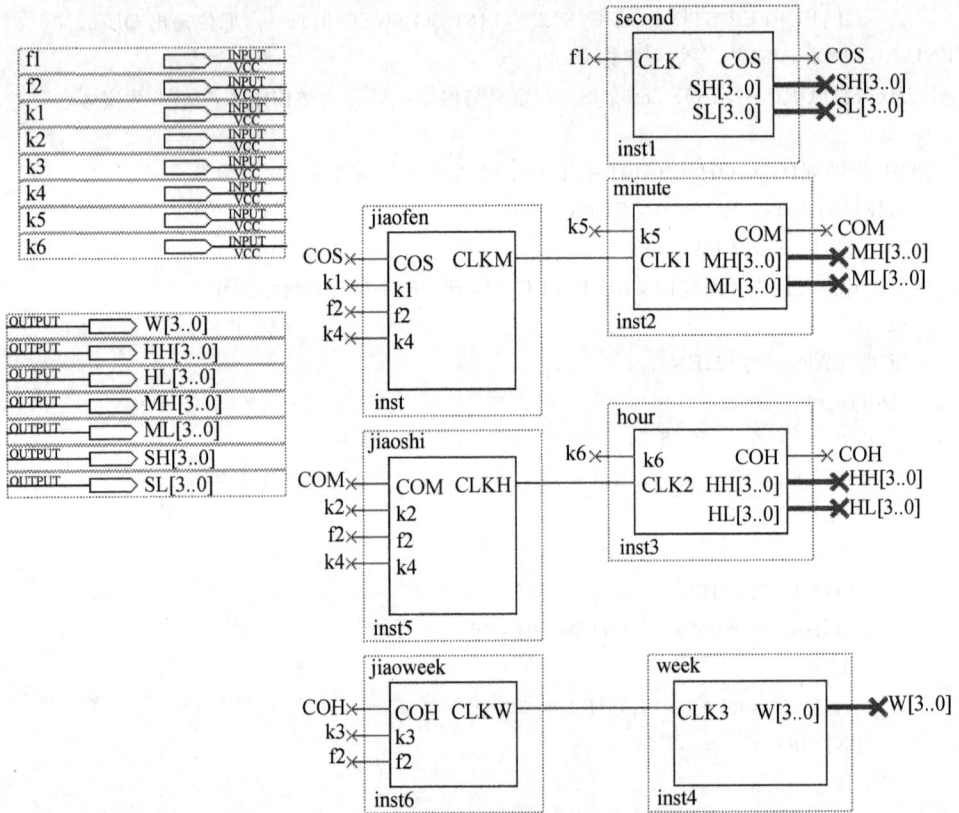

图 4-3　校时电路原理图

仿真波形如图 4-4 所示。

由仿真波形图可知，闹钟使能开关 k4 为 0，当清小时开关 k6＝1 时，小时输出变为 0，进行清零操作；当 k6＝k5＝0，且快速校分钟开关 k1、校小时开关 k2 和校星期开关 k3 为 0 时，进行正常计数，若 k1＝k2＝k3＝1 则进行快速校准，若将校准开关置零则完成设置。由于电路中存在竞争冒险，所以 f_2 第一个上升沿到来进行数据的输入，第二个上升沿到来进行快速校准。若又将校准开关置 0，则当 f_1 上升沿到来时进行正常计数。此电路设计是合理的。

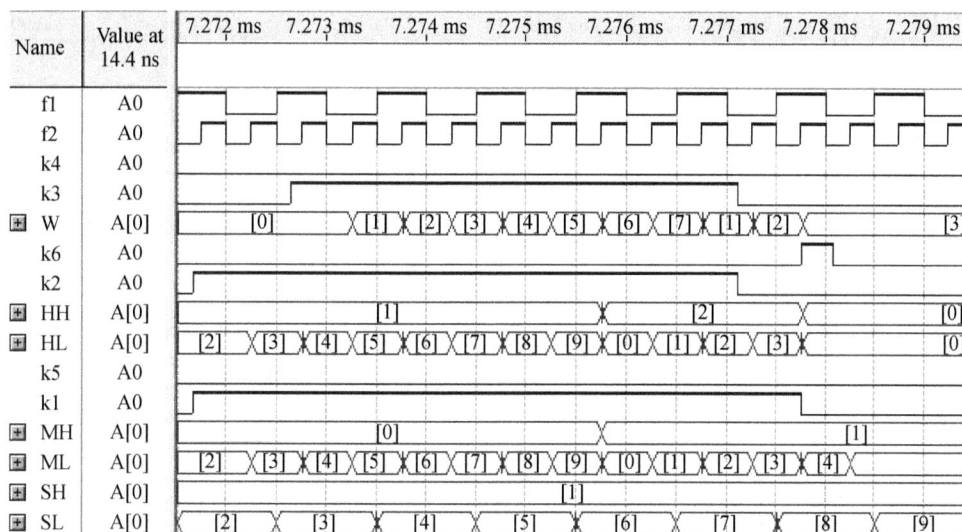

图 4 - 4　校时电路仿真波形图

4.3　闹钟电路

将闹钟设置电路、闹钟选择显示电路和闹钟比较电路三个部分的集成图组合成一个完整的闹钟模块,并仿真检测这部分电路设计是否正确。其电路原理图如图 4 - 5 所示。

图 4 - 5　闹钟电路原理图

仿真波形如图 4 - 6 所示。

由仿真波形图 4 - 6 可知,当使能开关 k4 置 1 时,设置闹钟;当清零开关 k5＝k6＝0 时,不进行清零操作;当校准开关 k2＝k1＝1 时,闹钟进行快速设定;当 k2＝k1＝0 时,完成闹钟的设

Name	Value a 15.03 n	280.0 us	360.0 us	440.0 us	520.0 us	600
f2	A1					
k4	A1					
HH	A[0]			[0]		
HL	A[0]		[0]		[9]	[0]
MH	A[0]		[0]		[1]	[0]
ML	A[0]			[0]		
k6	A0					
k2	A0					
xHH	A[0]			[0]		
xHL	A[0]	[0][1][2][3][4][5][6][7][8][9][0]			[9]	[0]
k5	A0					
k1	A0					
xMH	A[0]		[0]		[1][0][1]	[0]
xML	A[0]	[0][1][2][3][4][5][6][7][8][9]			[0]	
sound2	A1					

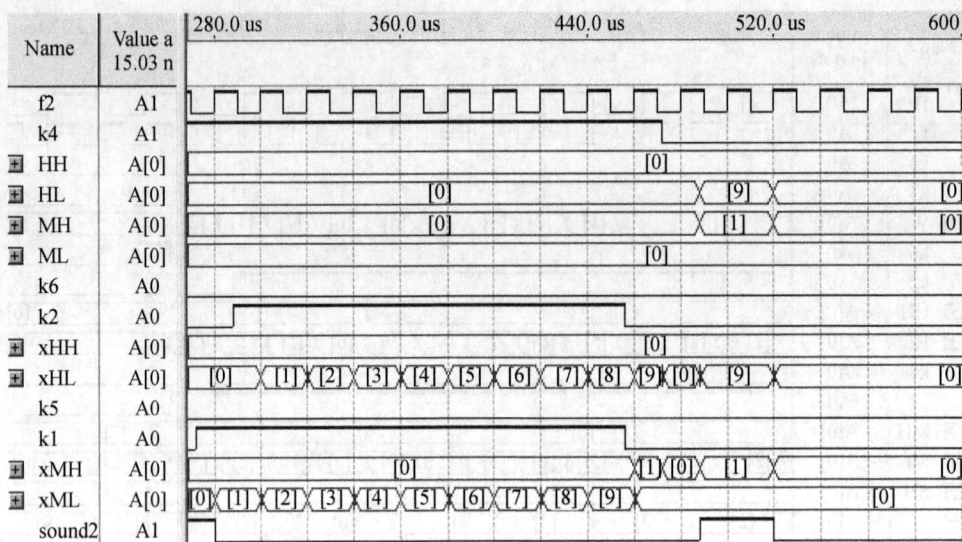

图 4 - 6　闹钟电路仿真波形图

定，图 4 - 6 中设置的为 9 时 10 分。若随后将 k4 置 0，则输出同计数时刻相同，当计数到 9 时 10 分，蜂鸣器由低电平变为高电平，进行鸣叫。此电路设计是合理的。

分析

（1）本部分完成了各模块电路的设计与仿真，通过分析仿真波形验证电路设计的合理性。

（2）建议增加版图设计过程，包括布局、布线及样品制作等，以进一步论证设计的合理性和正确性。

节选六：

5.1　结论

本课题是基于 Quartus Ⅱ 软件设计一个多功能数字时钟。根据电路方案，先将各模块电路原理图设计出来，并进行调试仿真，若调试出现错误，可以根据软件中的注释进行修改，若调试成功则进行仿真，并分析仿真结果与预期波形是否相同，若不同则返回原理图继续分析、修改。经过不断的调试仿真，最终设计出可以在数码管上显示 00:00:00—23:59:59 和星期数，并在控制电路作用下借助外部按钮可实现快速校分钟、校小时、校星期，且具有整点报时和闹钟设置等多个功能的数字时钟。

结合所学知识，自己动手在 Quartus Ⅱ 软件上尝试进行原理图的设计，将书本上抽象的理论知识用直观生动的图形展示出来，自上而下设计，由浅入深分析，层层递进，将理论和实际相结合，加深了对所学知识的理解，进一步掌握了数字时钟的结构与工作原理。同时，自己分析问题、解决问题的能力也得到了提高。

在本次设计中积累了以下经验：

（1）在进行系统设计之前一定要查阅大量相关资料，切不可盲目动手，没有目的性；

（2）设计中每一个细节都要考虑全面，要对特殊情况进行处理；

（3）模块化设计方法简捷有效，对每一个模块调试仿真，出现错误时方便修改；

（4）遇到自己无法解决的问题，一定要学会请教别人。

5.2　不足之处及未来展望

在本次设计过程中，由于自身知识储备的不足，仅设计了数字时钟在人们日常生活中必需的一些功能，还可增添如铃声提醒、测温等功能模块。另外，在仿真波形中发现电路产生了竞争-冒险现象，但并没彻底解决。

未来多功能数字时钟，将借助新一代信息技术逐步向智能化方向发展，可综合多种数字产品功能于一体，如通过无线网络预报天气，连接移动终端进行时间设置，设置个性化图像界面等。这些功能值得后续进一步研究和扩展。

分析

（1）本部分归纳了本课题完成的主要内容，整个课题是基于 FPGA 软件 Quartus Ⅱ进行设计，主要完成了电路仿真，并总结了自己积累的经验。

（2）未来展望内容偏少，可结合最新技术与数字时钟的发展概况进行展望。

节选七：

参考文献

[1] 张可菊，赵丹.浅谈数字数字钟的设计[J].电子制作，2014，22(9)：18 - 20.

[2] 刘允峰.基于 Multisim 的数字时钟设计[J].现代电子技术，2012，35(10)：184 - 185.

[3] 刘娟花，厉谨.基于 FPGA 的数字日历设计[J].现代电子技术，2014，37(3)：137 - 140.

[4] 李振伟，孙荣平.基于 EDA 技术的 FPGA 设计探究[J].科技信息，2008，32(18)：412.

[5] 李彩娜，王智磊.基于 LCD1602 的数字数字钟设计[J].无锡南洋职业技术学院论丛，2012，11(2)：70 - 74.

[6] ZOU F H, LI N F. Application of Quartus Ⅱ and FPGA Technology in Experiment of Principles of Computer Composition[A]. International Conference on Broadcast Technology and Multimedia Communication [C]. China：China Academic Journal Electronic Publishing House，2010：408 - 410.

[7] 杨亚让.Quartus Ⅱ在数字电路中的应用[J].长江大学学报，2009，6(1)：241 - 242.

[8] 王龙飞.基于 FPGA 的视频采集系统设计[D].西安：西安工业大学，2013.

[9] BROWN S D. Fundamentals of digital logic with VHDL design[M]. McGraw - Hill Higher Education，2005：123 - 149.

[10] 金红莉.EDA 实验系统的开发与应用[D].北京：北京邮电大学，2008.

[11] EI-DIN A F, KRAD H. Enhancing Classroom Experience for Computer Architecture Education with FPGAs[A]. International Conference on Computer Science and Information Technology[C].

China：China Academic Journal Electronic Publishing House：2011：65 - 71.

[12] 张杰.基于 CPLD/FPGA 的数字电路课程设计的研究[J].山东教育学院学报,2006,41
     (6)：136 - 138.

[13] NOORE A. Microcontroller compatible clock chip design using field programmable gate ar-
     ray[J]. IEEE Transtions on Consumer Electronic,1991,37(3)：629 - 634.

[14] GRAY P R,MEYER R G. Analysis and Design of Analog Integrated Circuits(Fifth Edition)
     [M]. John Wiley&Son Inc,2009：201 - 225.

[15] 黄云,胡淑红,刘建兰.发展我国电子商务的模式和策略探讨[J].企业经济,2007,23(2)：
     159 - 161.

分析

参考文献应以近五年的文献为主,特别是高质量的文献,本论文作者所选的部分参考文献比较陈旧,难以代表课题相关技术的发展近况。

4.2.3　案例点评

(1)本课题来源于生产实践,设计任务明确,侧重于电路设计能力的训练,能培养学生基于 EDA 软件设计电路、仿真验证等工程应用能力。

(2)该论文整体架构合理,思路清晰,主要包括总体方案设计、核心电路设计、模块电路设计、仿真验证等。

(3)该论文首先简介 EDA 软件 Quartus Ⅱ及 VHDL 硬件描述语言,确定电路方案由五个模块构成;然后设计模块中的核心单元电路,仿真无误后,选择核心电路构成模块电路,再仿真,无误后集成实现总电路。仿真结果表明达到设计要求。

(4)该论文紧密围绕设计对象——数字时钟展开,语句通顺,格式规范,图、表质量较好。可见,作者制订了合理的设计计划,具有严谨的科学态度与良好的独立分析和解决问题的能力,具备良好的专业知识基础和素养,达到了该专业本科人才培养的目标与要求。

(5)该课题基于软件 Quartus Ⅱ进行设计,并完成了仿真,建议增加后端设计,如布局、布线、样品制作、测试等,使设计过程更加饱满。

(作者:李源;指导教师:须文波)

4.3　通信设计方向

通信设计方向课题主要指实现某一功能通信系统的架构设计,一般在通信工程专业的毕业设计中占比较高,此方向课题的设计过程遵循通信系统设计通用原则,如图 4.3 所示,一般包括如下步骤:

(1)需求分析:根据生产实践需求,分析通信系统的具体功能、参数等要求,根据需要勘察实际网络并绘制拓扑图。

(2)架构设计:一般采用先整体后局部的方式进行架构设计,需要完成整体网络结构、所用的技术方案、应用的协议等。如果涉及网络流量管理的，还需对数据流向进行规划。

（3）详细设计：一般根据架构中确定的技术方案、协议、数据流向等进行详细的参数设计；例如网络结构中常见的详细的拓扑图、IP地址规划表、各设备间的接口、协议中的属性等。

（4）系统搭建（实施阶段）：根据已经规划的架构和详细设计文件，完成系统的搭建测试（可采用实际设备或仿真方式）。需要严格按照设计进行系统搭建。

（5）系统功能测试（验证阶段）：根据系统功能要求，逐个测试，分析是否达到设计要求。

学生在完成通信类的课题时应了解实际生产环境对网络结构的设计要求，针对不同类型的通信类设计，可适当调整上述步骤，但一般必须包含需求分析、架构设计、详细设计三部分。

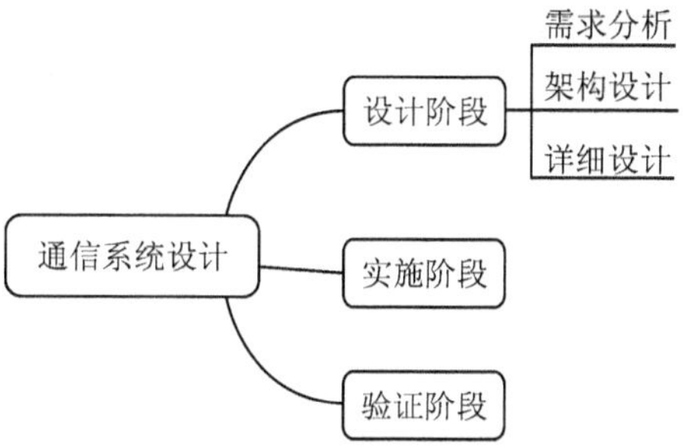

图 4.3　通信系统设计方向课题设计思路

4.3.1　课题范例

表4.3为通信系统设计方向毕业设计课题范例，以供参考。

表 4.3　通信系统设计方向毕业设计课题范例

序号	课 题 名 称
1	基于开源软件的学校机房上网流量管理系统设计
2	基于 OSPF 的企业通信网络设计
3	基于 Elastix 的企业电话通信系统设计
4	基于 MPLS VPN 的 IP 承载网设计
5	基于 OLP 的城域 OTN 环网设计
6	基于自动光交换的 OTN 环网设计
7	基于 VxLAN 的数据中心交换网络设计
8	基于 VxLAN 的数据中心分布式网关网络设计
9	基于 Zabbix 的网络监控平台设计
10	基于 802.1x 的无线认证 WLAN 设计
11	基于 STP 的二层网络向堆叠网络改造方案设计
12	基于 OSPF 的企业内网融合改造方案设计
13	基于 IVR 语音导航电话系统的设计

4.3.2　案例分析

1. 题目

基于开源软件的学校机房上网流量管理系统设计。

2. 设计任务要求

本课题中,系统需要实现以下功能:能够简单地完成流量区分,可以通过该系统查看学生上网流量的大致分类,能够进行流量的屏蔽和优先级的区分,能够实现学生在上课时间无法使用和学习无关的应用。具体完成过程如下:

(1) 搭建上网流量管理系统的基本结构。

(2) 实地勘查机房网络环境,绘制网络拓扑图。

(3) 选择开源软件以实现课题功能,并绘制改造后的网络拓扑图。

(4) 设计流量管理方案,对常见的流量模型进行监控及管理:如常见的 QQ、迅雷、视频等,并且可按时间段进行应用屏蔽。

(5) 根据设计完成系统搭建并测试系统的每项功能具体效果。

(6) 给出完整系统后期维护相关的使用说明,并进行归纳总结。

3. 摘要与关键词

摘要: 随着网络不断更新,计算机设备使用不断增加,各类应用使用流量也日益增大。学习时间内,学生使用无关应用不但会影响学习效率,还会增加机房网络流量负担。学生学习时间的上网行为管理,是一个难点问题。为了有效地解决它,本文设计了一套上网流量管理系统。本文基于学校机房环境,设计了一套流量监控的管理系统。

本设计主要使用开源软件 Panabit 来实现各项功能。Panabit 通过串联方式接入机房出口网络,由 Panabit 系统和管理电脑两部分组成。管理电脑可通过 Web 界面维护 Panabit 系统。本设计通过 IP 地址分类区分不同机房电脑设备,并结合相应带宽策略实现机房限速;通过分析数据包的通信协议、通信端口等特征来实现不同应用流量的分类区分并实现实时监测;通过 NTP 协议来获取准确时间;通过配置策略关联来实现基于时间段的特定应用流量的屏蔽。

本设计通过设置带宽来进行上网流量限制,对学生上网流量运行分类,并对不同流量分类在不同时间段实行相应的策略,从而实现特定时间段非学习应用的屏蔽。经实际测试,在正常使用中,Panabit 可以显示计算机机房流量的实时流量信息,以及对常见的 QQ、腾讯视频、迅雷等应用在学习时间段的屏蔽功能。

关键词: 上网行为管理;流量监控;校园网络;Panabit

4. 目录

5. 正文

节选一：

■·—·+—·+—·+—·+—·+—·+—·+—·+—·+—·+—·+—·+—·

第 2 章　上网流量管理系统架构

2.1　现有的机房架构

2.1.1　现有架构说明

　　如图 2-1 所示，学校机房目前架构主要是星形拓扑结构，即外网—路由器—交换机—PC 端。学校机房电脑直连到机房的交换机，然后连到路由器上，再通过防火墙连接网络。

2.1.2　机房问题说明

　　(1)机房设备不断更新，网络流量使用需求增加，带宽缺乏有效管理。

　　(2)机房上课时学生行为违规。使用非学习应用，比如聊天应用 QQ、微信、陌陌等，视频应用腾讯视频、优酷视频、土豆视频等，下载应用迅雷、电驴、比特彗星等。

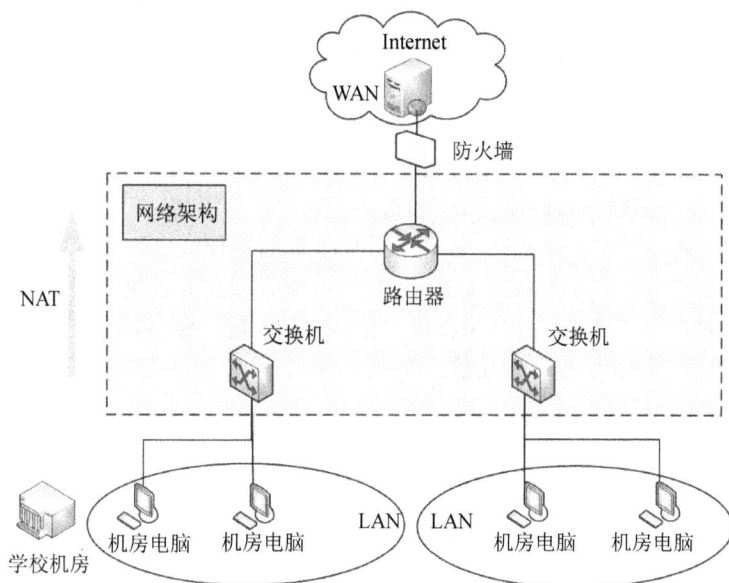

图 2-1　现有网络架构

2.2　上网流量管理系统架构

2.2.1　系统架构说明

1. 部署环境

如图 2-2 所示，本设计的系统架构主要基于学校机房现有网络架构基础，在仿真环境中采

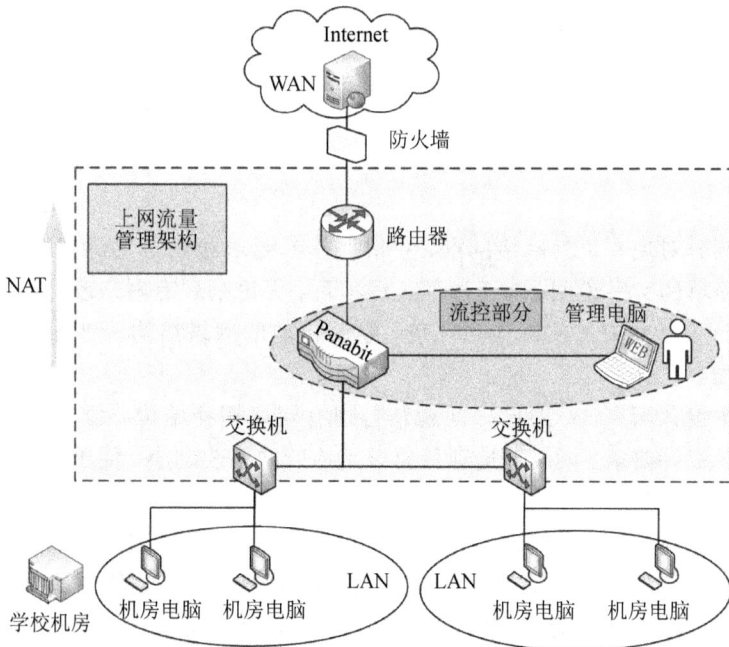

图 2-2　上网流量管理系统架构

用开源软件 Panabit，研究机房上网流量管理系统设计，通过搭建云平台设计出的一套虚拟化部署架构的上网流量管理系统。

2. 架构分析

系统架构主要由外网、路由器、Panabit、机房电脑、虚拟机、管理电脑构成。基于学校机房的网络架构基础，加入 Panabit 进行实时监控并管理整个机房的流量。网卡规划：Panabit 设三张网卡(管理网卡、外网网卡和内网网卡，组合为"网桥"连接网络)。

系统设计中，通过管理电脑登录 Panabit 的 Web 界面进行机房的上网流量管理。将 Panabit 流量监控软件放置在整个机房架构的上方，可以同时统计分析并控制带宽流量，实现对机房的带宽控制以及流量的分析管理。通过桥接模式接入外网，进行路由转发，承接交换机—PC 端，使得 PC 端通过 NAT 模式实现联网功能。

2.2.2　系统实现功能

本系统使用开源软件 Panabit 进行上网流量管理系统设计，主要实现以下功能：

(1) 限制带宽。实现机房上网流量整体带宽受到一定的限制。

(2) 应用屏蔽。实现机房非学习应用(QQ、迅雷、腾讯视频)受到屏蔽。

(3) 时间分段。实现机房流量按照学校时间分段进行管控。

2.2.3　系统设计优点

本系统的优点如下：

(1) 成本较低。开源软件 Panabit 免费使用，不另付任何的费用。

(2) 部署快速。可以采用网桥模式或者路由模式在现有基础上直接部署。

(3) 便捷使用。登录管理地址直接使用 Web 进行管理。

(4) 有效控制。策略实施支持多种方案，适应不同的需求。

(5) 提高带宽利用率。屏蔽与课堂不相关的流量，避免对带宽的滥用。

(6) 提升工作效率。管理学生上网行为，提高学生网上课堂的效率。

分析

(1) 节选部分对现有机房网络勘察，并根据任务要求绘制了实际实验室网络的拓扑结构，并作出了简单的文字说明。对于通信工程项目，无论是现有网络改造还是新建网络，都需要实际了解该设计对应的实际应用环境，绘制目前的网络结构，网络结构绘制清晰，问题分析简明扼要。

(2) 对于本设计而言，针对已知问题结合现有网络拓扑结构，画出了改造后的网络结构，以达到课题设计要求。网络改造项目要求整体的网络改动小，便于实施，同时应考虑维护、可靠性、实施成本等多因素。

(3) 实际行业应用中，设计方案并不是只有唯一解。需要通过查阅资料进行分析。选择时需要认真思考，合理选用合适的架构方案、软件、或技术路线，使得该设计尽可能地满足实际应用的需求，这里把改造后网络系统能实现的功能和优点列了出来，分析合理，但如果增加和其他方案的对比则更有说服力。

(4) 本节选内容主要是阐述设计的整体架构，一般通信系统设计类课题可以借鉴此文撰写思路，分析并选择确定最终系统设计方案。

节选二：

■　·+·+·+··+··+·+·+·+·+·+·+·+·+·+·+·+·+·+·

2.3　上网流量管理系统设计

2.3.1　流量监控基本原理

（1）监控机房流量。用 Panabit 作为机房连接外部网络的纽带，其设计位置放置于机房之上，这样，机房所有流量都会经过它，可以进行所有流量的获取。

（2）流量分类，进行不同应用的不同流量的区分。上网流量管理系统获取流量之后，进行流量分析和区分，并展示详细图表。Panabit 需要 6 小时左右进行分析，然后提供能够查看的全面的数据统计情况，包括百分比饼图、应用实时数据、网络信息使用等，这些统计信息可以为后面的各种策略规划提供支持。

（3）不同应用采用不同策略。针对不同应用和需求，采取不同策略是上网流量管理最重要的部分。Panabit 根据不同应用把它们分门别类之后，进行流量限速、数据通道分类、时间调度等方案实施，以达到限速非学习应用的流量的目的。

2.3.2　流量管理方式

如图 2-3 所示，上网流量管理系统主要分流量分类和流量管理两步进行。

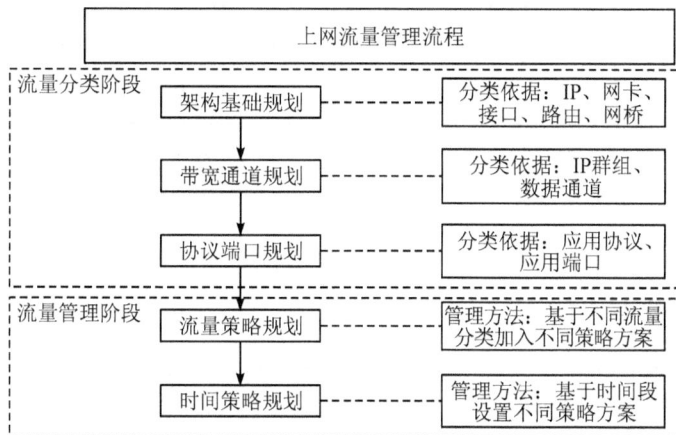

图 2-3　上网流量管理流程

1. 流量分类

流量分类就是将流量划分为多个类别。常见的流量分类方式有基于 IP 地址、基于带宽、基于应用协议、基于应用端口、基于时间等。

2. 流量管理

流量管理就是将分类之后的流量添加在不同的群组、通道中，然后给予应有的带宽级别和带宽策略方案。Panabit 区分不同的应用，再进行详细的协议与端口的确认，根据不同需求实施不同策略方案，以确保内网有限资源的按需管理，机房电脑中非学习的应用流量能够得到限制。

2.3.3　基于 IP 地址分类

如图 2-4 所示，本设计采用不同机房教室对应的不同 IP 地址进行流量分类，学校机房不只拥有一个教室,有许多教室,但是它们的特点是,同一个机房的主机都会在同一个网段内,所以将同一网段的 IP 地址放置在一个 IP 群组中。

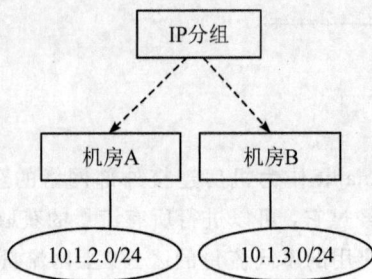

图 2 - 4　基于 IP 地址分类

2.3.4　基于带宽分类

如图 2-5 所示,带宽规划就是将需要限速的用户设定在规定好带宽的数据通道中。设定好带宽的数据通道顾名思义,它是要限制流量并定义带宽数值。设定好了规定的带宽数据通道之后,这个数据通道可以自定义取名,这个名称就会成为后面需要规划策略时执行动作的一项内容。总之,保证内网用户正常访问学习服务的前提,首先要限制非学习应用的带宽。

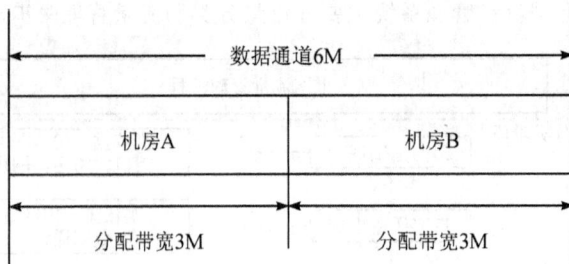

图 2 - 5　带宽分配

2.3.5　基于协议与端口分类

系统设计研究的软件分为三种:QQ、迅雷下载、腾讯视频。对应协议分别是:聊天协议、P2P 下载协议、视频协议,查阅资料可以得到以下信息。

1. 聊天协议(QQ)

如图 2-6 所示,QQ 使用 TCP 和 UDP 两种协议。它们都使用不同端口号的应用保留其各自的数据传输通道。

图 2 - 6　QQ 协议

1) TCP

如图 2-7 所示,QQ 会用 TCP 协议连接来保持在线状态。TCP 是一种面向连接的、可靠的传输层通信协议,当需要可靠性要求高的数据通信时,往往会使用 TCP 协议传输数据。

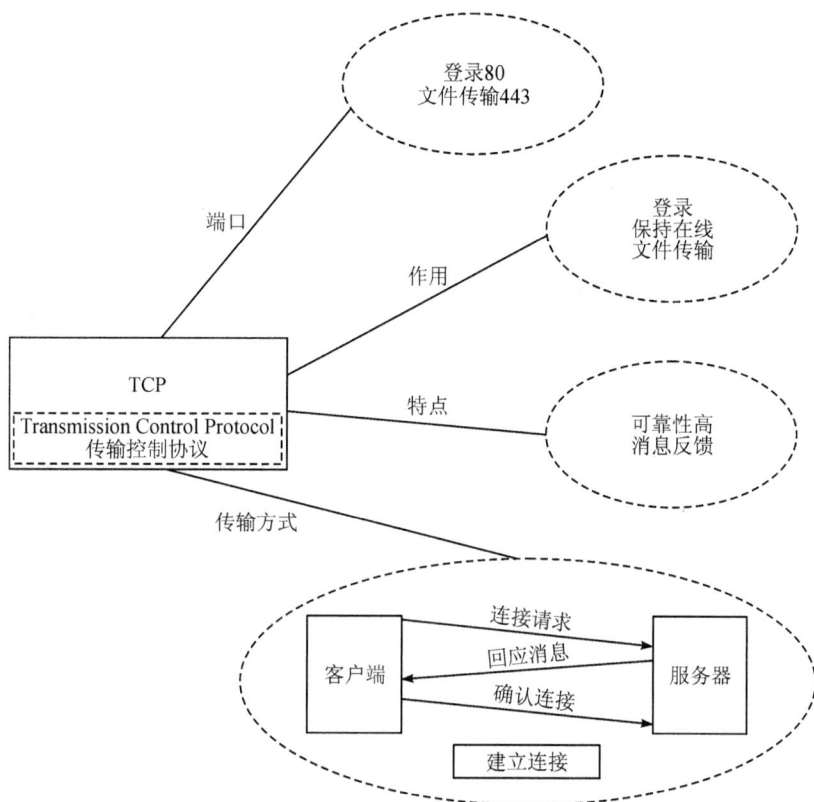

图 2-7　TCP 协议

TCP 协议过程:

(1) 客户发送连接请求到服务器;

(2) 服务器接收后,确认并反馈回应消息;

(3) 客户得到回应后,才可与服务器在确定好的端口范围内建立起 TCP 连接,开始传输数据。

2) UDP 协议

如图 2-8 所示,QQ 默认使用 UDP 协议,QQ 服务端使用的端口号是 8000,QQ 客户端使用端口号是 4000。

UDP 是一个无连接协议、不可靠的传输层通信协议,它只管发送不管对方是否收的到,但它的传输很高效,具有较好的实时性。UDP 在传输数据前服务器与客户端不建立连接,传输数据时无须等待对方的应答。

UDP 协议过程:

(1) 服务器(或客户)有传送数据需求;

(2) UDP 简单去抓取应用程序的数据,并尽可能快地把数据包用源端口发出去;

(3) 客户(或服务器)通过目标端口接收数据。

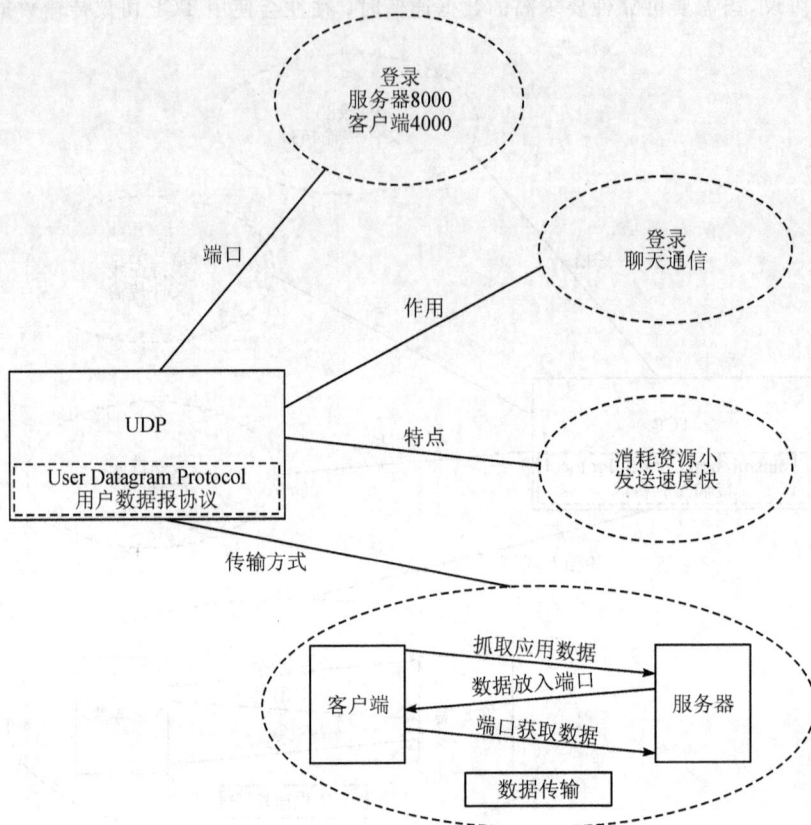

图 2-8   UDP 协议与端口

2. P2P 下载（迅雷下载）

如图 2-9 所示，迅雷是典型的 P2P 下载工具，迅雷下载使用 FTP、HTTP、MMS、RTP 等协议进行下载。迅雷的雷区注册和登录使用的是 TCP 协议，端口分别是 5200 和 6200。

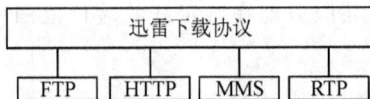

图 2-9   迅雷下载协议

1) FTP 协议

如图 2-10 所示，FTP 就是文件传输协议，属于 TCP 协议之一，效率高，一般用于传输大文件。默认两个端口（20 传数据、21 传控制信息）。

FTP 工作方式说明：

（1）PORT 模式（主动模式）：客户端先和服务器在 TCP21 端口建立连接并发 PORT 命令，命令包含接收数据端口，服务器端用 TCP20 端口格式连接客户指定端口开始发送数据。

（2）Passive 模式（被动模式）：和主动一样建立连接并发 PASV 命令，随机打开一个端口（端口号＞1024）并通知客户，客户连接此端口和服务器进行数据传送。

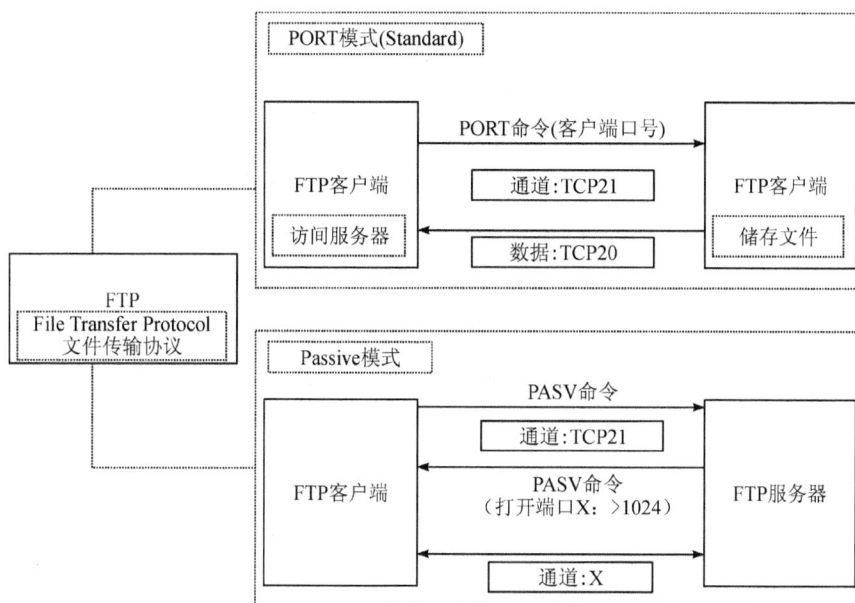

图 2-10　FTP 协议和端口

2）HTTP 协议

HTTP 是一个基于请求与响应模式的、无状态的、应用层的协议，常基于 TCP 的连接方式，如图 2-11 所示。

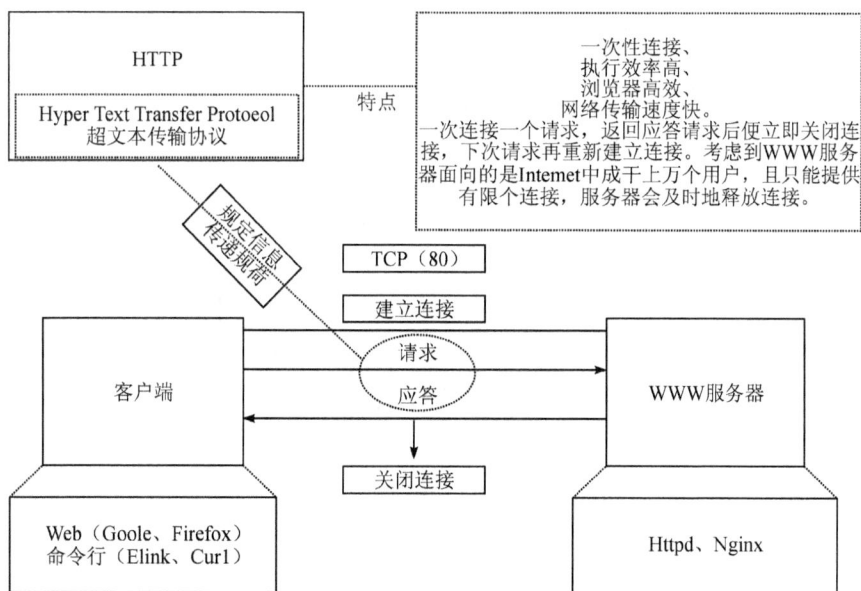

图 2-11　HTTP 协议与端口

（1）HTTP 协议组成：一是 HTTP 服务器，实现程序有 httpd、nginx 等；二是 HTTP 客户端，实现程序一种是 Web 浏览器，有 Firefox、InternetExplorer、Google chrome、Safari、Opera 等；另一种是命令行工具，有 elink、curl 等。

（2）HTTP 工作方式：客户打开 TCP80 端口，服务器在时便相互连接。客户发送请求，服务器应答请求。

3）MMS 协议

如图 2-12 所示，MMS 协议称作微软媒体服务器协议。它的预设端口是 1755。

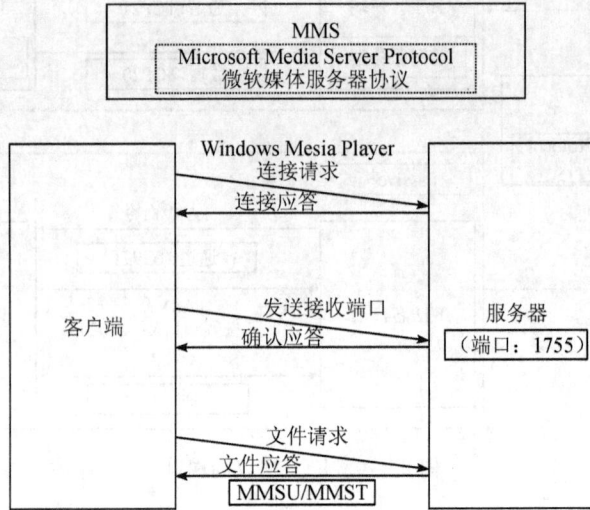

图 2-12　MMS 协议与端口

（1）MMS 协议传输过程：客户端需要数据，就会尝试和它的服务器连接，客户和服务器连接然后向客户发送相关信息到达情况的通知。连接主要是"结合数据"连接客户端的方式。

（2）"结合数据"：

① MMSU：MMS 协议＋UDP 数据，优先结合；

② MMST：MMS 协议＋TCP 数据。

4）RTP 协议

如图 2-13 所示，RTP 协议是用来规范传递音频和视频的标准数据包格式。

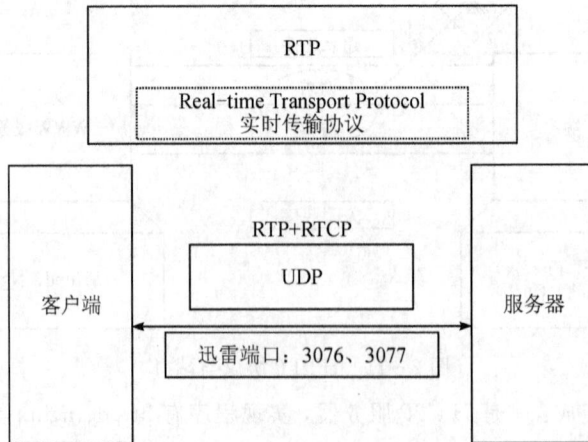

图 2-13　RTP 协议与端口

（1）RTP 协议建立：RTP 协议和 RTP 的控制协议 RTCP 一起使用，它们结合之后搭载着 UDP 进行传输。这主要是因为，TCP 的可靠性高但是时效性较差，UDP 则具有很好的实时性。

（2）RTP 协议端口：RTP 和 RTCP 使用 UDP 端口范围为 1024～65535，迅雷中一般使用 3076、3077、3078 为下载端口，主要是 3076 和 3077 配合使用。

（3）RTP 协议特点：RTP 使用偶数端口号收发数据，它的控制协议 RTCP 使用的端口号是顺序的下一个数字。他们组成的数据包中，包含有他们两者的端口信息。

3．腾讯视频协议（腾讯视频）

如图 2-14 所示，腾讯视频和 QQ 一样使用 TCP 和 UDP。其中使用 TCP 协议的端口是 1863 和 1864；使用 UDP 协议的端口是 80 和 443。

2.3.6　策略管理

如图 2-15 所示，了解各个软件的应用协议与端口之后，针对不同的需求，设定不同的策略即可。

策略开始之前需要优先开启智能识别功能，因为 P2P 下载会使用很多条线路进行下载，识别到的软件

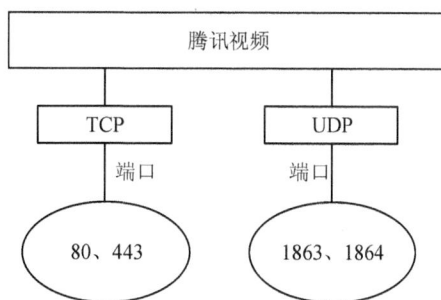

图 2-14　腾讯视频协议与端口

一旦被阻断连接，就会开始尝试发起别的线路上的新的连接，导致不能有针对性地达到良好的管理效果。

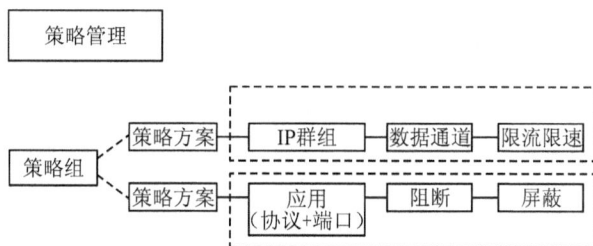

图 2-15　策略管理

2.3.7　时间校正

1．时间校正原因

网络时间同步是进行网络管理的基础，为了保证上网流量管理的时间管控，上网流量管理系统的时间需要与学校的校园时间保持一致，也就是我国的北京时间，因此保证系统时间为北京时间即可。

2．时间校正原理

NTP 是一个跨越广域网或局域网的复杂同步时间协议，除可估算网络的往返延迟外，还可估算出计算机时钟偏差，从而实现网络上的高精准度计算机校时，使网络中的计算机保持时间同步。

分析

（1）本节选首先给出了一套流量分类的方法，然后根据相应已分类的流量给出相应的流量策略管理。两个方案均首先进行总体说明，然后分别针对各细分分类进行分析，逻辑清晰，值得借鉴。

（2）本节选针对实际机房系统常见的非学习用途应用，分析其具体的通信过程，并能够根据分析将其拆解为对应的通信协议和端口，分析合理、与实际应用环境相符，为后续系统搭建时参数的设计提供了理论依据。

（3）这里需要特别注意，在分析的时候，一定要结合实际需要解决的问题情况进行研究，不要出现生硬的、大段的概念及原理介绍，一定要展现经过自己处理的与课题密切相关的成果。本节选内容在这点上做得较好，值得借鉴。

节选三：

第 3 章　系统详细规划

3.1　系统的拓扑图

本章是关于整个上网流量管理系统的详细规划，如图 3-1 所示。整体架构中，有设备的

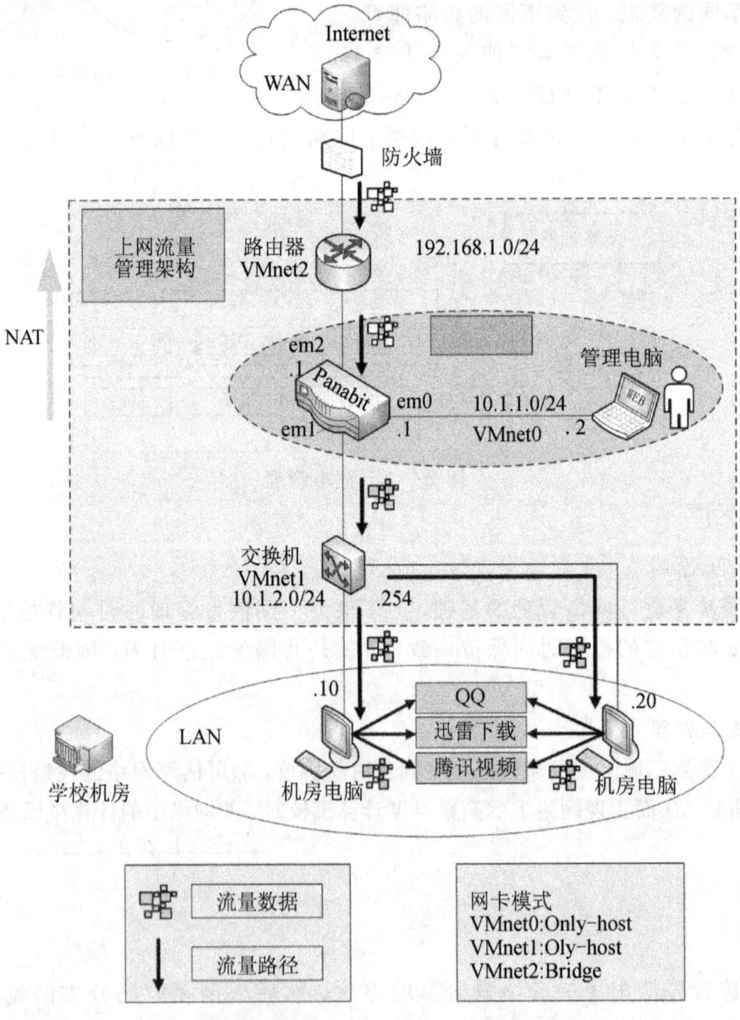

图 3-1　上网流量管理拓扑图

IP、网卡、接口的物理层面上的详细规划;还有网桥、路由网络层面上的详细规划。

流量数据的传输路径:外网—路由器—Panabit—交换机—PC 端(电脑应用)。

3.2　上网流量管理流程

上网流量管理流程主要分为以下五步:

(1) 进行网络架构的基础规划;

(2) 进行带宽数据的通道规划;

(3) 进行应用协议与端口的规划;

(4) 制订不同的流量策略方案;

(5) 进行调度策略的规划,即限定时间。

3.3　架构基础规划

3.3.1　IP 地址规划

如表 3-1 所示,规划整个上网流量管理系统的 IP 地址。规划 IP 是因为需要保证 IP 地址有效,避免 IP 地址重复,系统设计中使用静态 IP 地址给客户端分配一个 IP 地址,以便于方便快捷地管理 IP 地址。

表 3-1　IP 地址规划

设备	接口	IP 地址	子网掩码	网关
WAN	VMnet2	192.168.1.109	255.0.0.0	192.168.1.1
Panabit	em2	192.168.1.2	255.255.255.0	192.168.1.1
Panabit	em0	10.1.1.1	255.255.255.0	N/A
Panabit	em1	10.1.2.254	255.255.255.0	10.1.2.254
管理 PC	VMnet0	10.1.1.2	255.255.255.0	N/A
PC1	VMnet1	10.1.2.10	255.255.255.0	10.1.2.254
PC2	VMnet1	10.1.2.20	255.255.255.0	10.1.2.254

注:现有架构不仅有 10.1.2.0/24 网段的机房,还有 10.1.3.0/24 等 IP 地址,但是这次设计的架构中仅针对一个机房(10.1.2.0/24)的其中一台电脑进行规划。

规划 IP 地址的要求如下:

(1) Panabit 需要进行联网,能够对 Internet 进行访问,设置 IP 要与本地网关同网段。

(2) Panabit 需要设置内网的网关地址,使内网能够通过它访问 Internet。

(3) 内网 PC 和管理 PC 都不需要自主访问 Internet,但是又要求内网的所有用户能够进行联网,地址根据 Panabit 进行配置。

3.3.2　网卡与接口

em0—VMnet0,em1—VMnet1,em2—VMnet2。

3.3.3　网桥与路由

网桥都设定为网桥 1,路由转发设置从内网转发到外网。

3.4　带宽数据规划

如表 3-2 所示，学校网络带宽有限，且不只机房使用，所以需要对机房流量进行规划和限速。系统设计研究流通的总带宽为 6 Mb/s，这时给到机房的限定带宽值为 3 Mb/s，即 3000 kb/s（实际为 3072 kb/s，为了方便理解设定一个整数）。

表 3-2　带宽规划

机房名称	机房 IP	通道名称	通道带宽/(kb/s)
机房	10.1.2.0/24	机房流量	3000

3.5　协议端口规划

如表 3-3 所示，根据不同的使用协议，应用的端口也有所不同：

(1) QQ：UDP 协议使用 8000(4000 是登录端口可以不管理)；TCP 协议使用 80、443。

(2) 迅雷：FTP 协议使用 20、21；HTTP 协议使用 80；MMS 协议使用 1755；RTP 协议使用 3076、3077。

(3) 腾讯视频：UDP 协议使用 1863、1864；TCP 协议使用 80、443。

表 3-3　协议端口规划

应用名称	协议名称	应用协议	协议类别	涉及端口
QQ	qq	UDP	聊天通信	8000
		TCP	文件传输	80、443
迅雷	xunlei	FTP(TCP)	文件传输	20、21
		HTTP(TCP)	网页浏览	80
		MMS	P2P 下载	1755
		RTP(TCP)	P2P 下载	3076、3077
腾讯视频	txsp	UDP	流媒体类	1863、1864
		TCP	网页浏览	80、443

3.6　策略方案规划

如表 3-4 所示，策略实施有两点：

(1) 机房限流：按机房网段进行带宽限制。

(2) 应用屏蔽：按应用的不同类型进行屏蔽。

表 3-4　策略方案规划

策略组	策略编号	策略名称	执行动作
机房流量管理	10	机房流量	机房流量
	20	qq	阻断
	30	xunlei	阻断
	40	txsp	阻断

3.7　策略调度规划

在上课时间内，进行带宽规划，保证日常机房的教学流量正常。在非上课时间内，将机房带宽限制取消，满足其他应用对带宽的需求。

如表 3-5 所示，大学的课程只有周一—周五的上午 8:00 开始，到 17:00，晚自习时间虽然会到 20:30，但仅仅是学生自习时间，不进行机房电脑的限制。

表 3-5　时间分配

学生上课时间	流量管控时间
周一——周五 8:00—12:15 13:30—16:55	周一——周五 8:00—17:00

分析

（1）在前文确定技术路线后，本节选中就需要对该系统的具体参数进行详细的设计，这里的拓扑图不再只是展示连接关系，而是将具体的物理连接接口以及各网卡名称、IP 地址都进行详细的标识，这些都会影响后续实施时候的配置。

（2）方案步骤设计内容较多，在开始时写清楚设计的步骤，如果步骤较复杂的，可以绘制流程图，并结合流程图进行说明，本节选内容如果画出流程图的话效果会更好。

（3）在通信类课题中，网络规划非常常见，而 IP 地址规划相当重要，合理的 IP 规划不仅能够节省 IP 地址，还可以降低后期维护的难度。建议在 IP 规划部分可以进行更多的分析和说明。该 IP 规划仍然不够严谨，存在浪费的情况。

（4）根据前文的分析，已经分析了各种上网行为中所使用的软件的通信协议和端口，这里画出具体的设计表格，对需要的业务和协议表格进行归纳和统计，方便在具体实施时候查看使用。注意表格需要配以相应的文字说明。

（5）该节选第 3 章主要针对在系统搭建过程中，对需要配置的参数进行具体设计，参数设计完整，设计合理有依据。设计资料在实际行业应用中非常重要，是通信类项目验收的依据，也是后期重要的维护资料，方便日后故障处理时查阅。

（6）通过拓扑图、参数表格等清晰、直观地表现出整个系统搭建过程中会用到的各个配置参数，同时各参数设计一样需要考虑到后期的可维护性，所以需要综合考量，本节选的系统设计思路及文档编写方式较好，符合通信系统设计规范，值得借鉴。

节选四：

第 4 章　系统搭建

4.1　系统环境搭建

4.1.1　软硬件的配置

系统设计中需要安装与配置的是 Panabit、管理机、学生电脑系统。

软件搭建的是真机模拟管理电脑，Windows 系统模拟学生电脑、流控软件 Panabit。

1. 安装管理系统

管理系统主要是通过 Web 界面来配置 Panabit 的相关流控管理方案的，系统设计中采用自己的电脑真机来模拟管理电脑，能够保证访问 Panabit 的 Web 界面即可。

2. 安装流控软件 Panabit

在虚拟机中完成 Panabit 系统的安装过程，首先设置 Web 管理 IP，配置好才能进行后面的操作，可以进入界面查看，完成后如图 4-1 管理接口所示。

```
网络配置->管理接口
———————————————
  接口名称        em0
```

图 4-1　管理接口

3. 搭建机房环境

系统设计中研究使用的是在虚拟机模式下的 Windows 系统，来模拟机房学生电脑，按照安装步骤，需搭建若干个机房电脑供机房环境的构建。

机房电脑的基本软件需要进行事先安装好，比如 QQ、迅雷、腾讯视频这些，以便于后期进行功能测试（图略）。

分析

(1) 节选的第 4 章为根据第 3 章的设计参数搭建系统的过程记录，能通过图文并茂的方式介绍实施过程中的重要步骤，这里不将其展开。但需要注意，系统搭建必须严格按照此前的设计进行。

(2) 在系统搭建中只需要对关键步骤进行说明即可，如果搭建步骤较长，建议在开头加上整体搭建思路的流程图。

节选五：

第 5 章　测　试

5.1　流量监控测试

5.1.1　应用监控测试

1. 机房流量

机房电脑进行上网时，Panabit 中可以查看到详细的流量分类与使用情况，如图 5-1、图 5-2 所示。

2. QQ 流量

登录 QQ 时，可以看到监控流量中显示出通信流量，如图 5-3 所示。

3. 迅雷流量

使用迅雷下载时，可以看到显示 P2P 下载，如图 5-4 所示。

4. 视频流量

使用腾讯视频时，同样可以展示详细情况，如图 5-5 所示。

累计流量分布

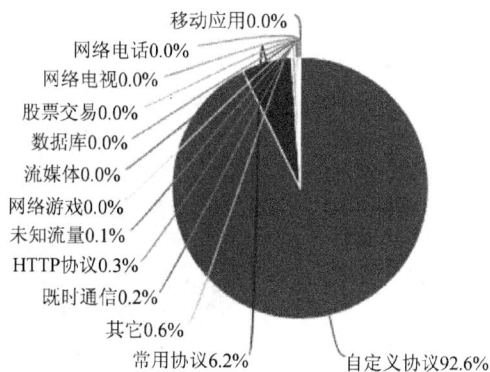

图 5-1　累计流量

自定义协议 组…	连接数	上行速率	下行速率	代理上行	代理下行
P2P下载	4028	3.92k	53	3.90k	48
既时通信	11	0	32.46k	0	0
自定义协议	263	1.13k	7.88k	1.13k	336
常用协议	803	414	821	4.8	408
HTTP协议	6	0	8.80k	0	0
其它	258	0	969	0	0
未知流量	8	0	0	0	0
网络电话	0	0	0	0	0
股票交易	0	0	0	0	0
数据库	0	0	0	0	0
网络游戏	0	0	0	0	0
流媒体	0	0	0	0	0
移动应用	0	0	0	0	0
网络电视	0	0	0	0	0
合计	5377	5.46k	5.44k	5.44k	792

图 5-2　流量列表

最近10分钟分布

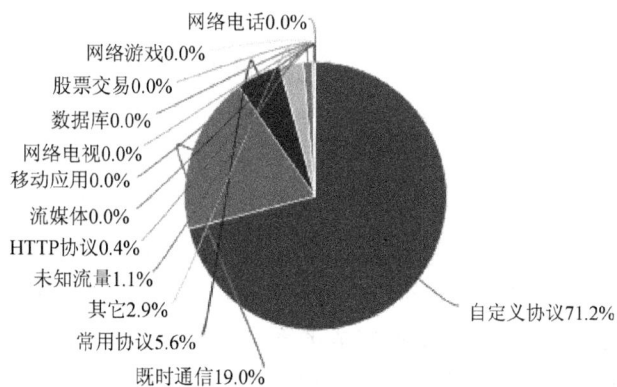

图 5-3　QQ 登录

最近10分钟分布

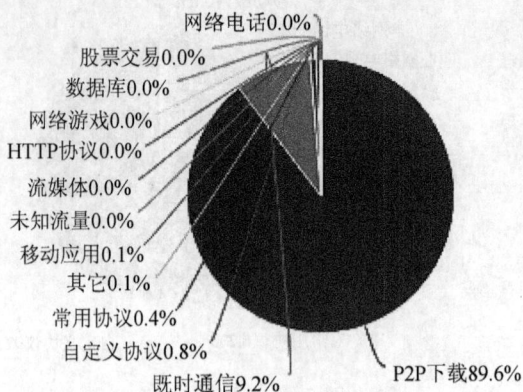

网络电话0.0%
股票交易0.0%
数据库0.0%
网络游戏0.0%
HTTP协议0.0%
流媒体0.0%
未知流量0.0%
移动应用0.1%
其它0.1%
常用协议0.4%
自定义协议0.8%
既时通信9.2%
P2P下载89.6%

图 5-4　迅雷下载

累计流量分布

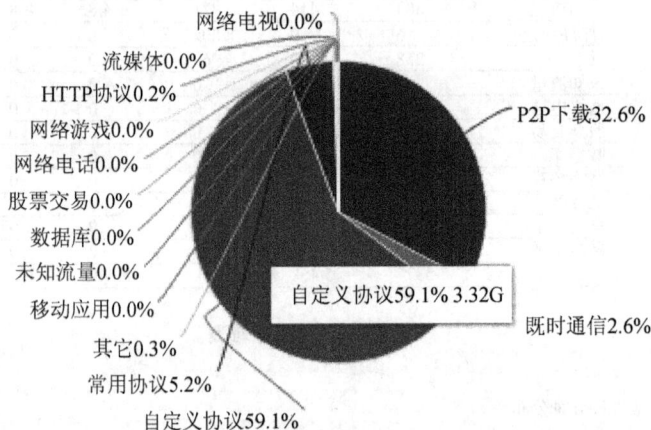

网络电视0.0%
流媒体0.0%
HTTP协议0.2%
网络游戏0.0%
网络电话0.0%
股票交易0.0%
数据库0.0%
未知流量0.0%
移动应用0.0%
其它0.3%
常用协议5.2%
自定义协议59.1%
P2P下载32.6%
自定义协议59.1% 3.32G
既时通信2.6%

图 5-5　视频使用

分析

（1）本节选为测试章节，通过测试来验证整个系统的功能是否达到相应的要求，通过测试各个功能，确定系统的功能是可行的，达到了该设计的要求。

（2）测试的目的是了解目前所完成的系统，是否能够真正实现任务书的功能要求，同时也是对整个系统是否可以正常工作的检验。

（3）在实际通信工程项目中，测试及验收是检验一个项目是否真正达到设计要求的重要步骤。而如何有效的测试系统功能，也是需要思考的。

4.3.3　案例点评

（1）该设计整体结构完整，能够通过对现有机房环境的勘察，提出存在的问题，根据实际问题进行分析，提出合适的解决方案，并能根据该方案完成详细的系统结构设计，最终完成系统搭建并测试验证了系统功能。

（2）本论文能够根据实际系统功能要求选择合适的技术协议，并设计整体网络结构，符合该专业对于学生实际知识应用能力的要求。

（3）能够根据已经选择的协议及架构，具体设计 IP 地址、端口等参数，设计详细、合理。符合一般通信类专业本科阶段对于学生通信系统方案设计能力的要求。最后测试结果与系统要求一致。

（4）全文图、表符合论文规范，简洁、直观，具备优秀的做表画图能力，符合未来通信类工程岗位的能力要求。

（5）按要求实现了任务书的全部任务，并通过测试进行验证。

（6）该论文的写作思路和一般通信类行业的项目实施过程非常相似，值得借鉴学习。

（作者：徐永锦；指导教师：赵顺达）

4.4　云计算设计方向

云计算设计方向课题主要指云计算系统的架构设计，一般在电子信息类专业的毕业设计中占一部分比例，此方向课题的设计过程遵循云计算系统设计通用原则，如图 4.4 所示，一般包括如下步骤：

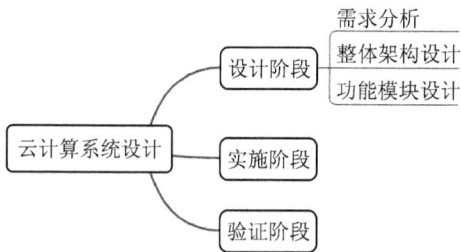

图 4.4　云计算系统设计方向课题设计思路

（1）需求分析：根据生产实践需求，分析系统的具体功能、参数等要求，根据需要勘察实际网络并绘制拓扑图。

（2）架构设计：一般采用先整体后局部的方式进行架构设计，需要完成整体软件、硬件选择、系统结构、所用的技术方案、应用的协议等整体架构设计并清楚地说明他们之间的关系，一般需要画出逻辑关系图。

（3）功能模块设计：针对系统结构中的各子模块，需要以功能模块设计的方式逐个进行设计。对于参数配置较复杂的场合，建议利用表格汇总并做必要文字说明。

（4）系统搭建（实施阶段）：根据已经规划的架构和详细设计文件，完成系统的搭建测试（可采用实际设备或仿真方式）。需要严格按照设计进行系统搭建，一般先完成基本功能的搭建,然后根据附加功能要求,分模块逐个进行搭建实现。

(5)系统功能测试(验证阶段):根据系统功能要求逐个测试,分析是否达到设计要求;若出现错误或与功能要求不符的情况需要进行排错;若涉及设计错误的,还需要对整个系统的设计进行调整。

学生在完成云计算类的课题时应了解实际生产环境对网络结构的设计要求,针对不同类型的云计算类设计,可适当调整上述步骤,但一般必须包含需求分析、架构设计、功能模块设计。

4.4.1 课题范例

表 4.4 为云计算设计方向毕业设计课题范例,以供参考。

表 4.4　云计算设计方向毕业设计课题范例

序号	课 题 名 称
1	基于 NextCloud 云盘系统的设计
2	基于 OpenStack 框架的云计算平台的实现
3	基于 Neutron 组建的云实例安全防护的实现
4	基于 Citrix 技术的移动设备云应用的实现
5	一种 OpenStack 与 Xen 融合方案的设计
6	基于 vSphere 虚拟化技术平台的设计与实现
7	基于 vSphere 的数据中心软件定义网络设计
8	基于云平台的校园智能安防系统的设计
9	基于阿里云平台的分布式网站后台架构的设计
10	基于 Oracle 的 MES 系统数据库设计

4.4.2 案例分析

1. 题目

基于 Citrix 技术的移动设备云应用的实现。

2. 设计任务要求

以 Citrix 公司的 XenApp 软件作为技术核心,加上域控服务器和两台 XenApp 服务器的正确配置,通过终端移动设备实现以下功能:

(1)域控服务器需达到的指标:能够简便添加用户信息和权限;能够及时认证用户信息和权限;域控服务器有足够的安全性来保护用户信息。

(2)XenApp 服务器需达到的指标:能够很方便地发布用户所需要的应用;能够保证用户保存的文件等内容安全不泄露。

(3)为移动设备用户提供的服务:能够很方便地打开 XenApp 发布的云应用;能够跟使用桌面计算机一样方便地保存编辑文件等。

3. 摘要与关键词

摘要：伴随着计算机技术的更新发展与网络时代的到来，以及高速移动通信技术的发展，联网设备和上网人数正在呈上升趋势，计算机作为现代办公与生活的主要设备日益重要，而移动设备可以代替计算机完成部分公务的需求，也是让工作更加灵活方便的重中之重。现如今出差情况越来越普遍，很多工作往往长期处于在外奔波的过程中。

因此，本设计将重点基于企业对云应用的使用场景展开论述。通过分析企业云应用使用场景和 XenApp 关键技术，通过阿里云云服务器的支持，搭建一个云应用服务平台。本设计，将为企业员工提供操作便捷的云应用服务，实现高效整合资源，降低应用成本，提高安全性的目标。

出差人员在外可以通过移动设备调用 Citrix XenApp 在云端发布的应用来完成大部分需要在本地完成的工作，让移动设备处理公务可以像 PC 一样方便，比如在手机或平板上制作 PPT、制作表格、写文案以及处理图片等，制作完成的文件可以随时通过扩展坞投屏到大屏设备上，就算是没带电脑出门，也能随时处理紧急公务。其次，企业将资料存储在云端，再通过移动设备调用，可以增加安全性，且不会占用手机的存储空间，其内容既可以储存在云端，又可以存储在移动设备的本地。当然除了工作场景，在移动设备上调用 Windows 桌面也可以进行部分桌面级别的娱乐活动等。

关键词：移动设备；Citrix XenApp；安全性；云应用

4. 目录

5. 正文

节选一：

■·+·+·+·+·+·+·+·+·+·+·+·+·+·+·+·+·+·+·

第 2 章　系统组成结构

2.1　结构拓扑图

　　该系统主要包括 XenApp 服务器两台、域控服务器一台、交换机一台、安全组一套、无线访问点一个以及平板电脑、智能手机等移动设备，系统的基本组成如图 2-1 所示。

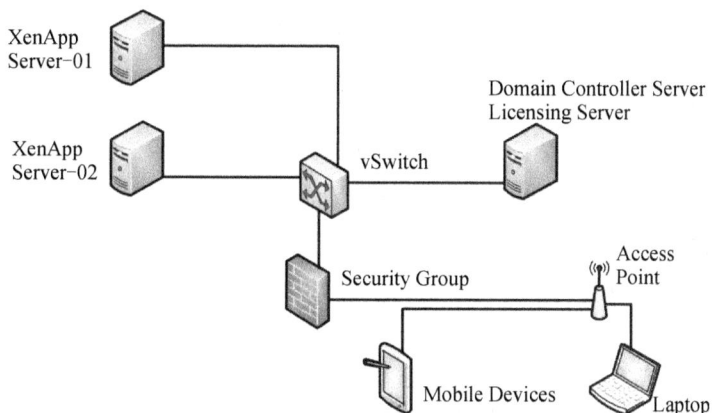

图 2-1　系统的基本组成

　　本设计实现在移动设备上打开云应用，具体工作过程如下：首先在域控服务器中设置相应的账户、密码等信息，当客户端接入时，域控服务器要立即验证这个用户的属性和权限，能够正确做出判断；其次在 XenApp 服务器上发布用户所需的云应用；最后设置对应的安全组之后，用户即可通过无线访问点进行远程连接。

2.2　云服务器供应商的选择

　　此设计累计需要使用三台服务器，包括一台域控服务器和两台 XenApp 服务器。如果搭建三台物理服务器，成本将十分高昂。因此，此次设计将选择在云服务器供应商租赁云服务器。阿里云在 2009 年就已经创立，阿里云用到的关键技术有虚拟化技术、并行计算、SOA 技术，在云计算和人工智能科技方面全球领先，从阿里云创立到现在，已经为分布在两百多个国家和地区的企业或开发者提供服务。性价比方面，与传统 IDC 进行对比，使用阿里云可以节省 80％的成本投入，在与其他供应商做对比时，发现可以节约 60％的成本投入；数据能力方面，阿里云的数据中心更加密集，阿里云位于上海的数据中心，可以为无锡地区提供更高效稳定的网络连接；安全性方面，阿里云为中国 40％的网站提供防御，拥有全球最大网络攻击防御经验，有效帮助用户降低安全风险。综合考虑以上三点后，此次设计将选择阿里云公司作为云服务器的供应商。

2.3　操作系统及服务器配置的选择

2.3.1　服务器操作系统的选择

Windows Server 2008R2 是基于 Windows Server 2008 微软服务器操作系统的下一代系统版本，功能和性能方面都得到了进一步的增强和完善，可以看作 Windows 7 的服务器版本，两者一脉相承。相比 Windows Server 2008 来说，Windows Server 2008R2 可以利用 Hyper－V 来缩小与 VMware 架构的差距，从而更好地支持虚拟机迁移。此操作系统也将更好地整合 PowerShell 2.0，包括一系列建立在 PowerShell 2.0 上的服务器管理界面。PowerShell 2.0 的融入使得图形界面也拥有了相应的开发功能，用户从而能够创建自己的命令行。由于电源智能管理的增强，Windows Server 2008R2 中推出了"Core Parking"功能，此功能可以通过评估核心处理器的处理工作量来使服务器部分核心处理器进入睡眠状态，从而减少整个服务器的耗电量。最重要的是，Windows Server 2008R2 中的直接访问功能将允许用户在任何网络位置访问公司网络中的文件、数据及应用程序，并在保证远程访问安全性的前提下，降低终端用户的操作复杂性。其次，Windows Server 2008R2 在现在这个时间点来说，对服务器的配置要求较低，在实现设计目标的同时可以降低对服务器配置的成本。

因此，经过多重考虑，此次设计将选用 Windows Server 2008R2 服务器操作系统作为载体进行实验。

2.3.2　XenApp 服务器网络配置的选择

首先需要考虑服务器是否需要公网 IP。若使用公网 IP，则服务器既可以访问公网，也可以被公网用户访问，实现与 Internet 上的任意计算机互相访问，同时公网 IP 可用于域名解析及远程登录使用；若使用私网 IP，则只有服务器本身可以访问公网，而不能被公网用户访问，一般用于该服务器不需要为用户提供直接服务的场景。

此次设计需要实现的目标是用户可以使用移动设备随时随地登录无线访问点，接入 XenApp 服务器，并打开在 XenApp 服务器上发布的云应用，因此这次设计选择两台 XenApp 服务器都使用公网 IP。在选择使用公网 IP 的情况下，阿里云云服务器供应商将会对公网 IP 进行收费。其中对公网 IP 收费有以下两个方面：

（1）购买一个公网 IP 的费用，这个费用是固定的，随同服务器一同租赁，按照每个月固定的价格进行出租。

（2）使用公网 IP 供服务器远程登录 IP 时，或使用公网 IP 供用户使用外网访问本服务器时将会产生流量，这时可以选择同家庭宽带一样的月租收费方式，这个方式可以选择用户所需要的固定带宽，或者也可以选择按流量计费的方式，换句话说，就是用多少流量付多少钱。使用这种方式时，可以选择一个峰值带宽，防止瞬间使用的流量过多而导致费用超出预算或不可估算。例如峰值带宽设置为 5 Mb/s 时，就算是瞬间有数千个用户接入，带宽也只会为 5 Mb/s，哪怕造成用户界面卡顿等情况, 也不会随之提高带宽。其具体收费标准如表 2 - 1 所示。

表 2 - 1　阿里云 ECS 实例带宽计费标准

计费方式	计费说明	实例 ECS 计费方式	计费规则
按固定带宽	按指定的带宽值收费, 使用过程中, 实际的出网带宽不会高于指定值	包年包月	预先购买时长支付费用
		按量付费	带宽按秒计费, 每小时整点结算
按使用流量	一种后付费方式。为防止突然爆发的流量产生较高费用, 可以设置一个出网带宽峰值	包年包月	按实际的使用流量计费, 每小时整点结算
		按量付费	按实际的使用流量计费, 每小时整点结算

如果采用固定带宽收费会较低, 但该方式的出网带宽不会高于指定的带宽值, 在实际情况中如果多个用户同时登录使用云应用, 可能导致出网带宽不够, 无法实现用户流畅使用云应用。因此, 经过多方面的考虑, 此次设计选择按使用流量计费模式。

2.3.3　域控服务器网络配置的选择

首先, 同 XenApp 服务器一样, 考虑是否需要公网 IP。域控服务器的功能是验证联入网络的设备和用户是否在域中, 且登录密码是否正确。常采用域控制器来进行信息管理, 每个用户都有自己的账号和密码, 并且可以赋予每个账号不同的权限来保障信息安全。此次实验计划将 XenApp Licensing 与域控装在同一台服务器中。因此, 此次设计选择通过内网和交换机与 XenApp 连接, 再验证用户的账号登录信息, 选择不使用公网 IP, 而在不使用公网 IP 的情况下, 将不涉及对带宽方面的要求。

2.3.4　三台服务器规格的选择

服务器规格主要包含三个内容: 中央处理器(CPU)、内部存储器(RAM)和存储空间。由于此次设计选择使用 Windows Server 2008R2 作为服务器操作系统, 能够运行此操作系统的最低配置为: 中央处理器(CPU)1.4 GHz 一块, 内部存储器为 512 MB, 存储空间为 32 GB, 因此, 此次设计在中央处理器(CPU)方面将选择 Intel(R) Xeon(R) Platinum 8269CY 主频为 2.5 GHz, 中央处理器(CPU)、内部存储器以及存储空间的配置与最低要求的对比如表 2 - 2 所示。

表 2 - 2　服务器规格对比

配置要求	中央处理器(CPU)	内部存储器(RAM)	存储空间
最低配置要求	1.4 GHz	512MB	32GB
设计选择配置	2.5 GHz	1GB	40GB

2.3.5　服务器综合配置

综合以上几点, 此次设计决定三台服务器设备的配置如表 2 - 3 所示。

表 2 - 3　服务器综合配置

服务器	操作系统	网络配置	中央处理器（CPU）	内部存储器（RAM）	存储空间
Domain Server	Windows Server 2008R2	不使用公网 IP	1vCPU 2.5 GHz	1GB	40GB
XenApp Server01	Windows Server 2008R2	使用公网 IP 按使用流量计费	1vCPU 2.5 GHz	1GB	40GB
XenApp Server02	Windows Server 2008R2	使用公网 IP 按使用流量计费	1vCPU 2.5 GHz	1GB	40GB

2.4　本章小结

　　本章主要讨论了域控服务器和两台 XenApp 服务器在服务器操作系统、网络配置和服务器规格方面的选取。通过对操作系统的功能完整性、操作简便性、运行流畅性等多方面考虑，最终选择 Windows Server 2008R2；通过对域控服务器在实际情况中运行环境和对网络的需求等方面考虑，选择使用内网与两台 XenApp 服务器连接，而不使用公网 IP；通过对 XenApp 服务器在实际情况中运行环境、需要实现的功能和对网络的需求等方面考虑，选择使用公网 IP 供用户连接，为了防止用户量较大而无法估计需求带宽选择按使用流量计费的方式；在三台服务器规格方面的选取主要考虑能够流畅运行操作系统，因此选择了 1vCPU、1GB 的内部存储器和 40 GB 的存储空间。

分析

　　本设计方案采用的是自顶至下的设计方法，首先设计总体方案，再对具体功能进行具体设计，云计算系统往往涉及较多的模块，通过绘制拓扑图并进行文字说明将各模块之间的关系说明清楚，拓扑图、流程图等的绘制，图标建议采用黑框、白底、黑字，以简洁为主。

　　（1）在云服务搭建的过程中，会涉及各个层级的产品，比如该课题中会使用到公有云平台，实际提供公有云的平台有许多，比如国内的腾讯云、百度云、华为云、阿里云，国外的亚马逊云，谷歌云等等。选择方案较多，这里建议能从实际需求出发，结合功能、性能、价格等各方因素综合考虑来得出选择结论。同样的在云平台选取后，后续的操作系统、软件的选取也是如此，如何选择一款合适的产品，需要认真考虑。本案例中就针对不同系统的平台、操作系统等软件进行了分析和比较，考虑较周全，值得借鉴。

　　（2）设计过程中，如果系统较为复杂，还是建议通过绘制软件系统结构图及文字说明将各模块之间的关系说明清楚，本案例若加上相应软件之间的关系图则效果更好。

　　（3）云计算类毕业设计中，正确地选择软件、选择服务器配置会对后期整个系统的性能以及后期维护产生较大影响，需要重视，必须要自己对查阅的资料进行加工整理，并根据自己的经验、能力结合课题或项目本身进行合理的分析，最终选定最合适的云计算平台和相应的软件、硬件。

节选二：

■·—·+—·+—·+—·+—·+—·+—·+—·+—·+—·+—·+—·+—·+—·

第 3 章　云应用平台的部署

3.1　域控服务器的部署

域(Domain)是相对于工作组(Workgroup)的概念，工作组内的计算机各自工作，组内的计算机互不干涉，仅对本机有控制权力。而域是一个计算机群体的组合，域管理员可以通过域控制器将域内的计算机统一集中管理。域控服务器最主要的功能是安全集中管理域中账户密码、管理策略等构成一个数据库，是一种统一安全策略；其次，是域控服务器的软件集中管理，域控服务器可以按照公司的需求限制用户或公司的计算机只能运行与工作相关的必要软件；第三，是域控服务器的环境集中管理，通过域控服务器可以统一用户或公司计算机的桌面、TCP/IP等相关环境设置；最后域控服务器在单位的网络运维中，明确了各种管理的权限，规定了内部计算机的使用方法以及资源分配方式，员工在自己的计算机上就可以根据不可访问、可访问的规定完成操作[6]。

在设置域控服务器时，通常使用一个固定的静态 IP，而用动态 IP 上网，也叫作 DHCP 上网，自动获取 IP 地址上网。简而言之就是此设备每次上网的时候 IP 地址都是随机分配的，而域控服务器使用静态 IP 可以更加稳定，在绑定域名的时候更加方便，另一方面可以确保同一个域名一定解析到同一个 IP。配置域控服务器需在 Windows Server 操作系统平台上进行，以 Windows Server 2008 R2 为例，需要注意的是部署为域控的服务器需配置成 DNS 服务器。

3.1.1　域控服务器的部署

(1) 获取本服务器现在使用的动态 IP，为下一步将服务器设置为静态 IP 做准备，如图 3-1 所示，此时获取到的 IP 地址为 172.19.47.98，子网掩码为 255.255.240.0，默认网关为 172.19. 47.253。

图 3-1　获取域控服务器动态 IP

(2) 将获取到的动态 IP 设置为固定的静态 IP。使用上一步获取到的动态 IP、子网掩码和默认网关，将此服务器设置为静态 IP，如图 3-2 所示。

(3) 修改域控服务器的主机名为 THUDOMAIN。在用户初次打开从云服务器供应商阿里云租赁的服务器时，计算机名是一串随机的代码，修改计算机名称可以让后期更方便管理。修

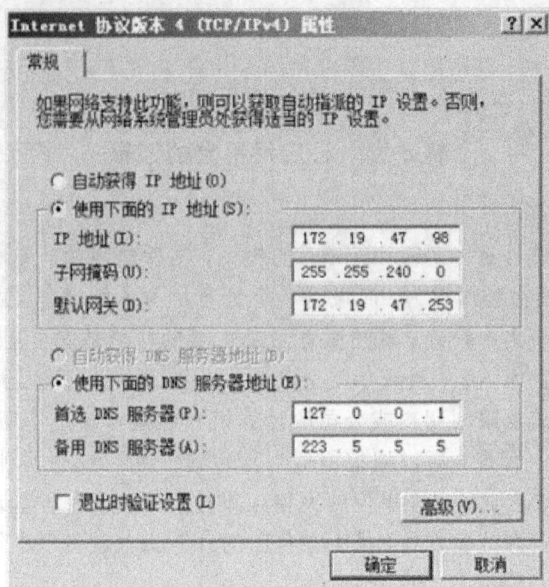

图 3-2　服务器静态 IP 的设置

改计算机名称可以在计算机属性中更改设置，设置完成后，可以进入 PowerShell 中输入 host-name 命令进行确认，如图 3-3 所示。

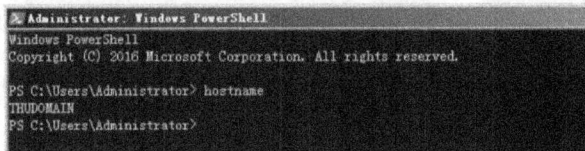

图 3-3　查看计算机名称

（4）在命令行中输入命令 dcpromo 安装域控制器如图 3-4 所示，并且在"新林"中新建域，设置域名为 thulqk.net，安装完成对话框弹出后，重新启动系统，如图 3-5 所示。到这一步域控制器已经安装完成。

图 3-4　输入安装域控制器命令

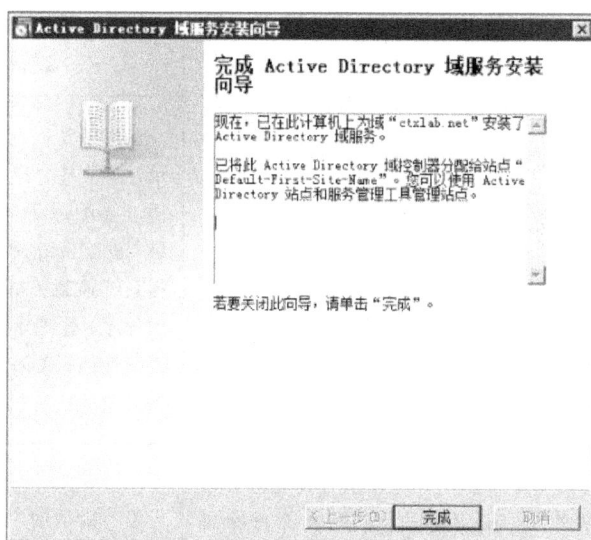

图 3-5　域控制器安装完成

(5) 安装 Citrix Licensing 组件，在实际情况中，Citrix Licensing 组件一般单独安装在一台服务器中，此次设计为了节约成本和保证安全性，将 Citrix Licensing 组件和域控制器安装在同一台主机上。

3.1.2　用户属性的分配及管理

Windows Server 2008R2 服务器操作系统和其他微软的操作系统一样，是一个支持多用户、多任务的操作系统。同时在拥有不同身份的用户访问时，将会有不同的权限。在 Windows 中，用户被分成很多分组，不同组之间的成员有不同的权限，同一个组中的成员也可以有不同的权限。为了服务器的安全通常 Windows 的用户组可以分成以下六组，如表 3-1 所示。

表 3-1　用户组及其权限

组	描　　述	默认用户权力
Users	该组成员可以执行一些常见的任务，例如运行应用程序、使用本地的网络打印机以及锁定服务器等。用户不能共享目录或创建本地打印机。在本地创建的任何用户账户都可以成为本组的成员	从网络访问此计算机；允许本地登录；忽略遍历检查
Power Users	该组成员可以创建用户账户，然后修改并删除所创建的账户。此组成员可以创建共享资源并管理所创建的共享资源。但是，不能取得文件的所有权、备份或还原目录、加载或卸载设备驱动程序，或管理安全性及日志	从网络访问此计算机；允许本地登录；忽略遍历检查；更改系统时间；调整单一进程；关闭系统

续表

组	描　　述	默认用户权力
Administrators	该组的成员具有对服务器的完全控制权限，并且可以根据需要向用户指派用户权利和权限	从网络访问此计算机；允许本地登录；调整某个进程的内存配额；允许通过终端服务登录；备份文件和目录；更改系统时间；调试程序；从远程系统强制关机；加载和卸载设备驱动程序；管理审核和安全日志；调整系统性能；关闭系统；取得文件或其他对象的所有权
Guests	该组成员拥有一个在登录时创建的临时配置文件，在注销时，该配置文件将被删除	没有默认的用户权力
Everyone	在这个计算机上的所有用户都属于这个组	没有默认的用户权力
SYSTEM	这个组拥有和 Administrators 一样甚至更高的权限	允许无痕察看用户组

　　打开 Active Directory 用户和计算机，在 Users 组中添加账户 adminlqk，为账户设置密码，并且将此用户加入 Administrators 组和 Domain Admins 组中，赋予此账户管理员权限，赋予此账户成为域管理员的权限，在后续实验中将用此用户进行操作。

分析

　　（1）本章节主要介绍云应用平台基本功能的部署，采用分模块部署的方式进行阐述。

　　（2）在部署实时前，首先应该对整体方案结构及参数进行分析和设计，本案例中部分配置参数并没有利用表格进行汇总，建议在每个模块部署前首先对需要部署的参数利用表格进行展示，并做简要说明。

　　（3）在云计算设计类课题中会涉及大量软件，论文撰写时应尽量淡化软件的安装过程，着重根据实际需求而进行各个参数的设计。该章节虽然根据实际云平台的部署顺序，进行云平台的搭建，但是对参数设计部分的介绍比较少，而搭建安装过程较多，不是非常合理，建议更多的集中介绍设计内容。

　　（4）该设计后续功能实现章节的编排与本节选段类似，存在一个问题就是各功能模块之间的关系没有说明，同时设计与安装操作混在一起，不推荐这样的写作方法，还是建议完成整体设计后，再完成具体配置功能。

节选三：

第 6 章 系统调试

6.1 报错调试

6.1.1 域名解析调试

在完成创建 XenApp Server01 后，将 XenApp Server01 加入"thulqk. net"域时，系统报错"无法与域的 Active Directory 域控制器（AD DC）连接"。对"thulqk. net"这个域解析时会遇到无法将这个域名正确地解析成一个 IP 地址的问题，需要在"C:\Windows\System32\drivers\etc"目录下找到"hosts"文件，并使用记事本打开 hosts 文件，在底部加入 172.19.47.98 和 thulqk. net。其中，172.19.47.98 是该域控服务器的私网 IP，thulqk. net 是域名，如图 6-1 所示。

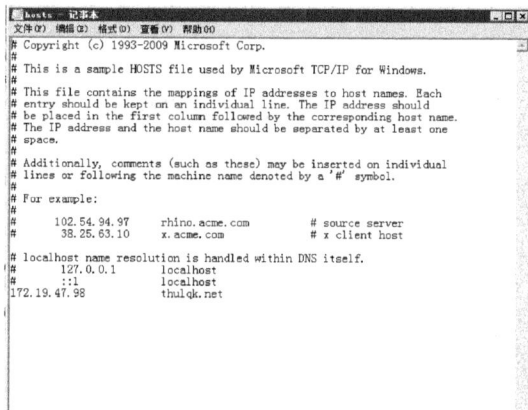

图 6-1 修改 host 文件

完成这一步操作后，在网络和共享中心，将本地网络 IPv4 的首选 DNS 服务器改成域控服务器的 IP 地址 172.19.47.98。

在这些步骤完成后，可以正常解析到域控服务器的域名，并且可以正常加入"thulqk. net"域。

6.1.2 XenApp Web 外网访问配置

在部署好 XenApp Server01 并使用 Web Interface 发布云应用之后，发现 iPad 在使用外网登录时，没有办法打开已经发布的云应用，根据文献和查找的资料发现，需要使用外网访问时，有另外相关的配置。

在 XenApp Server01 服务器的 Citrix Web Interface 管理应用中，需要另外配置安全访问，将默认的访问方法从"直接"改为"已转换"，如图 6-2 所示。

其次，这里需要添加转换规则，指定转换方案。将内部 XenApp Server 的 IP 地址的 1494 端口映射到公网地址的 1494 端口和 2598 端口上，如图 6-3 所示。

到这里，安全访问已经配置完成，在 iPad 上已经可以正常打开在 XenApp Server01 上发布的云应用。

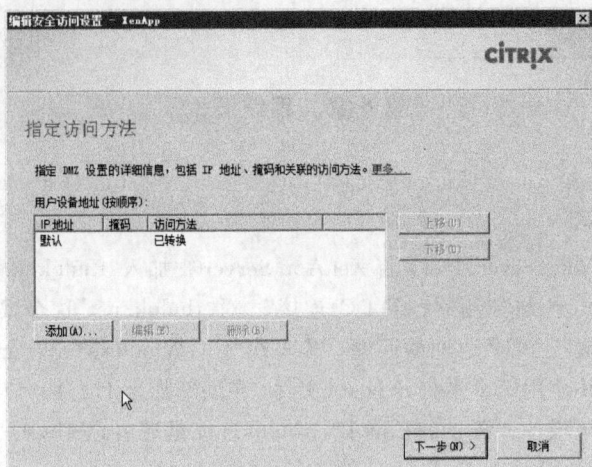

图 6-2　编辑安全访问设置

图 6-3　添加转换地址

分析

（1）本节内容为系统测试章节部分内容节选，测试章节根据任务书要求，逐个测试最终完成的系统指标是否符合预期要求，整体上能够根据任务书要求测试必要的业务功能，最终结果符合预期，达到了设计要求。

（2）该节选部分保留了测试出错的数据，并通过调整方案的形式解决了问题，这点值得学习。针对典型的或者测试阶段发现的重要问题，都可以放到测试章节来单独说明。

4.4.3　案例点评

（1）该设计整体结构完整，首先进行需求分析，确定云计算系统软件、硬件的选择，其次根据需求完成系统基础功能的搭建，然后根据具体的功能要求，完善设计的安全性和可靠性，最后进行功能验证，解决其中出现的问题并总结。

（2）在云计算类论文中，系统结构往往比较复杂，需要进行硬件及软件多方面考虑，本文在各类软件、硬件的选择上做了较充足的分析和说明，并提出了不止一种的解决方案，最后根据实际应用环境，选择了其中一种解决方案。本设计在系统组成结构这章节做的比较严谨，值得学习。注意，所有方案的选择必须结合实际生产环境进行分析说明，切记不要出现单纯的概念介绍或软件介绍这类的段落。

（3）在搭建过程中，由于云计算系统较为复杂，建议采取先规划设计详细参数，再进行系统搭建的方式；本篇论文在完成系统搭建的过程同时设计配置参数的方法不是非常推荐，不太符合云计算设计一般流程。

（4）云计算类论文常见图表包括：系统整体结构的拓扑图、各类规划参数表格、搭建过程中关键操作步骤、系统测试和验证步骤等。注意各图表需要简洁、清晰。

（5）该论文的写作思路和一般云计算类项目实施过程非常相似，值得借鉴学习，但是也存在着云计算类课题的一个通病，全文软件安装部署过程篇幅过大，而对于关键参数设计及如何设计的内容较少，建议增加云平台功能、安全、负载等性能的相关设计内容。

（作者：陆乔恺；指导教师：王翔）

第5章　自动化类专业毕业设计案例分析

5.1　控　制　方　向

控制方向课题主要包括工业生产或工作中的控制系统设计，多出现在自动化类专业的毕业设计中。这类设计的全过程一般包括：

(1) 系统规划：根据生产和控制要求提出控制系统设计的任务。

(2) 方案设计：包括控制系统总体方案设计、传动系统方案设计、控制系统方案设计和其他辅助系统设计。

(3) 技术设计：一般包括硬件设计和软件设计。其中硬件设计是控制器及其他电气元件所组成的控制系统的设计，包括控制系统主电路图、原理图等的设计；软件设计是对控制系统进行编程，并设计人机界面。

(4) 仿真与调试：仿真是在没有实物的情况下对设计结果试运行，调试是对仿真中软件编程部分出现的错误进行修改。

学生在完成控制方向的课题论文时应了解实际生产中控制系统的工作流程，按照上述步骤和内容完成课题任务要求的部分，一般必须包括方案设计、技术设计和仿真与调试。

此方向课题的设计思路一般为：先进行总体方案设计，再进行硬件和软件设计，最后建立设备与人机界面之间的通信。

5.1.1　课题范例

表5.1为控制方向毕业设计课题范例，以供参考。

表 5.1　控制方向毕业设计课题范例

序号	课 题 名 称
1	基于 PLC 的锅炉自动输煤控制系统设计
2	多台电梯群控策略研究与 PLC 控制系统实现
3	基于 PLC 与伺服电机的工业机械手控制系统设计
4	基于 PLC 的 PCB 智能钻孔机控制系统设计
5	基于伺服电机的收卷机中张力控制系统的设计
6	基于 PLC 的 PCB 真空包装机控制系统设计
7	多台电梯群控策略研究与 PLC 控制系统实现
8	基于 PLC 的矿井提升机控制系统设计
9	环形升降式立体车库电气控制系统设计

序号	课 题 名 称
10	基于 PLC 的电厂污水处理控制系统设计
11	基于 PLC 和触摸屏的轴承装配线控制系统设计
12	基于 PLC 的全自动洗衣机控制系统设计
13	基于 PLC 的电热水箱智能监测系统设计
14	基于单片机的智能电源管理系统设计
15	基于单片机的土壤水分温度检测系统设计
16	基于 PLC 的智能仓储系统设计
17	基于 PLC 的自动化包装线系统设计
18	基于单片机的直流电机速度控制系统设计
19	基于 PLC 的智能立体停车场系统设计
20	基于单片机的空气调节系统设计

5.1.2　案例分析

1. 题目

基于 PLC 的锅炉自动输煤控制系统设计。

2. 设计任务要求

通过本次毕业设计，深入了解锅炉自动输煤控制系统各个部分的结构模型以及工作方式，根据需要确定系统各个环节之中器件的选型配置，设计高效安全的输煤控制系统。要求以 PLC 为核心设计硬件系统及软件系统。设计任务的具体要求如下：

（1）确定 PLC 输入、输出端口的硬件配置以及紧急信号处理模块，采用跑偏开关，光电开关或传感器等对潜在故障点进行检测。

（2）设计 PLC 的控制以及人机交互界面，对故障信息快速处理分析，达到良好控制效果。

（3）合理设计整个外部电路，验证基于 PLC 的锅炉自动输煤控制系统设计的正确性，使系统安全高效运行且操作方便。

3. 摘要与关键词

摘要：近年来，伴随着经济的快速发展，PLC 在工业控制领域得到了长足且迅速的发展。然而目前对于我国的锅炉输煤控制系统而言，PLC 的应用仍然较为少见，系统自动化水平不高，需要消耗大量的人力物力，并且效率十分低下，操作人员的安全难以得到保障。因此，实现锅炉输煤的深度自动控制具有十分重要的意义。本设计采用 PLC 来控制锅炉的输煤系统，以三相异步电动机作为主要的动力系统，以音响提示系统和指示灯作为主要的安全警示系统，从而实现提高输煤效率、保障操作人员安全、大大减少工作强度的目的。

本文采用西门子 S7 - 1200PLC 对锅炉输煤系统进行设计，通过 PLC 编程和人机界面（人机界面采用步科 MT4620TE 进行设计）来控制电动机的运转与停止、音响及指示灯等提示功能的开启与关闭，从而使输煤系统可靠有序地运行。本文首先介绍了此次研究的内容、意义以及需要达到的要求，其次介绍了整体的设计方案并通过流程图说明了输煤系统的运作流程，然后在此基础上对系统硬件以及软件的设计进行具体的阐述，最后介绍了整个程序的调试以及仿真结果，并模拟实现了整个系统的自动化运行。

关键词：PLC；输煤；自动控制；人机界面

4. 目录

5. 正文

节选一:

■ ·+·+·+·+·+·+·+·+·+·+·+·+·+·+·+·+·+·+·+·

1.3　本课题应达到的要求

本输煤系统按煤炭流动方向依次包括:给料机 M1(磁选料器)、1 号输煤机 M2、破碎机 M3、提升机 M4、2 号输煤机 M5,将煤炭输送至煤仓,在 2 号输煤机后加装回收机 M6,以收集洒落煤并将其输送至提升机 M4 之后送至 2 号输煤机 M5,之后再将其送至煤仓。系统循环往复运行。输煤系统工作流程图见图 1-1。

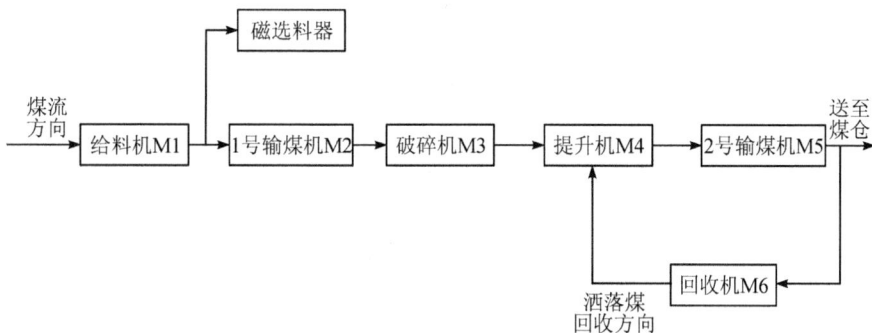

图 1-1　输煤系统工作流程图

本系统由 6 部三相异步电动机(M1~M6)构成动力系统,并采用 6 个输出继电器分别控制 6 部电动机以实施过载保护,以及 6 个熔断器分别对各负载回路实施短路保护。由于破碎机以及 2 号输煤机的功率较大,所以采用星-三角形降压方式启动。运行过程为:按下开始按钮 5 s 后,按煤流方向逆向启动运行,即由回收机 M6 到给料机 M1 依次启动,并且此时与 6 部电动机相对应的 6 盏指示灯依次点亮,之后系统正常运行,指示灯均保持点亮。每台电动机启动间隔时间为 8 s。按下"停止"按钮 3 s 后,按煤流方向正向停止运行,即由给料机 M1 到回收机 M6 依次停止,每台电动机停止间隔时间为 8 s,若输煤系统有一部电动机或者磁选料器没有正常启动则视为发生故障,此时输煤系统停止运行,故障指示灯点亮,电铃持续响铃报警 20 s,直到故障处理完毕后，输煤系统继续正常运行，恢复生产。本设计具有紧急停车按钮，若在正常生产过程中遭遇突发事件，则按下此按钮，输煤系统立即全线停车，并且警报铃声持续 20 s 后停止，紧急停车灯被点亮，等事故处理结束之后，按下复位按钮才能恢复正常生产。系统整体运行流程图见图1-2。由于系统手动运行时可以单独控制一个设备，过程较为简单，因此不再做其手动运行流程图。系统自动运行流程图见图 1-3。

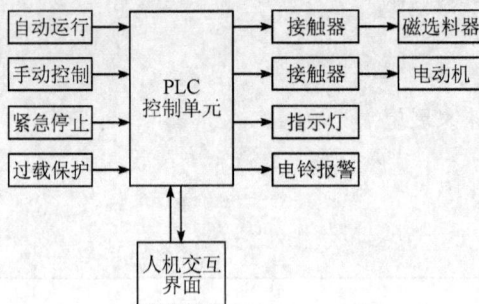

图 1-2　系统整体运行流程图

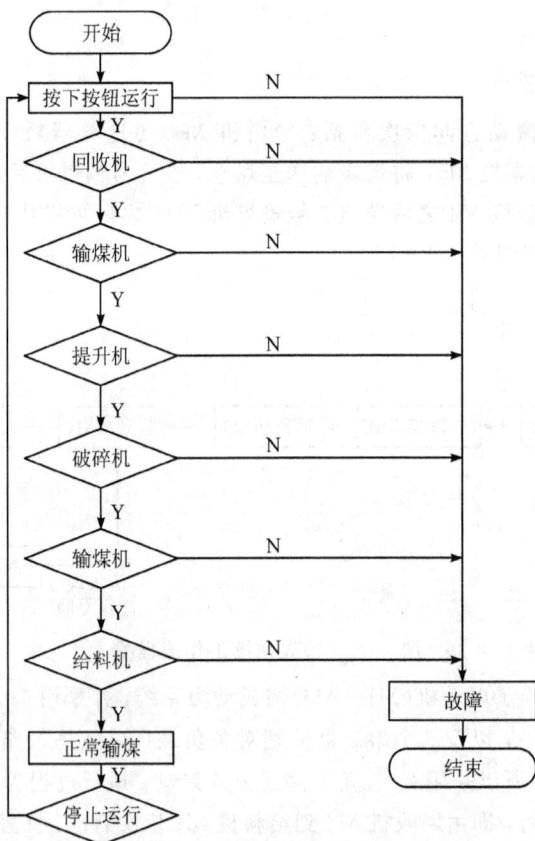

图 1-3　系统自动运行流程图

在整个输煤系统的控制过程的设计中，应具有正常运行、故障警示、事故处理、过载保护、短路保护、单机运行、人机界面的管理与监控等功能。

分析

（1）有关控制类型的课题应画出系统流程图，并加以文字说明，既让读者明白本课题的工作原理，又让读者了解本课题所应达到的要求，可以使读者一目了然。

（2）图 1-2 系统整体运行流程图应详细给出 PLC 控制单元，并反映出 PLC 与人机界面之间的联系，此处安排合理，但美中不足的是没有对图 1-2 做详细介绍。

（3）图 1-3 系统自动运行流程图中的各个细节与功能，如故障警示、事故处理、过载保护、短路保护等，都要考虑到位。此处安排合理。

节选二：

2.1　系统的总体设计

在对输煤系统进行设计时，首先分析整个系统应当实现的各种功能，之后根据其所要实现的功能来对元器件进行最为合适的选择，并考虑其硬件布局以及软件设计。本设计以 6 部电动机作为输煤系统主要的动力系统，以传送带作为主要的传输介质，以数个灯泡作为运行指示灯，以音响或电铃作为提示系统。此外，还设计了人机界面，并通过分析论证最终确定了本设计所选用的控制器。系统整体运行方式及流程图如前所述。下面对部分子系统或器件进行方案论证，并敲定最为适合的方案为本设计所采用。

2.1.1　控制器的选择

作为整个锅炉输煤系统的大脑，控制器的选择至关重要，不但要协调控制整个输煤系统的各个设备良好有序地运作，而且要具备优异的灵活性以及可操作性。目前控制器的选择方案比较多，但考虑到本设计的特殊性，主要有以下两种方案：

方案一：使用单片机作为控制核心来设计锅炉输煤系统。

方案二：使用 PLC 作为控制核心来设计锅炉输煤系统。

由于输煤现场的环境十分恶劣，如有粉尘、电弧等因素的干扰，因此要求控制器具有强大的抗干扰能力及很高的可靠性；此外，控制器应具有很长的使用寿命及一定的扩展功能，并且现场操作简单方便。PLC 比单片机更加稳定可靠，使用寿命更长，操作更为简便。

综上所述，选择方案二，即使用 PLC 作为锅炉输煤系统的控制核心。

2.1.2　动力系统的方案选择

本设计采用电动机作为输煤系统主要的动力系统，这是整个系统能够良好运行的前提条件。系统除了拥有足够的动力外，还要有良好的高速性能，并且其成本问题也需要考虑。动力系统的选择主要有以下三种方案：

方案一：采用伺服电机作为系统主要的动力系统。伺服电机在控制速度以及位置精度方面都是十分出色的，但是抗干扰能力不足，可靠性较低。

方案二：采用单相异步电动机作为系统主要的动力系统。单相异步电动机结构简单、成本较低、噪声较小、使用十分方便，但是有时动力不足。

方案三：采用三相异步电动机作为系统主要的动力系统。三相异步电动机运行性能好、可靠性高、成本较低、结构简单。

考虑到输煤现场的环境以及成本等因素，选择方案三，即采用三相异步电动机作为输煤系统的主要动力系统。

2.1.3　输送机皮带的方案选择

本设计中输送机的皮带是用来传输煤炭的，在选择输送机皮带时首先要考虑其输送煤炭时的防滑性能，其次是在输煤环境中的耐用性，此外还要考虑输送量以及成本问题。主要有以下三种选择方案：

方案一：采用花纹输送带进行煤炭传输。该输送带分为耐油、耐热等几种类型，可在45°角内防止煤炭下滑，输送能力较强。

方案二：采用整芯阻燃输送带进行煤炭传输。该输送带不易撕裂，抗冲击性能强，带体伸长小，并且耐磨、抗静电。

方案三：采用波状挡边输送带进行煤炭传输。该输送带由挡边、横隔板以及基带构成，具有输送量大、提升高度较高、输送角度大、胶带强度大且使用寿命长等优点。此外挡边还可以防止物料侧滑散落。

考虑到输煤现场粉尘大，对皮带耐用性和输送角度均有一定的要求，所以采用方案三即波状挡边输送带传送煤炭。

分析

（1）在前文"节选一"的1.3中已经介绍了本课题的工作流程及要达到的要求，本部分是根据要求选取工作流程中各系统的工作方案。

（2）因为本课题的重点是控制系统的设计，所以在系统方案设计中优先对控制部分作重点介绍，并说明了选择PLC做控制核心的原因。

（3）选择各部分元器件时都列举出了不同的方案，并对比各方案以选出最优方案，分析有理有据，可见该生对课题理解具有一定深度。

节选三：

3.1　PLC 的介绍与选择

3.1.1　PLC 特点介绍

可编程逻辑控制器(简称PLC)，作为一种通用型工控机，经过几十年的发展实现了从单一的过程控制功能到整个系统的自动化监测与管理功能。PLC采用可以编程的存储器，在其内部存储执行顺序控制操作指令、定时指令、算术运算以及计数等操作指令，并且通过模拟式或数字式的输入输出，控制各种类型的机械动作或者生产过程。PLC的主要性能指标包括输入输出点数、扫描速度、存储容量、编程指令的个数和种类、功能模块种类以及其扩展能力。与传统的具有相同功能的继电器相比，PLC将控制系统开关触点和电气接线数量大幅减少，大大简化了硬件电路，显著降低了硬件故障率，同时在软件中采用了数据保护及恢复、故障检测等措施。通过上述硬件与软件两个方面的多重措施，PLC具有十分强大的抗干扰能力及很高的可靠性。

此外，PLC还具有通用性强、运行速度快、硬件配套齐全、功能完善、体积小、使命寿命长、质量轻、功耗低、设计简单、安装维护方便等优点；而且 PLC 采用梯形图编程，简单易掌握，调试修改也十分方便[12]。

3.1.2　I/O 地址的分配

对于采用 PLC 进行控制的系统而言，I/O 地址的分配对控制系统的设计至关重要。只有确定了 I/O 地址之后，根据 I/O 数目挑选最为符合输煤系统要求的 PLC 型号，才能对软件设计部分进行编程操作，绘制 PLC 的外围接线图。PLC 的输入、输出地址分配如表 3 - 1 和表 3 - 2 所示。

表 3 - 1　PLC 的输入地址分配

序号	名称	符号	输出地址
1	手动开车按钮	SA1	I0.0
2	开车/停车	SB1	I0.1
3	紧急停车按钮	SB2	I0.2
4	自动开车按钮	SA2	I0.3
5	M1 过载	FR1	I0.4
6	M2 过载	FR2	I0.5
7	M3 过载	FR3	I0.6
8	M4 过载	FR4	I0.7
9	M5 过载	FR5	I1.0
10	M6 过载	FR6	I1.1
11	磁选料器过载	FR1	I1.2
12	复位按钮	SB3	I1.3

表 3 - 2　PLC 的输出地址分配

序号	名称	符号	输出地址
1	M1 启动	KM1	Q0.0
2	M2 启动	KM2	Q0.1
3	M3 启动	KM3	Q0.2
4	M4 启动	KM4	Q0.3
5	M5 启动	KM5	Q0.4
6	M6 启动	KM6	Q0.5
7	M1 启动指示灯	HL1	Q0.6
8	M2 启动指示灯	HL2	Q0.7
9	M3 启动指示灯	HL3	Q1.0
10	M4 启动指示灯	HL4	Q1.1

续表

序号	名称	符号	输出地址
11	M5 启动指示灯	HL5	Q1.2
12	M6 启动指示灯	HL6	Q1.3
13	音响提示系统启动	YK	Q1.4
14	系统正常运行指示灯	HL7	Q1.5
15	音响提示系统关闭	YB	Q1.6
16	系统故障指示灯	HL8	Q1.7
17	紧急停车指示灯	HL9	Q2.0
18	紧急停车提示	DL1	Q2.1
19	M3 星形启动	KM9	Q2.2
20	M3 三角形启动	KM10	Q2.3
21	M5 星形启动	KM7	Q2.4
22	M5 三角形启动	KM8	Q2.5
23	系统故障提示	DL2	Q2.6

3.1.3　PLC 机型的选择

输煤系统具有设备种类多、分布较广、故障点多、工艺流程复杂、易受粉尘电弧干扰、运行环境较差等特点[13]。PLC 作为整个输煤系统的控制核心，不但可以有效保证整个控制系统长时间的良好运行，而且能够提高输送效率，保证操作人员及控制系统的安全，便于维修人员进行调试检修。此外 PLC 提高了输煤系统的燃煤效率，进而减少了废气废物的排放，更有利于环境保护。由前述 I/O 地址分配的情况可知，输煤系统具有
12 个输入点、23 个输出点，适合采用西门子 S7 - 1200
这款模块化、紧凑型的 PLC 作为控制核心。与 S7 - 200
相比，S7 - 1200 的刷新速度更快捷、扩展能力更强、编
程更加便捷、功能更加强大，其搭载的信号板模式更加
贴近工控领域的实际需求，因而 S7 - 1200 具有代替
S7 - 200 的趋势[14]。由于本设计中的负载包括交流和直
流供电，因此采用的是继电器输出方式。S7 - 1200 PLC
实物图见图 3 - 1。

图 3 - 1　S7 - 1200 PLC 实物图

3.2　输煤系统的各电气元件及其功能

电气元件的选择对于整个输煤系统的良好运行至关重要。该系统各电气元件的功能及其选择如下：

（1）实现手动运行/停止功能：SA1 手柄向左旋转时，输煤系统开启手动运行模式。此时可通过人机界面上的 6 个按钮对输煤系统中各设备进行单独调试或维护等操作。此时任意一台设备单独运行/停止时都有音响进行提示，以保证调试和维修时操作人员以及设备的安全。

（2）实现自动运行/停止功能：SA2 手柄向右旋转时，输煤系统开启自动运行模式。此时系

统主要包括以下几个部分：

① 系统正常运行：按下自动运行按钮 SB1 后，音响提示 5s，电动机 M6~M1 按输煤流方向逆序依次间隔 8s 启动，此时与电动机对应的各指示灯 HL6~HL1 依次点亮。8s 后，表示输煤系统运行正常的指示灯 HL7 点亮，输煤系统正常运行。

② 系统正常停车：按下自动停止按钮 SB1 后，音响提示 3s，电动机 M1~M6 按输煤流方向顺序依次间隔 8s 停止，此时与电动机对应的各指示灯 HL1-HL6 依次熄灭。同时，表示输煤系统运行正常的指示灯 HL7 熄灭，输煤系统正常停车。

③ 系统过载保护：6 个热继电器 FR1~FR6 分别对 6 台三相异步电动机 M1~M6 以及磁选料器 YA 进行过载保护。在输煤系统运行过程中，若任意一台电动机或者磁选料器发生过载故障，则输煤系统立即全线停止运行并发出警报。此时系统故障指示灯 HL8 点亮，电铃 DL 发出报警声 20s，故障指示灯 HL8 一直亮到故障处理结束。

④ 系统紧急停车：即使输煤系统在正常的运行过程中，也可能会发生诸多事故，因而有必要设置紧急停车按钮以防事故造成严重后果。紧急停车按钮 SB2 采用红色蘑菇形按钮，与正常停车按钮有所不同，这是为了让操作人员更加方便识别与区分，减少因反应时间造成事故的进一步扩大化。当按下此按钮时，输煤系统立即全线停止运行，电铃警报持续响 20s 停止，此时紧急停车指示灯 HL9 点亮，直到事故处理结束后按下复位按钮 SB3 方会熄灭，系统即恢复正常运行。

⑤ 系统正常/异常运行指示：输煤系统中，电动机 M1~M6 以及磁选料器 YA 按照程序均正常启动运行后，指示灯 HL7 点亮，一旦振动传感器检测到有一台电机或者磁选料器未能正常启动，就视为发生故障。此时输煤系统全线停车，表示系统故障的指示灯 HL8 点亮。

综上可知，该系统具有 6 台三相异步电动机，根据实际需要，其中，给料机 M1、1 号输煤机 M2、回收机 M6 均采用 3 kW 电动机，破碎机 M3 采用 13 kW 电动机，提升机 M4 采用 5 kW 电动机，2 号输煤机 M5 采用 13 kW 电动机，磁选料机 YA 功率为 15 kV·A。此外，指示灯 HL 的功率为 0.25 kW、电源为直流电 24 V，电铃的功率为 8 W、电源为交流电 220 V；还有各种类型的导线、空气开关、端子等接线元件若干。三相异步电动机实物图及其内部结构见图 3-2。

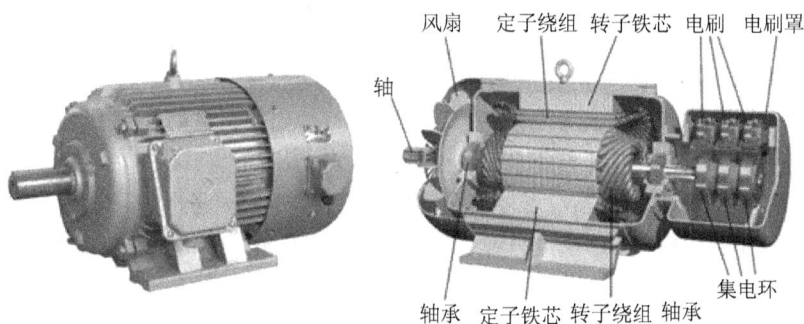

图 3-2　三相异步电动机实物图及其内部结构

3.3　输煤系统的主电路图设计

按照本设计要求，给料机 M1、1 号输煤机 M2、破碎机 M3、提升机 M4、2 号输煤机 M5、回收机 M6 由 6 部三相异步电动机驱动。接触器 KM1 控制 M1 和磁选料器 YA，KM2~KM6 控制 M2~M6。由于破碎机 M3 和 2 号输煤机 M5 的功率都大于 7.5 kW，因此这两部电动机使用星-

三角形降压方式启动，其余的电动机则直接启动。

输煤系统主电路图见图 3-3。

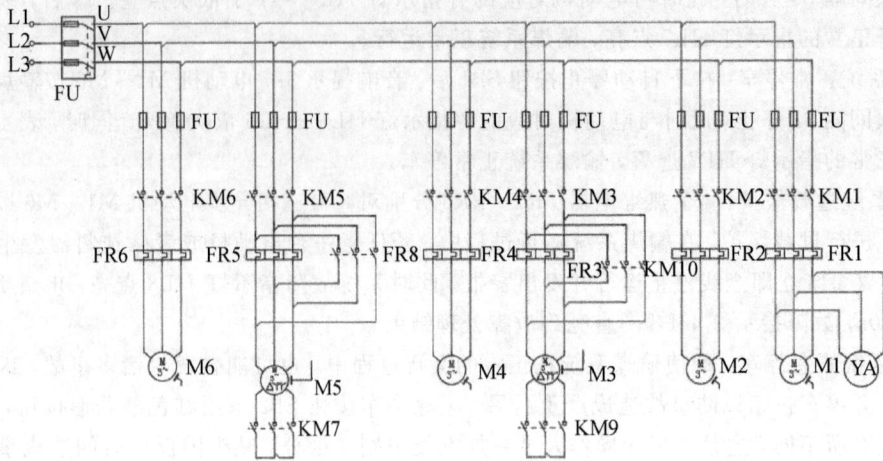

图 3-3　输煤系统主电路图

下面介绍输煤系统中的设备 M1～M6 以及磁选料器的作用。

（1）给料机 M1：通过给料机将煤炭均匀地铺放到皮带运输机上形成合适的厚度以及宽度，以保证煤炭可以安全高效地输送至煤仓。当给料器闸板开启时，煤炭通过出料筒传送至皮带上，皮带由电机拖动运行，从而将煤炭输送到下一流程。

（2）磁选料器：利用被分离物料磁导性的不同进行筛选。即将磁导性高的物质吸附至机器中，无磁导性或磁导性低的不吸附。给料机和磁选料器实物图见图3-4。

（3）破碎机 M3：用于处理较大块的物

图 3-4　给料机和磁选料器实物图

料使其更加细碎，以便于后面提升机进行煤炭提升操作。破碎机将煤炭细碎化可以使煤仓储存更多物料，并且使煤炭燃烧得更加充分，从而减少煤渣以及空气污染。

（4）输煤机 M2 和 M5：主要由皮带及电动机构成，广泛应用于电子、印刷、包装、快递、工厂、车间等各行业和场所。其输送能力强，输送距离灵活可变，结构简单便于维护，可以十分方便地实现自动化操作以及程序化控制。

（5）提升机 M4：采用斗式提升机，通过改变势能来将物料输送至高处的一种机械运输设备，主要适用于颗粒状或者小块物料的不间断连续提升运输。其提升范围广，密封性较好，环境污染少，可靠性高，使用寿命长，并且采用流入式喂料，无须用抓斗挖料输送。破碎机以及提升机实物图见图 3-5。

（6）回收机 M6：主要负责将 2 号输煤机洒落的煤炭进行回收，并将煤炭重新输送至提升机继续进行输送，以减少煤炭无故损耗量，减少空气中的煤炭粉尘，改善工作环境。

皮带提升▶

图 3-5　破碎机以及提升机实物图

3.4　PLC 控制系统接线

　　根据之前所述输煤系统的硬件选型方法以及所要达到的工艺要求，绘制控制系统 PLC 的电路接线图，包括 PLC 控制系统整流电路图、PLC 控制电路接线图以及输出扩展模块接线图三部分。

3.4.1　PLC 控制系统整流电路

　　整流电路是一种将交流电能转化成直流电能的电路，其大多由变压器、整流主电路以及滤波器等几部分构成，可以把交流电路输出的较低交流电压转化为单项脉冲型直流电压，它广泛应用于电机调速、电解电镀等设备。本次设计的 PLC 控制系统所用整流电路可以将 220 V 交流电压转化为 24 V 直流电压，从而为 PLC 供电。整流电路图见图 3-6。

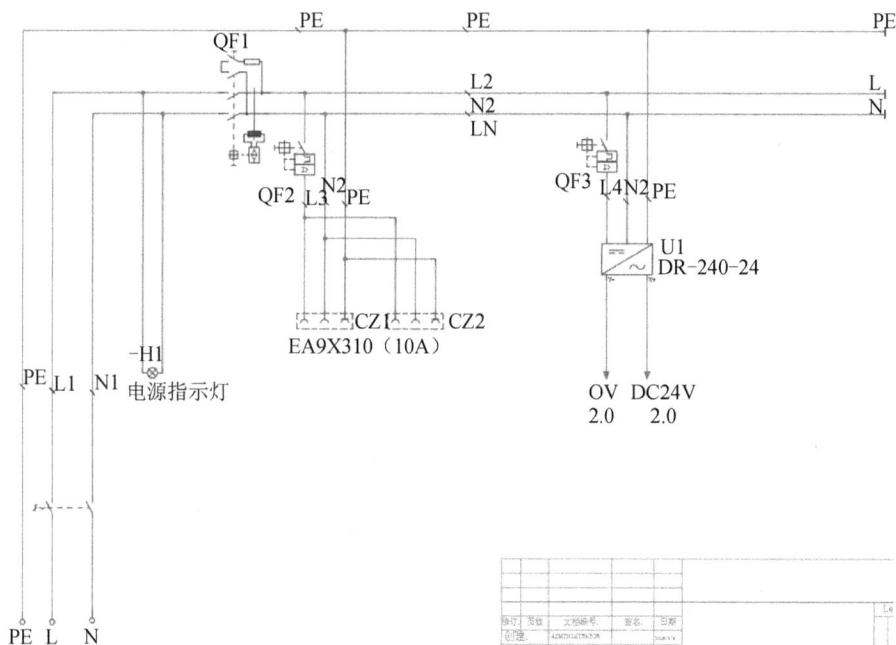

图 3-6　整流电路图

分析

　　（1）根据前文所述的系统工作流程，选取各系统的硬件设计方案。本课题选用 PLC 控制系统，并对 PLC 进行选型，以及完成 I/O 地址的分配。

（2）西门子 S7 - 1200 目前在小型 PLC 市场中应用得比较多，其功能优势远高于 S7 - 200，可满足学生的毕业设计目标。

（3）因为系统各电气元件的选型也很重要，必不可少，所以对各电气元件的功能和作用以及用在什么地方都应介绍清楚。该生在文中对各电气元件的使用考虑到位。

（4）画电路图时，每个线号都应标明（开关隔断后应重新标号），并且要有接地线。该生对输煤系统主电路图（见图 3 - 3）布局合理，但不足之处是电路图中缺少接地线，并且线号未标全。

节选四：

+-

4.1 输煤系统的功能流程图

此次设计的输煤系统具有手动控制和自动控制两种控制方式。当系统处于自动控制状态时，要求负载的 6 部三相异步电动机从 M6 到 M1 逆向进行自动启动，且自动停止时 6 部电动机可以从 M1 到 M6 正向自动停止。与此同时，输煤系统可以进行手动控制运行，以便于操作人员的调试或维修。此外，该系统还具有紧急停车、过载保护以及故障提醒等功能，并且相应的指示灯会被点亮以提醒工作人员。为了更加清楚地描述锅炉输煤系统的自动工作过程，可以用顺序功能图来进行表述。顺序功能图见图 4 - 1。

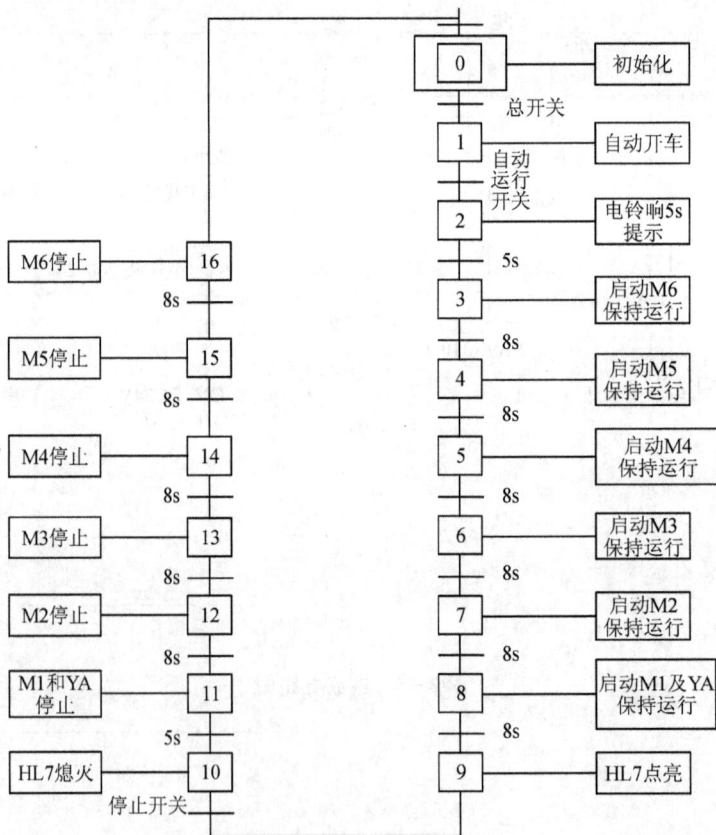

图 4 - 1　输煤系统顺序功能图

4.2　PLC 梯形图介绍

4.2.1　编程软件介绍

本次编程采用 TIA portal 软件，是一款全集成的自动化软件，简称 TIA 博途。该软件是西门子集团发布的一款几乎可以适用于所有自动化任务的强大软件，供用户快速准确、简明直接地开发和调试自动化系统。TIA 博途与传统 PLC 编程软件相比，具有十分明显的优势。例如，它无须大量集成的各类软件包，以此减少了用户编程所费时间，同时也降低了设计成本[15]，并且博途软件采用集中数据管理以及基于面向对象的设计方法，可以避免输入的数据出现错误，使数据具有高度一致性。通过项目范围内的索引系统，用户可在整个项目中方便地查找程序块或数据，减少了软件项目的调试以及故障诊断时间。与此同时，博途软件具有灵活扩展的软件组态能力，可以提供自动化系统所需要的诸多功能；也可以支持众多设备级别的人机操作面板，包括当前诸多 SIMATIC 触摸型面板以及多功能型面板、新型 SIMATIC 精简或精致系列面板；还支持基于 PC 端的数据收集及监控控制过程的可视化系统。博途软件编程界面见图 4-2。

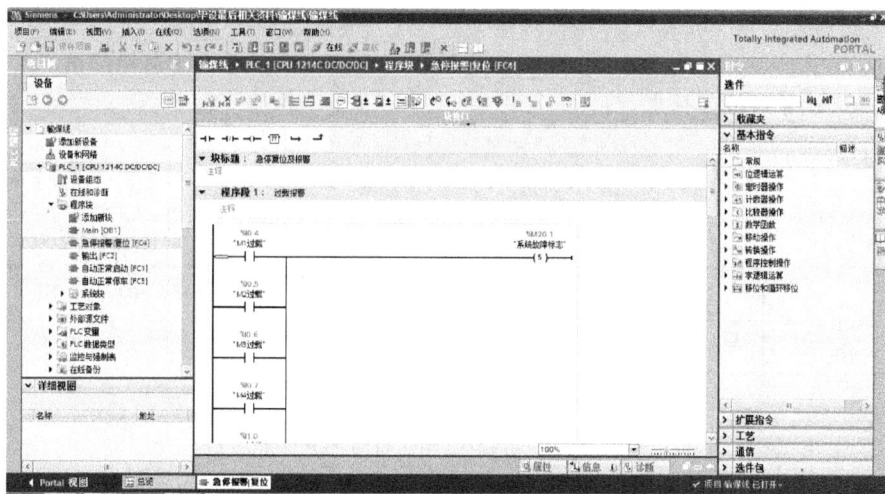

图 4-2　博途软件编程界面

4.2.2　部分梯形图功能介绍

梯形图被人们视为 PLC 的第一编程语言，同时也是目前使用最多的 PLC 编程语言，它在传统继电器及接触器逻辑控制的基础上进行了符号的简化，具有直观、形象、便于修改、简单明了、实用等特点。下面介绍锅炉自动输煤系统部分梯形图所实现的功能。

（1）在软件编程方面，本次编程采用了一个主程序及四个子程序的方式来实现输煤系统所要达到的要求，其中子程序分别为"急停报警和复位""系统正常启动""系统正常停车"以及"输出"。四个子程序都有各自需要实现的功能要求，它们被组合在主程序中。通过博途软件与 S7-PLCSIM 进行仿真发现，编译仿真均没有错误。输煤系统主程序见图 4-3。

（2）当按下输煤系统的自动运行按钮时，整个输煤系统在 5 s 之后将会逆煤流方向启动，即由 M6 率先开始启动，M1 最后启动。如果在启动过程中有一台电动机未能正常启动，则在 20 s 后整个输煤系统停止运行。在输煤系统正常停止时按顺煤流方向停止。如果输煤系统正常运行时发生不可控意外，则需要按下紧急停止按钮进行急停。输煤系统自动运行时部分梯形图

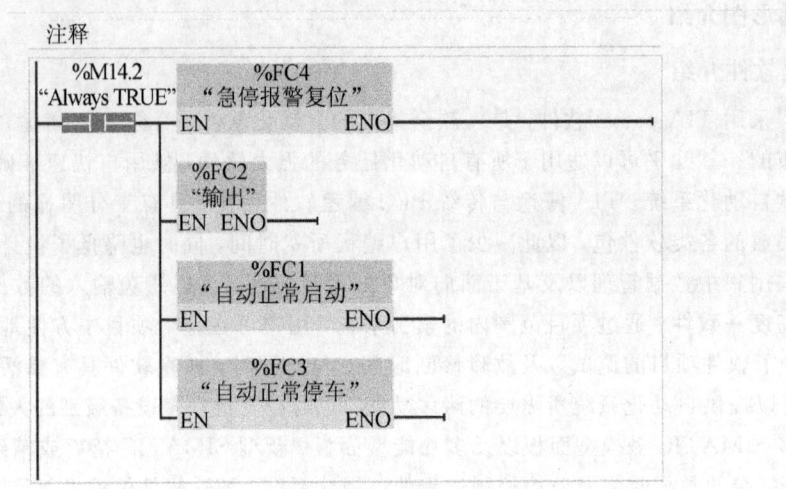

图 4-3　输煤系统主程序

见图 4-4。其中的 I0.3 为自动按钮，I0.1 为自动开车/停车按钮，I0.2 为急停按钮，I1.3 为复位按钮，M20.1 为系统故障标志。

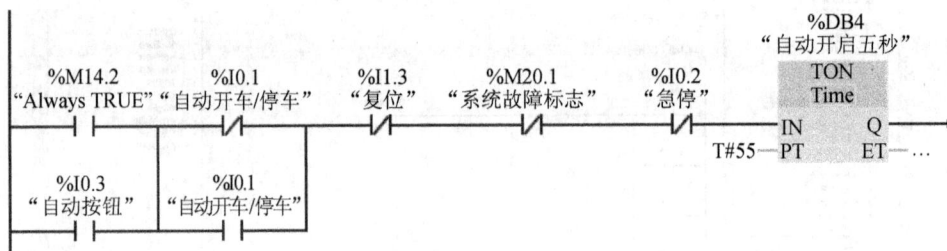

图 4-4　输煤系统自动运行时部分梯形图

（3）输煤系统具有手动控制功能以方便工作人员的维修和调试。输煤系统手动运行时部分梯形图见图 4-5。其中 I0.0 为手动按钮，M1.0 为手动标志。

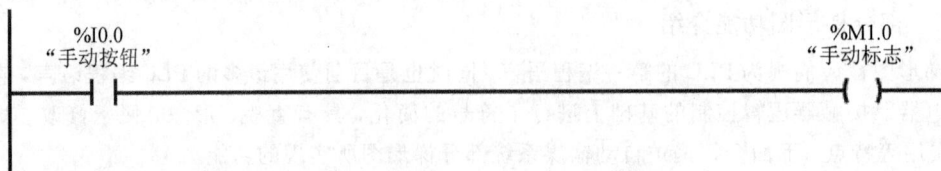

图 4-5　输煤系统手动运行时部分梯形图

（4）在输煤系统设计中，由于破碎机 M3 以及 2 号输煤机 M5 所采用的电动机功率均大于 10 kW，因此需要采用星-三角形降压方式启动。其中，2 号输煤机 M5 启动方式的梯形图见图 4-6。图中 Q2.4 为星形启动，Q2.5 为三角形启动。此外还有启动标志 M10.4、故障标志 M20.1 以及急停按钮 I0.2。计时器 2 为星-三角形启动提供 20 s 的时间，如 M5 在 30 s 内未正常启动，则计时器 2 负责启动异常报警提示。

图 4-6 2 号输煤机星-三角形降压方式启动梯形图

(5) 输煤系统具有正常停止功能,即按顺煤流方向进行停车。其部分梯形图见图 4-7,图中 M11.0 为正式停止标志,M10.0 为 M1 启动标志,I1.3 为复位按钮。

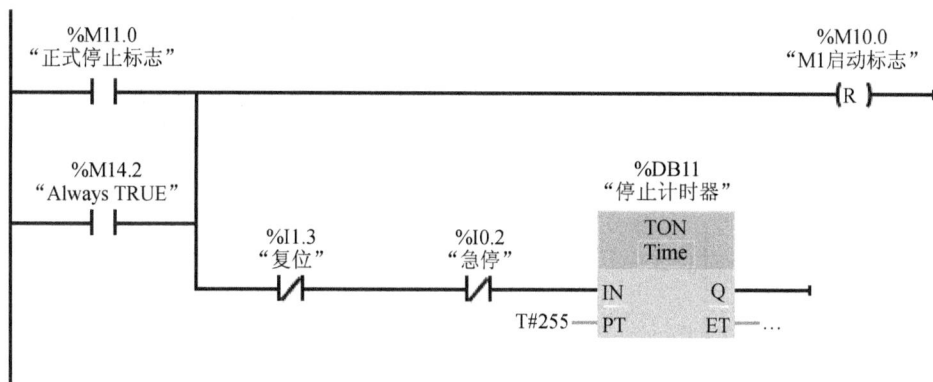

图 4-7 输煤系统正常停止功能部分梯形图

(6) 在输煤系统的设计中具有音响报警的功能,即正常开车、正常停车、出现故障或者需要紧急停车时都会进行报警提示,以保证操作人员及输煤系统各设备的安全。其梯形图见图 4-8,图中 M10.7 为音响提示系统启动标志。当按下紧急停车按钮时,待处理好事故后,输煤系统需要进行复位操作才能恢复运行。

(7) 当输煤系统的各个设备均能正常启动后,计时器开始计时,3 s 后将会接通系统正常运行标志,之后代表输煤系统运行正常的指示灯 HL7 点亮。输煤系统正常启动梯形图见图 4-9。

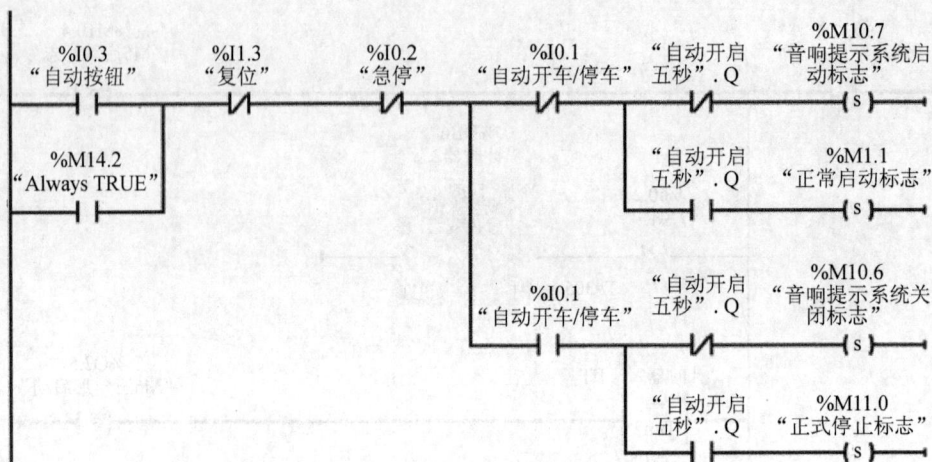

图 4 - 8　输煤系统音响报警功能梯形图

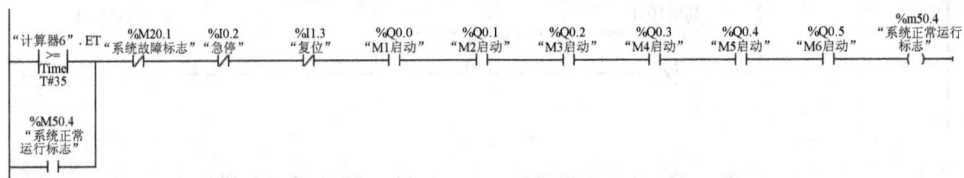

图 4 - 9　输煤系统正常启动梯形图

（8）当输煤系统某个设备发生过载故障时，此时输煤系统全线立即停止运行，与此同时，系统故障指示灯点亮并响铃 20 s 以提醒操作人员。直到排除故障后按复位按钮，输煤系统才恢复正常工作。系统发生过载故障标志梯形图见图 4 - 10，系统发生过载故障动作梯形图见图4 - 11。

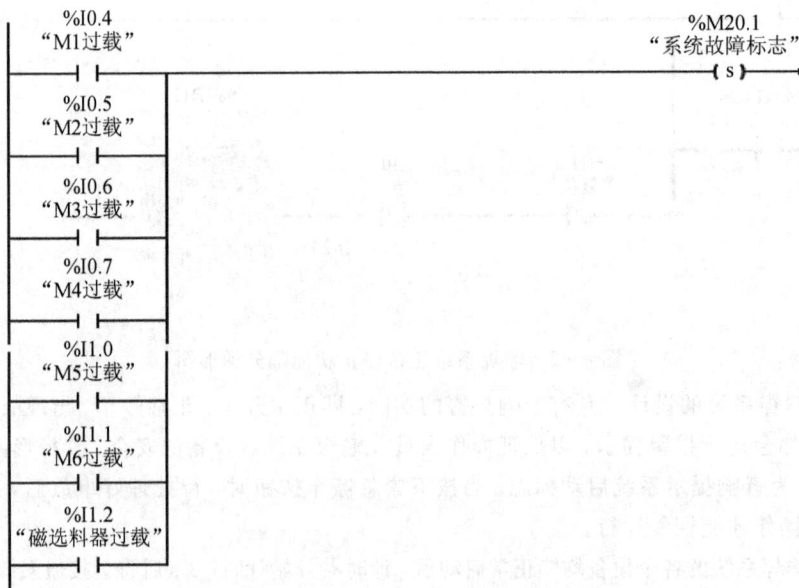

图 4 - 10　输煤系统发生过载故障标志梯形图

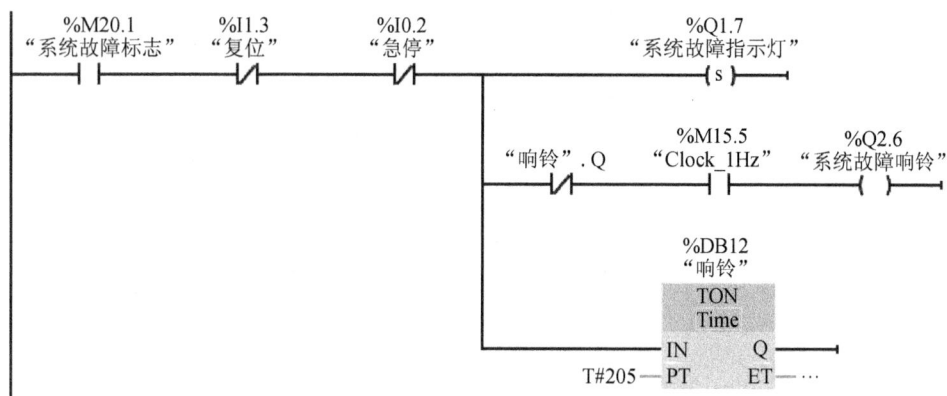

图 4 - 11　输煤系统发生过载故障动作梯形图

4.3　人机界面的设计

人机界面(HMI)是人和计算机两者之间进行信息传递和交换的媒介,是控制系统最为重要的组成部分之一。它以人类能够接受的形式进行信息的转换,因此目前人机界面(HMI)广泛应用于工业控制领域[16]。HMI 可以简单划分为输入和输出两种形式。输入主要是指人对机械或者设备能够进行的操作,如开关、保养维护及下达指令等动作。输出则是指机械设备发送的通知,如警告和操作提示等。

本次输煤系统控制核心的设计采用西门子 S7 - 1200 与步科 MT4620TE 进行通信连接。使用步科触摸屏与西门子系列 PLC 进行通信连接时,无须使用编程语言对人机界面进行编程,只需将 PLC 各输入和输出点一一对应即可。本次设计共有主界面、信号监控界面、报警界面三个界面。当 HMI 处于主界面时可以通过按键进入信号监控界面和报警界面,但是当处于信号监控或者报警界面时,只有先返回主界面,之后才能进入报警界面或者信号监控界面。即信号监控界面与报警界面无法直接互相进入。S7 - 1200 与 MT4620TE 通信连接图见图4 - 12。

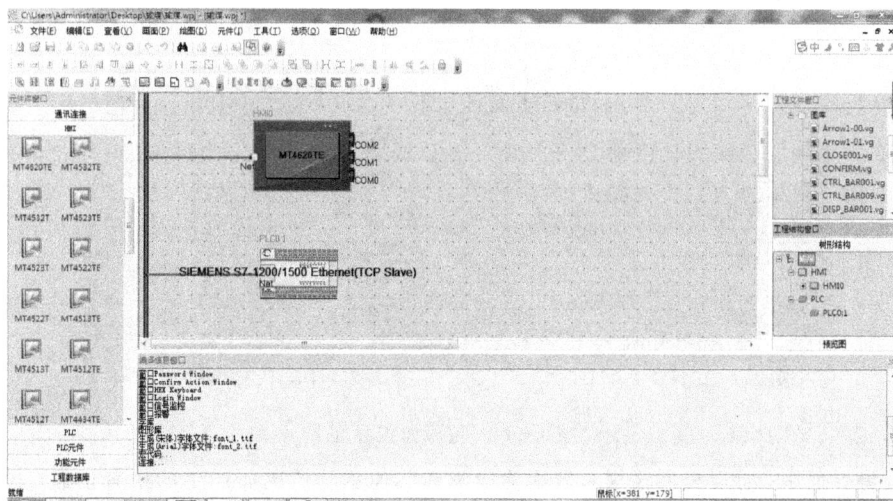

图 4 - 12　S7 - 1200 与 MT4620TE 通信连接图

　　在人机界面主界面中，按下信号监控或报警按键，即可进入对应的信号监控界面或报警界面。主界面具有时间显示功能，以方便操作人员随时了解时间并根据时间大致判断整个输煤系统设备的运行状况。人机界面主界面见图 4 - 13。

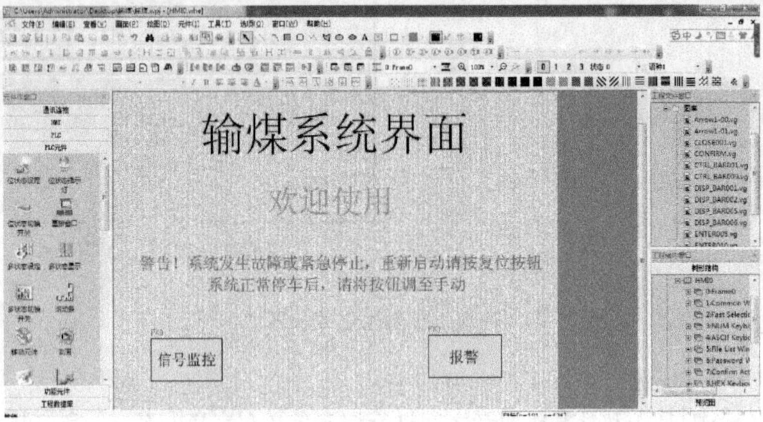

图 4 - 13　人机界面主界面

　　在信号监控界面中，若输煤系统处于自动运行模式且无异常，则当前模式显示为自动模式并且系统正常运行指示灯点亮显示为"on"，系统故障指示灯显示为"off"。当发生故障时，系统故障指示灯显示为"on"，M1～M6 均显示为断电，与之对应的指示灯显示为"off"。若发生紧急情况需要系统立即停止运行时，按下紧急停车按钮，此时紧急停车指示灯显示为"on"。若此时处于手动模式，则可以对输煤系统进行单机运行调试，与之对应的单机指示灯显示为"on"。综上所述，当某设备处于断电状态时，其所对应的指示灯为亮黄色，并且此时将会显示为"off"；当其处于上电状态时，其所对应的指示灯为暗黄色，并且此时将会显示为"on"。信号监控界面见图4 - 14。

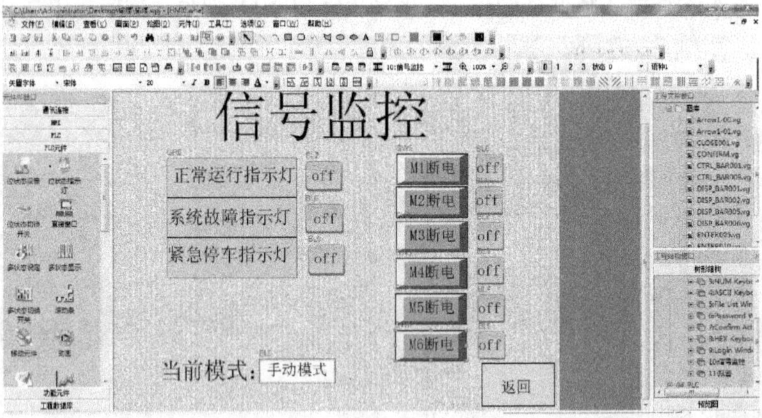

图 4 - 14　信号监控界面

　　在报警界面中，可以查询输煤系统因为故障或其他意外情况而产生的报警信息，操作人员可以据此信息对输煤系统中的各个设备进行定期的调试检查和零部件更换维修。报警界面见图4 - 15。

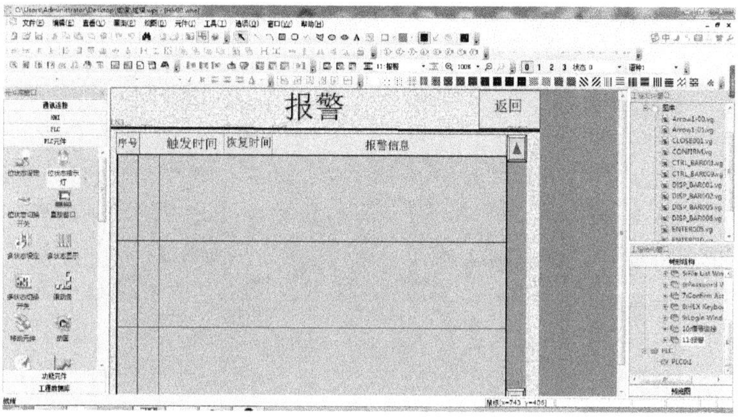

图 4 - 15　报警信息界面

分析

（1）本课题输煤系统软件设计主要是编写 PLC 梯形图。编写梯形图前要对整个系统的功能流程有全面的了解。该生在文中给出了输煤系统顺序功能图，尤为必要。

（2）由于本课题涉及的 PLC 梯形图较多，文中不可能把所有的梯形图都一一列举介绍，采用局部、重要部分重点介绍的方式较合理。

（3）人机界面是控制类型课题的重要组成部分。该生在文中主要完成了人和计算机两者之间的信息传递和交换，并建立了通信连接，内容完整，考虑全面。

（5）本课题实现的相应功能可以通过人机界面相应地展示出来。该生在文中根据功能模块详细介绍每个功能模块的界面，并附图加文字说明，可以使读者一目了然。

节选五：

5.1　梯形图仿真与调试

PLC 指令的仿真模块具有 CPU 及 PIE 的功能。随着计算机应用技术的快速发展，PLC 仿真技术逐渐成为工业自动化生产系统进行诊断分析及系统优化最为有力的工具之一[17]。由于工业生产目前正朝着大型化、高速化及自动化的方向快速发展，因此需要应用大量过程控制设备及重要生产设备。但随之而来的是成本日益增加，且对操作人员的素质要求也越来越高[18]。仿真系统成本低、效率高，并且能够真实反映现场的实际控制状态，因此，在输煤系统安装前进行仿真与调试是十分有必要的。

5.1.1　梯形图仿真

仿真前，需要在博途软件中对梯形图进行编译下载，之后观察在此过程中是否出现错误，若出现错误则需要修改正确后，再启动 CPU 进行在线仿真，最后观察仿真梯形图是否符合要求。本文梯形图程序经反复修改后编译完全正确，并且在线仿真状态符合输煤系统各项要求。具体编译仿真过程见图 5 - 1，下载界面状态见图 5 - 2，CPU 启动界面状态见图 5 - 3。

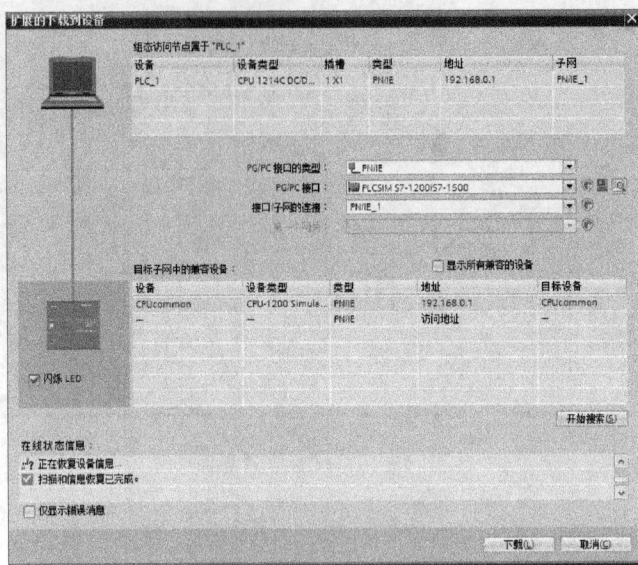

图 5-1 编译仿真过程

图 5-2 下载界面状态

图 5-3 CPU 启动界面状态

（1）仿真后的程序仿真界面如图 5-4 所示。在仿真状态下，可以通过各指令之间连接线及动作电位情况，来判断它们之间是否可以相互接通，以此验证输煤系统的各设备动作是否存在问题。若仿真时需要修改程序，则可以点击"STOP"使 CPU 暂时停止运行后进行修改，修改完毕后点击"RUN"可继续观察仿真状态。

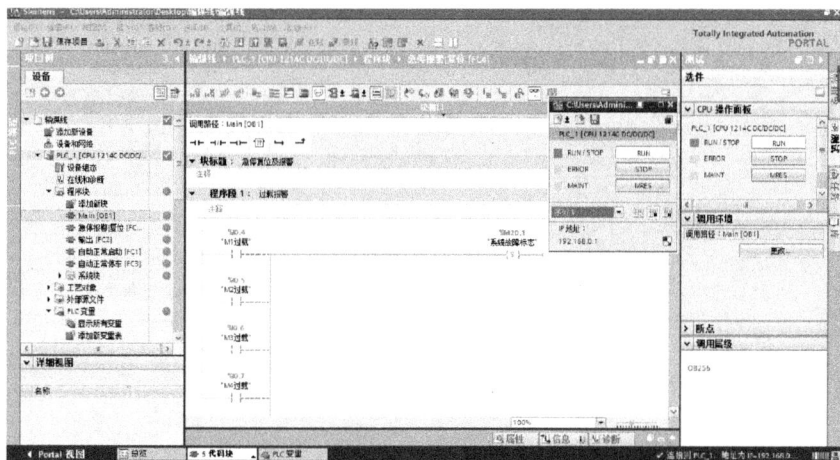

图 5-4　程序仿真界面

（2）在对系统某些模块进行仿真时需要加 M 寄存器并使其处于"Always TRUE"的状态。当按下自动按钮使输煤系统处于自动运行状态时，可以发现表示手动运行的连接线处于断开状态，表示自动运行的连接线处于连接状态，说明此时输煤系统正在进行自动启动，5 秒后系统各设备将依次启动。输煤系统自动运行状态仿真图见图 5-5。

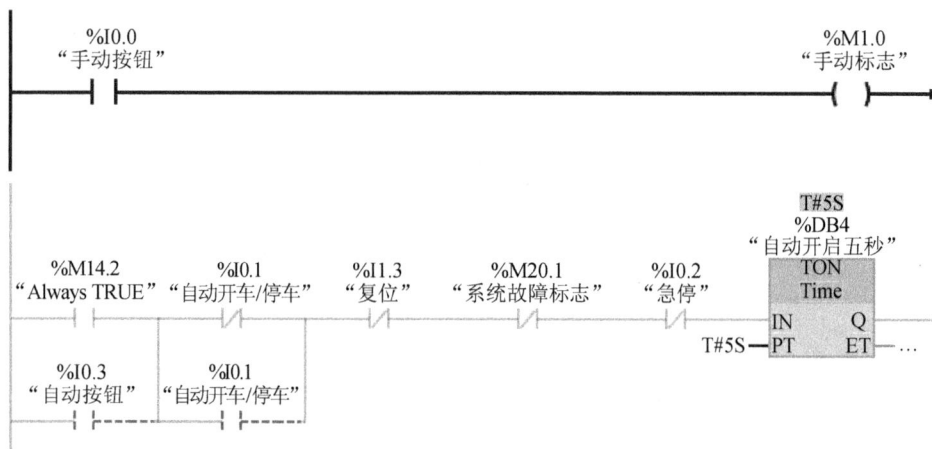

图 5-5　输煤系统自动运行状态仿真图

（3）由于 M3 与 M5 电动机功率较大，因此需要采用星-三角形降压方式启动。本设计将星-三角形降压方式启动时间设为 20 秒，设备启动异常时间设为 30 秒。由 M3 梯形图仿真图可以看出 M3 星形及三角形启动标志被接通点亮并产生置位动作，系统故障标志未被接通点亮，此时输出 M3 启动正常，HL3 点亮。M3 启动状态仿真图见图 5-6。

（4）当计时器计时达到 8 秒之后，M2 启动标志 S 被接通并产生置位动作，此时 M2 开始运

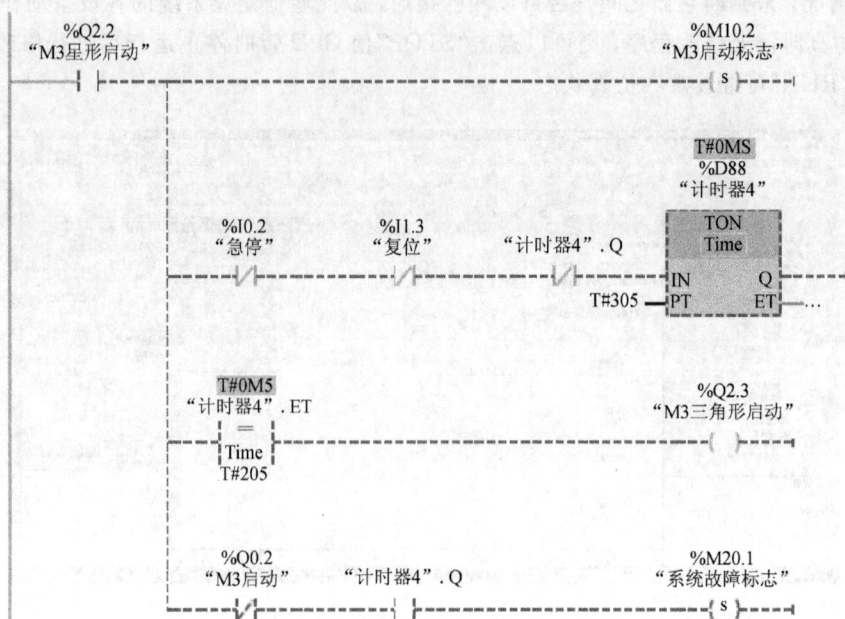

图 5-6　M3 启动状态仿真图

行，代表其运行正常的指示灯 HL2 点亮，系统故障标志处于断开状态。其中，M10.1 表示 M2 启动标志，Q0.1 表示 M2 启动。M2 启动状态仿真图见图 5-7。

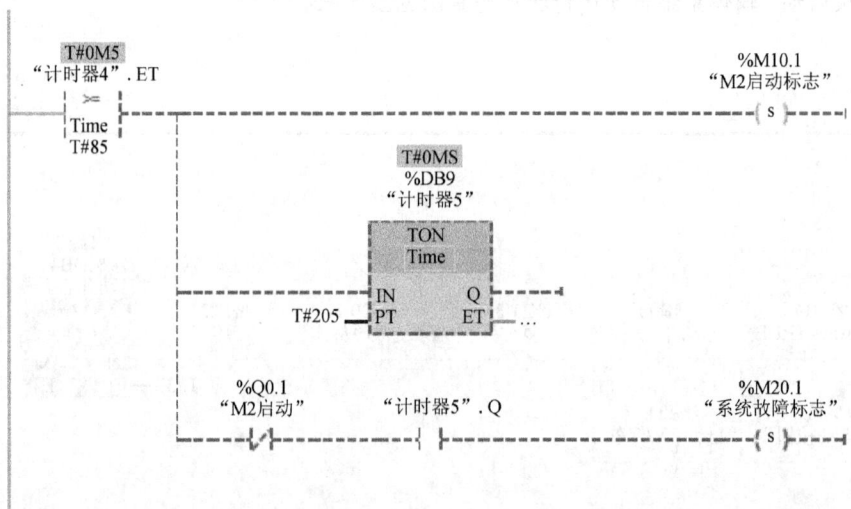

图 5-7　M2 启动状态仿真图

（5）按自动运行按钮后，输煤系统音响提示系统启动标志被接通并产生置位动作。若音响提示系统正常启动，表示其正常启动的标志被接通并产生置位动作。音响提示系统正常启动标志仿真图见图 5-8。

（6）需要停止运行输煤系统时，按下按钮，此时输煤系统各设备按输煤方向顺序依次停止，与之对应的指示灯逐次熄灭。程序中代表各设备的启动标志被接通并产生复位动作，此时各设

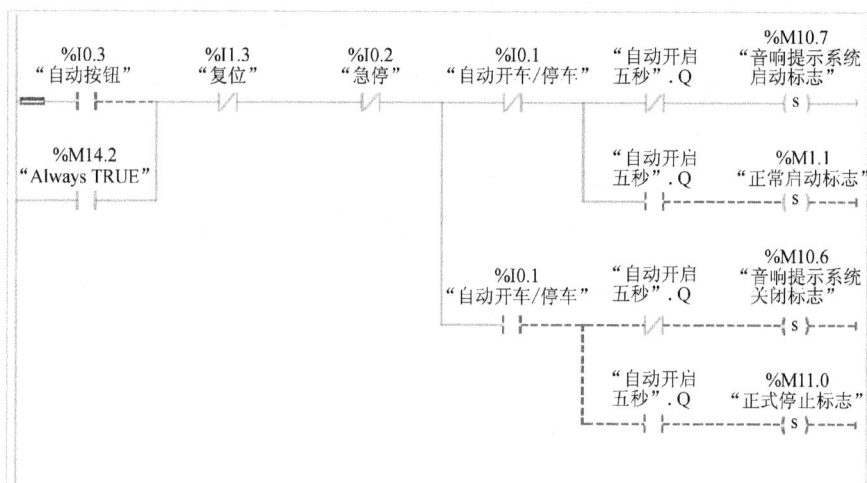

图 5-8 音响提示系统正常启动标志仿真图

备停止运行，各指示灯熄灭。M2 停止运行仿真图见图 5-9。

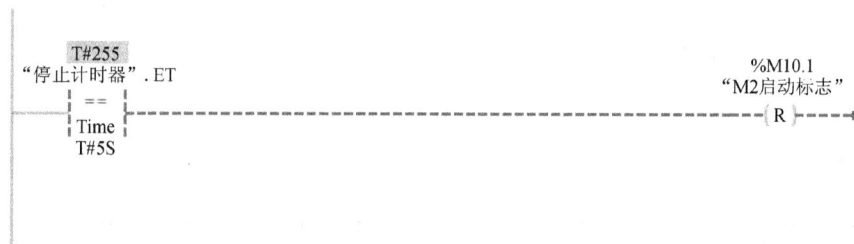

图 5-9 M2 停止运行仿真图

（7）输煤系统的 M3 及 M5 均采用星-三角形降压方式启动。仿真其停止的状态时，启动标志接通并产生复位动作以关闭星形启动及指示灯，若是三角形启动则会直接产生复位动作。M5 停止运行仿真图见图 5-10。

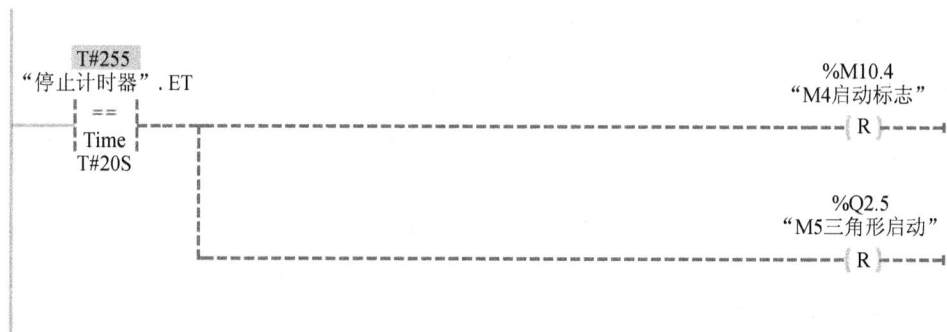

图 5-10 M5 停止运行仿真图

5.1.2 程序调试及修改

在 PLC 编程过程中，需要进行反复仿真以确定梯形图能否达到输煤系统设计要求。调试时，可在 PLCSIM 左侧的项目树下找到变量表，添加自己所需变量表，在该表中可以添加自己所需变量，也可以随时修改及监控这些变量值。

其中，Q 及 M 可通过工具栏上的"启动/禁用非输入修改"按钮来进行修改。本次编程过程经过反复调试修改后，得到的仿真结果如前文 5.1.1 节所述。调试界面见图 5-11。

图 5-11　调试界面

分析

（1）在完成控制系统的硬件设计和软件设计之后，需验证其正确性和可靠性，所以仿真与调试必不可少。同时，利用仿真可以在没有实物的情况下，快速熟悉 PLC 指令和软件操作。

（2）该生仿真所选软件与所选 PLC 编程软件相匹配，亦采用西门子开发的博途软件，首先重点介绍仿真过程中经常出现的情景，然后对仿真流程及状态加以说明，有理有据。

（3）在 PLC 仿真过程中，并不是所有功能模块的编程都能一次运行成功，往往要进行多次调试和仿真才能得出正确结果。该生在文中添加调试内容，使论文内容更加饱满。

5.1.3　案例点评

（1）本课题来自生产实践，选题具有很强的针对性和应用性，不仅开阔了学生眼界，还提升了学生的自我学习能力与实际操作能力。

（2）本论文思路清晰，分为绪论、系统方案设计与论证、系统硬件设计、系统软件设计、仿真与调试以及结论与展望六大部分，总体布局合理，结构完整，逻辑严谨，书面表达规范，图、表质量较好，格式均符合学院论文模板要求。

（3）学生通过独立查阅文献和搜集资料，不仅复习回顾了以前所学专业知识，而且通过大量阅读和学习相关资料扩充了知识面，进而提出了较好的课题设计及实施方案。

（4）本论文围绕《基于 PLC 的锅炉自动输煤控制系统设计》展开设计与实现，采用 PLC（西门子 S7-1200PLC）为核心来控制锅炉的输煤系统，以三相异步电动机作为主要的动力系统，以音响提示系统和指示灯作为主要的安全警示系统，并通过 PLC 编程和人机界面的设计实现来控制电动机的运转与停止、音响及指示灯等提示功能的开启与关闭，使输煤系统可靠有序地运行。

该生对 PLC 方面的知识掌握扎实，并熟练运用博途软件进行编程、调试与仿真。仿真结果表明课题全部任务要求已达到。

（作者：王亚辉；指导教师：杨强）

5.2　电力电子方向

电力电子方向课题是集自动化电学、控制理论与检测于一体的综合性设计课题，主要出现在自动化类专业中，设计全过程一般包括：

（1）系统规划：根据生产和控制要求提出电子系统检测的任务。

（2）方案设计：包括系统总体方案设计、控制系统方案设计、检测系统方案设计和其他辅助系统设计。

（3）技术设计：一般包括硬件部分设计和软件部分设计。其中，硬件设计是对控制系统主电路图、原理图及其他模块的电路原理图等进行设计；软件设计是对各控制模块进行程序设计。

（4）仿真与调试：仿真是在未做出实物前对设计的总体布局及结果试运行，调试是对仿真或实物中软件编程部分出现的错误进行修改。

学生在完成此方向的课题论文时应了解生产实际中控制系统的工作流程，按照上述设计过程完成课题任务要求的部分。一般课题必须包括方案设计、技术设计和仿真与调试。

此方向课题的设计思路一般为：先进行总体方案设计，再进行硬件和软件设计，最后进行仿真与调试。

5.2.1　课题范例

表 5.2 为电力电子方向毕业设计课题范例，以供参考。

表 5.2　电力电子方向毕业设计课题范例

序号	课 题 名 称
1	微电网模拟系统设计
2	电励磁双凸极电机建模与控制研究
3	变流器负载试验中的能量回馈装置设计
4	电容全自动上料及充电装置结构设计
5	双凸极风力发电机系统建模的研究
6	基于配电自动化的智能配变终端系统设计
7	感应加热电源系统仿真研究
8	基于开关电容的三端口变换器研究
9	无桥式 LED 驱动电源研究

序号	课 题 名 称
10	带电力线载波通信的单相费控智能电能表设计
11	三相远程费控智能电能表设计
12	16 kW 高频感应加热电源设计
13	200 W 开关电源设计
14	电动车控制电路设计
15	3 kW 太阳能逆变器设计
16	60 kW 超音频感应加热电源设计
17	电动车控制电路设计
18	电励磁双凸极电机电感三维非线性建模与仿真
19	适用于大功率负载的可控整流电路研究与仿真
20	桥式整流电路逆变工作状态研究与仿真

5.2.2　案例分析

1. 题目

微电网模拟系统设计。

2. 设计任务要求

微电网是一种新型的网络结构,是一组由微电源、负荷、储能系统和控制装置构成的系统单元。本课题以设计一个微电网实验室模拟系统为目的,实现一个由两个三相逆变器等组成的微电网模拟系统,以达到模拟实际微电网的情况。该课题涉及单片机技术、通信技术、电工技术等,适合自动化专业的学生作为毕业设计课题。设计任务的具体要求如下:

(1) 闭合 S 仅用逆变器 1 向负载提供三相对称交流电。负载线电流有效值 I_0 为 2 A 时,线电压有效值 U_0 为 24 V±0.2 V,频率 f 为 50 Hz±0.2 Hz。

(2) 在(1)的工作条件下,交流母线电压总谐波畸变率(THD)不大于 3%。

(3) 在(1)的工作条件下,逆变器 1 的效率 η 不低于 87%。

(4) 逆变器 1 给负载供电,负载线电流有效值 I_0 为 0~2 A 时,负载调整率 $SI_1 \leqslant 0.3\%$。

(5) 完成实物的制作。

3. 摘要与关键词

摘要:本设计分析了微电网的研究内容及意义、国内外微电网的发展现状和微电网技术的应用前景,以发展微电网技术为切入点,利用电力电子器件、计算机软件技术、单片机技术等来设计一个微电网的模拟实验系统。

设计的微电网实验模拟系统由两个三相逆变器组成,以 STC15F2K60S2 单片机为核心,通过滤波电路、电压电流检测电路进行 ADC 的数据采样,进而控制单片机的三路 PWM。利用自然数查表法产生 SPWM 脉冲信号,该信号通过采用双极性调制方案的全桥驱动电路后,再通过三相全桥逆变电路把频率相同的直流电转变成交流电,输出的交流电需经过 LC 低通滤波器,从而实现了在三相对称 Y 连接的电阻负载上得到稳定的正弦波交流电的功能。设计的微电网实验模拟系统还可以通过按键设置来控制微电网系统中两个逆变器的并网操作或独立运行。该系统具有操作容易、维护简单、造价便宜等优点，易于推广。

通过双通道示波器测量微电网系统的输出电流、输出电压和频率，满足负载线电流、线电压以及工频的相关要求；通过功率分析仪测量的实验数据，满足交流母线电压总谐波畸变率少于 3%、逆变器的运行效率超过 87% 以及负载调整率小于 0.3% 的要求。

关键词：微电网；三相；双极性调制；SPWM 逆变器

4. 目录

5. 正文

节选一:

2.1 系统总体设计方案

本系统采用以自上而下的设计方法。首先将系统拆分成几个功能模块进行论证分析;其次进行计算、建模分析(这里分为两个部分:第一部分是硬件设计部分,计算出电路元器件的数值,通过仿真软件进行相关的核心功能模块的建模分析,以计算的参考值进行相关调整;第二部分是软件设计部分,查找资料,了解相关的元器件和硬件引脚说明,以流程图的形式进行梳理、编程,通过仿真软件进行核心系统的程序的运行、调试);然后在硬、软件系统设计结束后,进行电路板的制作、焊接、烧写程序、调试、运行;最后进行系统的测试和分析。

如图 2-1 所示,微电网实验室模拟系统是由直流电源、三相逆变器、开关、三相负载等组成的,这些设备主要通过控制芯片、电力电子器件等构成。该系统以直流电源作为供电部分,输出直流电,经整流电路将电路中波动的交流量转换成单方向的直流量,利用电感、电容等滤波电路滤除直流脉动电压中的交流成分,经稳压电路使直流输出电压保持稳定。三相逆变

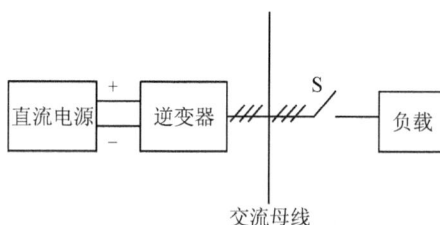

图 2-1 系统结构示意图

器用于将交流侧直接和负载连接,其输出的电压、频率与输入的交流电源无关,这是正弦波逆变电路的核心。开关用于控制逆变器的工作状态。

2.2 技术方案分析比较

2.2.1 三相全桥逆变模块

1. 控制系统方案的选择

方案 1:基于单片机的三相 SPWM 逆变器。该控制系统使用了单片机最小系统(即晶振、电源、复位电路、CPU,同时包含显示、矩阵键盘、A/D、D/A 等模块),能明显简化外围电路的设计,降低系统设计的难度[9]。利用带有 3 路 PWM 输出模块的单片机作为控制系统,即可产生 SPWM 脉冲信号。SPWM 信号驱动逆变电路进行逆变,再经电感、电容进行滤波,可实现完整的正弦波交流输出。其逆变过程不受外部环境干扰,稳定性好。

方案 2:基于 DSP 控制的三相逆变器。该控制系统主要由时钟电路、供电电路和 JTAG 仿真电路组成,具有先进的内部结构和丰富的外设功能。其中 PWM 产生单元可以直接产生脉宽调制波来驱动逆变桥,简化了系统设计[10]。该控制系统利用 3 个相互独立的单相逆变器模块,以及分别与 3 个单相逆变器模块相连的 DSP 控制模块和工频升压变压器,将直流电逆变成交流电。该系统在复杂的控制场合中应用较广泛。

与方案 1 相比,基于 DSP 控制的三相逆变桥的频率范围有限,易受干扰,处理模块较多,不便于系统调制,且造价相对来说昂贵一些。综上考虑,选择方案 1。

2. 系统控制芯片的选择

方案 1:STC15F2K60S2 芯片。STC15F2K60S2 芯片具有 3 个 PWM 控制输出模块、4 个中断,能使用程序控制波形占空比、频率及相位波形,可以满足本设计系统的驱动逆变和对整个

系统功能的控制。不用外接晶振电路和复位电路,这样做可以节省电路板的空间,并且重量轻,集成度高。

方案2:EG8030芯片。EG8030是一款三相纯正弦波逆变发生器芯片,能产生高精度的三相SPWM信号,并具备完善的采样机构,它采用CMOS工艺,以+5 V单电源供电[11],在本设计中还要对其加入运行控制模式。EG8030芯片功能多样,单板集成度高,但是使用时较为复杂,发生故障时维护运行不易,成本相对较贵。

综上考虑,选用方案1,以简化电路模块,只用一块芯片能集成控制系统的设计。

2.2.2　全桥驱动、逆变模块的选择

1. 驱动、逆变全桥的选择

方案1:IR2104+IRF540的MOS驱动全桥模块。该模块不能持续为高电平,需采用占空比为3%的PWM,驱动能力强,效率高。

方案2:IR2110+UCC25600的驱动全桥模块。该模块适用于大功率的场合,频率范围取决于主电路设计,输出范围窄,适用于定电压或者电压调整范围不大的场合。

综合考虑,方案1比较适合,其原因是:一方面方案1驱动能力强,价格合适,能满足实验要求;另一方面,方案2桥臂难以设计,调频范围小。

2. 逆变器调压方法的选择

方案1:可控整流器调压。该方案通过可控整流器来改变负载的阻值,进而调节逆变器的输出电压。

方案2:直流斩波器调压。该方案由于逆变器的电源侧功率较高,因此在直流环节使用不可控整流器通过直流斩波器来调节电压。

方案3:逆变器自身调压。该方案使用不可控整流器和逆变器附带的电子开关进行斩波控制,从而得到脉冲列,通过改变输出电压脉冲列的脉冲宽度来调节输出电压,这称为脉宽调制(PWM)。其中,双极性PWM控制模式采用的是正负交变的双极性三角载波 u_t 与调制波 u_r,如图2-2所示。通过比较 u_t 与 u_r 可直接得到双极性PWM脉冲,而不需要倒相电路。

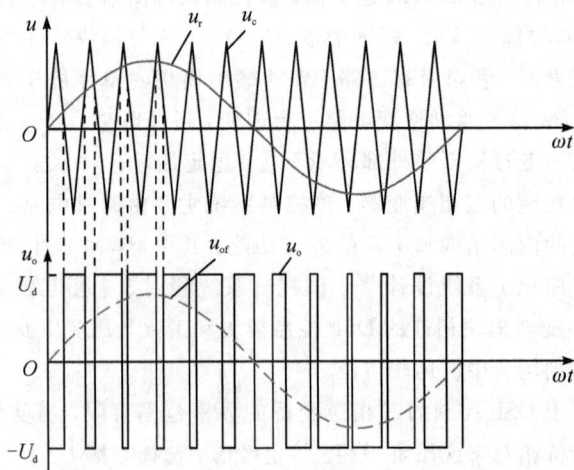

图2.2　双极性PWM原理

与方案3相比,方案1和方案2得到的三相SPWM信号不稳定,精确度不高,会给实验结

果带来人为误差。方案 3 中,载波用三角波代替,正弦波为信号波,脉宽调制将输出波 u_r 和载波 u_c 进行比较、调制、合成,形成比较稳定的 SPWM 信号。在信号波和载波的一个周期内,u_r 在 u_d 和 $-u_d$ 之间变化。各开关的通断在这两种波的交点时刻进行改变。采用等面积法可得到稳定的 SPWM 信号。

2.2.3　硬件滤波模块

方案 1:电流型逆变器使用大电感进行滤波,电感滤波电路的输入电流小,阻抗大,负载电流较大。

方案 2:电压型逆变器使用大电容进行滤波,电容滤波电路的输入电压小,阻抗小,负载电流较小。

综合考虑,使用方案 1。实验室模拟系统中采用电流型逆变器,利用三个大电感进行 LC 滤波,滤除高次谐波,能够得到较平稳的电流和电压。为了更好地进行滤波,需使用符合电压等级的电容。

2.2.4　电压电流检测、ADC 模块

检测采样电路的内容包括三部分:参考电压(参考电流)、采样电路和比较器。对于电压、电流值的比较,在本设计中有两种选择方案。

方案 1:运算放大器。该方案采用双晶体管推挽输出,可用于线性放大电路,也可用于反馈电路或者开环电路。

方案 2:比较器。该方案仅有一只晶体管,基极连接输入端,集电极连接一个从正电源端到输出端的上拉电阻,发射极接地。比较器的转换速率高、延时短,可用作高速开关。

综合考虑,选择方案 1。运算放大器和比较器两者都可用于信号电压和信号电流的比较,区别在于比较器没有频率补偿功能,故运算放大器在反馈电路、过流保护、采样放大中用途更大。

2.2.5　逆变器切换继电器模块

继电器常用于控制电路,其电流小,没有灭弧装置,一般由电磁线圈、铁芯、触点和复位弹簧组成[12]。在应用中用于切换逆变器的工作状态,是为了进一步拓展实验室模拟系统而进行的发挥部分,本模块采用两台逆变器来切换工作状态。当两个逆变器同时工作时,通过单片机实现同一信号控制两台逆变器。

方案 1:SMI - 12VDC - SL - 2C 8 脚继电器。该方案的输入电流小,可通过小电流去控制大电流,是一种自动调节、安全保护、转换电流的"自动开关"。

方案 2:JZC - 3F T73/SRD 5 脚继电器。该方案中,T73 继电器用途广泛、价格便宜,其负载可达 10A/250V AC、最大切断电流为 15 A,可主要用于智能控制、家电控制。

综合考虑,选择方案 1。因为 T37 继电器的引脚不符合三相 SPWM 逆变器的要求,容易缺相,而 8 脚继电器可以控制三相 SPWM 逆变器,运行方便,调节快速。

2.3　系统总体方案分析

综合以上分析论证,本系统采用基于 STC15F 单片机的三相 SPWM 逆变器。单片机通过自然数查表法控制三路 PWM 模块,采用双极性 PWM 调制方案,输出 3 个零序、相位差为 120°的 SPWM 脉冲波作为输入信号,该输入信号用来驱动三相全桥逆变电路。该系统采用三相全桥逆变电路,其输出电压及频率的大小由单片机的 PWM 模块控制调节,输出的交流信号经 LC 低通滤波电路进行硬件滤波,最终在负载上得到稳定的正弦波交流信号。系统结构框图如图 2-3

所示，整个系统无论是结构还是性能都能满足课题要求。

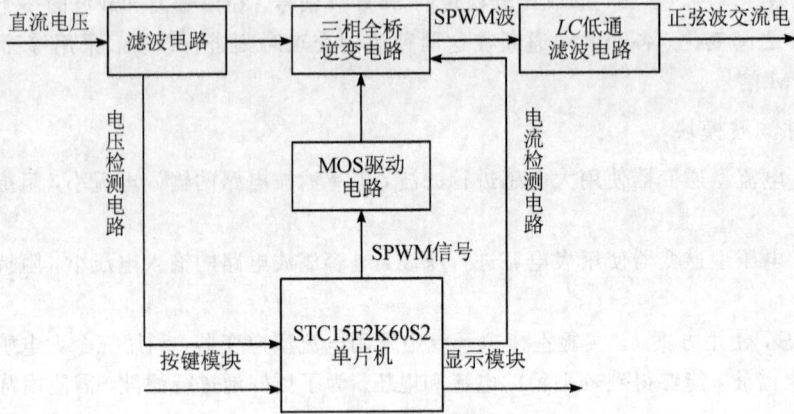

图 2-3　系统结构框图

分析

（1）该生把整个系统设计分为几个模块，并对每个模块采用多个方案进行对比分析，提出优点与不足，最后综合选取，对问题考虑到位。

（2）系统总体方案清晰合理，并配以系统结构图加文字说明，使读者一目了然。

节选二：

根据图3-1所示的系统模块图进行系统硬件的综合分析和设计，实现控制功能的是控制模块、驱动模块、逆变模块、滤波模块、逆变电路模块，实现基础功能的是供电模块、电压/电流检测电路模块、采样电路模块、显示电路模块。

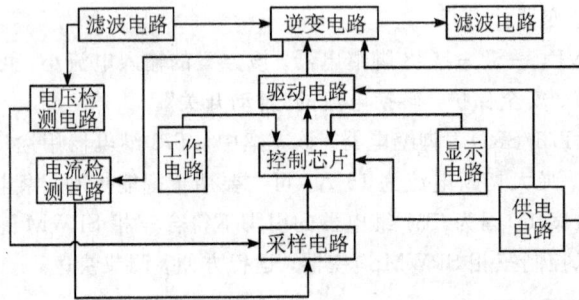

图 3-1　系统模块图

3.1　控制模块

3.1.1　控制芯片

STC15F2K60S2 是一款高速、高可靠、低能耗并且具有超强抗干扰能力的新一代 8051 单时钟周期芯片，其速度比普通 8051 快 8～12 倍[12]，工作电压一般为 3.8～5.5 V，指令代码与传统的 8051 完全兼容，内部集成高精度 R/C 时钟，设置范围为 5～35 MHz，使用的晶振可以是 12MHz、24MHz。

STC15F2K60S2 拥有 60KB 的 Flash 存储空间、2048B 的 RAM、2KB 节的 SRAM、1KB 的 EEPROM 存储空间、3 路 PWM 发生器、4 个中断[13]。STC15F2K60S2 进行工作时采用其配套的烧写软件 STC - ISP。STC - ISP 在烧写程序时选择外部晶体或时钟和设置复位引脚。STC15F2K60S2 单片机控制硬件 PWM 模块生成 SPWM 脉冲信号，该信号通过双极性调制方案驱动三相全桥逆变电路，最后经滤波电路在负载上得到稳定的正弦交流信号。

STC15F2K60S2 的引脚图如图 3 - 2 所示，采用 DIP - 40 封装，便于设计和焊接。STC15F2K60S2 是一种集成了 CPU、时钟电路、存储器系统、I/O 接口、定时/计数器及中断系统等的微型处理器。

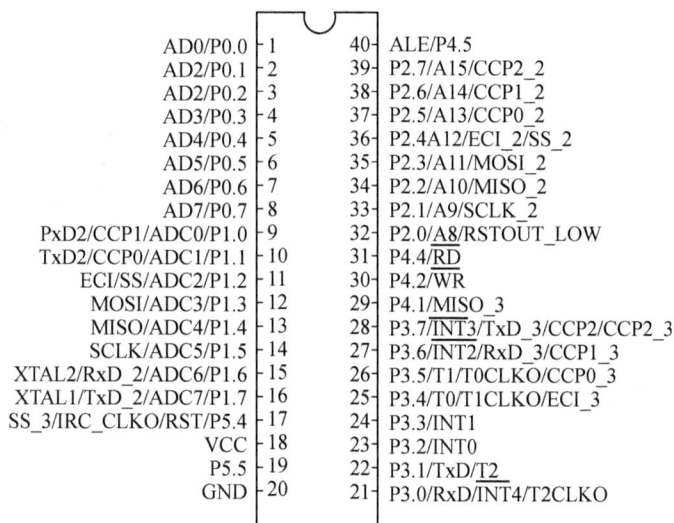

```
AD0/P0.0          1    40   ALE/P4.5
AD2/P0.1          2    39   P2.7/A15/CCP2_2
AD2/P0.2          3    38   P2.6/A14/CCP1_2
AD3/P0.3          4    37   P2.5/A13/CCP0_2
AD4/P0.4          5    36   P2.4A12/ECI_2/SS_2
AD5/P0.5          6    35   P2.3/A11/MOSI_2
AD6/P0.6          7    34   P2.2/A10/MISO_2
AD7/P0.7          8    33   P2.1/A9/SCLK_2
PxD2/CCP1/ADC0/P1.0    9    32   P2.0/A8/RSTOUT_LOW
TxD2/CCP0/ADC1/P1.1   10    31   P4.4/RD
ECI/SS/ADC2/P1.2      11    30   P4.2/WR
MOSI/ADC3/P1.3        12    29   P4.1/MISO_3
MISO/ADC4/P1.4        13    28   P3.7/INT3/TxD_3/CCP2/CCP2_3
SCLK/ADC5/P1.5        14    27   P3.6/INT2/RxD_3/CCP1_3
XTAL2/RxD_2/ADC6/P1.6 15    26   P3.5/T1/T0CLKO/CCP0_3
XTAL1/TxD_2/ADC7/P1.7 16    25   P3.4/T0/T1CLKO/ECI_3
SS_3/IRC_CLKO/RST/P5.4 17   24   P3.3/INT1
VCC                  18    23   P3.2/INT0
P5.5                 19    22   P3.1/TxD/T2
GND                  20    21   P3.0/RxD/INT4/T2CLKO
```

图 3 - 2　STC15F2K60S2 引脚图

主要引脚的功能如表 3 - 1 所示。

表 3 - 1　主要引脚功能表

引脚	名称	引脚功能描述
电源引脚	VCC	一般接电源的 +5 V
	GND	接电源地
外接晶体引脚	XTAL1	使用外部晶体振荡器时钟
	XTAL2	使用内部 RC 振荡器时钟
控制和复位引脚	ALE	锁存地址的低位字节
	RST	上电复位

引脚	名称	引脚功能描述
输入/输出引脚	P0 口：P0.0～P0.7	用作数据总线、地址总线的低 8 位
	P1 口：P1.0～P1.7	用于 ADC 转换、捕获/比较/脉宽调制、SPI 通信等
	P2 口：P2.0～2.7	用作地址总线的高 8 位、备用端口 SPI，或用于捕获/比较/脉宽调制
	P3 口：P3.0～P3.7	用于外部中断、计数器输入、时钟输出、读写控制等
	P4 口：P4.2，P4.4，P4.5	用于配置 SPI 通信线、捕获/比较/脉宽调制，或用作第二串口线
	P5 口：P5.4，P5.5	用作复位脚、可调频率

3.1.2　显示电路

LCD 1602 是一种可以同时显示 16×2 即 32 个字符（显示字符和数字）的工业字符型液晶。LCD 1602 液晶的工作原理是：在有电显示的情况下，利用液晶的物理特性通过电压对其显示区域进行控制，这样就可以显示出数据或图形。液晶显示模块具有体积小、功耗低、显示内容丰富、超薄轻巧等优点；内部控制器为 HD44780 芯片，采用单＋5 V 电源供电，外围电路配置简单；价格便宜，具有很高的性价比[14]。图 3-3 是 LCD1602 的引脚图。

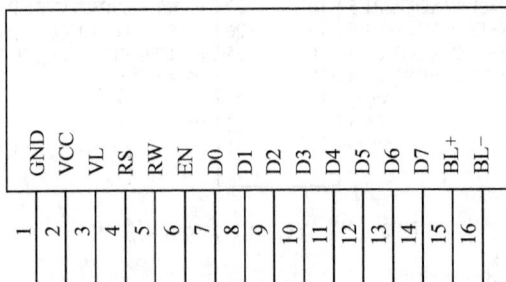

图 3-3　LCD 1602 的引脚图

主要引脚的功能如表 3-2 所示。

表 3-2　主要引脚的功能表

引脚	名称	引脚功能描述
电源引脚	VCC	5V 电源正极
	GND	电源地
功能引脚	RS	1 表示数据寄存器，0 表示指令寄存器
	RW	1 表示读操作，0 表示写操作
	EN	1 表示读取信息，0 表示执行负跳变
数据引脚	D0～D7	8 位双向数据端
背光控制引脚	BL＋	背光正极
	BL－	背光负极

　　显示电路主要用来显示输出电流、输出电压的大小，通过采样电路、电流/电压检测电路来进行实时反馈，以及通过单片机进行控制调节。D0～D7 与单片机的数据接口 P0_0～P0_7 相连接，RW 用于读写操作，在运行程序时，设置 EN、RS 来执行指令。图 3-4 为显示电路。

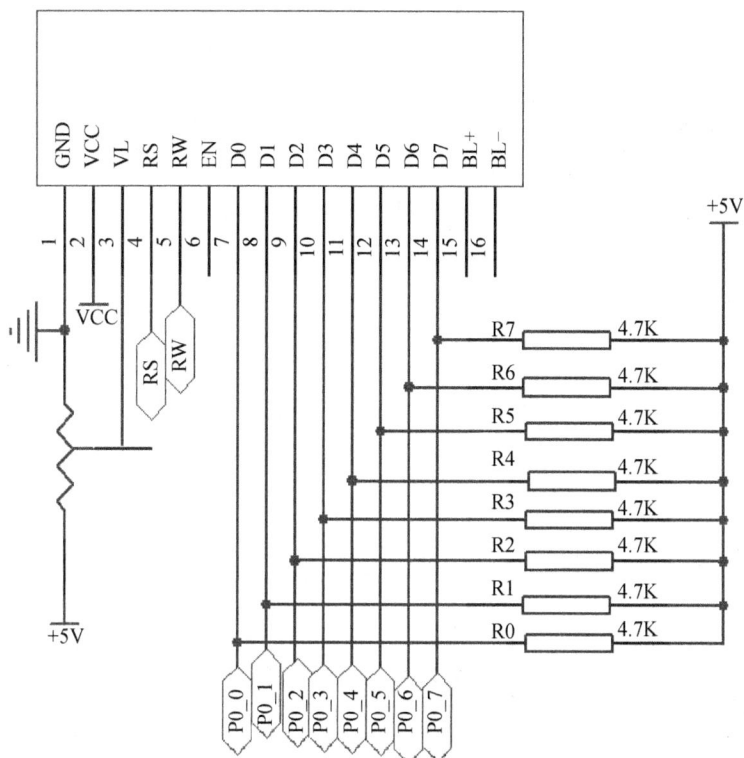

图 3-4　显示电路

3.1.3　电源电路

　　集成稳压器 7805、7812 的 1 脚接电源正极作为输入，2 脚接电源负极，3 脚接电源正极作为输出，输出为 5 V、12 V。7812 的电流为 35 mA 时利用散热片散热，其输出电压大于 37 V 时会停止输出。

　　为实现负载的输出线电压 U_L 为 24 V，根据线电压与相电压的关系，$U_L = \sqrt{3}U_P$，供电电压为

$$U_{供} = 3U_P = 3 \times \frac{24}{\sqrt{3}} \approx 41.568 \text{ V} \tag{3-1}$$

即必须保证供电电压至少为 41.568 V，直流电源供电端才能输出 42 V。

　　电源电路如图 3-5 所示，输出的直流电压为 42 V，为 SPWM 逆变器的供电端；7812 的 3 脚输出电压为全桥驱动电路的供电端；7805 的 3 脚输出电压为单片机 STC15F2K60S2 的供电端。

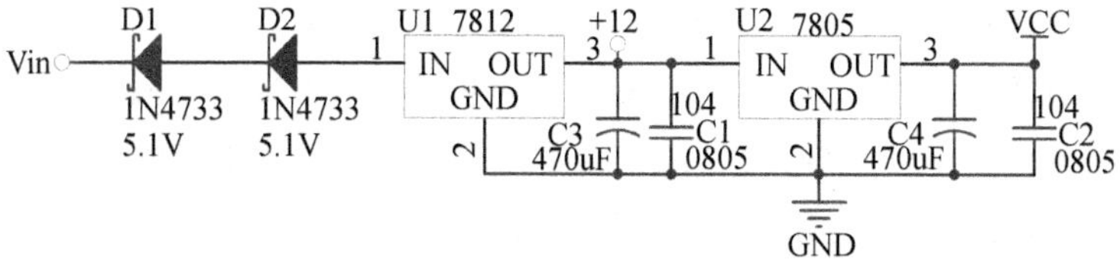

图 3-5　电源电路图

3.2　全桥驱动模块

3.2.1　驱动器件

IR2104 既是高压、高速功率绝缘栅型场效应管（Power MOSFET），又是双极型晶体管（IGBT）的带高、低端参考输出通道的驱动器件，采用浮动通道技术驱动 N 沟道功率 MOSFET 或 IGBT 高压侧，可在 $10 \sim 600$ V 电压下工作。

在不使用 CMOS 技术的情况下，要实现增强型结构，可以使用高压集成电路和锁存器专用技术进行逻辑输入。其逻辑输入可与标准 CMOS 或 ISTTL 输入相一致，最小电压为 3.3 V，其输出驱动特性为使用一个高脉冲电流缓冲级设计来达到最小的跨导值。

IR2104 封装主要采用 8 脚 PDIP，IR2104S 封装主要采用 8 脚 SOIC。IR2104 引脚图如图 3-6 所示。

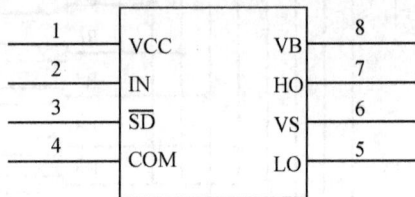

图 3-6　IR2104 引脚图

IR2104 主要引脚的功能如表 3-3 所示。

表 3-3　**IR2104 主要引脚的功能表**

引脚	名称	引脚功能描述
电源引脚	VCC	低端和逻辑定值供电
	VB	高端浮动供电
	VS	高端浮动供电回路
输入/输出引脚	IN	输入电压
	HO	高端门驱动输出
	LO	低端门驱动输出
功能引脚	SD	关断逻辑输入
	COM	低端回路

3.2.2　全桥驱动电路

本系统的全桥驱动电路采用 IR2104 作为驱动芯片，上电时电源通过开关二极管 D5、D6、D7 向 1 μF 的电容（C11、C12、C13）充电，电容上的端电压很快升高接近 VCC，进而 IRF540 逆变器的 Q4、Q5、Q6 导通，电容 C11、C12、C13 的负极被拉低形成充电回路。当 PWM 波形翻转时，IRF540 逆变器的 Q4、Q5、Q6 截止，IRF540 逆变器的 Q1、Q2、Q3 导通，电容 C11、C12、C13 的负极电位被抬高至接近电源电压＋12V，而电容 C11、C12、C13 的正极电位超过 VCC 电源电压，向芯片内部的高压侧悬浮驱动电路供电，通过电阻（R18 与 R15、R19 与 R16、R20 与

R17)与单片机的控制端口 P3_2～P3_7 进行连接，从而进行相关的指令控制。全桥驱动电路如图3-7所示。

图 3-7 全桥驱动电路

3.3 全桥逆变模块

3.3.1 逆变器件

IRF540 是 N 通道增强型场效应功率晶体管，以 SOT78（TO220AB）沟渠工艺封装为主，在开关电源、DC-CD 转换器、电视及电脑显示器电源等方面应用较广。其特性包括：导通电阻大，导通内阻的制造工艺简单，热稳定性好，节能性能好；满足快速开关的参数：$V_{DSS}=100\ V$，$I_D=23\ V$，$R_{DS}\leqslant77\ m\Omega$。图3-8 所示为IRF540 的结构。

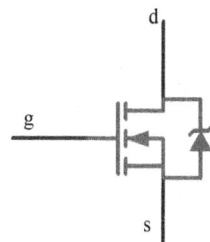

IRF540 主要引脚的功能如表 3-4 所示。

图 3-8 IRF540 场效应管的结构

表 3-4 IRF540 主要引脚的功能表

引脚名称	引脚功能描述
Gate	门极
Drian	栅极
Source	源极

3.3.2 全桥逆变电路

桥式逆变电路共有三组逆变器电路，每组逆变器电路由两个三极管构成，其中一个三极管可对正极导通实现上拉，另一个三极管可对负极导通实现下拉，在同一个电路中，两者总保持相反的输出，这样能使负载的极性在单电源的情形下倒过来。由于加上负载的连接会得出 H 的字样，故而称为 H 桥。三相全桥逆变电路通过单片机三路输出的 PWM 波经过驱动电路、逆变电路以双极性调制的方法和滤波电路得出三相信号的正弦波波形，分别是 A 相、B 相和 C 相。

以 IR2104 驱动全桥逆变电路时，Q1～Q6 是逆变桥 IRF540 的 MOSFET 管，以 Q1～Q3 正极导通为例，其工作原理是：输入电压经过滤波后，送到桥式逆变电路，通过 SPWM 驱动后分别输送至 Q1、Q2、Q3 三个桥臂，经过逆变后再通过 IR2104 送到输出端，即可得到频率一定的正弦波。图 3-9 所示为全桥逆变电路。

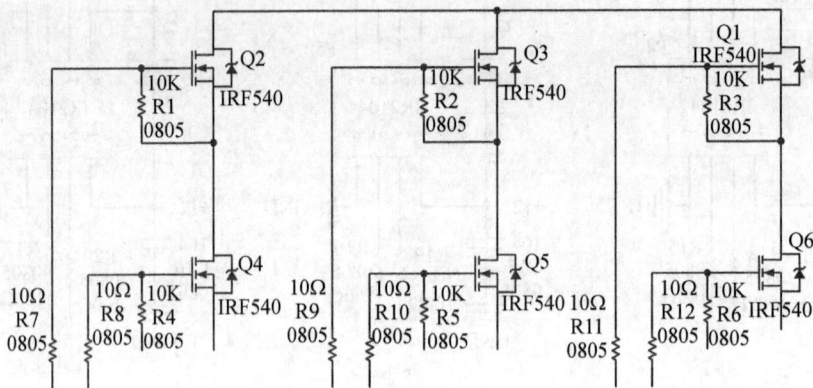

图 3-9　全桥逆变电路

3.4　硬件滤波电路

3.4.1　电容滤波电路

三相输出的参考点：经两个电容并联构成的滤波电路，得到输入电压的一半作为中点电位。

$$T = RC, \quad T = \frac{1}{f}, \quad C = \frac{1}{fR} \tag{3-2}$$

式(3-2)表明了电容与电阻、频率成反比的关系。当工频为 50 Hz 时，可根据电阻值来确定电容值，$RC = (3 \sim 5) \times \frac{T}{2}$，其中 R 是等效电阻，$T = \frac{1}{f} = 0.02$ s，取系数为 4，则 $RC = 2T = 0.04$，所以 $C = 0.04/R$，取等效电阻 $R = 40$ Ω，得 $C = 1000$ μF。图 3-10 所示为电容滤波电路。

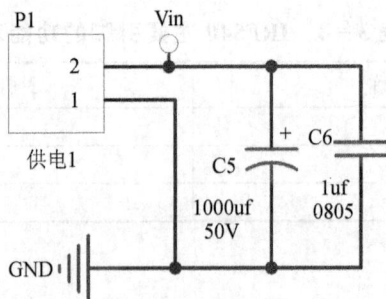

图 3-10　电容滤波电路

3.4.2　大电感滤波电路

利用大电感、电容并联进行高次滤波，可输出较稳定的正弦波。因

$$U = I \times X_{\mathrm{L}}, \quad X_{\mathrm{L}} = 2\pi f L \tag{3-3}$$

故

$$L = \frac{U}{2\pi f I}$$

式(3-3)表明了电感与输出电压、输出电流的关系。取 $f = 50$ Hz，根据 $U_{\mathrm{O}} = 20$ V，$I = 2$ V，输出电压 $U = 20$ V $\times 1.414 = 28$ V，$L_{总} = 3L \approx 4.5$ mH，故得 $L = 14.9$ mH。

图 3-11 所示为大电感滤波电路。

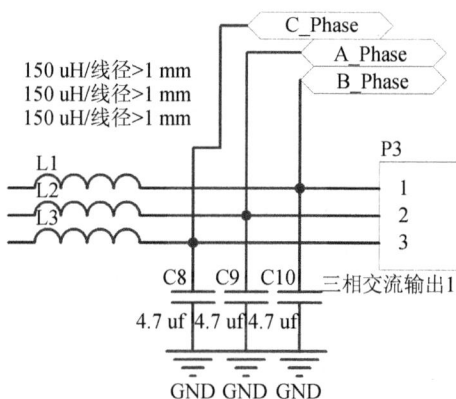

图 3-11　大电感滤波电路

3.5　数字锁相电路

数字锁相电路(PLL)采用闭环跟踪系统，能跟踪输入信号的相位和频率，以及在同步状态(又称锁定状态)下，能保证输出信号和参考信号之间的相位差最小。频率设置是由单片机的内部程序确定的。采用数字锁相技术可以减小两个逆变器同时工作的相位差及锁定频率。图 3-12 为数字锁相电路。

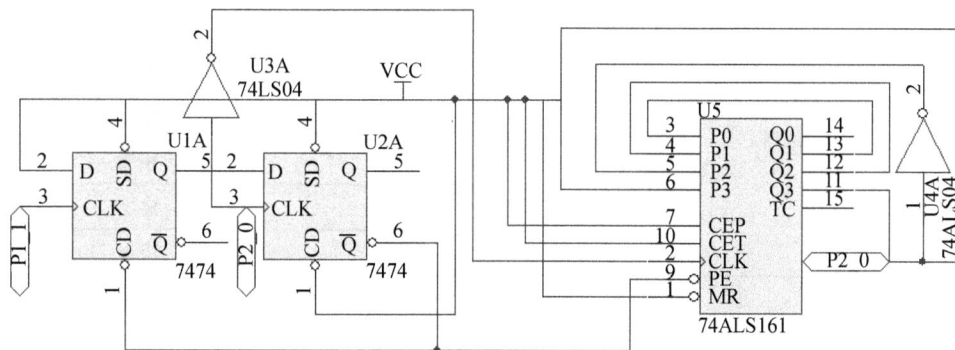

图 3-12　数字锁相电路

3.6　电压检测电路与 ADC 采样电路

3.6.1　电压检测电路

电压检测电路采用电压互感器将高电压变换成标准电压。电压检测电路如图 3-13 所示，其变比匝数相同(1000∶1000)。根据电压互感器二次侧感应到的电压可检测电路电压是否正常,防止"闭锁"电流保护的误动作,从而提高保护电路自检动作的灵敏度。

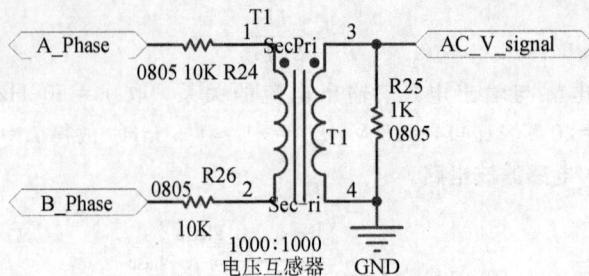

图 3－13　电压检测电路

3.6.2　ADC 采样电路

ADC 采样电路中采用的电压跟随器,其特点是输入电阻大、输出电阻小。电压跟随器在电路中一般用作缓冲级及隔离级。电压隔离器的输出电压的幅度接近于输入电压的幅度,对前后级电路有隔离作用(前级电路呈高阻状态,后级电路呈低阻状态),从而保护电路。图 3－14 所示为电压跟随器 NE5532P 的引脚图。

NE5532P 的主要引脚的功能如表 3－5 所示。

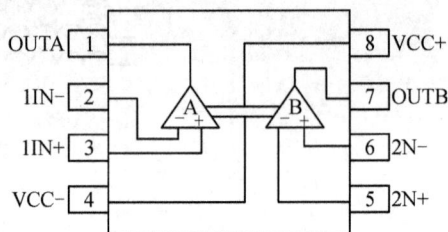

图 3－14　NE5532P 的引脚图

表 3－5　NE5532P 主要引脚功能表

引脚	名称	引脚功能描述
电源引脚	VCC－	负电压供电端
	VCC＋	电源＋5 V
输入/输出引脚	1IN－	反相输入
	2IN－	反相输入
	1IN＋	同相输入
	2IN＋	同相输入
	OUTA	输出
	OUTB	输出

ADC 采样电路如图 3－15 所示。ADC 采样电路的回路自检应配合 ADC 的采样时序。在运行过程中,每个采样周期内都进行回路自检,从而保证了每个采样点的数据可信度。一旦自检回路出现异常,立即通知保护装置闭锁相关保护功能[15]。先将交流电整流成直流电,再通过电压跟随器将单片机 STC15F2K60S2 的 P1_1 端口信号进行模拟量的 ADC 采样,然后把每个周期内的采样信号分 3 路输入 PWM 发生器中。

线电压是交流 24 V(有效值),由 20 kΩ 电阻输入互感器,其电流是 24 V/20 kΩ＝1.2 mA,则互感器另一侧的输出电流也是 1.2 mA。通过输出端并联的 1 kΩ 电阻,可以得到 1.2 mA×1 kΩ＝1.2 V 的交流电压(有效值)。系统以 ADC 端口检测输出电压作为参考,当电压高于 24 V(ADC

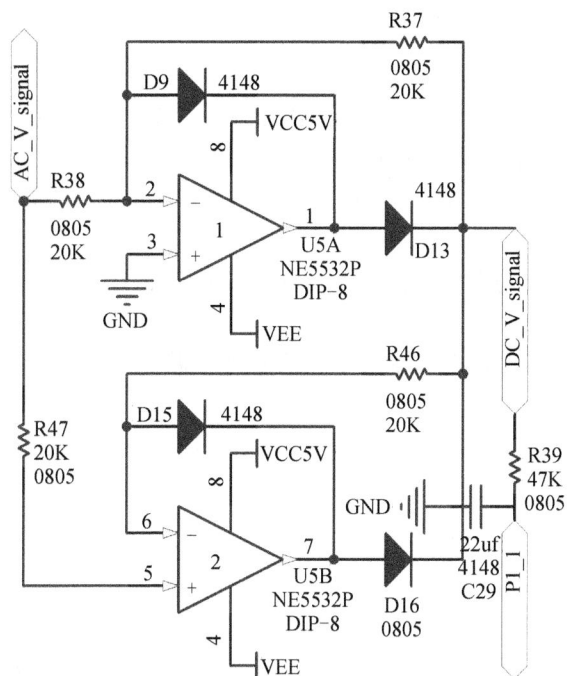

图 3 - 15　ADC 采样电路

电压大于 1.20 V)时，利用查表法查询幅值比较低的 SPWM 表；当电压低于 24 V(ADC 电压小于 1.20 V)时，利用查表法查询幅值比较高的 SPWM 表，所以始终可以保持输出电压稳定，以达到不同负载下的电压调整。

3.7　工作电路——逆变器切换继电器电路

系统使用两个 8 脚继电器(SMI - 12VDC - SL - 2C)，与逆变器引脚 2 相连。继电器引脚 1 用于控制三相交流电 A、B 相的输出，引脚 2 用于控制三相交流电 C 相的输出。2N7002 与继电器相连，再与单片机的 P2_0 端口相连，用于实现逆变器的快速切换功能。图 3 - 16 所示为逆变器切换继电器电路。

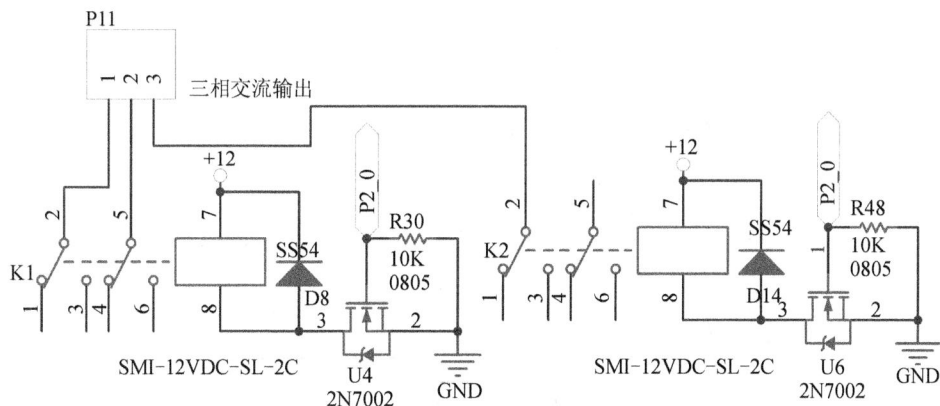

图 3 - 16　逆变器切换继电器电路

✍ 分析

（1）本节选主要介绍芯片结构、功能及选取原因，采用引脚图（见图 3 - 2）与主要引脚功能表（见表 3 - 1）相结合的方式说明引脚功能，结构清晰易懂。

（2）本节选电路图布局合理美观，配图说明清晰；利用公式计算直流供电输出电压，有理有据。

（3）虽然单片机可以输出直流信号，但由于其驱动能力有限，因此一般用来提供驱动信号。此处选取全桥驱动电路，考虑合理、全面。

（4）滤波是利用电容对特定频率的等效容抗小、近似短路的特性来实现的，文中表达清晰、合理。

（5）用逆变器切换继电器电路时，要注意考虑切换电路负载的大小。该生在本部分未考虑到电路负载问题。

节选三：

4.1　系统流程图

根据硬件系统设计，明确相关控制芯片的引脚控制，并进行编程。在软件系统设计中，首先进行端口的初始化。端口初始化的流程包括：系统端口功能设定、PWM 设定、计数器初始化、液晶初始化。在端口初始化过程中，需要在程序中进行相关的时间调试和软件防抖。为了更好地监测电流、对电压值进行 ADC 采样，通过 STC15F2K60S2 单片机的 3 路 PWM 输出，根据设定的周期进行采样处理，输出到三相全桥逆变器中，最后利用双极性调制方法，输出较稳定的正弦波。系统工作流程主要包括：

（1）电路控制：将单片机内置的 16 位定时器产生的 PWM 波作为 MOSFET 栅极驱动器的控制信号，其中 PWM 的占空比根据设置的电压、电流给定值与实测值之差进行 PI 控制调节。

（2）显示部分：显示电压、电流、工作状态等信息。

（3）键盘实现的功能：设置逆变器的运行模式和输入电压及频率。

图 4 - 1 所示为系统软件流程图。

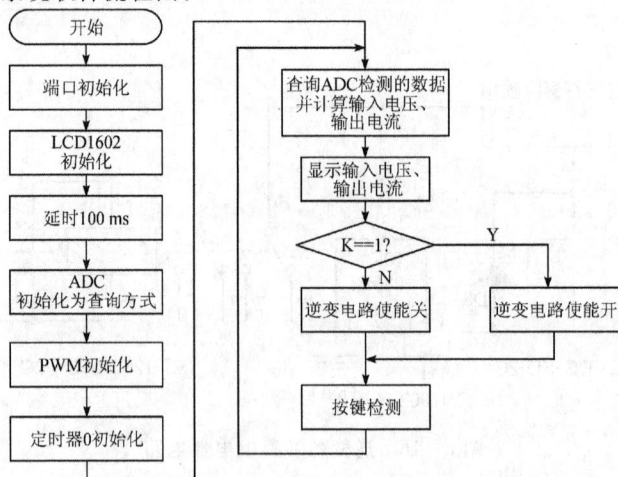

图 4 - 1　系统软件流程图

4.2 电路控制功能

4.2.1 中断流程图

本设计通过自然数查表法将一个正弦波平均分成 300 份,根据其余弦数值得到的一连串数据做成程序列表,该表被存储到单片机的内存中。要输出三个相移 120°的正弦波形,三个波形的起始位距离分别为 0、$n/3 \times 1$、$n/3 \times 2$,即 0、100、200。

设定正弦波的输出频率为 50 Hz,分辨率为 300,每个占空比保持的时间 t 为

$$t = \frac{1}{af} \qquad (4-1)$$

式中,a 是分辨率。式(4-1)表明了占空比保持的时间与频率、分辨率成反比,当分辨率和频率为固定值时,代入数据计算 $t = (1/50) \div 300 = 66.666\ \mu s$,设置定时器每 66.666 μs 中断一次,将对应数组的数据赋给硬件 PWM,给半桥输入 SPWM 控制信号[16]。当计数累计超过 299 时,数组重新开始赋值,三个半桥依次运行(起始数分别为 0、100、200),从而生成相移 120°的三相 SPWM 信号。

中断流程图如图 4-2 所示。

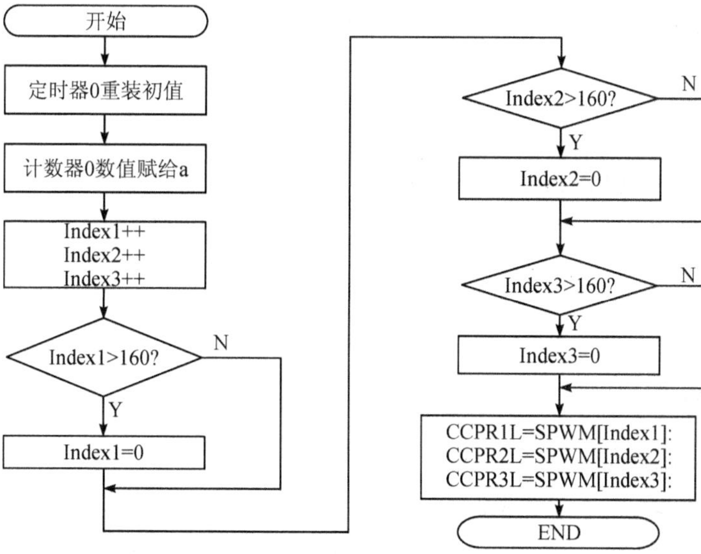

图 4-2 中断流程图

4.2.2 中断程序

1. SPWM 算法

```
uchar code pwm[]={
127,124,122,119,116,114,111,108,106,103,100,98,95,93,90,87,85,82,80,77,75,73,70,68,65,
63,61,58,56,54,52,50,47,45,43,41,39,37,36,34,32,30,28,27,25,23,22,20,19,18,16,15,14,12,11,
10,9,8,7,6,5,4,4,3,2,2,1,1,0,0,0,0,0,0,0,0,0,0,0,0,0,0,1,1,2,2,3,4,4,5,4,7,8,9,10,11,12,
```

14,15,16,18,19,20,22,23,25,27,28,30,32,34,36,37,39,41,43,45,47,50,52,54,56,58,61,63,65,68,
70,73,75,77,80,82,85,87,90,93,95,98,100,103,106,108,111,114,116,119,122,124,127,130,132,135,
138,140,143,146,148,151,154,156,159,161,164,167,169,172,174,177,179,181,184,186,189,191,193,
196,198,200202,204,207,209,211,213,215,217,218,220,222,224,226,227,229,231,232,234,235,236,
238,239,2

40,242,243,244,245,246,247,248,249,250,250,251,252,252,253,253,254,254,254,255,255,255,
255,255,255,255,255,255,254,254,254,253,253,252,252,251,250,250,249,248,247,246,245,244,243,
242,240,239,238,236,235,234,232,231,229,227,226,224,222,220,218,217,215,213,211,209,207,204,
202,200,198,196,193,191,189,186,184,181,179,177,174,172,169,167,164,161,159,156,154,151,148,
146,143,140,138,135,132,130,127};　//反正弦变化

2. 定时器中断程序

```
void Timer0Interrupt(void) interrupt 1
{
    TH0＝0xFF;                //重装定时器初始值高 8 位
     TL0＝0xBF;               //重装定时器初始值低 8 位
      index_1++;            //A 相位查表数值
      index_2++;            //B 相位查表数值
      index_3++;            //C 相位查表数值
    CCAP0H＝CCAP0L＝pwm[index_1];
    CCAP1H＝CCAP1L＝pwm[index_2];
    CCAP2H＝CCAP2L＝pwm[index_3];
  if(index_1＞299)  index_1＝0;
      if(index_2＞299)  index_2＝0;
      if(index_3＞299)  index_3＝0;
  }
```

4.3　按键实现的功能

4.3.1　按键功能流程图

　　按键功能用于控制两个逆变器的工作状态,当一个逆变器工作时,可以先进行相关的数据检测(如电流、电压进行数据的采样分析),以保证其稳定工作;当两个逆变器工作时,接入继电器进行并联,通过按键设置进行相关操作。

　　在按键程序中,单片机及按键设置控制三相逆变全桥电路的工作使能状态:按键第一下,逆变器电路工作,再按下后取反,逆变器电路停止工作;奇数次按键,逆变全桥电路工作;偶数次按键,电路停止工作。在满足全桥电路工作的状态下,主程序里有 4 个状态位。其中,状态 1:模块 1 关,模块 2 关;状态 2:模块 1 开,模块 2 关;状态 3:模块 1 关,模块 2 开;状态 4:模块1 开,模块 2 开,调回状态 1。

　　按键功能流程图如图 4-3 所示。

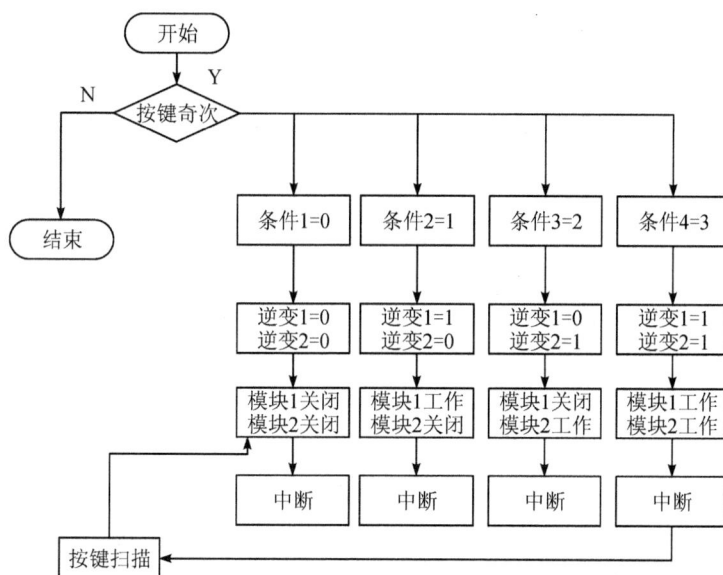

图 4 - 3　按键功能流程图

4.3.2　按键控制程序

```
while(1)//主循环
    {
        switch(Program_step)
        {
            case 0：
                SD_A＝SD_B＝SD_C＝0；　//模块 1 的 2104 使能关闭
                SD_2A＝SD_2B＝SD_2C＝0；　//模块 2 的 2104 使能关闭
                LED1＝LED2＝0；　　//LED1 灭，指示模块 1 关闭
                                    //LED2 灭，指示模块 2 关闭
                JDQ＝0；　//继电器关闭，并网关闭
                break；
            case 1：
                SD_A＝SD_B＝SD_C＝1；　//模块 1 的 2104 使能打开，模块 1 工作
                SD_2A＝SD_2B＝SD_2C＝0；　//模块 1 的 2104 使能关闭
                LED1＝1；　//LED1 亮，指示模块 1 打开
                LED2＝0；　//LED2 灭，指示模块 2 关闭
                break；
            case 2：
                SD_A＝ SD_B＝SD_C＝0；　//模块 1 的 2104 使能关闭
                SD_2A＝SD_2B＝SD_2C＝0；　//模块 2 的 2104 使能关闭
                LED1＝0；　//LED1 灭，指示模块 1 关闭
                LED2＝1　//LED2 亮，指示模块 2 打开
                break；
```

```
        case 3：
            SD_A＝SD_B＝ SD_C＝ 1；  //模块 1 的 2104 使能打开，模块 1 工作
            SD_2A＝SD_2B＝SD_2C＝1；  //模块 2 的 2104 使能打开，模块 2 工作
            LED1＝LED2＝1；  //LED1 亮，指示模块 1 打开
                            //LED2 亮，指示模块 2 打开。

            JDQ＝1；  //继电器打开，开始并网。
        break；
        default：break；  }}
```

分析

　　(1) 本节选在硬件设计的基础上进行软件设计，主要完成对电路的控制，所以要对整个系统的功能流程有详细了解。该生在该部分开篇配备软件流程图(见图 4-1)尤为重要。

　　(2) 软件设计基于模块功能展开介绍，条理清晰易懂。对模块功能首先配备功能流程图并加以说明，然后进行编程，4.2 节与 4.3 节所用方法合理。

　　(3) 进行语言编程时，需对语言功能进行介绍，该生在本节选中表达合理。

节选四：

5.1　硬件系统仿真

5.1.1　SPWM 逆变器

　　Multisim 对模拟电子、数字电子的复杂电路可以进行形象而真实的电路仿真，它在电路教学、电路设计和 SPICE 仿真中应用较广泛[18]。

　　硬件系统供电电源仿真图如图 5-1 所示。直流电源输出的 42 V(41.568 V)电压输入到三相全桥逆变器中，对核心硬件 SPWM 逆变器进行仿真，然后输出三相交流电，最后通过示波器进行波形显示。

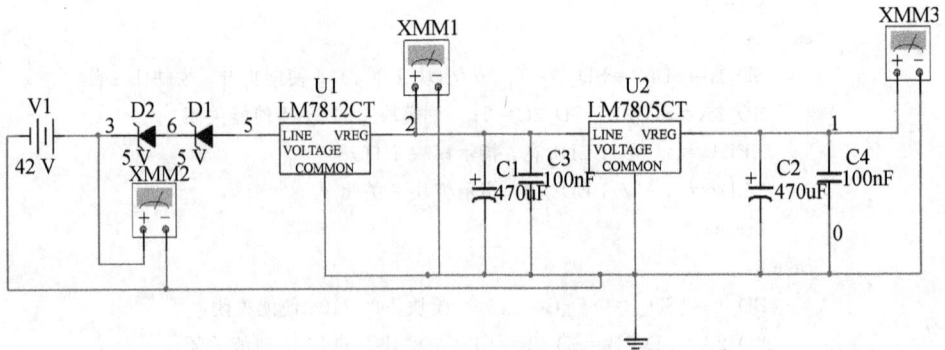

图 5-1　硬件系统供电电源仿真图

供电电源仿真结果图如图 5-2 所示，图中的 5 V 供电端电源为单片机的供电电压，12 V 为

IR2104 的供电电压。

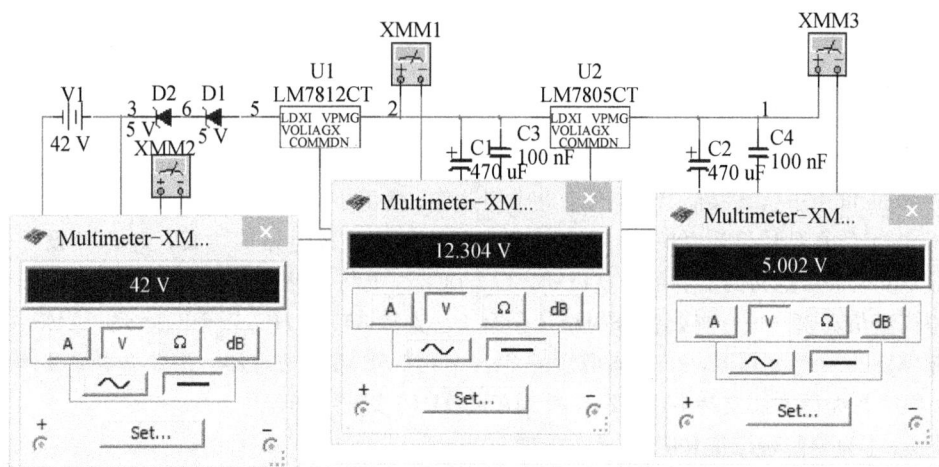

图 5-2　供电电源仿真结果图

　　图 5-3 为核心器件 SPWM 逆变器的仿真图。函数信号发生器产生两种信号：一种是三角波信号（作为载波信号），另一种是正弦波信号（作为调制信号）。通过双极性 PWM 调制的方法进行输出。

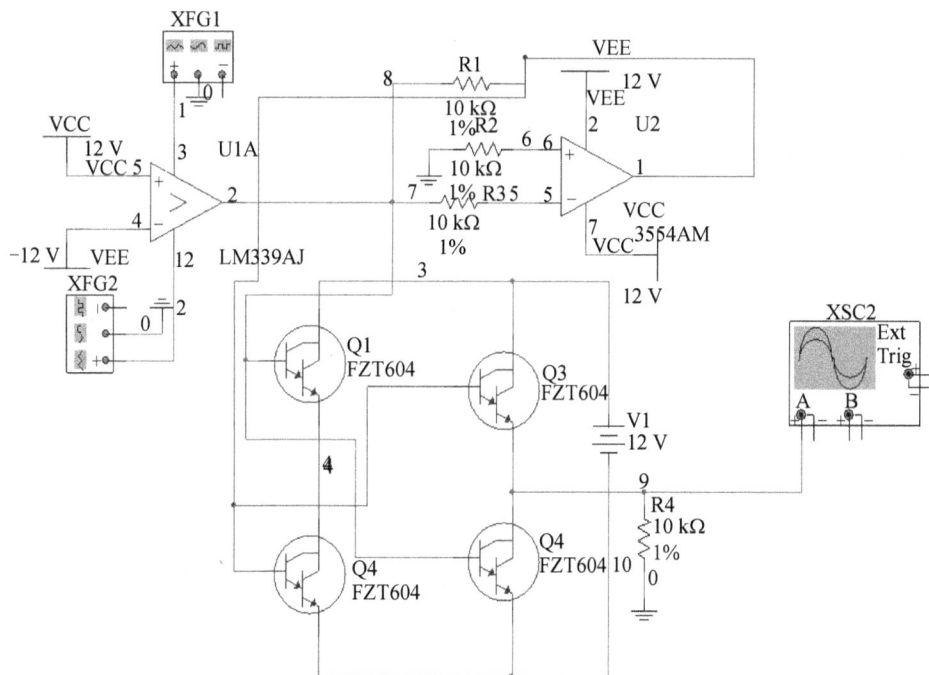

图 5-3　SPWM 逆变器的仿真图

5.1.2　仿真结果

　　仿真测试能够形成 3 个 120°相位差的 SPWM 脉冲信号，将 PWM 作为输入信号，产生的SPWM 波可驱动三相全桥逆变电路。输出的交流电经电感、电容串联而成的低通滤波电路，得到稳定的正弦波交流信号。为了进一步使输出的三相交流信号稳定，需要形成负反馈回路，即输出的三相交流信号通过整流后，输出三相直流信号到 ADC 采样电路从而形成负反馈，便于实时监测。

5.2　软件系统仿真

5.2.1　控制系统仿真

Proteus 可用于仿真存储器、CPU、电阻等器件，适用于单片机的仿真实验[19]。

Proteus 仿真是从设计原理图、调试代码到单片机和外围电路的仿真，由 PCB 设计软件转换完成，模拟了从定义到实物的完整设计，是当前市面上将电路仿真软件、它将 PCB 设计软件和虚拟模型仿真软件进行有效整合的设计平台。它支持 8051、HC11、PIC 系列、AVR、ARM、8086 和 MSP430 等处理器，2010 年增加了 Cortex 和 DSP 系列处理器，并持续增加其他系列处理器，同时在编译方面支持 IAR、Keil 和 MATLAB 等多种编译器[20]。

图 5-4 为控制系统仿真图。

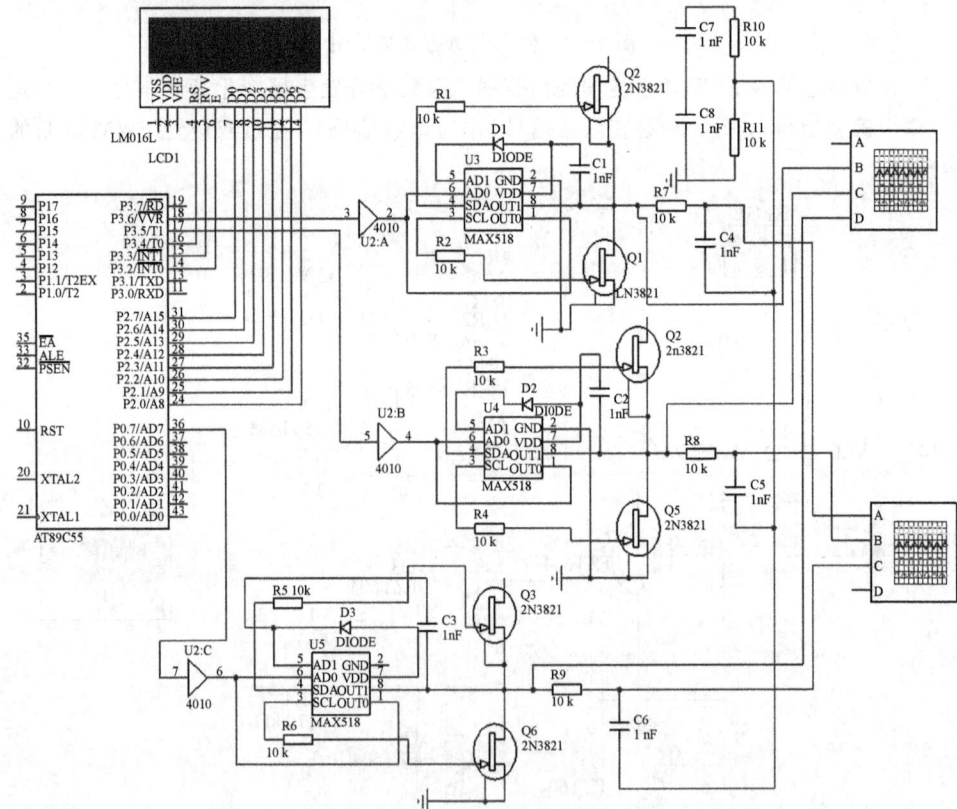

图 5-4　控制系统仿真图

5.2.2　仿真结果

控制系统仿真结果如图 5-5 所示。由于三相变频的数据量很大，所以仿真运行时会卡机，导致 LC 滤波得到的正弦波有些地方出现断层。仿真结果表明电路设计和程序编写是可行的。下文将根据仿真做出实物并进一步研究。

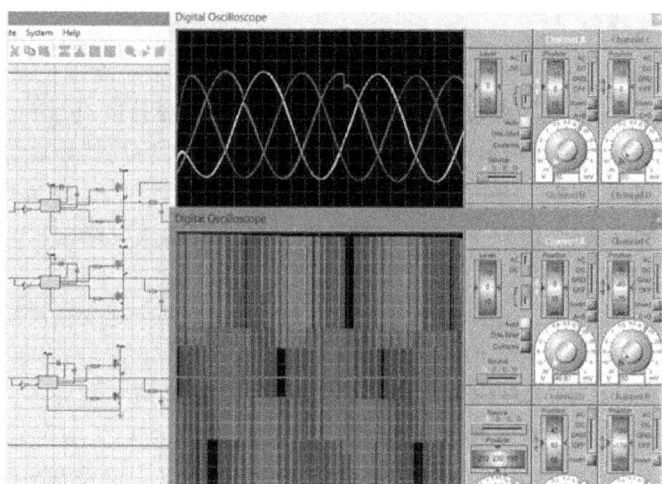

图 5-5　控制系统仿真结果图

5.3　实物设计

5.3.1　实物实验台

（1）硬件仪器：直流电源（DC Power Supply），双通道 200M 示波器，STC-ISP 下载器。图 5-6 所示为示波器图。

（2）测试仪器：数字示波器，数字万用表。

（3）软件环境：Altium Designer 绘制 PCB，Keil 4 编程，Multisim 14.0 仿真，普中科技平台加载。

（4）加工要求：仿真电路、硬件电路须与系统原理图完全相同，焊接硬件电路图确保无虚焊。

（5）安装条件：保证实验台无干扰，选择恰当的电源线进行连接，通过继电器电路来实现并网操作，继电器的端口要注意连接无错误。

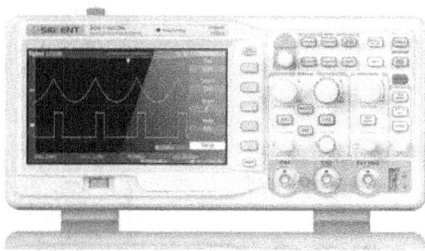

图 5-6　示波器图

5.3.2　实物调试

打开 Keil 4 软件平台编写好相关程序，加载.c 的文件并转换输出.hex 的文件，在普中科技平台上加载 STC 系列的仿真平台，将程序烧写到单片机中。完成实物的软件制作工作。实物图如图 5-7 所示。

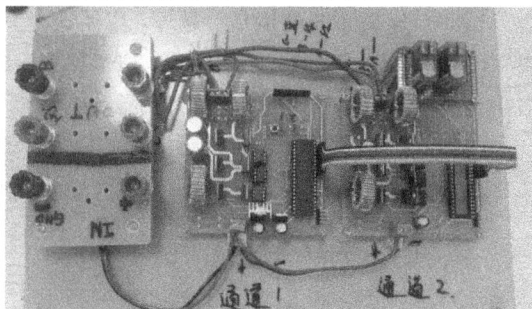

图 5-7　实物图

5.3.3　实物运行及结果

1. 运行部分

基础部分(模块 1)：高端和低端两个 N 沟道 MOSFET 主要是以 IR2014 型半桥驱动芯片驱动的。IR2014 能提供较大的栅极驱动电流，在硬件死区和硬件防同臂导通等功能上使用较多。IRF540 的导通起控电压为 2～4V，GS 极之间最高电压不能超过 20V，因为质量较好的管子 GS 加 6～8V 就已经饱和导通(内阻最小)，所以使用时如果有脉动或尖峰电压，最好在 GS 两极之间接入 12～15V 的快速稳压管。

发挥部分(模块 2)：在此基础上加上一个转换器，以实现两个逆变模块同时进行并网工作。

2. 测量处理

第一步：把单片机输出 PWM 的引脚接在双通道示波器的两个探针上，观察并记录波形、数据(通过多次测量取平均值看其稳定性)；

第二步：改变单片机三路 PWM 的输出频率，直到调出 50Hz 的 SPWM 波。

第三步：如果发现数据异常，就要通过万用表和示波器查找相关问题，更换相关器件和重新焊接连接线；

第四步：把三相输出交流信号的接口引脚接在双通道示波器的三个探针上，观察波形是否符合实验要求。

3. 运行结果

运行输出结果如图 5-8 所示。

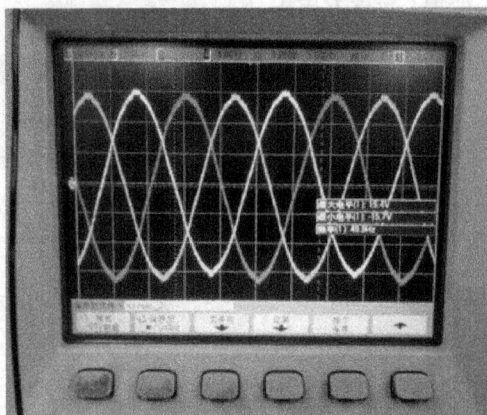

图 5-8　运行输出结果

运行结果显示输出为三相 50 Hz 的正弦波电流。另外，本系统外接 LCD 显示及按键模块，用于设定程序内部的输出频率，以及显示输出电压、电流、功率和交流电压的效率。同时该系统拥有自检保护电路，当输出电流大于 2A 时可以切断交流输出，从而提高了系统应用的安全系数。

分析

(1) Multisim 具有丰富的仿真分析能力，适用于板级的模拟/数字电路板的设计工作，本课题选用 Multisim 进行仿真较为合理。

（2）Proteus 是目前较好的单片机及外围器件仿真工具，仿真控制系统时将 Proteus 与 Keil 相结合，可使仿真结果一目了然。

（3）本课题做出了实物，内容更具说服力。实物测试结果表明，该微电网的输出效率高，对现在的微电网技术实际应用具有一定的参考价值。

5.2.3　案例点评

（1）本课题围绕"微电网模拟系统设计"展开论述，涉及单片机技术、通信技术、电工技术等，进一步锻炼、提升了学生的理论研究水平和科研实践能力。

（2）该论文包括系统方案论证设计、硬件与软件设计、系统调试仿真等部分内容，叙述完整，章节安排合理，图、表质量较好，书面表达规范，文中图、表和格式均满足学院模板要求。

（3）本课题以设计一个微电网实验室模拟系统为目的，通过两个三相逆变器等组成了微电网模拟系统。整个系统分为硬件滤波电路、驱动电路、三相全桥逆变电路、电压检测电流检测电路、逆变器切换继电器。通过方案论证，确定各模块使用的芯片及元件；通过系统硬件设计，画出电路原理图及模块间的接口图；通过系统软件设计，画出程序流程图，编写程序，实现按键功能、LCD 液晶显示及电路控制；通过搭建实物，对系统进行调试，分析并解决问题。论文思路清晰，技术实现合理，仿真与调试结果可信。

论文所涉及的技术内容先进，具有一定的实用价值。

（作者：王芳慧；指导教师：匡程）

5.3　机器视觉方向

机器视觉检测技术是一种集机械技术、计算机图像技术、自动控制技术等于一体的多功能智能检测技术，主要应用于自动化制造行业，可实现产品的识别定位、尺寸和表面缺陷检测等功能。利用机器视觉检测技术实现制造业零件生产过程中的自动检测，不仅具有理论上的研究意义，还具有非常高的实用价值。系统设计全过程一般包括：

（1）系统规划：根据生产和检测要求提出视觉系统设计的任务。

（2）方案设计：包括视觉系统总体方案设计、视觉控制系统方案设计和其他辅助系统设计。

（3）技术设计：包括搭建硬件平台和设计软件系统。其中搭建硬件平台就是要合理布局用于视觉检测的相机、光源、工件及控制系统（控制系统包括控制器及其他电气元件）等的位置；设计软件系统就是对控制系统进行编程，并设计人机界面。

（4）建立硬件与人机界面之间通信：通信模块将视觉系统和 PLC 串联起来。

学生在完成机器视觉类的课题论文时应了解实际生产中机器视觉检测的工作原理及相关流程，按照上述步骤和内容完成课题任务要求的部分，一般包括方案设计、技术设计以及建立硬件与人机界面之间通信。

此方向课题的设计思路为：先进行总体方案设计，再进行硬件和软件设计，最后建立设备与人机界面之间的通信。

5.3.1　课题范例

表 5.3 为机器视觉方向毕业设计课题范例，以供参考。

表 5.3　机器视觉方向毕业设计课题范例

序号	课 题 名 称
1	基于机器视觉的发动机零件安装检测系统设计
2	基于机器视觉的电镀检测控制系统设计
3	基于机器视觉的电机零件检测系统设计
4	基于机器视觉的齿轮外观检测系统设计
5	基于机器视觉的奶粉罐防错检测系统设计
6	基于机器视觉的物体表面缺陷监测系统设计
7	基于机器视觉的同步轮防错检测系统设计
8	基于机器视觉的汽车发动机外观检测的研究与应用
9	基于机器视觉保险丝和激光测高检测系统设计
10	基于机器视觉的口罩佩戴检测技术研究
11	基于机器视觉的 PCB 表面缺陷检测技术研究
12	基于机器视觉的工件检测系统设计
13	基于机器视觉的引导工业机器人定位抓取系统设计

5.3.2　案例分析

1. 题目

基于机器视觉保险丝和激光测高检测系统设计。

2. 设计任务要求

该课题来自社会生产实践，在本次系统设计中，主要运用机器视觉对保险丝安装位置进行检测判断。视觉检测中采用康耐视摄像机及其配套的视觉软件 In-Sight，通过对 In-Sight 的程序编写来对保险丝安装位置进行检测判断，并建立相机与 PLC 之间的通信。具体设计任务要求如下：

（1）掌握保险丝和激光测高检测系统的要求，选择机器视觉检测方案。

（2）设计机器视觉检测内容，利用智能化的图像采集处理系统实现目标定位及范围规划。

（3）应用 In-Sight 软件编写程序，进行图像处理调试。

（4）采用激光测高传感器检测保险丝的安装高度。

（5）完成数据存储与备份。每次视觉测试结束之后，将数据存储于数据库。

3. 摘要与关键词

摘要： 随着工业技术的发展，自动化生产越来越成熟，自动化技术的发展也带动了机器视觉的发展。现在许多产品都是通过自动化来实现的，如果将视觉检测技术运用到实际产品生产中，则可以减少大量人力来对产品进行挑选和检查，大幅提高产品的生产效率和产品的合格率。因此视觉检测技术近年来得到了大力发展。

　　目前机器视觉技术发展已经比较成熟，在许多行业得到了运用，如汽车各零部件的生产、食品生产、电子产品生产等。本系统设计主要运用机器视觉来对保险丝的安装位置进行检测判断。在视觉检测中，首先采用康耐视摄像机（采集图像）及其配套的视觉软件In-Sight(处理图像)，对保险丝位置进行检测判断。其中，视觉软件 In-Sight 通过函数 FindPatMaxPattern 对图像进行处理；其次，视觉检测系统对光源要求很高，一个光源的好坏决定了最后检测结果的稳定与否，本设计课题根据现场条件和测试效果选择合适的光源；最后，本课题选用 PLC 与相机连接通信。

关键词：机器视觉；图像处理；摄像机；In-Sight 视觉编程软件

4. 目录

5. 正文

节选一：

■　+·+

2.1　系统总体方案设计

　　在整个系统设计过程中，首先要明确该系统的设计目的，然后建立整个系统的框架结构，最后形成设计方案。在设计系统总方案时，应根据系统框架结构先对每个子系统进行设计，然后建立通信使其组成一个完整的视觉检测系统。

　　本次设计的视觉检测系统通过视觉软件对保险丝位置进行检测，检测的同时设备还必须保持运转，因此视觉检测应具备实时性。对产品的特征进行图像处理，将处理结果反馈到控制机构(PLC)，再由 PLC 控制设备继续下一步动作。图 2-1 为该系统结构图。

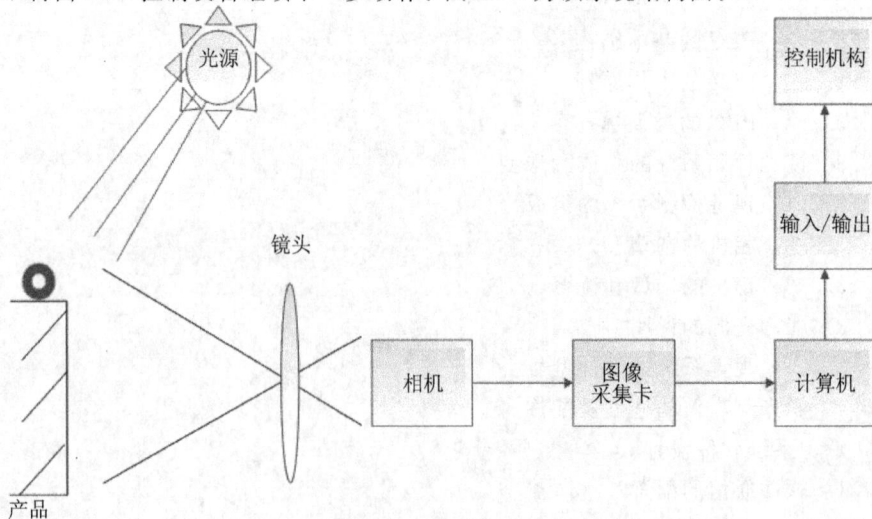

图 2-1　系统结构图

图 2-1 中，机械手将产品放入设备待检测，等 PLC 下达拍照指令，同时打开光源并控制相机进行拍照，然后把拍到的图片传给计算机并通过算法进行计算，最后将计算结果反馈给 PLC 进行筛选。

2.2　通信方案选择

在该视觉系统设计中，通信模块将视觉系统和 PLC 联系起来，其通信方式影响着整个系统的运行，同时对系统灵活性的影响较大。本系统采用 EtherNet/IP 进行通信。EtherNet/IP 通信协议是一种开放的网络标准协议，在工业网络中应用广泛[6]，具有与 ODVA 的 CIP 网络相同的无缝隙通信特点，还具有卓越的兼容性和快速共享资源的能力[7]。

2.3　视觉系统工艺流程

2.3.1　相机固定及通信协议

（1）在编写视觉程序时应设置 EtherNet/IP 通信协议，所需相机应具备相应的网络通信模块[8]。

（2）相机采用 8Pin 线缆、DC24V 电压供电。

（3）相机可以根据方案设计进行安装，也可以根据现场情况稍做改动。

2.3.2　光源安装

（1）根据方案需求和现场情况确定光源数量。

（2）光源应安装在相机镜头的下方，与镜头保持一定距离，并高于产品 320 mm，如图 2-2 所示，允许上下可调 20 mm。如遇到有色光源，则需安装滤镜。根据现场要求确定是否要加遮光装置，防止外界光源对安装光源产生影响。

（3）本次安装只是建立一个框架，实际光源效果需现场进行测试后才能确定，并且在调试中进行修改完善。

（4）客户提供光源支架。

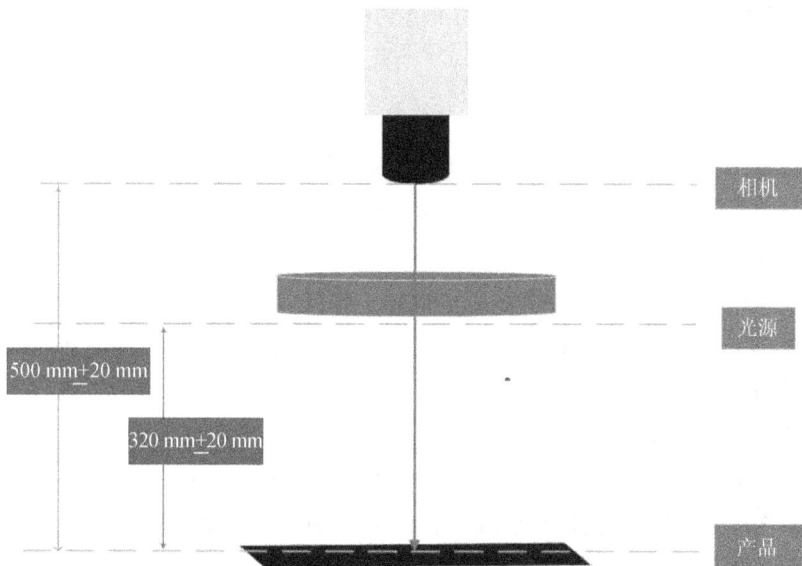

图 2-2　光源安装示意图

（5）相机在安装过程中需根据客户提供的设备选择合适的角度位置进行安装。安装完成后可以与相机联机，通过相机中的实时图像进行适度调整。

分析

（1）该生在本节选中根据任务书设计要求进行总体方案设计，系统设计目的明确，结构布局合理。

（2）在本节选中，该生应根据总体方案设计添加相机固定位置方案，另外对通信协议建立方案未描述清楚，总体内容不够详细。

（3）由图 2-2 可知，光源安装框架布局合理，配图和文字说明表达清晰。

（4）该系统总体方案结构清晰，但方案中的各部分描述不够完整，控制部分的方案未在上文中体现，可添加控制部分的方案分析。

节选二：

3.1　视觉系统的工作原理

本系统设计采用欧姆龙 PLC 对设备进行程序控制，采用康耐视智能相机及其配套的视觉软件 In-Sight 对产品进行检测。

第一步：由机械手臂调试好每一个抓拍角度，再用 PLC 将这些点位进行记录。

第二步：当相机到达指定拍照位置，PLC 发出相机拍照指令，进而相机进行拍照；将采集的图像将进一步处理并进行检测，然后将检测结果传送给 PLC；PLC 读取相机检测结果后进行判断处理，并下达指令控制设备和相机继续运行。

第三步：PLC 可控制相机的 Offline(脱机)和 Online(联机)，并进行 Job(程序号)或者程序段的切换，便于不同型号产品的使用。在检测完成后将检测图像进行存储和记录以便后续查找。

3.2　PLC 的介绍及选型

3.2.1　PLC 的基本概念

可编程逻辑控制器最早由继电器发展而来，起初简称为 PC，但与计算机名称重复，因此改为 PLC。PLC 从发明初期到现在不断扩展功能，对工业生产起到了明显的促进作用。

3.2.2　PLC 的基本结构

虽然 PLC 种类型号繁多，但是其基本组成和工作原理基本相同，均由中央处理器(CPU)、存储器、输入/输出接口(缩写为 I/O，包括输入接口、输出接口、扩展接口、外部设备接口等)、外部设备编程器及电源模块等组成[9]。

3.2.3　PLC 的工作原理

PLC 的工作主要分为三个阶段：输出采样阶段，在输出采样时 PLC 读取输出状态时的数据[10]；用户程序执行阶段，即执行程序，把用软件编写的梯形图按照顺序从上往下依次读取，然后按照程序要求执行；输出刷新阶段，在程序执行完成后，PLC 进行刷新，最后得到输出结果。

传统的继电器控制系统采用硬接线逻辑[11]；PLC 采用存储逻辑，又称软接线。PLC 采用循环扫描的方式工作,其扫描时间取决于以下三个因素:程序指令的数量、每条指令的执行时间、CPU 指令的执行速度。PLC 工作流程如图 3-1 所示。

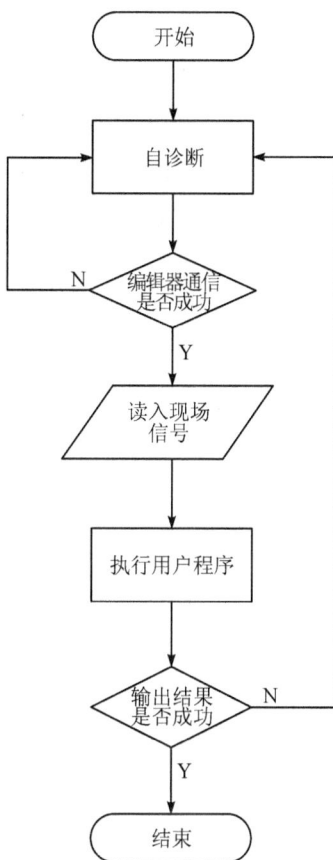

图 3-1 PLC 工作流程图

3.2.4 PLC 的类型选择

在本次视觉检测系统中,PLC 的主要任务就是控制相机,这里采用的是欧姆龙公司的 CJ2M 系列 PLC,该系列 PLC 的性能比较好。本次系统设计中应用到的信号点相对较多,CJ2M 系列的扩展 I/O 可满足本设计的功能要求。此外,该 PLC 操作简便,尤其是程序编写和控制调试。PLC 外形如图 3-2 所示。

图 3-2 PLC 外形图

3.3　视觉检测系统的组成和选型

3.3.1　视觉检测系统的组成

一个典型的工业智能机器视觉系统包括：相机（CCD 相机或 CMOS 相机）、镜头、光源、图像处理单元或图像处理软件、通信单元、输入输出单元等[12]。

3.3.2　相机的选型

CCD 和 CMOS 分别是两种相机传感器的名称，这两种传感器的工作原理相同，不同之处为：CCD 为电荷耦合器件，是一种在机器视觉相机中经常用来捕捉静止和移动物体的传感器，也常用来对产品进行检测；CMOS 为互补金属氧化物半导体，用于集成供电设备中。此外 CCD 还具有降低噪声和提供清晰图像的功能，对图像清晰度要求高的设备首选 CCD 相机，但 CCD 比 CMOS 造价成本高很多。目前新研发的 CMOS 相机也具有一定降低噪声和提供清晰图像的功能。本课题设计选用 CMOS 相机，具体为康耐视的一款智能工业相机，其型号为 IS5403-01，可以从相机型号获得相关信息。

如型号为 IS5403-01 ABCD-E1，其中：

A＝系列：

　　1＝Micro 系列；

　　5＝5000 系列；

　　7＝7000 系列；

　　8＝8000 系列；

B＝CPU 速度：

　　0＝基本速度；

　　1＝4×基本速度；

　　4＝10×基本速度；

　　6＝20×基本速度；

C＝ID 专用（读码、OCV/OCR）：

　　0 ＝非专用 ID；

　　1 ＝专用 ID 工具；

D ＝成像器分辨率：

　　0＝640×480 / 800×600；

　　1＝1024×768；

　　2＝1280×1024；

　　3＝1600×1200；

　　4＝线扫描（1K，最高 8K）；

　　5＝　2448×2048；

E＝PatMax 选项：

　　0＝PatMax 未启用；

　　1＝PatMax 启用；

彩色相机则第四位后有"C"。

3.3.3　镜头的选型和说明

视觉镜头主要分为远心镜头和非远心镜头，两种镜头的工作方式和工作距离有所不同。

1. 非远心镜头

安装空间限定了工作距离范围。当相机选定后，视野与工作距离决定了镜头焦距，如图 3-3 所示。

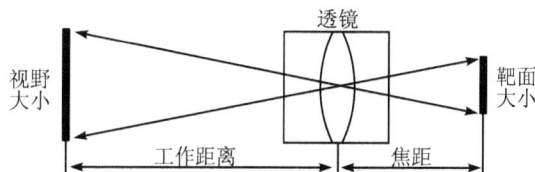

图 3-3　镜头距离计算

各参数之间的关系如下：

$$\frac{\text{工作距离}}{\text{视野长（短）边}} = \frac{\text{焦距}}{\text{靶面长（短）边}}$$

2. 远心镜头

当相机选定后，视野大小决定了镜头放大倍数，如图 3-3 所示。

光学放大倍数的计算公式：

$$\text{光学放大倍数} = \frac{\text{相机靶面长（短）边}}{\text{视野长（短）边}}$$

因为远心镜头的工作距离通常在镜头设计时已固定，所以远心镜头的镜深是不可调节的。为获得最低畸变图像，工作距离相对于标称值的偏差应 $\leqslant \pm 3\%$[13]。本次系统设计中使用锡明的百万像素非远心镜头。

3.3.4　光源的说明

本次选用的康耐视相机中，光源主要分为两种：一是相机自带光源，就是相机和光源是一体的，二是外加光源，其选取比较复杂[14]，需根据现场设备要求进行选取。下面主要介绍外加光源的选取和种类。视觉系统外加光源如表 3-1 所示。

表 3-1　视觉系统外加光源

光源	颜色	亮度	寿命/h	优缺点
荧光灯	白色有点绿	亮	5000～7000	成本低
卤素灯	白色有点黄	很亮	5000～7000	成本低，发热高
氙灯	白色带点蓝	亮	3000～7000	可持续长时间工作，发热少
LED 灯	红、黄、绿、白、蓝	较亮	6000～10000	可满足人们要求做成各种形状，发热多

目前机器视觉检测系统中主要用到的是 LED 灯，因其可以满足设备现场复杂的环境要求，并具有很高的使用寿命，所以被广大客户所接受。本系统设计中选取一种红色的 LED 灯作为光源。

3.3.5　视觉系统的硬件型号

本次系统所使用的相机分辨率为 1600×1200。根据检测要求精度为 0.02mm/pixel，现场图像视野测量为 80 mm×45 mm，可求出焦距为 16 mm，因此选用 16 mm 的百万像素镜头。视觉检测系统硬件选型如表 3-2 所示。

表 3-2　视觉检测系统硬件选型

名称	型号	个数
相机	IS5403-01	1
镜头	XM-16mm 百万像素	1
偏光罩	COV-7000-PL-FULL	1
滤镜	FL-M27-R	1
光源	SFHD-150×105-R	1
以太网线缆	COG-ISEthernet Cable	1
IO 线缆	COG-ISIO 线缆(10m)	1
电源线缆	GOD-HK-OMF-MOD(10m)	1
垫圈	VM300	1
系统	Smart System	1

3.4　激光测高仪的选型及配件

在本次系统设计中选用的是基恩士的 LS900 激光测高头，实物图如图 3-4 所示。该测高头需配合相应的控制器(见图 3-5)来使用，此款控制器自带显示屏，可以直观地看到数据结果。控制器直接连接 24V 电源，可支持 USB、RS-232C 等接口进行通信。激光测高硬件选型如表 3-3 所示。

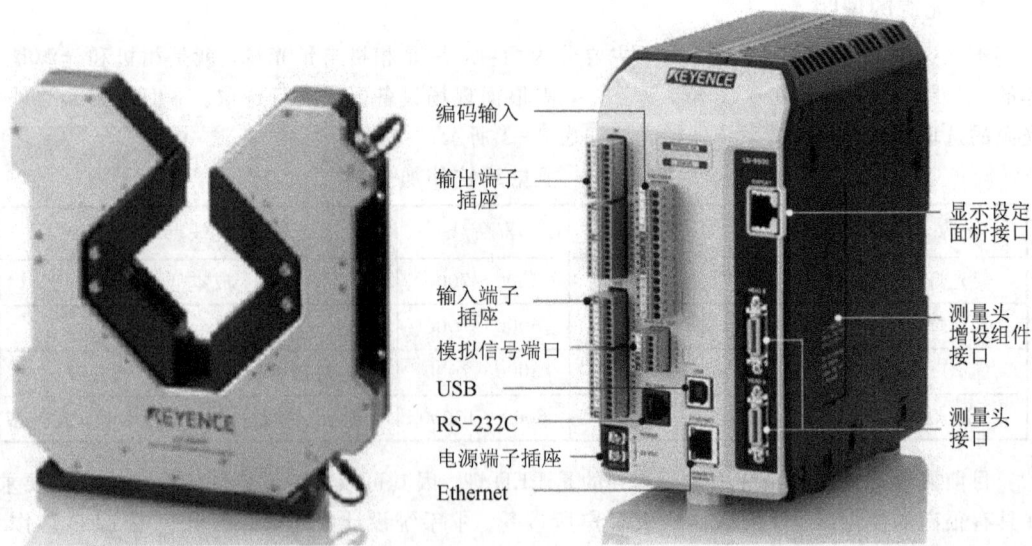

图 3-4　测高头

图 3-5　控制器

表 3 - 3　激光测高硬件选型

品　称	型　号	个数
测高头	LS900	1
控制器	LS - 9501	1
测量头连接	CB - B5E（5 m）	1
电缆	CB - B3（3m）CB - B10（10m）	1
发射器/接收器滤镜	间电缆 OP - 87687（3m）	1
工件固定滑轮	OP - 87609	1
显示设定面板	OP - 87603（5m）	1
RS - 232C	插针接头 OP - 26401	1
Ethernet	电缆 OP - 66843	1
软件	LS - H2	1

分析

（1）视觉系统工作安排明确，表达清晰合理。

（2）PLC 的品牌很多，如常用的三菱、欧姆龙、西门子等。欧姆龙 PLC 编程简单，页面布局可以采用中文模式，运行稳定，适合小工控。作者 PLC 选型合理。

（3）在视觉检测系统的硬件选型中，该生对机器视觉系统的相机、镜头及光源分别做了详细介绍，但未提及图像处理单元或图像处理软件、通信单元、输入输出单元等模块的选取，选型不够充分。

（4）该生在选取镜头时，采用多种方案对比镜头优缺点，最终根据综合要求选取非远镜头，更有说服力；在选取光源时，列举目前光源所用种类，并对比不同光源优缺点，说明选取红色 LED 光源的原因，具有较强的说服力。

节选三：

4.1　软件通信的配置

在 In-Sight 软件的 Help 文档中，将 EtherNet/IP 通信的输入信号点（见图4 - 1）和输出信号点（见图 4 - 2）发送到 PLC，然后进行 I/O 地址的分配。

根据 EtherNet/IP 通信协议，由图 4 - 1 可以看到 Byte 0 字节是由 Bit 0～Bit 7 构成的。Bit 0 是准备触发信号；Bit 1 是 PLC 收到 Bit 0 触发准备，然后进行回应完成触发；Bit 2 在这没有用到；Bit 3 用于在收到成功触发信号后删除记录；Bit 4～Bit 6 只有在相机离线时才会触发，然后查找相机离线的原因；Bit 7 只有在相机在线时才可以进行设置，然后在相机离线时它会自动清除里面的数据；Byte 0 主要是相机在线后进行准备阶段。在 Byte 1 中，Bit 1 表示检测完成信号，Bit 2 表示结果溢出，Bit 3 表示检测结果有效，Bit 4 表示相机正在执行命令。在 Byte 2 中，Bit 5

Input Assemblies-Instance13									
Instance	Byte	Bit 7	Bit 6	Bit 5	Bit 4	Bit 3	Bit 2	Bit 1	Bit 0
13	0	Online	Offline Reason			Missed Acq	Reserved	Trigger Ack	Trigger Ready
	1	Error	Command Failed	Command Completed	Command Executing	Results Valid	Results Buffer Overrun	Inspection Completed	System Busy
	2	Reserved	Reserved	Reserved（5.1.0–5.5.x） TestRun Ready（5.6.0 and later）	Job Pass	Exposure Complete	Reserved	Reserved	Set User Data Ack
	3	Soft Event Ack 7	Soft Event Ack 6	Soft Event Ack 5	Soft Event Ack 4	Soft Event Ack 3	Soft Event Ack 2	Soft Event Ack 1	Soft Event Ack 0
	4 5	Error Code（16-bit integer）							
	6 7	Reservd（16-bit integer）							
	8 9	Current Job ID（16-bit integer）							
	10 11	Acquisition ID（16-bit integer）							
	12 13	Inspection ID（16-bit integer）							
	14 15	Inspection Result Code（16-bit integer）							
	16	Inspection Results 0							
	...									
	499	Inspection Results 483							

图 4 - 1　输入信号点

主要说明相机固件版本对应的信号点区别；Bit 4 是 JOB 切换的信号点，可以进行程序间的切换；Bit 2 和 Bit 1 是作为保留信号点使用的；Bit 0 用来设置用户的数据；Bit 3 表示相机曝光设置完成。Byte 8～Byte 9 表示当前工作 ID，Byte 10～Byte 11 表示采购 ID，Byte 12～Byte 13 表示对 ID 进行检查。上面所有涉及的 ID 都用 16 位字节表示。Byte 14～Byte 15 表示相机检测结果代码由函数 teResultsBuffer 进行定义。Byte 16～Byte 499 表示相机的检测结果，这些数据都需要发送到 PLC 中，然后由 PLC 为整个数据分配数据类型，并将结果传送回 Byte 0 和 Byte 1 中，再进行结果合并处理，最后得出一个最终结果，这个结果就是相机检测的结果，用来判断产品是否满足生产要求。

图 4 - 2 所示为信号输出点。在 Byte 0 里对 Bit 0 给予相机触发使能信号。Bit 0 触发启动完成后，Bit 1 得到信号，然后相机进行拍照。Bit 7 为相机离线设定。

当 Bit 2 得电触发时，得到结果并对结果 Ack 字段进行确认，在此期间检测结果和 ID 字段应保持不变。视觉缓冲区里一共有 8 次检测机会。在视觉系统检测结果得到确认后，信号点 Ack 字段对检测结果进行清除。如果视觉软件系统中缓冲区的结果没有传送给 PLC，则检测结果重新发送，然后进行清除。信号点 Bit 3 为缓冲区，Bit 2 得出检测结果后，信号点 Ack 认为 PLC 已经检测到 ID，检测结果数据有效，然后将检测结果发送给 PLC。如果缓冲区数据不为空，则表示 Bit 3 未收到成功触发信号，导致视觉系统的检测结果被清除。如果缓冲区被强行禁止使用，则 Ack 需设置清除有效位，然后系统再次进行清除。

在设置信号点 Bit 4 时，软件系统中的作业 ID 会进行加载，在这个过程中必须保持信号高电位直到信号点 Bit 4 完成设置。Bit 5 和 Bit 6 在这里不起作用。当 Bit 7 被设置时，相机会进行

I/O Assembly Data Attribute Format-Output Assemblies-Instance 22

Instance	Byte	Bit 7	Bit 6	Bit 5	Bit 4	Bit 3	Bit 2	Bit 1	Bit 0
22	0	Set Offline	Reserved		Execute Command	Inspection Resrlts Ack	Buffer Results Enable	Trigger	Trigger Enable
	1	Reserved							
	2	Reserved				Clear Exposure Complete	Clear Error	Reserved	Set User Data
	3	Soft Event 7	Soft Event 6	Soft Event 5	Soft Event 4	Soft Event 3	Soft Event 2	Soft Event 1	Soft Event 0
	4	Command							
	5								
	6..7	Reserved							
	8	User Data 0							
	...								
	495	User Data 487							

图 4-2　输出信号点

离线处理，直到此次信号完成设置，相机将会自动恢复。

Byte 1 作为保留点此处无用。在 Byte 2 里，Bit 0 信号点用来表示 PLC 对视觉系统进行数据传送，先将数据传送到缓冲区，然后由视觉系统进行调用。信号 Bit 1 作为空点进行保留；当信号点 Bit 2 被使用时，对检测结果错误的进行删除。Bit 3 为曝光设置，可以在设备调试后期进行现场设置。Bit 4～Bit 7 也为信号保留点无须用到。Byte 3 用来设置软件表格中相关触发条件。Byte 6 和 Byte 7 同样为信号保留点暂时无用。Byte 8～Byte 495 是整个系统数据缓冲区，用来缓冲相机的各种数据结果。所有缓冲区的数据都应该和 PLC 中的相同，数据不管在哪个缓冲区，最终都会被传送到 Byte 0 和 Byte 2。

I/O 地址的分配如表 4-1 所示。有了 I/O 地址后，编写 PLC 程序，进行信号点的测试，最后进行设备联机调试[16]。

表 4-1　I/O 地址分配

名称	地址/值	注释
PLC IN	W400.00	Trigger Ready
	W400.01	Trigger ACK
	W400.03	Missed ACQ
	W400.04	OfflineReason1
	W400.05	OfflineReason2
	W400.06	OfflineReason3
	W400.07	Online
	W400.08	System busy
	W400.09	Inspection Completed
	W400.12	Command Executing
	W400.13	Command Completed
	W400.15	error

名称	地址/值	注释
PLC OUT	W425.00	Trigger Enable
	W425.01	Trigger
	W425.04	Execute Command
	W425.07	Set offline
	W205.11	Job Pass
	W426.00	Set user date
	W426.08	Soft event
	W425.02	Buffer enable
	W425.03	Buffer ACK

4.2　PLC 主程序的编写

打开编程软件，在新建项目里选择新建，新建 PLC 的设置如图 4 - 3 所示。

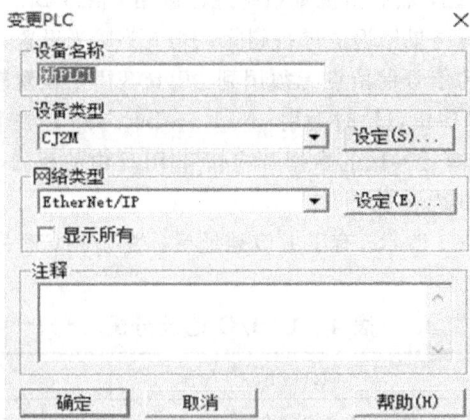

图 4 - 3　新建 PLC

使用梯形图对相机通信状态进行编程和控制，并在视觉软件 In-Sight 的帮助程序中，对相应文档信号图进行程序的编写。信号触发点通过 100.00 来确定，准备触发由 W400.00 来控制，然后由 W400.01 确定触发完成。10.00 接收到信号后，由 W400.03 对前面发送的信号进行删除，相机完成启动请求。通过 W400.04～W400.06 来查找相机离线的原因。发现视觉故障 10.01 离线后，通过 W400.07 来确定相机联机，相机在联机状态后通过 10.02 可以检测相机是否出现故障。通过 W400.08 确定系统繁忙，然后由 W400.09 准备读取相机数据，在相机在线情况下，在相机完成检测后 W400.12 和 W400.13 对发送过来的数据进行选择。相机状态的 PLC 梯形图如图4 - 4 所示。

在相机通电情况下，W205.00 接通使 W425.00 得电，然后定时器接通开始计时，经过 100 ms 后，T0150 接通使 W425.01 得电，从而触发相机拍照。控制相机的 PLC 梯形图如图 4 - 5 所示。

在进行 Job 切换时，如图 4 - 6 所示，定时器 T0151 打开 100 ms 后，信号点 W425.07 失电，

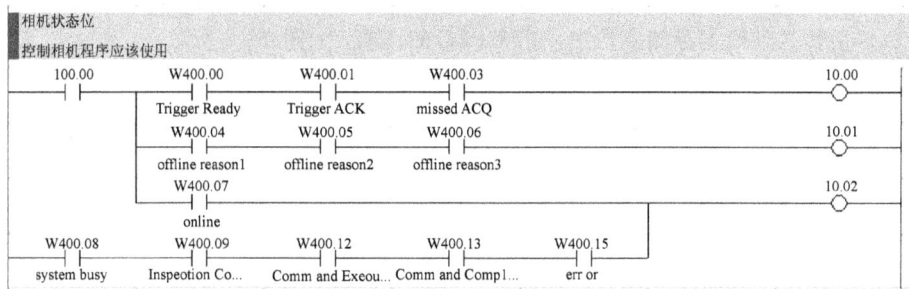

图 4-4　相机（状态图）梯形图

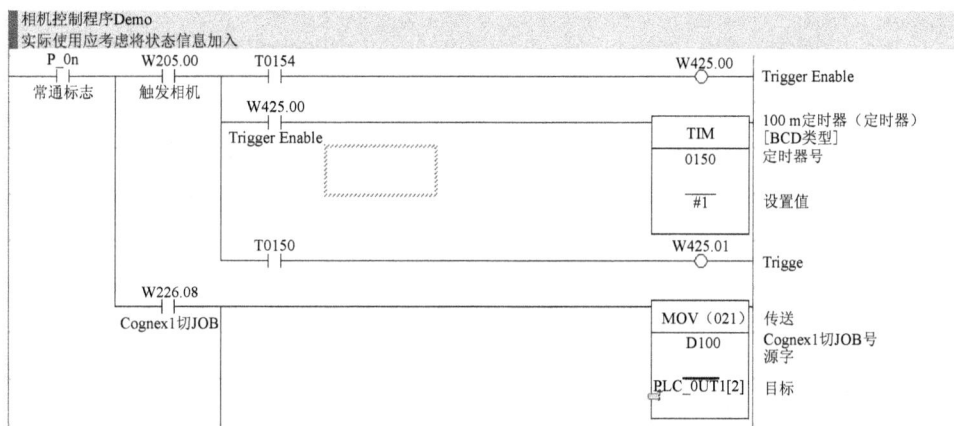

图 4-5　控制相机的 PLC 梯形图

使相机进行脱机，W425.04 线圈得电切换 Job 程序号，然后相机联机在线与 W400.07 进行比对，之后按照上面时序继续工作，如图 4-6 所示。

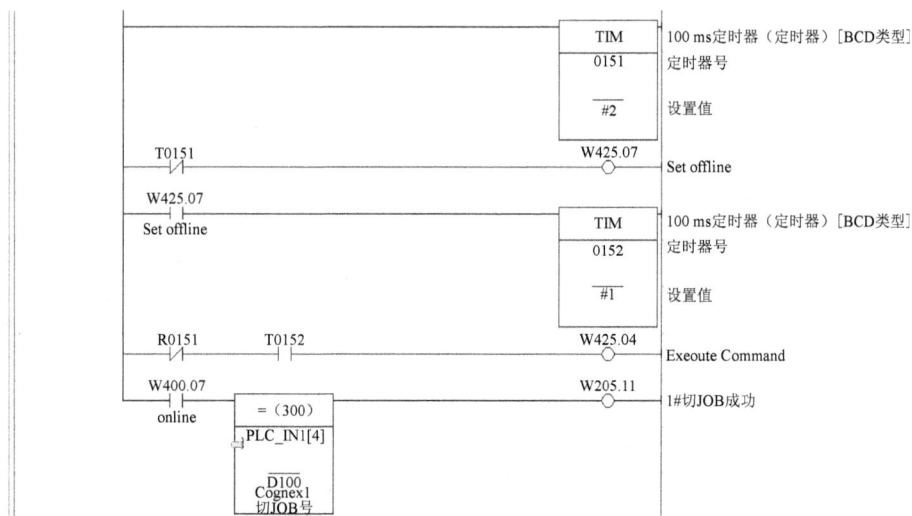

图 4-6　Job 的切换

触发相机结束后，视觉相机将数据 W401.00 记录下来，然后把测试结果通过 W401.08 在延迟 100 ms 后传送到数据存储模块中，等待 PLC 的读取，如图 4-7 所示。

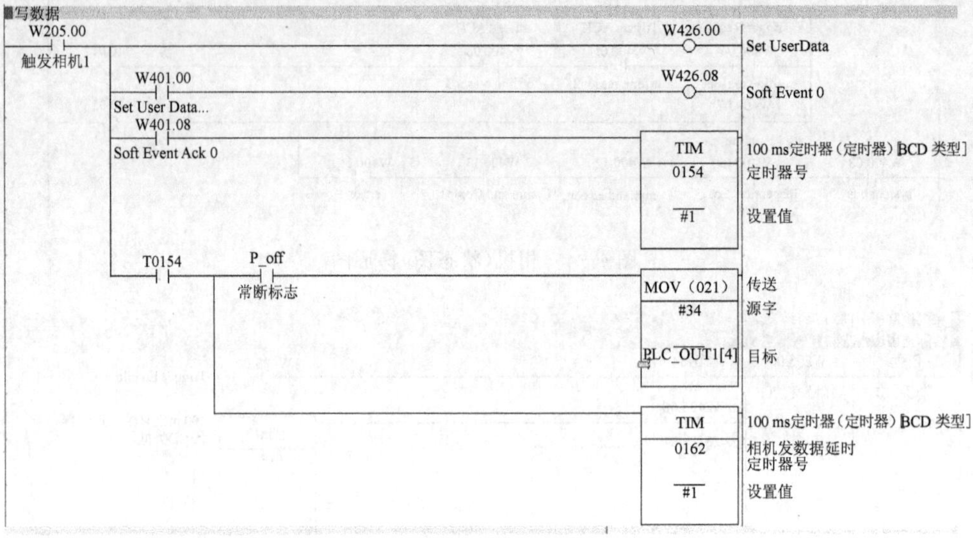

图 4-7 程序图

接通 W205.08 使 W425.02 得电，定时器 T0165 在 100 ms 后被接通，随后 W252.03 线圈得电，进一步使线圈 W206.00 得电，然后将数据延时记录入库，PLC 接收到延时数据后进行处理，继续完成相机后续工作，如图 4-8 所示。

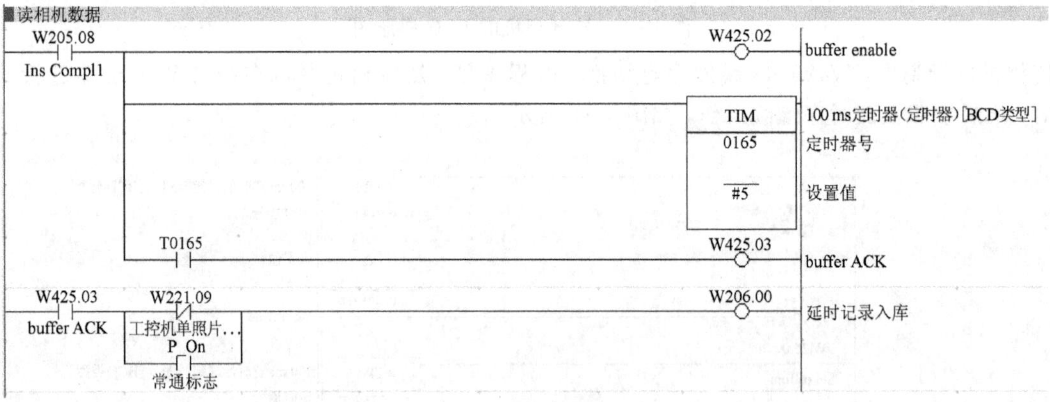

图 4-8 相机的结果

4.3 视觉软件程序的编写

本系统使用 COGNEX 智能 CCD 相机对汽车保险丝插头、软管、线束等进行工业检测，运用 In-Sight 视觉软件编写程序，以此来判断产品是否满足生产要求。

4.3.1 视觉软件通信程序的编写

将工控机与相机的 IP 设置在同一个网段下（如图 4-9 所示），假设工控机 IP 为 192.168.1.100，则相机 IP 可以设置为 192.168.1.32，子网掩码为 255.255.255.0[17]。

图 4 - 9　电脑 IP 设置图

接通相机的电缆上电后，将相机移动到拍摄位置进行取像调试。在调试过程中，可以将相机进行脱机处理，通过 In-Sight 软件把相机设为实时界面，以便于调整相机位置。在调试过程中，可以根据焦距、光照强度等因素先调整好相机的清晰度，然后再利用视觉软件 In-Sight 里的工具来进一步处理图像，使图像更加清晰，利于判断。如图 4 - 10 所示，触发器选择相机触发，触发间隔设置为 500 ms，曝光设置为 10 ms。在视觉软件中，可以利用高通滤波算法来提高对比度，先将原始坐标 $S(x，y)$、$K(x，y)$ 点对应的图像进行处理，再由滤波算法公式（4.1）得到

$$D(x，y) = S(x，y) \bigoplus K(x，y) = \frac{1}{\delta} \sum_{m=0}^{M-1} \sum_{n=0}^{N-1} S(m+x，n+y)K(m，n) \qquad (4-1)$$

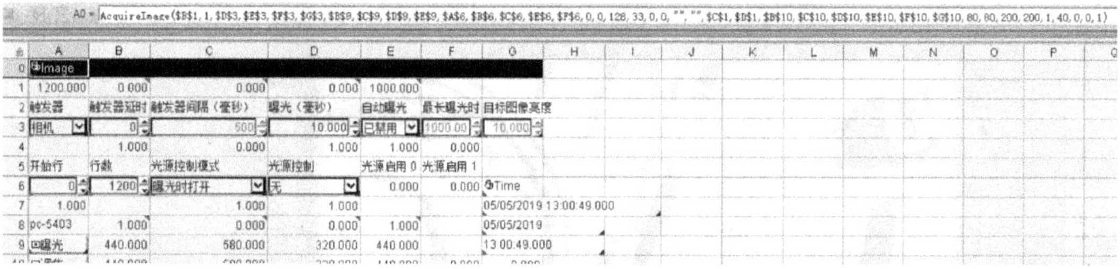

图 4 - 10　视觉参数设定

对于检测产品的不同要求，需要创建不同的程序。图 4 - 11 所示为设置不同程序号对产品位置进行检测。

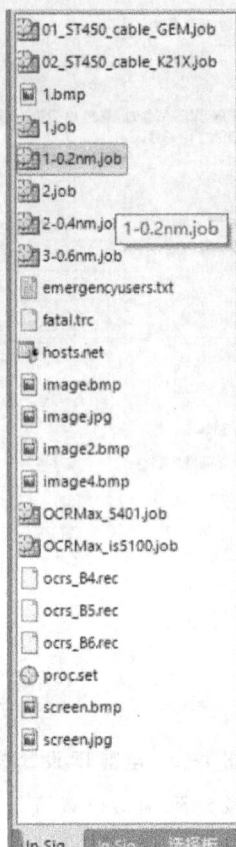

图 4 - 11　视觉程序号

4.3.2　视觉软件检测程序的编写

　　根据要求检测保险丝插口是否插好、管束是否在指定位置、管束尾部的有无。首先对相机拍取的图片进行筛选匹配和训练，如图 4 - 12 所示，处理后的图片如图 4 - 13 所示，然后再进行

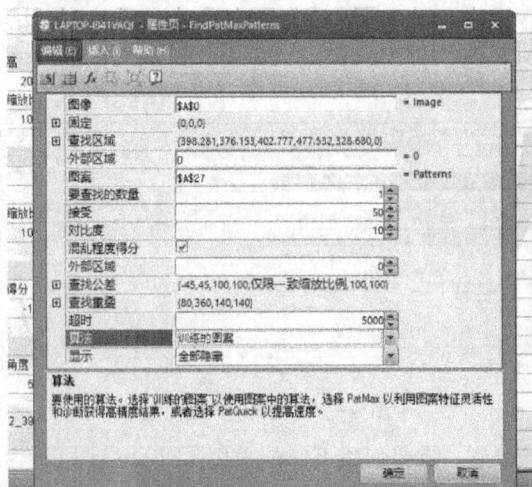

图 4 - 12　图片处理

程序编写与检测。

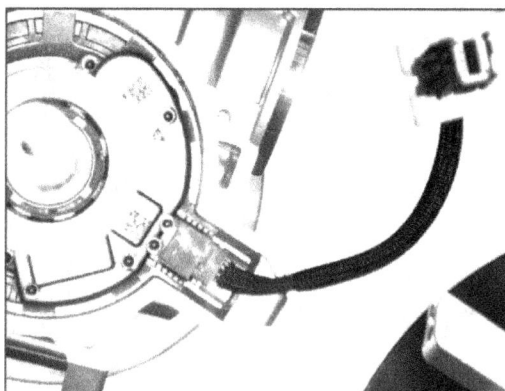

图 4-13　处理后的图片

　　PLC 发送程序号指令给相机，相机选取对应程序后运行。程序第一步是在相机图片中对产品进行定位（如图 4-14 所示），只有相机先找到视野中的产品，然后才能进行下一步的判断。定位应选取产品标志性位置进行判断，不然可能会影响图片的对比度。定位结果通过得分来进行选择，因为产品表面会有误差，所以需设置一个得分范围进行判断，只要得分在设置范围内就认为产品定位正确，第一步工作完成。

产品定位			行	Col	高	宽	角度	曲线			
Patterns	1.000	回图案区域	525.227	405.171	203.122	192.331	330.355	0.000			
	索引	行	Col	角度	缩放比例	得分		min	max	Result	
Patterns	0.000	661.043	438.496	0.004	100.009	96.084		60	100	1.000	Pass

图 4-14　产品定位

　　程序第二步是运用 Findline 视觉工具对产品所需要的边进行查找，如图 4-15 所示。设定查找极性为"白到黑"，查找依据为"第一边"，合格阈值为 15，角度范围为 3，边宽度为 4。通过拉

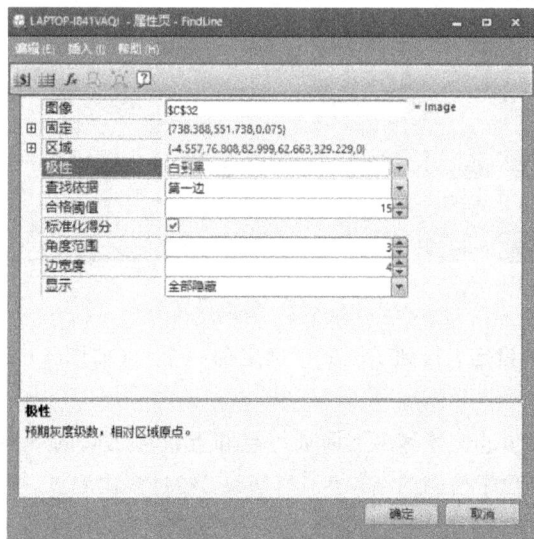

图 4-15　参数设定

伸搜索框调整到合适的位置（如图4-16长方形框所示），在红框中找到一条边。

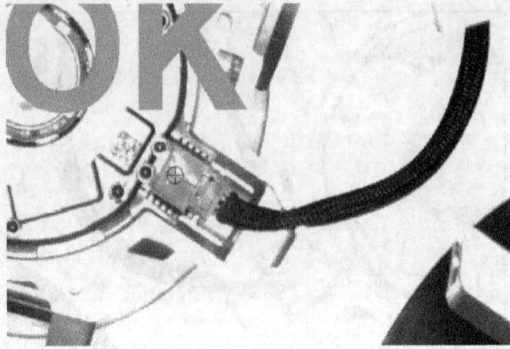

图4-16　产品边查找

　　程序第三步是在运用视觉工具FindPatMaxPattern在图案中训练出一个点，用于后面操作运算。训练的工具参数设置点如图4-17所示。在图像参数中输入"＄A＄0"，在图案参数中输入"＄A＄27"，因为是定向查找，所以要查找的数量设置为"1"；因接受值越大所得结果误差也越大，故设置为50，相对来说已很小；对比度设置为10。这里的参数都是经过多次调试对比选择相对来说更能满足需求所设置的。

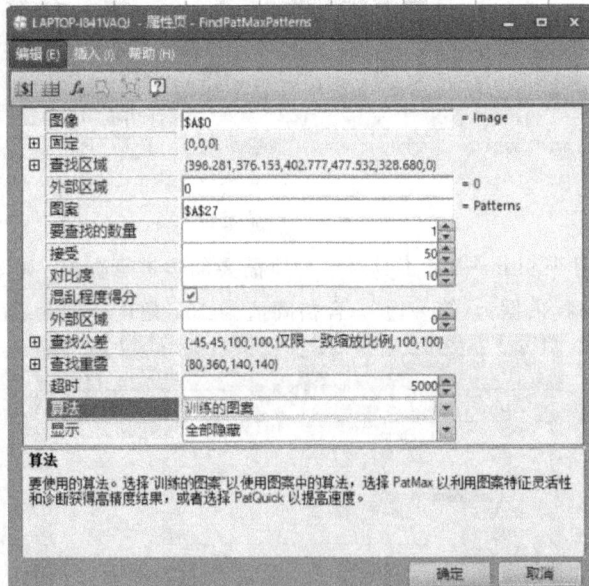

图4-17　参数设定

　　经过程序编写和参数设定，得到了图案中确定的一个点（如图4-18所示），利用该点可进行程序编写。

　　运用视觉工具PointToLine计算出上面训练点和查找边之间的距离（如图4-19所示），程序结果如图4-20所示，程序检测的结果为101.681。经过多次测试，将合格的距离范围调整为90～110。如果检测距离在这个范围内，则认为产品检测合格（OK）；如果不在这个范围内，则认为产品检测不合格（NG）。

图 4 - 18　训练点

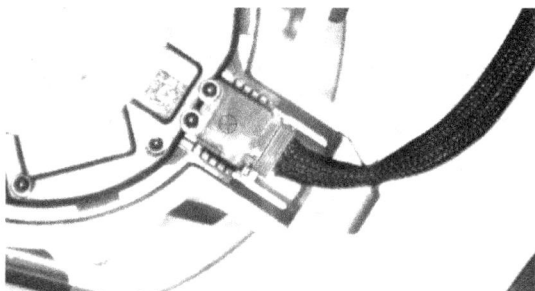

图 4 - 19　点到直线距离

图 4 - 20　程序结果

运用视觉工具 TrainPatMaxPattern 对图案先取定一个查找范围,如图 4 - 21 中的方框所示,

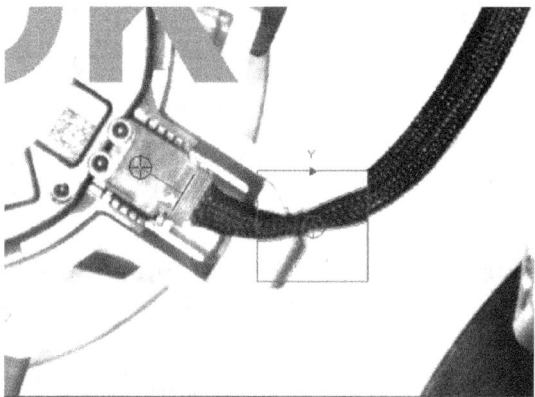

图 4 - 21　图像训练

然后用 FindPatMaxPattern 工具对图案进行匹配查找,确定一个点在卡口处,再通过 FindPat-
MaxPattern 工具得到结果得分,如图 4-22 所示。FindPatMaxPattern 工具通过对行、列、角度
进行计算并与训练图案对比,以给出一个得分。通过多次测试筛选设定一个相对值,只要得分
大于所设定值,就认为管束在指定位置。产品检测结果合格为 OK,否则为 NG。

检测管束位置										
⑦Patterns	1.000									
	索引	行	Col	角度	缩放比例	得分			1.000	
⑦Patterns	0.000	844.059	889.887	2.992	100.000	77.848			○	OK

图 4-22　程序结果

运用视觉工具 ExtractBlob 来检测束管尾部的有无,参数设置如图 4-23 所示。在"＄A＄0"
单元格内,无须固定图像,所选区域如图 4-24 长方形框内所示,因为需检测对象只有一个,所
以要排序的数量为"1";阈值设置为"-1",因为背景颜色选取为"白",所以斑点选则是剩余
的"二者之一"。区域限制是要减少选区的空间,所选区域越小所用时间越短,但是经常会把区
域范围放大点进行查找,因为这样可以减少查找误差。

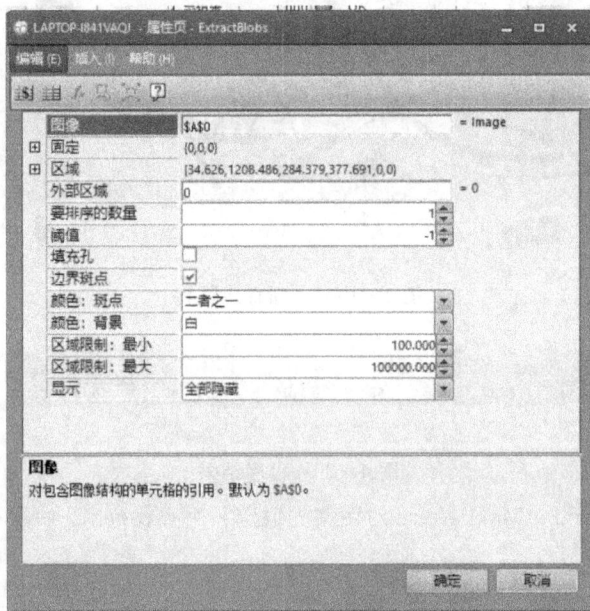

图 4-23　参数设定

通过上面每一步检测和判断,把每个分类检测结果进行汇总,加上判断语句设置最终检测
结果。如图 4-25 所示为总程序结构,图 4-26 所示为检测合格(OK)图,图 4-27 为检测不合
格(NG)图。

视觉检测结束后,需要通过视觉工具 FormatOutputBuffer(见图 4-28 所示的缓冲区)将检
测结果发送给 PLC,数据对类型为 16 位整数。根据电气工程师的要求,检测合格发送
"GOOD",检测不合格发送"BAD"。

最后要对检测过的产品进行图片存储,就是将检测出的合格和不合格产品的图片进行保存
记录,以便后面出问题时可以检查。如图 4-29 所示,通过对图像储存进行设置,就可以将经过

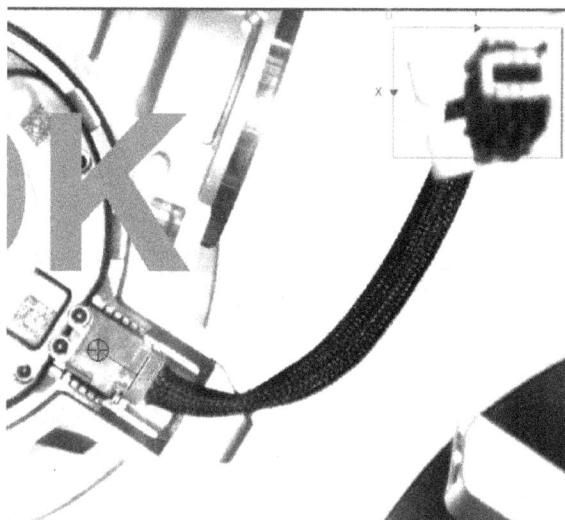

图 4 - 24　束管尾部有无检测

图 4 - 25　总程序

检测的每张图像存储到计算机相应的地址中。

通过视觉程序对产品进行检测，可以得到以下检测结果：

（1）最重要的是检测插口有没有插紧。本文先确定一个定点，然后查找插口一条有效边，通过算法计算出点到直线的距离，再与设定值做对比，以此来确定是否达到要求。

（2）通过训练图像和提取边模型查找束管是否在卡口处。

（3）通过斑点像数值来判断束管尾部的有无。

图 4 - 26 检测 OK

图 4 - 27 检测 NG

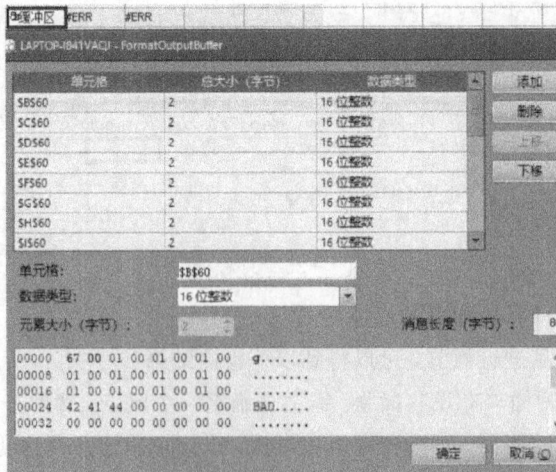

图 4 - 28 检测结果发送给 PLC

（4）进行结果汇总，当满足上面所有检测要求时才可认定产品为合格产品。

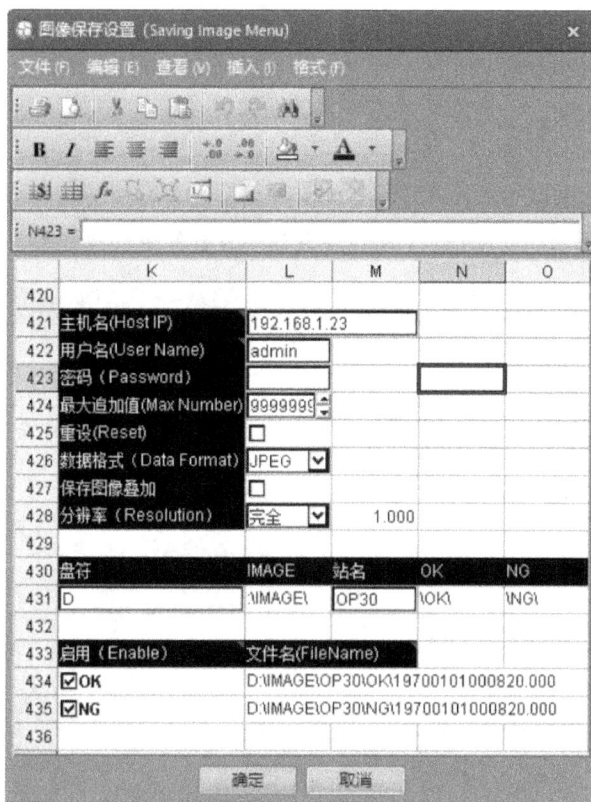

图 4-29　存图设置

分析

（1）康耐视 In-Sight 软件主要用于生产线的坐标标定、视觉分析及 PLC 通信建立。其中第 4.1 节主要说明了 In-Sight 输出点和输入点的功能及其与 PLC 之间的通信。

（2）机器视觉与 PLC 之间建立通信后，通过 PLC（编写 PLC 梯形图）对相机通信状态进行控制，思路较清晰。

（3）PLC 梯形图编写正确，采用图文结合的方式详细说明 PLC 控制相机流程，表达清晰、简单易懂。

（4）文中配图说明检测位置与检测范围要点，方法合理，条理清晰，如能将视觉检测结果单列一小节（如"4.4 视觉检测结果与分析"）并详细介绍检测 OK 与 NG 的标准，将会使论文内容更加饱满。

（5）通过 In-Sight 视觉处理工具提取和处理图像功能特征以进一步分析数据和制订决策，利用 In-Sight 视觉处理工具检测分析保险丝插口是否插好及其位置信息，内容饱满。

节选四：

5.2.2　相机图像存储设置

要在视觉编程软件 In-Sight 中编写程序实现图像存储设置，主要有两种方法：第一种方法不需编写程序，只需点击软件中的记录按键就可以将图片记录、保存下来，操作界面如图 5 - 4 所示。该方式可以记录图像的位置，也可以将记录的图片进行回放处理。因为该方法每次记录需要人工点击记录按键后才开始记录，所以在现场不经常使用这种方法来记录图像。

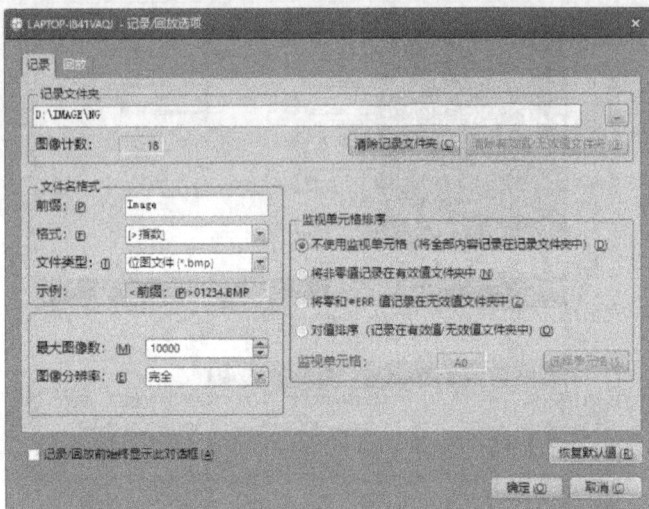

图 5 - 4　图像记录界面

第二种方法是通过函数 SpredSheet 中的 WriteImageFTP 进行设置。在通过 FTP 存储图像之前需要对软件进行 FTP 目录授权，图像存储授权界面如图 5 - 5 所示。只需将软件授权到相应的电脑文件夹中，后续图像就只存储在此文件夹中，然后通过 WriteImageFTP 对图像存储进行设置，如图 5 - 6 所示。采用此方法存储图像比第一种方法更方便，只要相机处于在线状态，

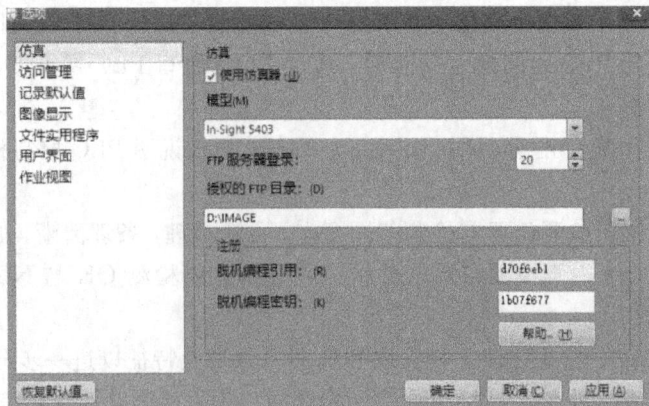

图 5 - 5　图像存储授权界面

在检测的同时就会对图像进行存储。

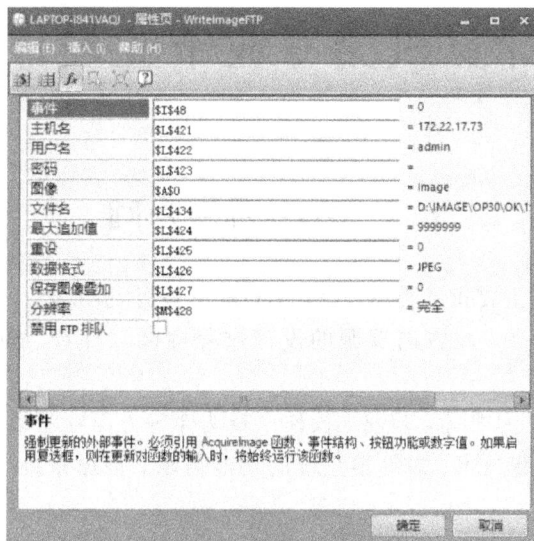

图 5 - 6　图像存储设置

分析

（1）因本课题来自生产实践，在前文进行一系列设计后，本节选内容主要介绍如何使用软件对相机检测结果图像进行存储，方便操作者实际操作使用。

（2）结合 In-Sight 界面，本文对 In-Sight 操作流程进行了说明，图文并茂，简单易懂。

（3）本节选采用图文相结合的方式介绍了两种不同的图像存储设置方法，使读者一目了然。

5.3.3　案例点评

（1）该生课题来自生产实践，在企业真题真做，可以锻炼学生的社会实践能力与语言表达能力，从而达到自动化专业培养目标要求。

（2）该生思维清晰，逻辑严谨，书写规范，图表内容和格式均严格按照学院模板要求。

（3）本课题围绕《基于机器视觉保险丝和激光测高检测系统设计》展开设计与实现，主要运用机器视觉来对保险丝进行检测判断。

（4）在视觉软件检测中，选取合适的相机和光源对产品进行图像采集，并通过函数 FindPatMaxPattern 对图像进行处理，然后建立视觉软件 In-Sight 与 PLC 之间的通信，最后通过程序编写来对产品进行检测判断。

（5）该论文完成了课题全部任务要求。

（作者：毛思鸿；指导教师：方光辉）

第6章　计算机类专业毕业设计案例分析

6.1　Web开发方向

Web 开发方向课题主要指各种基于 Web 的软件设计与开发,一般在计算机类专业的毕业设计中所占比例较高,此方向课题的设计过程遵循软件开发通用原则,全过程一般包括:

(1)需求分析:可以从技术、经济、操作以及法律等方面阐明系统开发的可行性;明确开发过程中所使用的关键技术;总结出系统的功能需求;根据系统的数据流向绘制出系统的数据流图等。

(2)总体设计:介绍系统的总体设计方案并通过总体结构图展现出各个功能模块。

(3)详细设计:涵盖各个模块的详细设计和数据库设计。其中模块的详细设计是通过程序流程图展现各个模块的功能实现;数据库设计涵盖数据库的需求分析、概念结构设计(E-R图)与逻辑结构设计(表结构)等。

(4)系统实施:从数据库连接、主界面以及各个功能模块的实现来介绍系统的各个功能,每个模块主要涵盖界面实现和代码实现。

(5)系统测试:采用黑盒测试和白盒测试方法对系统进行测试,进而发现程序的错误。

此方向课题设计思路一般为:首先进行需求分析,然后在此基础上进行系统的总体设计和详细设计;接着完成系统的实施,包含编码和界面设计等;最后对系统进行测试,发现错误并进行改正,如图 6.1 所示。毕业设计说明书(论文)纲要也可参考此流程。

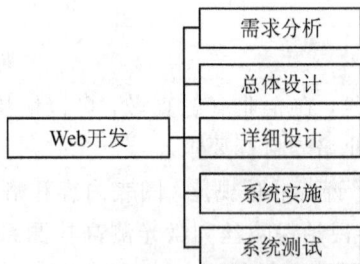

图 6.1　Web 开发方向课题设计思路

6.1.1　课题范例

表 6.1 为 Web 开发方向毕业设计课题范例,以供参考。

表 6.1　Web 开发方向毕业设计课题范例

序号	课 题 名 称
1	基于 Java 的学生宿舍管理系统的设计与实现
2	基于 JSP 的医疗挂号系统的设计与实现
3	基于 Web 的生鲜超市系统的设计与实现
4	基于 ASP. NET 的快递之家管理系统的设计与实现
5	基于 SSH 框架的旅游信息网的设计与实现
6	基于 Java 的养老院服务管理系统的设计与实现
7	基于 Linux 平台的城市公交查询系统的设计与实现
8	计算机二级 MS Office 在线考试管理系统的设计与实现
9	企业冷链物流仓库管理系统设计
10	基于 Python 的用户在线新闻推荐系统设计与实现
11	基于云平台技术的企业产品库存管理系统
12	基于 Python 的数据库应用系统的设计与实现
13	基于 Java 的布袋戏论坛系统的设计与开发
14	基于校企合作联盟的产教融合系统的开发
15	基于 Web 的实验室预约与管理系统设计与实现
16	基于 Java 的医疗健康服务平台系统设计与实现
17	基于 C♯ 的在线网盘管理系统的设计与实现
18	基于 Java 的拍卖管理系统的设计与实现
19	基于 AJAX 的体育用品网设计与实现
20	基于. NET 的高校教材管理系统的开发与实现

6.1.2　案例分析

1. 题目

基于 Java 的学生宿舍管理系统的设计与实现。

2. 设计任务要求

良好、有序的宿舍环境是学生学习和生活的保障,如何进行维护、管理,保证良好的宿舍环境呢?基于 Java 的学生宿舍管理系统解决了这一问题。本课题采用 Java 编程语言,前端与数据库技术相结合,使学生、宿管以及管理员能够及时地处理学生宿舍中存在问题,从而有效地提高了宿舍管理的效率。在这种模式下进行学生宿舍管理及维护不仅解决了学生请假麻烦、报修困难等问题,而且为宿管以及管理员提供了更好的工作操作平台,同时更加便于学校进行管理。

本设计任务具体要求如下:

(1)用合适的编程语言、数据库及其他技术设计与开发本系统。

(2)选题确定后及时查询相关文献,了解目前基于 Java 的学生宿舍管理系统的国内外研究现状、发展及前景;明确课题的研究目的及意义、研究内容和难点,进而实现特色化设计。

(3)确定系统的设计方案、开发工具和开发环境、编程语言以及后台数据库。

(4)撰写文献综述、开题报告、外文资料翻译以及周进度表等相关资料。

(5)完成总体设计方案:根据需求分析确定总体设计思路和总体设计框图。

(6)确定详细设计方案:详细设计方案应包含每个功能模块的详细流程图以及数据库的需求分析、概念结构设计以及逻辑结构设计等。

(7)系统的实施:界面设计及优化、程序代码实现及完善、数据库实现;并对系统进一步测试及逐步完善。

(8)系统的功能模块主要分为学生、宿舍管理员和管理员三大模块。其中学生模块主要实现失物招领、事务报修、离归管理以及个人信息管理;宿舍管理员模块实现学生管理、宿舍管理、失物招领管理以及个人信息管理;管理员模块实现宿舍综合管理、事务管理及用户管理。

(9)撰写毕业论文以及其他相关资料。

3. 摘要与关键词

摘要:在这个信息化时代,网络让学习和生活变得更加便利,而互联网技术的高速发展也为学生宿舍的信息化管理提供了巨大的助力。因此,开发与设计学生宿舍管理系统对于学生以及宿舍管理人员来说都有帮助,并且有效地拉近了学生和宿管人员之间的距离。

此次课题内容是设计并开发一个基于 Java 的学生宿舍管理系统。本系统采用 B/S 架构模式,以 Java 语言作为编程语言,MyEclipse 10 作为开发工具,并且使用 MySQL 作为后台数据库,Navicat for MySQL 12 作为数据库的设计与管理工具。系统采用简约型界面设计风格,严谨、完善的数据库设计,使得用户体验更加流畅、便捷。本设计分为学生、宿舍管理员和管理员三大模块;其中学生模块主要实现信息查询、添加失物招领、事务和报修信息以及维护部分个人信息等功能;宿舍管理员模块主要实现对自己所辖楼栋的管理、失物招领以及对学生信息进行维护等功能;管理员模块主要实现的是对用户信息、楼栋及宿舍信息以及事务信息的管理等功能。

学生宿舍管理系统为学校管理学生宿舍提供了一个便捷的平台,不仅让学生的宿舍事务处理变得高效快捷,而且便于学校对学生宿舍实现高效、准确及科学的管理。

关键词:学生宿舍管理系统;Java;JSP;数据库;MySQL

4. 目录

5. 正文

节选一：

■·-+·-+·-+·-+·-+·-+·-+·-+·-+·-+·-+·-+·-+·-+·-+·-+·-+·

第 2 章　系统分析

2.1　可行性分析

可行性分析的目的是在系统开发前对系统进行一个综合评估，判断它是否具有实现价值。本节将对学生宿舍管理系统的环境可行性、技术可行性和运行可行性等三个方面进行分析。

2.1.1　环境可行性研究

本系统为学校提供在线管理平台，用户只需要在手机或者电脑上输入相应的网址，即可进入界面完成信息查询和宿舍管理。本系统对环境的要求不高，所以在环境上是可行的。

2.1.2　技术可行性研究

学生宿舍管理系统采用 Java 高级程序语言作为编程语言，采用 MySQL 作为后台数据库，采用 MyEclipse 10 作为开发工具，并且使用 JSP 技术构建了一个 B/S 架构模式的信息管理平台。因此无论是编程语言还是开发工具都是市面上使用较多的，具有相当高可靠性和实用性，故在技术上是可行的。

2.1.3　运行可行性研究

由于系统面向广大师生，因此设计采用简约型风格，操作也非常便捷。用户只需在浏览器中输入系统的地址即可进入系统主界面，并可选择相应的身份（不同的身份权限不同）实现登录，各种信息可清晰显示在对应的模块中，故在开发条件运行上可行。

2.2　系统的关键技术

本系统所使用的编程语言是 Java 高级程序语言，同时使用了基于 Java 的 JSP 开发技术，数据库使用了 MySQL，数据库可视化操作软件使用的是 Navicat for MySQL，采用 Tomcat9.0.1 作为系统运行的服务器，开发工具使用的是 MyEclipse 10[9]。

2.2.1　系统的架构模式

本系统采用的是 B/S 架构模式，这种模式对客户端进行了统一，将系统功能实现的核心部分集中到服务器上，使用时不需要下载及安装，只需要打开浏览器输入相应的网址即可对系统进行访问，简化了系统的开发、维护和使用[10]。此模式使用浏览器来实现用户和系统的交互，相较于 C/S 来说，B/S 对服务器以及数据库的要求没有那么高，并且不会有太多的安全性问题，所以采用 B/S 模式降低了开发成本，使得开发门槛变低。

2.2.2　系统使用的语言

本系统的开发语言是面向对象的高级程序语言 Java。Java 具有简单、面向对象、可靠、安全、分布式、解释型、可移植、平台无关、高性能、多线程、动态性等优点[11]，它吸收了 C 与 C++的优点，同时摒弃了指针等复杂的函数，具有简单易懂的特点。在日常的生产生活中，多数企业选择使用 Java 进行编程，最主要的原因是 Java 是一种跨平台语言，可移植性高[12]。

2.2.3　系统的开发技术

1. HTML 技术

HTML 网页是超文本标记语言。HTML 通过和一些接口组建技术相结合可以制造出功能强大的网页。HTML 是一种简单通用的全置标记语言，初学者易于学习使用。HTML 的使用非常方便，可以利用浏览器完成以前必须安装软件才能完成的任务。通常用 HTML 与 CSS、JavaScript 制作网站的前端。本系统运用 HTML 来设计、美化界面。HTML 具有简易性、可扩展性和可移植性等特点。

2. JSP 技术

JSP 技术是在传统的 HTML 文件中插入 Java 程序段和 JSP 标记形成动态网页的技术[13]。利用 Java 程序段可以对数据库进行操作，JSP 技术实现了 HTML 语法中的 Java 扩展。JSP 是在服务器上执行的[14]，实现了网页的动态性。用 JSP 编写的程序可以跨平台使用，可移植性高。

3. Tomcat 服务器技术

Tomcat 是一个小型服务器，因为运行时占用系统资源少，使用方便和扩展良好，所以受到了很多初学者和中小型企业的追捧[15]。相较于其他 Web 服务器较高的使用费用，Tomcat 开源的理念受到了广大使用者的喜爱，而且给程序员提供了更多可能性去创造多样的功能，有想法的程序员可以根据自己的想法对其进行修改，从而做出自己的 Web 服务器。

2.2.4　后台数据库技术

MySQL 属于后台软件，可对数据进行存放。MySQL 是一个关系型数据库。关系型数据库把数据根据其特性存放在多个表里，而不是堆积在一起，这样就提高了查找的速度以及操作的灵活性。MySQL 体积小，运行速度快，稳定性强，总体维护成本低，而且开源。一般中小型开发使用 MySQL 较多。数据库可视化操作软件 Navicat for MySQL 提供了清晰的操作界面，对于表的设计有很大的帮助，还具有提醒功能，便于对数据库操作不是很熟练的人使用[16]。

2.3　系统的功能需求

本系统主要实现的功能是宿舍日常事务管理，实现高效的管理模式。学生宿舍管理系统的需求如下：

学生用户的需求有：① 失物招领：学生可以对所有的失物招领信息进行查看，并且可以修改自己发布的失物招领信息状态，删除自己发布的失物招领信息；② 事务上报：学生可以对寝室出现的问题进行上报；③ 离校返校：学生在有事需要离开寝室时，可以通过系统改变自己的状态；④ 个人信息管理：学生可以查看自己的个人信息，并可对自己的手机号、账户、密码进行修改。

宿舍管理员用户的需求有：① 学生管理：宿舍管理员可查看自己管辖内所有学生的状况，并对在校的学生信息进行管理，同时针对在校不在寝的学生进行缺寝登记；② 宿舍管理：宿舍管理员可以对自己所辖楼栋里的宿舍进行入住和迁出操作，这个功能主要针对的是新生报到和毕业生离校；③ 失物招领管理：对全校的失物招领进行管理和维护，主要避免学生在失物招领栏里乱发内容；④ 个人信息管理：宿舍管理员可以查看自己的用户信息，并可对自己的手机号、账户、密码进行修改。

管理员用户的需求有：① 宿舍综合管理：对学校的楼栋及宿舍进行操作，完成学生宿舍结构的搭建；② 事务管理：对学生上报的事务进行回复，并安排相关人员解决；③ 用户管理：管理员用户对所有学生用户以及宿舍管理员用户拥有管理权限，并且可对宿舍管理员进行某些权限的授权。

2.4 数据流图

数据流图是一种图形化技术，它从加工角度与数据传递角度，通过图形方式来表达系统的逻辑功能。数据流图包括数据源、数据流以及数据加工和处理。一般根据系统结构将数据流图分为顶层、一层和二层，逐步分层，使得逻辑结构更为清晰。

2.4.1 顶层数据流图

顶层的数据流图描述了整个系统所有的用户与系统之间的关系。画出本系统的顶层数据流图如图 2-1 所示。

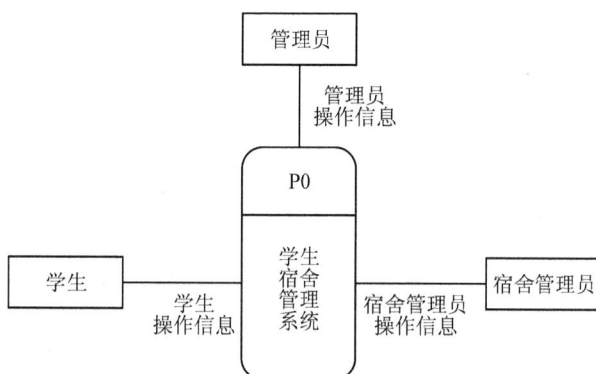

图 2-1 顶层数据流图

2.4.2 一层数据流图

学生宿舍管理系统主要给三类用户使用，分别是学生、宿舍管理员和管理员。学生部分包括失物招领、事务报修、离归登记和个人信息管理等模块。本系统的学生一层数据流图如图 2-2 所示。

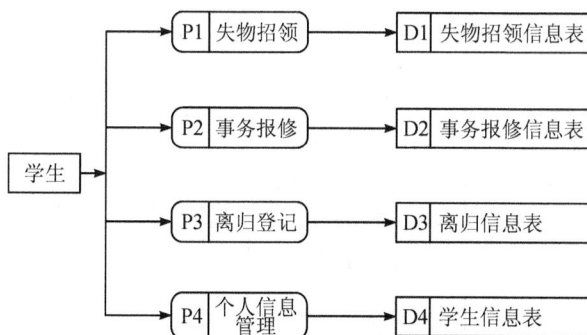

图 2-2 学生一层数据流图

宿舍管理员部分包括学生管理、宿舍管理、失物招领管理和个人信息管理等模块。本系统的宿舍管理员一层数据流图如图 2-3 所示。

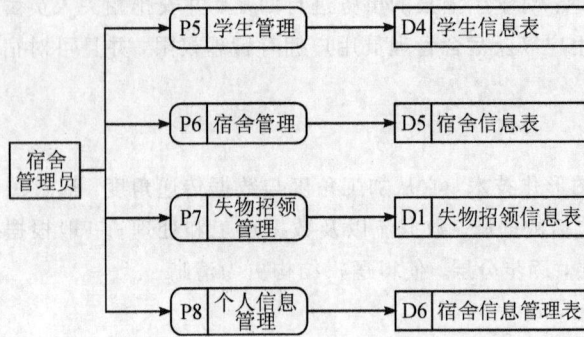

图 2-3　宿舍管理员一层数据流图

　　管理员部分包括宿舍综合管理、事务管理和用户管理等模块。本系统的管理员一层数据流图如图 2-4 所示。

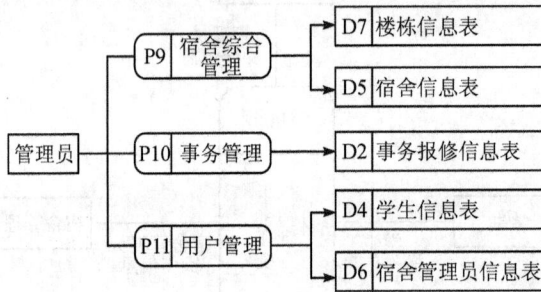

图 2-4　管理员一层数据流图

2.4.3　二层数据流图

　　本系统中，学生可以上传及查询失物招领信息、进行事务报修以及添加个人离归记录，也可以对自己的个人信息进行管理和维护。学生二层数据流图如图 2-5 所示。

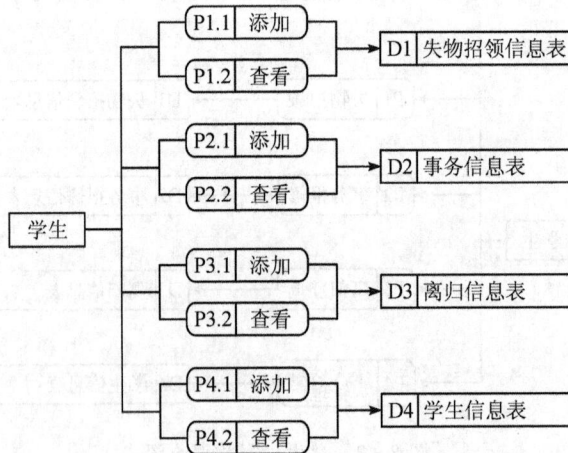

图 2-5　学生二层数据流图

宿舍管理员可以对所管理的学生和宿舍信息进行修改,同时可以对失物招领信息进行查看、修改和删除,并对自己的个人信息进行维护。宿舍管理员二层数据流图如图 2-6 所示。

图 2-6　宿舍管理员二层数据流图

管理员可以管理宿舍综合信息、事务信息及用户信息。管理员二层数据流图如图2-7所示。

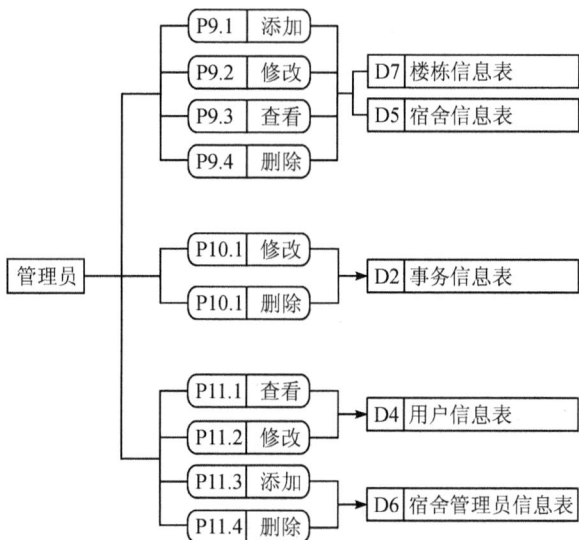

图 2-7　管理员二层数据流图

2.5　本章小结

本章首先对整个系统进行可行性分析,确定系统是可行的;接着对主要使用的技术和实现的功能进行一系列介绍;最后通过分析系统的数据流向,设计系统的顶层、一层和二次数据流图。

分析

(1)本章主要从可行性分析、系统的关键技术、功能需求、数据流图几个方面对系统进行分析。

（2）系统的可行性分析部分主要从技术可行性、环境可行性、运行可行性以及经济可行性等方面进行分析。只有系统可行，才有必要继续研究、设计和开发。

（3）系统的关键技术部分主要从系统使用的语言、系统开发所运用的技术、后台数据库技术等方面进行详细阐述。

（4）系统的功能需求部分主要根据不同的用户权限介绍各个权限下的功能需求，一般系统分为用户模块和管理员模块，本文分为学生、宿舍管理员和管理员三个模块。

（5）系统的数据流图部分从顶层数据流图、一层数据流图和二层数据流图三个方面进行介绍：① 本例中一层以及二层数据流图是按照学生、宿舍管理员以及管理员三个模块来画的；② 数据流图中的数据源、数据处理和数据存储应表达规范；③ 数据流图前面一定要用文字简单介绍数据流图，之后再给出相应的数据流图，切记不要出现"只有图，没有文字"的情况。

（6）本章小结总结性地介绍本章涵盖的知识要点，文字简洁明了。

节选二：

■　-·+-·+-·+-·+-·+-·+-·+-·+-·+-·+-·+-·+-·+-·+-·+-·+-·+-·+-·+-·

第 3 章　系统设计

3.1　系统的总体设计

系统一般使用者分为用户和管理员两种，本系统中用户又分为两种角色，分别为学生和宿舍管理员。学生模块具有失物招领、事务报修、离归修改和个人信息管理四个功能；宿舍管理员模块具有宿舍管理、学生管理、失物招领管理和个人信息管理四个功能；管理员模块具有宿舍综合管理、事务管理和用户管理三个功能。系统的功能模块具体如图 3-1 所示。

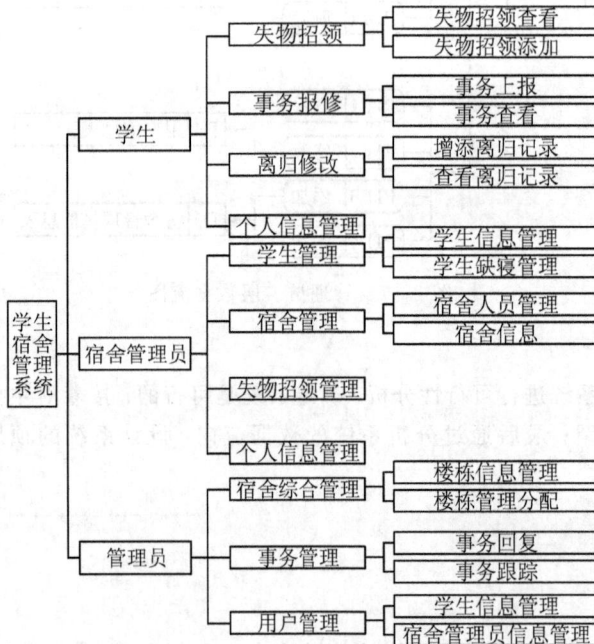

图 3-1　系统的功能模块图

3.2　功能模块的详细设计

学生宿舍管理系统有三类使用者，分别是学生、宿舍管理员和管理员。系统针对不同的用户分别具有多个不同模块，下面介绍各模块的详细设计。

3.2.1　登录模块

用户被创建后用户名和密码立即生效，在登录的时候首先会先判断"是否选择身份登录"，然后再从数据库中查询用户名和密码是否和输入的用户名和密码一致，一致则登录成功，否则登录失败。用户登录流程如图 3-2 所示。

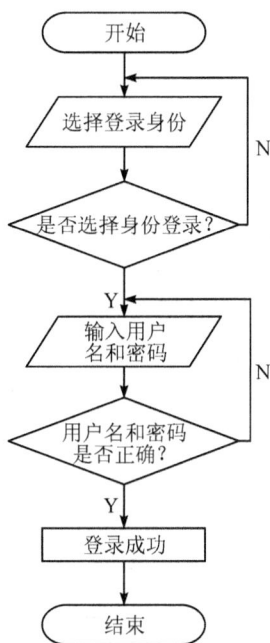

图 3-2　用户登录流程图

3.2.2　学生模块

1. 失物招领

1）查询失物招领信息

学生在失物招领模块里可以查看所有人所发布的失物招领信息，当点击"我的失物招领"时会对学生身份以及发布者身份进行比较，同时对学生进行修改和删除权限的赋予。查询自己发布的失物招领信息的流程图如图 3-3 所示。

2）失物招领搜索

学生在失物招领搜索模块能准确地定位到自己想查找的信息，输入关键字或者时间后进行搜索就会产生相应的搜索结果，并显示在展示栏中。失物招领搜索流程图如图 3-4 所示。

2. 事务报修

事务报修模块所具有的功能是查看上报事务和添加新事务，其流程图与失物招领的流程图具有很多相似的地方，在此不做过多介绍。

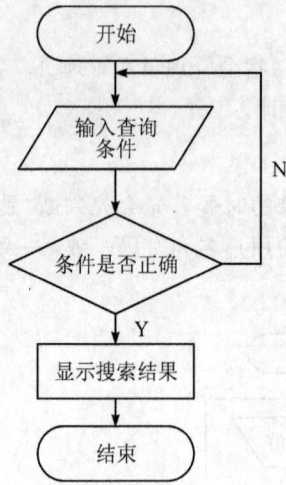

图 3-3　查询自己发布的失物招领
信息的流程图

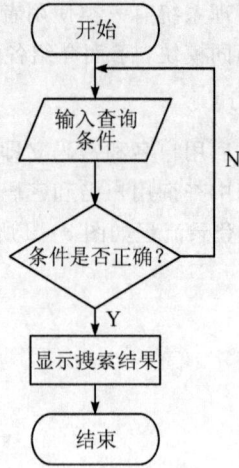

图 3-4　失物招领信息搜索流程图

3. 离归管理

学生在添加离归记录时系统会自动根据上次记录判断其在校状态，从而决定本次添加的是离校还是归校记录，在系统判断之后进行提交即可完成记录添加。添加离归记录的流程图如图3-5所示。

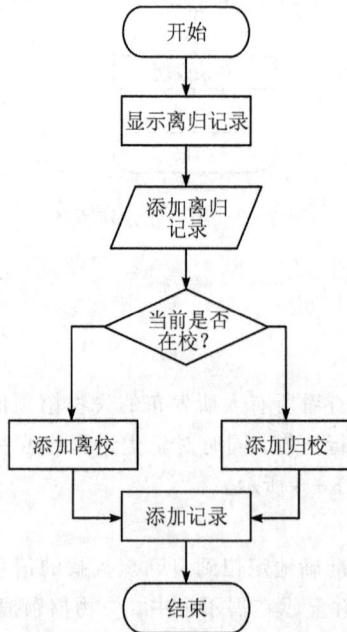

图 3-5　添加离归记录的流程图

4. 个人信息管理

个人信息管理包括查看缺寝记录、修改联系方式和修改密码。这几项功能的流程图比较简单且和失物招领的流程图很相似，此处不做过多介绍。

分析

（1）本章主要从系统的总体设计和功能模块的详细设计两方面介绍系统的设计。详细设计阶段的登录模块作为单独的一节进行详细介绍。

（2）总体设计主要通过总体设计思想和总体结构图展现。首先用文字介绍了系统的总体设计思想，再用总体结构图（系统的功能模块图）更直观地表达系统的总体设计思想。请注意：这里的功能模块的划分应该和前面的数据流图、功能需求以及后面的功能模块的详细设计中模块的划分保持一致。

（3）系统的详细设计主要是通过流程图呈现，注意要点如下：① 功能模块划分应和前面的总体结构图（功能模块图）保持一致；② 符合流程图的规范要求；③ 流程图上面应有相应的文字介绍；④ 不要出现直条形或者多分叉的流程图。

节选三：

第 4 章　数据库的设计

4.1　数据库的需求分析

学生宿舍管理系统有学生、宿舍管理员和管理员三种操作角色。学生有查看和修改自己部分信息的权限，宿舍管理员有权对自己所管辖的楼栋里的学生以及宿舍进行查看管理，管理员有权对用户以及一些固定信息进行操作。根据各个模块共设计出 10 个实体。

4.2　数据库的概念结构设计

学生宿舍管理系统主要有学生实体、宿舍管理员实体、管理员实体、失物招领实体、事务报修实体、楼栋实体、宿舍实体、离归实体、缺寝实体和毕业生迁出实体。

（1）学生实体包括编号、学号、密码、姓名、班级、性别、状态和手机号 8 个属性。学生实体属性如图 4-1 所示。

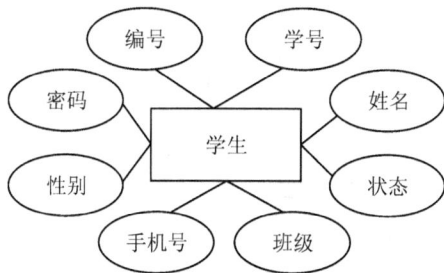

（2）宿舍管理员实体包括编号、工号、姓名、密码、手机号、管理楼栋和性别 7 个属性。宿舍管理员实体属性如图 4-2 所示。

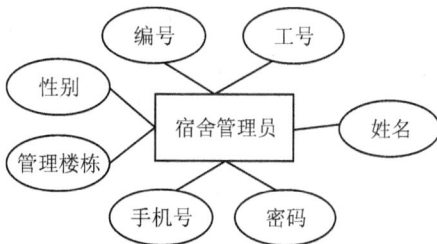

图 4-1　学生实体属性图　　　　　图 4-2　宿舍管理员实体属性图

（3）管理员实体包括编号、工号、姓名、密码、手机号和性别 6 个属性。管理员实体属性如图 4-3 所示。

（4）失物招领实体包括编号、设计、描述、状态和提交人5个属性。失物招领实体属性如图4-4所示。

（5）事务报修实体包括编号、事务宿舍、描述、上报时间、回复和回复时间6个属性。事务报修实体属性如图4-5所示。

（6）楼栋实体包括编号、楼栋名、描述和管理人编号4个属性。楼栋实体属性如图4-6所示。

（7）宿舍实体包括编号、宿舍名、所属楼栋和类型4个属性。宿舍实体属性如图4-7所示。

（8）离归实体包括编号、行为、操作人、描述和时间5个属性。离归实体属性如图4-8所示。

（9）缺寝实体包括编号、缺寝人、登记人、描述和时间5个属性。缺寝实体属性如图4-9所示。

（10）毕业生迁出实体包括编号、迁出人、备注和时间4个属性。毕业生迁出实体属性如图4-10所示。

注：图4-3到4-10省略。

系统的实体关系图展现了这10个实体之间的联系，如图4-11所示。

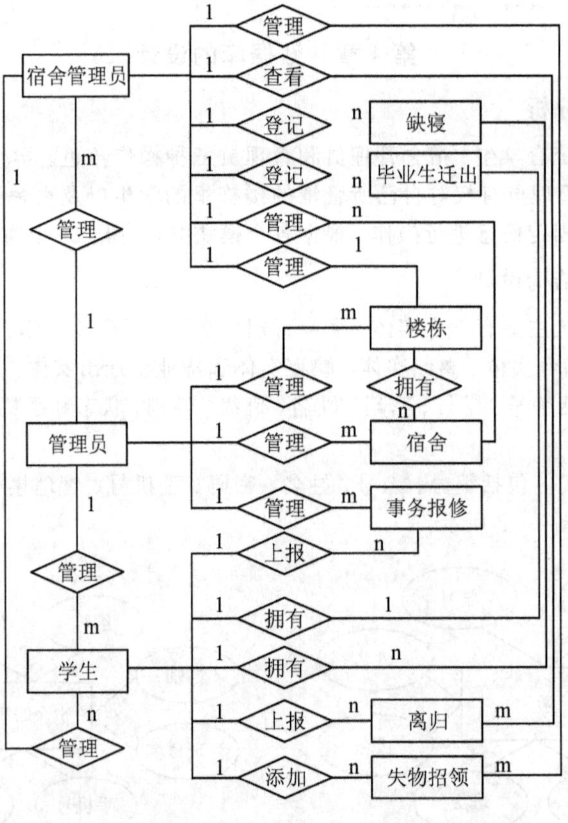

图4-11　系统的实体关系图

4.3　数据库的逻辑结构设计

（1）表 Student 是学生信息表，学生注册时信息被保存在该表中，同时将编号设置为主键，具体结构如表 4－1 所示。

表 4－1　学生信息表 Student

列名	属性数据类型	长度	允许空	字段说明
Student_ID	int	10	否	学生编号
Student_Username	varchar	20	是	学生学号
Student_Name	varchar	20	是	学生姓名
Student_Password	varchar	20	是	学生密码
Student_State	varchar	10	是	学生状态
Student_Class	varchar	20	是	学生班级
Student_Tel	varchar	20	是	学生联系方式
Student_Sex	varchar	10	是	学生性别

（2）表 Teacher 是宿舍管理员信息表，宿舍管理员信息被保存在该表中，将编号设置为主键，具体结构如表 4－2 所示。

表 4－2　宿舍管理员信息表 Teacher

列名	属性数据类型	长度	允许空	字段说明
Teacher_ID	int	10	否	宿舍管理员编号
Teacher_Username	varchar	20	是	宿舍管理员工号
Teacher _Name	varchar	20	是	宿舍管理员姓名
Teacher _Password	varchar	20	是	宿舍管理员密码
Teacher _Tel	varchar	10	是	宿舍管理员联系方式
Teacher _Sex	varchar	20	是	宿舍管理员性别
Teacher_Building	varchar	20	是	宿舍管理员管理楼栋

（3）表 Admin 是管理员信息表，管理员信息被保存在该表中，将编号设置为主键，具体结构如表 4－3 所示。

（4）表 lostfound 是失物招领信息表，用来存放失物招领信息，将编号设置为主键，具体结构如表 4－4 所示。

（5）表 repairs 是事务信息表，用来存放事务信息，将编号设置为主键，具体结构如表 4－5 所示。

（6）表 building 是楼栋表，用来存放楼栋信息，将编号设置为主键，具体结构如表 4－6 所示。

（7）表 dormitory 是宿舍表，用来存放宿舍信息，将编号设置为主键，具体结构如表 4－7 所示。

（8）表 io 是离归表，用来存放学生的离归信息，将编号设置为主键，具体结构如表 4－8 所示。

（9）表 lack 是缺寝表，用来存放缺寝信息，将编号设置为主键，具体结构如表 4－9 所示。

（10）表 out 是毕业生迁出表，用来存放毕业生迁出信息，将编号设置为主键，具体结构如表 4 - 10 所示。

注：表 4 - 3 到 4 - 10 省略。

4.4　数据库的关系图

略。

4.5　本章小结

略。

分析

（1）本章主要从数据库的需求分析、概念结构设计、逻辑结构设计以及数据库的关系图等方面来展现本系统数据库的设计过程。

（2）通过数据库的需求分析总结出本系统需要设计多少个实体，各个实体的属性有哪些，以及实体之间有何种关系。

（3）数据库的概念结构设计部分主要对应着 E - R 图。由于 E - R 图涉及实体、属性和关系，图比较大，所以此部分把 E - R 图分为各个实体的属性图和实体之间的关系图两部分来呈现。应该注意的是，实体的关系图中关系（一对多、多对多）不要出现错误。此外，在 E - R 图中，实体用矩形表示，属性用椭圆形表示，联系用菱形表示，对应的关系有一对一（一般可以整合为一张表）、一对多和多对多。

（4）数据库的逻辑结构设计的要点是：① 数据库的逻辑结构设计是根据概念结构的 E - R 图转换为逻辑结构的表结构的；② 表之前应有相应的文字介绍。

节选四：

第 5 章　系统的实施

5.1　数据库的连接

只有从控制台将学生宿舍管理系统与数据库相连接，才能实现用户以及管理员对系统的操作。其核心代码如下：

```
private Stringurl="jdbc:mysql://localhost:3306/sushe";//数据库连接地址
private String user="root";//MySQL 用户名
private String password="123";//MySQL 密码
private String name="com.mysql.jdbc.Driver";//获取 Driver 全包名
public ConnectiongetConn(){//创建连接
    Connection conn = null; //初始化连接
    try{
        Class.forName(name); //映射 Driver
    }
    catch(Exception e){}//异常捕获
```

```
try{
    conn＝DriverManager. getConnection(url, user, password);//获取连接
}
catch(SQLException ex){} //异常捕获
return conn;
}
```

5.2　系统的主界面

　　系统构建完成后在 Myeclipse 里发布到 Tomcat 并且打开 Tomcat，然后使用谷歌浏览器输入"localhost:8080/sushe"，即可进入学生宿舍管理系统主界面，如图 5-1 所示。

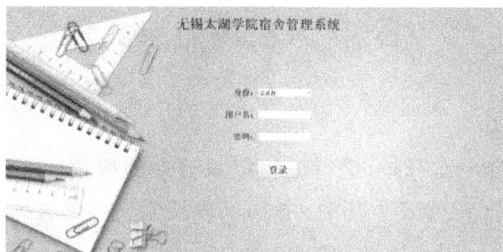

图 5-1　系统主界面

5.3　学生模块

　　学生模块主要分为失物招领、事务报修、我的离归记录和个人信息管理四个部分。针对不同的模块，学生拥有不同的权限。学生模块主界面如图 5-2 所示。

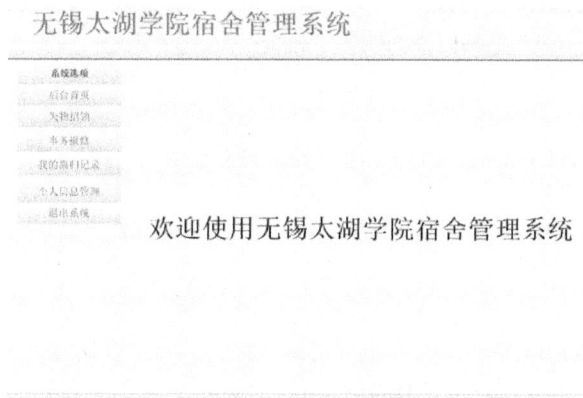

图 5-2　学生模块主界面

5.3.1　失物招领

　　1. 查看失物招领信息

　　当学生需要寻找失物或者发布失物招领信息时，在如图 5-2 所示的学生模块主界面中点击"失物招领"即可进入失物招领导航界面，如图 5-3 所示。

　　在图 5-3 中显示着所有的失物招领信息，其中包括失物招领的发布日期、失物招领内容、状

失物招领

功能导航：		查询：	日期：□□至□□
添加失物招领	我的失物招领		□□□　查询

发布日期	内容	状态	发布人
2019-04-26 14:59	捡到白色手表	未解决	李静 15656878209
2019-04-26 14:58	捡到带海绵宝宝的钥匙	未解决	李静 15656878209
2019-04-26 14:51	丢失数学笔记本	未解决	李静 15656878209
2019-04-26 14:38	捡到苹果airport	未解决	李静 15656878209
2019-03-08 18:13	宿舍钥匙	未解决	孙波 18800579077
2019-04-25 15:21	丢失钥匙	未解决	李宏 15556779312
2019-04-25 15:19	捡到手机	未解决	李宏 15556779312
2019-04-08 18:13	捡到白色小米8	已解决	李静 15656858654

图 5-3　失物招领导航界面

态、发布人及其联系方式。

2. 失物招领信息搜索

通过图 5-3 中的"功能导航"即可进行失物招领信息的搜索。搜索方式包括按内容模糊搜索、按时间段搜索和二者联合搜索等。其中，按时间段搜索支持只选择开始或者结束时间。其核心代码如下：

```
if(! (isInvalid(SearchKey))) //输入内容是否为空
{
    strWhere+="LDontent like" +"'"+"%"+SearchKey+"%"+"'";
    if(! (isInvalid(Date1))){ //时间前界限是否为空
        strWhere+=" and LDate>'"+Date1+"'";
        if(! (isInvalid(Date2))){
            strWhere+=" and LDate<'"+Date2+"'";
        }
    }else{
        if(! (isInvalid(Date2))){ //时间前界限是否为空

            strWhere+=" and LDate<'"+Date2+"'";
        }
    }
}else{if(! (isInvalid(Date1))){
    strWhere+=" LDate>'"+Date1+"'";
    if(! (isInvalid(Date2))){
        strWhere+=" and LDate<'"+Date2+"'";
    }
}else{
    if(! (isInvalid(Date2))){
        strWhere+=" and LDate<'"+Date2+"'";
    }
}}
```

1）按内容模糊搜索

首先在搜索框内输入需要搜索的内容，如输入"钥匙"，然后点击"查询"，即可完成内容模糊搜索。其搜索结果如图 5-4 所示。

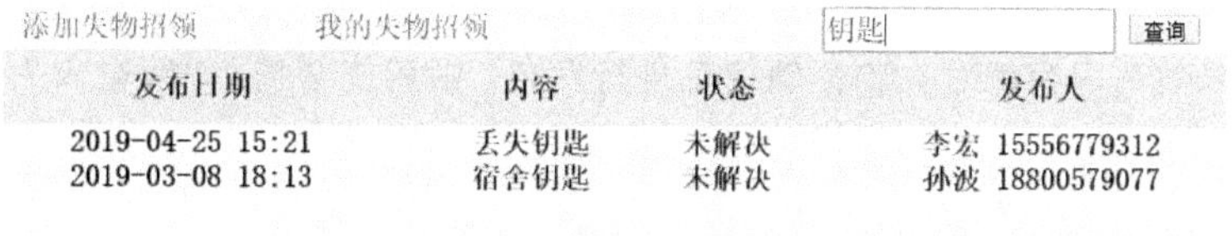

图 5-4　按内容模糊搜索的结果

2）按时间段搜索

首先选择时间段，如时间段选择"2019-04-08 至 2019-04-30"，然后点击"查询"，即可完成时间段搜索。其搜索结果如图 5-5 所示。

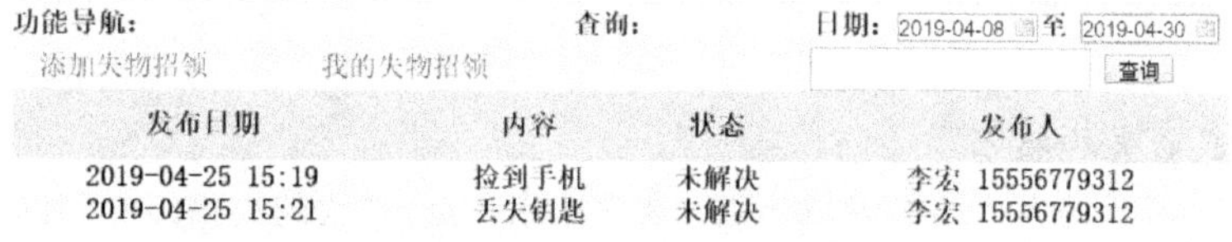

图 5-5　按时间段搜索的结果

3）按时间段与模糊搜索联合搜索

首先在搜索框内输入需要搜索的内容，如输入"钥匙"，时间段选择为"2019-04-09 至 2019-04-29"，然后点击"查询"，即可完成联合搜索。其搜索结果如图 5-6 所示。

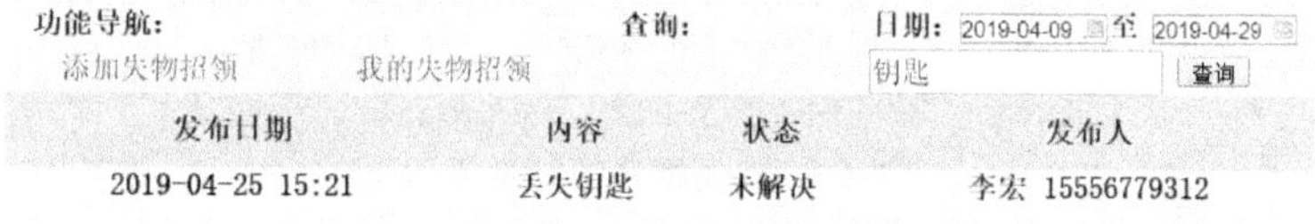

图 5-6　联合搜索的结果

3. 添加失物招领信息

在如图 5-3 所示的失物招领导航界面，当用户点击"添加失物招领"时界面跳转到添加失物招领信息的界面，如图 5-7 所示。

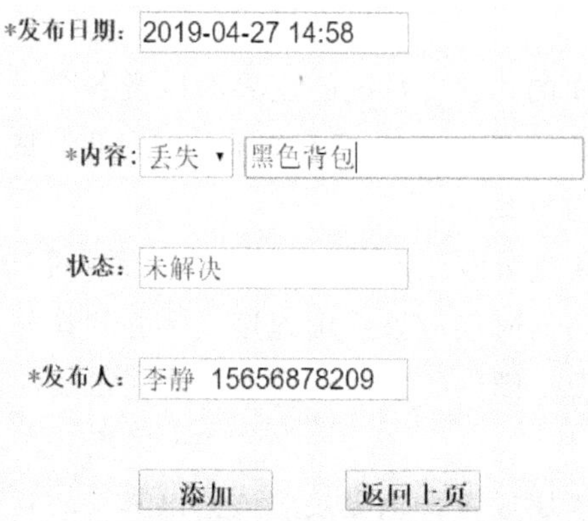

图 5-7　添加失物招领信息的界面

　　图 5-7 中,发布日期、状态和发布人都是靠系统自动获取,无须用户手动填写。例如,发布日期"2019-4-27 14:58",状态"未解决",发布人"李静 15656878209"都是系统自动获取的,发布人只要在内容处选择"丢失"并填写"黑色背包",单击"添加"按钮,即可完成失物招领信息的添加。

　　如果用户未填写内容就对失物招领信息进行发布,则系统会提示"请输入失物招领内容!",如图 5-8 所示。

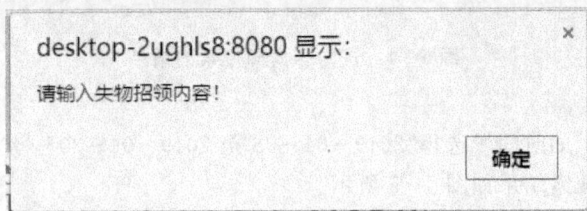

图 5-8　空内容提醒界面

4. 管理"我的失物招领"

　　在如图 5-3 所示的失物招领导航界面,当学生用户点击"我的失物招领"时即可进入失物招领管理界面,如图 5-9 所示。

图 5-9　失物招领管理界面

　　学生在进入本界面后只显示自己发布的信息,信息具体包括发布日期、发布内容、状态、发布人以及操作选项。学生可对自己的失物招领信息进行查询、修改及删除。

分析

　　(1) 本章主要从数据库的连接、系统的主界面以及各个用户权限模块(本文是学生模块、宿舍管理员模块和管理员模块)来介绍系统的构建过程,每个部分主要是从界面、功能以及代码三个方面进行详细介绍。

　　(2) 本章节的功能模块划分应和前面章节的设计(总体设计和详细设计)保持一致。

　　(3) 介绍每个功能模块的时候应该详细地用文字介绍操作,并给出相应的图,图中的数据应和文字表达保持一致,图中的数据应该和本系统相关,不能随意添加和系统无关的数据。

　　(4) 对本系统的核心模块或者特色模块应该给出其核心代码,并有相应的注释,此外还应该有一套增、删、改、查的核心代码。

6.1.3　案例点评

（1）本论文按照《无锡太湖学院毕业设计任务书》的要求完成，同时该生具备独立思考以及学习和阅读参考文献的能力。毕业设计工作量饱满，达到了本科毕业生的训练要求。

（2）本设计围绕"基于 Java 的学生宿舍管理系统的设计与实现"展开设计与实现，开发了一个基于 Java 的学生宿舍管理系统。

（3）本系统采用 B/S 架构模式，以 Java 语言作为编程语言，以 MyEclipse10 作为开发工具，并且使用 MySQL 作为后台数据库，使用 Navicat for MySQL 12 作为数据库的设计与管理工具。

（4）本设计分为学生、宿舍管理员和管理员三大模块。其中，学生模块主要实现失物招领、事务报修、离归管理以及个人信息管理等功能；宿舍管理员模块主要实现对自己所辖楼栋进行管理、失物招领以及对学生信息进行管理、维护等功能；管理员模块主要实现的是对用户信息、楼栋及宿舍信息以及事务信息的管理等功能。

（5）本论文按照软件工程的指导思想，将毕业论文分为绪论、系统分析、系统设计（总体设计和详细设计）、数据库设计、系统实施、系统测试以及总结与展望七大部分，论文框架合理，内容完整。此外，本论文语言规范，能正确使用书面语，语句通顺，文中公式、图、表格符合规范，格式符合学院的模板要求。

（6）本毕业设计表明该同学已经具备一定的专业基础知识、专业素养、编程能力以及文档撰写能力，达到了计算机科学与技术本科生的培养目标和要求。

（作者：孙波；指导教师：包莹莹）

6.2　移动开发方向

移动开发方向课题主要指各种基于移动端的软硬件设计与开发，如基于 Android 的 App、移动互联应用开发、移动终端智能产品研发等，在计算机类专业的毕业设计中占据一定的比例。此方向课题的设计过程遵循软件开发的通用原则，全过程一般包括：

（1）需求分析：可以从技术、经济、操作以及法律等方面阐明系统开发的可行性；分析系统的应用对象和范围，了解系统使用群体的需求；明确开发过程中所使用的关键技术；总结出系统的功能需求；根据系统的数据流向绘制出系统的数据流图；等等。

（2）总体设计：介绍系统的总体设计思路、总体架构，并通过总体结构图展现出各个功能模块。

（3）详细设计：涵盖各个模块的详细设计、数据库设计以及界面设计。其中，模块的详细设计通过程序流程图展现各个模块实现的功能；数据库设计涵盖数据库的需求分析、概念结构设计（E-R 图）与逻辑结构设计（表结构）等；界面设计主要是指界面的布局，力求整洁美观。

（4）系统实施：从数据库连接、主界面以及各个功能模块的实现来介绍系统的各个功能，每个模块主要涵盖界面实现和代码实现。

（5）系统测试：采用测试用例对系统进行测试，进而发现程序的错误，测试方法涵盖黑盒测试和白盒测试。

此方向课题的设计思路一般为：首先进行需求分析，然后在此基础上进行系统的总体设计和详细设计，接着完成系统的实施，包含编写代码和界面设计等，最后对系统进行测试，找出相应的问题并改正，如图 6.2 所示。毕业设计说明书（论文）纲要也可参考此流程进行。

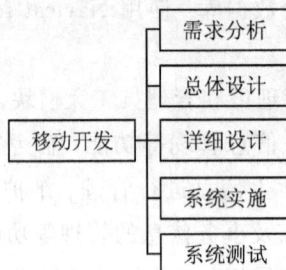

图 6.2　移动开发方向课题的设计思路

6.2.1　课题范例

表 6.2 为移动开发方向毕业设计课题范例，以供参考。

表 6.2　移动开发方向毕业设计课题范例

序号	课 题 名 称
1	基于移动端的智慧养老服务平台的设计
2	餐饮外卖 App 系统的设计与实现
3	基于移动端的电商系统的设计
4	基于移动平台的智能零售系统的设计
5	基于安卓的英语单词记忆软件的设计与实现
6	基于移动终端的鲜花预定系统的设计与实现
7	基于移动终端的企业工资管理系统的设计与实现
8	基于移动平台的时间轴记录系统
9	基于移动平台的公司考勤系统
10	基于 Android 的汽车租赁 App 的设计与实现
11	基于 Android 的考试培训系统的设计与实现
12	基于 Android 的高校学习社区的设计与实现
13	基于 Android 的工匠家装平台 App 的设计与实现
14	基于 Android 的移动播客的设计与开发
15	基于安卓平台师生问题互动管理系统的设计

6.2.2　案例分析

1. 题目

基于移动端的智慧养老服务平台的设计。

2. 设计任务要求

本课题是来自"江苏省物联网应用重点建设实验室"的应用课题——智能养老综合管理系统。养老服务作为城市发展的重点领域，其"智慧化"发展必然是未来理论研究与实践的热点问题。本课题重点研究养老服务模式的创新设计、养老服务的质量管理、养老服务的数据采集处理与应用方法等，进而提出促进以物联网、云计算、大数据为基础的智慧健康养老产业的发展。

本设计任务的具体要求如下：

（1）按照题目要求在认真分析的基础上完成养老平台现状的调研，并写出需求分析报告；

（2）在需求报告的基础上确定智慧养老数据维护系统的设计方案、编程语言、开发工具和平台等，并撰写设计报告；

（3）在设计报告的基础上进行编程实现和系统测试，并对系统逐步进行完善；

（4）毕业论文要求论据充分，论述清晰，概念清楚，结构完整，层次分明，引用正确，图表清晰，格式规范，文字流畅，结论正确；

（5）论文必须清楚反映自己的学术观点和学术水平；应独立思考和撰写，严禁抄袭；

（6）形成书面论文周记（进度表），根据进度按时完成各阶段的任务，每周向指导教师汇报工作进度，探讨研究内容、开题报告和毕业论文等的格式、字体以及排版，打印必须符合学校的规定。

3. 摘要与关键词

摘要：养老建设作为现阶段城市发展的重点，其"智慧化"成长必定是将来理论研究与实践的热点问题。随着智能手机的普及，Android 平台因为它的开源优势逐渐占据了大部分的市场份额，各种 Android 应用层出不穷。利用智能手机人们可以完成各种以前无法想象的任务。所以基于 Android 平台的通用性和便捷性，本论文将为老人提供一套简单易用的养老服务系统，使老人的生活更加健康、安全和便捷。

本文旨在设计并实现一个结合传感网络、通信网络、大数据处理等技术的智慧居家养老平台。该平台针对适龄老人的养老需求，设计了相应的功能模块、界面美观、使用便捷，实现了登录、注册、健康数据管理、智能家居控制、资讯查询以及周边服务信息查询等功能。该平台架构分为终端层、网络传输层、平台数据支撑层、应用层以及用户层，通过居家小屋内部的各类设备传感器采集终端数据；通过网关发送到云平台进行分析存储；用户通过居家养老 App 提取各类数据及使用各种服务。文中着重描述了这些模块的设计思想以及一些关键性的编写思路。本文最后还着重总结了一些制作过程中的经验和想法。

关键词：养老；信息管理；智能家居；Android

4. 目录

5. 正文

节选一：

■ ·+··+··+··+··+··+··+··+··+··+··+··+··+··+··+··+·

第 3 章　系统需求分析

3.1　应用范围和对象

随着 20 世纪 70 年代计划生育的实施，如今我国的人口老龄化现象日益严重，人口的老龄化也必将成为推动智慧养老产业链发展的助力。因此，智慧养老这一项目发展的形势一片大好。本项目着重于老人健康数据的采集、维护与管理等方面。

本应用主要供老人或者老人的监护人员使用，可帮助老人和监护人员及时了解老人的各方面情况，将养老信息可视化，以便及时地帮助养老对象调整养老方针。

3.2　养老需求的获取

（1）老人对于自己的健康数据需要心知肚明，这样才能有针对性地保养自己的身体。

（2）对于老人的健康状态必须有一个阈值的提示，使老人知道各项健康数据是什么。

（3）大部分老人都是健忘的，当他们生病需要按时吃药的时候必须做到时时提醒，以防他们忘记吃药。

（4）老人的判断能力、方向感都不如年轻人，因此除了需要防止老人走失外，还需要时时知道老人所处的位置以及老人在家的状态。

（5）大部分老人的行动是不方便的，遇到不是太好打开的电器就很麻烦，因此需要提供简单的控制电器的方法。

（6）老人遇到危险情况时，需要能及时通知重要的相关人员，以方便老人脱离困境。

（7）老人们需要科学的健康知识所以需要不断地提供一些健康小常识来让老人阅读。

（8）对于家里的电器维修、家里的清洁，老人可能无法自己完成，这时候就需要提供给老人一些帮助。

3.3　具体功能需求分析

3.3.1　健康管理

此模块主要解决老人健康数据的管理问题，分为以下四个功能：

（1）健康数据：主要是将老人的血压、心率等重要的健康数据显示出来，以便让老人了解自己的健康状况。

（2）健康档案：主要用来解决老人健康信息的记录问题，用来记录老人各方面的信息，包括但不限于个人基本信息、基本健康信息和平常的生活方式等。

（3）吃药提醒：主要用来解决老人平时忘记吃药的问题，医生将吃药时间设置好后，将会按时提醒老人按时吃药。

（4）预警设置：主要用来设置老人血压心率的预警值，当达到预警值时进行报警提示，以便及时告知老人。

3.3.2　健康监护

此模块主要用来获取老人的实时位置数据以及家中监控数据，具体分为以下四个功能：

（1）定位追踪：主要用来实时追踪老人的位置信息，从而可以保证老人不会离开监护人员的视线，保证老人的安全。

（2）轨迹回放：主要用来回放老人某段时间内走过的路径，可以随时掌握老人在某段时间的运动轨迹，从而找出某些棘手的健康问题的根源。

（3）猫眼：主要用来实时观察家中固定位置的状况，防止老人在一些危险的位置做一些危险的事情。

（4）WiFi摄像机：可以实时观察家中状况，因为WiFi摄像机的镜头是可转动的，可以360°观察周边的状况，所以采用WiFi摄像机可以第一时间掌握老人在家中的生活状态，从而来解决相关问题。

3.3.3　智能家居

此模块主要是用来控制家中大部分电器，可以帮助行动不便的老人控制家中电器，也可以帮助监护人员控制老人家中的电器。此模块主要有以下五个功能：

（1）楼宇照明：主要用来控制楼宇灯光的开关，方便老人或者监护人员控制与楼宇灯光。

（2）室内照明：此功能将家中的灯光设备进行组合，以适应各种场景所需要的灯光，包含但不限于会客场景、离家场景、回家场景、睡眠场景、起床场景和聚会场景；也可以单独调整某个灯光设备。

（3）表类设备：此功能主要用来显示家中所有表类设备的当前状态，提供表类的实时数值显示，方便老人或者监护人员掌控家中水电等的使用状态。

（4）其他设备：此功能用来控制家中插座、门锁等，帮助老人或者监护人员知道家中插座和门锁的状态以做出相应的调整措施，保证家中的安全。

（5）报警信息：此功能主要显示家中传感器的使用状态，保证家中传感器的有效性，防止因传感器故障而造成无法挽回的后果。

3.3.4　一键拨打

此模块主要提供快捷打电话的功能，遇到紧急情况的时候，老人可以快速拨打给监护人员，及时解决老人的紧急问题。

3.3.5　资讯

此模块主要提供养老的相关知识，目的就是丰富老人的养老知识，让老人及时了解国家的相关养老政策，主要有以下三个分类：

（1）健康资讯：主要介绍常规的养老知识，让老人了解什么对自己有益，什么对自己有害。

（2）政策：主要为老人提供养老政策方面的相关信息，使其及时了解国家养老方面的最新政策。

（3）公告：主要告知常规的养老福利政策，包含但不限于养老金和养老保险等方面。

3.3.6　服务

此模块主要提供第三方的服务为老人解决家电维修和家政服务等问题，主要包含以下五个方面：

（1）维护维修：主要提供家电维修方面的服务，帮助老人解决家中家电故障的问题。

（2）旅游资讯：为老人提供旅游资讯。

（3）网上购物：不用走出家门就能使老人订购生活必需品，方便老人及时补充家中缺少的消耗品。

（4）订餐：主要提供食物的外卖服务，以便老人在不方便做饭的时候可以适时地使用此功能。

（5）法律法规：为老人提供法律知识，使其增强法律维权意识，为养老生活加上一层法律武器的保障。

3.3.7　我的

此模块主要用来管理个人账号方面的信息，包含但不限于个人信息的展示、密码的修改、系统的升级以及软件信息的介绍等。

该模块提供的一个重要功能就是类似于 QQ 的账号切换功能，这样可以方便地切换多个老人的账号，因为很多老人都是有伴的。

3.4　本章小结

本章主要制订了系统的总体需求，并分模块将每个功能的需求也都制订完成，这样方便下面系统的总体设计，从而为系统的成型提供了有力的依据。

·—·+·—·+·—·+·—·+·—·+·—·+·—·+·—·+·—·+·—·+·—·+·—·+·■

分析

（1）本章节主要从"用户需求"和"系统的功能需求"两大方面进行了系统的需求分析。

（2）"应用范围和对象"小节介绍了本系统应用的范围和使用的对象，明确了系统的使用者。

（3）"养老需求的获取"小节通过了解用户对象（老年群体）的真实需求，从而为系统的需求分析提供真实的保障。

（4）本章节最重要的部分是具体的功能需求分析，本文从健康管理、健康监护、智能家居、一键拨打、资讯、服务和我的七个方面详细介绍了本系统的功能需求，从而为后面的系统设计和实现做铺垫。

（5）本章小结主要总结性地介绍本章涵盖的知识要点，应注意几点要求：① 文字简洁明了；② 内容涵盖本章各知识点。

节选二：

■·—·+·—·+·—·+·—·+·—·+·—·+·—·+·—·+·—·+·—·+·—·

第 4 章　系统总体设计

4.1　总体设计思路

智慧养老平台总体设计是基于数据融合的智慧养老平台的物联网架构体系，智慧养老平台分为终端层、网络传输层、平台数据支撑层、应用层以及用户层。

在终端层包括智慧养老终端、传感器、可穿戴设备、无线射频通信终端以及交互终端等硬件资源，网络层主要利用移动物联网通信技术和互联网通信技术；在平台数据支撑层包括数据中心和数据接口管理两个层次，并利用物联网数据加密技术对系统数据进行加密，提高系统安全风险防护能力，对智慧养老数据进行融合、分析，满足应用层的业务数据调用；在应用层根据应用功能的不同可分为智能家居子系统、生活服务子系统、医护管理子系统、健康管理子系统和健康监护子系统等；用户层包含老年人、家庭、志愿者和服务机构等，系统架构如图4-1所示。

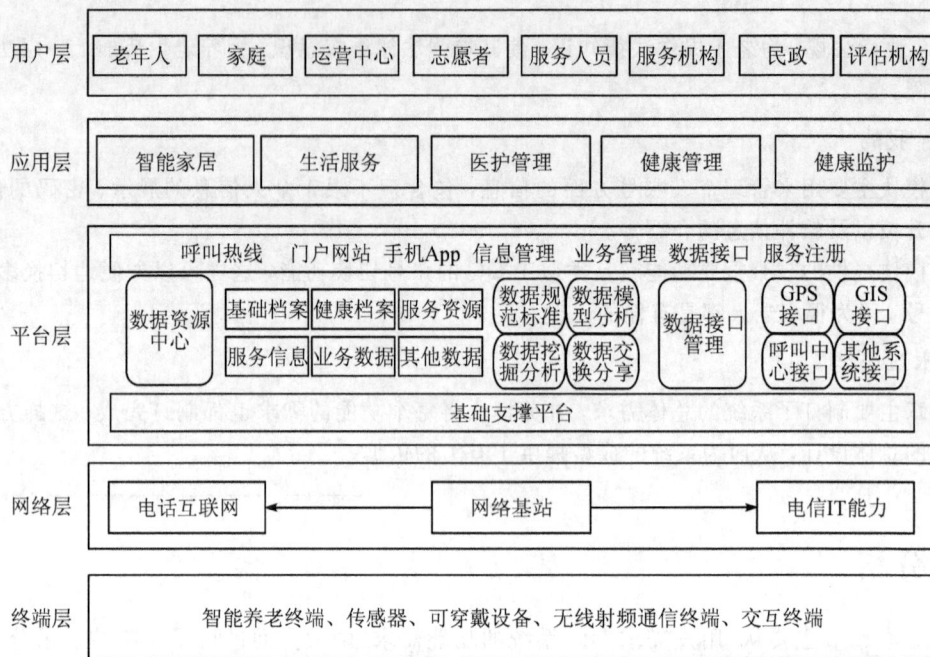

图4-1　系统架构图

4.2　总体架构设计

智慧养老综合管理平台主要由智慧养老综合管理平台（服务器端）与智慧养老综合 App 管理平台（手机端）两部分。通过智能小屋内部的各类设备传感器及智能穿戴设备等终端采集数据，通过网关发送到云平台进行分析存储。管理人员和用户通过 Web 管理平台及智慧养老 App 提取各类数据及使用各种服务，总体架构关系如图4-2所示。

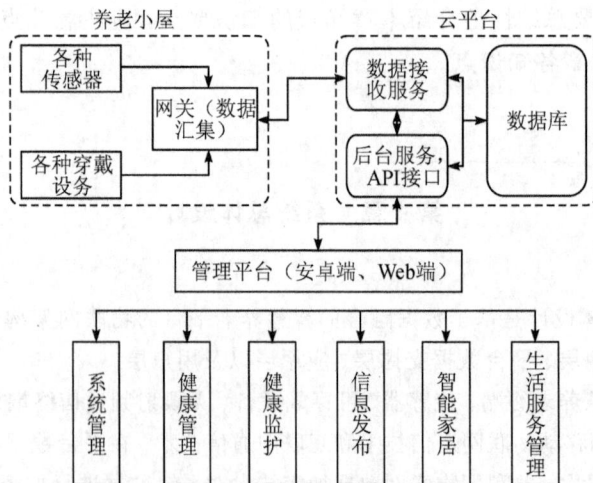

图4-2　总体架构设计

其中管理平台主要分为系统管理、健康管理、健康监护、信息发布、智能家居和生活服务管理等。

4.3　功能模块设计

根据需求分析和架构设计,先画出本养老系统智能终端 App 功能模块图,主要分为关爱、资讯、服务和我的四大模块,如图 4-3 所示。

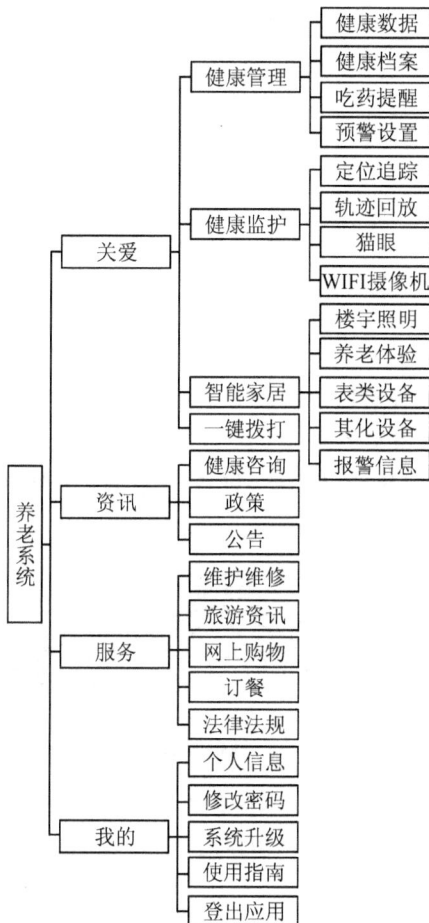

图 4-3　养老系统功能模块图

(1) 关爱模块主要对应架构设计中的健康管理、健康监护和智能家居。

(2) 资讯模块主要对应架构设计中的信息发布,用于发布养老的相关信息。

(3) 服务模块主要对于架构设计中的生活服务管理。

(4) 我的模块主要对应架构设计中的系统管理,用于实现 App 的用户管理、系统升级等重要基础功能。

4.4　系统流程图

本节主要对系统中的健康管理模块、健康监护模块、智能家居模块、资讯信息发布模块、生活服务功能模块和系统信息管理进行流程图绘制和流程文字描述。

4.4.1　健康数据

（1）此功能属于健康管理模块，流程图如图 4 - 4 所示。

（2）流程文字说明。

① 打开 App，进入健康数据界面；

② 准备完毕，用户选择开始测量；

③ 测量完毕，获得用户健康数据，并上传至服务器；

④ 完成操作；

⑤ 退出。

……。

4.5　数据库设计

4.5.1　数据库系统概述

略。

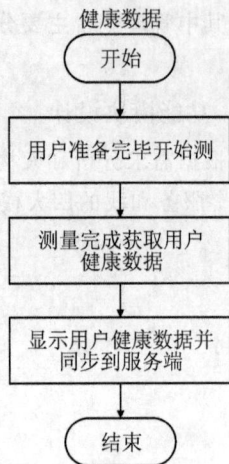

图 4 - 4　健康数据流程图

4.5.2　数据实体设计

智慧养老服务平台主要实体有监护用户实体、老人信息实体、老人关系实体、健康数据实体、历史位置实体以及智能设备实体等。

（1）监护用户实体是用来存储老人监护用户的信息的，主要包括对象编号、用户名、密码、年龄、性别、电话、角色、状态等属性，如图 4 - 21 所示。

图 4 - 21　监护用户实体图

（2）老人信息实体是用来存储老人基本信息的，主要包括对象编号、姓名、年龄、性别、手机号、身份证号、老人的爱好、社区、监护用户编号、身高、体重、血压、状态及地址等属性，如图 4 - 22 所示。

（3）老人手环实体主要是用来存储老人与手环之间的关系的，主要包括对象编号、老人编号、手环编号和手环类别等属性，如图 4 - 23 所示。

（4）老人健康数据阈值实体是用来存储老人健康数值的阈值信息的，主要包括对象编号、老人编号、血压阈值、心率阈值和创建时间，如图 4 - 24 所示。

（5）老人历史位置实体主要是用来存储老人的位置信息的，主要包括对象编号、经纬度信息、地点信息、创建时间等属性，如图 4 - 25 所示。

（6）智能设备实体主要是用来存储智能设备的状态信息，主要包括对象编号、设备型号、设备名称、设备状态、更新时间等属性，如图 4 - 26 所示。

（7）灯光实体主要是用来存储家中灯光设备的状态的，主要包括对象编号、灯光设备位置、控制地址、控制端口、控制类型、更新时间等属性，如图 4 - 27 所示。

（8）志愿者信息实体主要是存储志愿者个人信息的，主要包括对象编号、姓名、年龄、手机号、卡号、服务时间、服务状态等属性，如图4-28所示。

注：图4-22到4-28省略。

4.5.3　整体E-R图设计

首先是监护用户和老人一对多的关系，一个监护用户能管理多个老人，但是一个老人只能被一个监护用户管理；老人的健康数据和老人的历史位置是与老人成一对一的关系的，这样容易进行老人信息的查找和分辨；老人和老人之间是多对多的关系，一个老人可以和多个老人成为朋友。具体如图4-29所示。

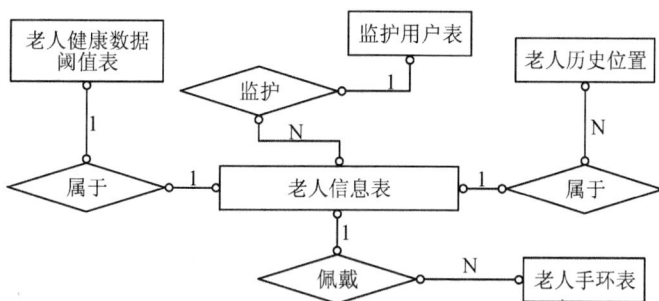

图4-29　实体关系图

4.5.4　数据库表设计

根据上述数据库概念模型，设计了以下数据库表，分别为监护用户表（t_account）、老人信息表（t_oldman）、老人手环表（t_oldman_wristband）、健康数据阈值表（t_warning）、老人历史位置表（t_point）、智能设备表（t_device）、志愿者信息表（t_volunteer）和灯光表（t_light_equipment）等等。

（1）监护用户表t_account，具体字段如表4-1所示。

表4-1　监护用户表

列名	中文含义	数据类型	允许空	关键字	主键
id	对象编号	int	否	是	是
name	用户账号	varchar	否	是	否
password	密码	varchar	否	否	否
age	年龄	int	否	否	否
gender	性别	varchar	否	否	否
telephone	电话号码	varchar	否	否	否
role	角色	varchar	否	否	否
state	状态	int	否	否	否
id_card_no	身份证号码	varchar	否	否	否

注：其他表省略。

4.6　界面设计

因为功能分布较为均匀，呈现方式也是比较统一的，所以这里只是列举了整个系统布局设计的典型模式，大部分模块的布局模式都是按照以下界面的布局思想来进行的。

4.6.1　关爱界面布局

此界面主要包含了健康管理、健康监护、智能家居和一键拨打四个模块，所以界面设计的时候主要考虑了这四个模块，关爱界面是主页，需要将软件整体的四个大模块也考虑进去，故采用底部导航栏的形式包含了四个模块，具体设计草图如图 4 - 30(a)所示。

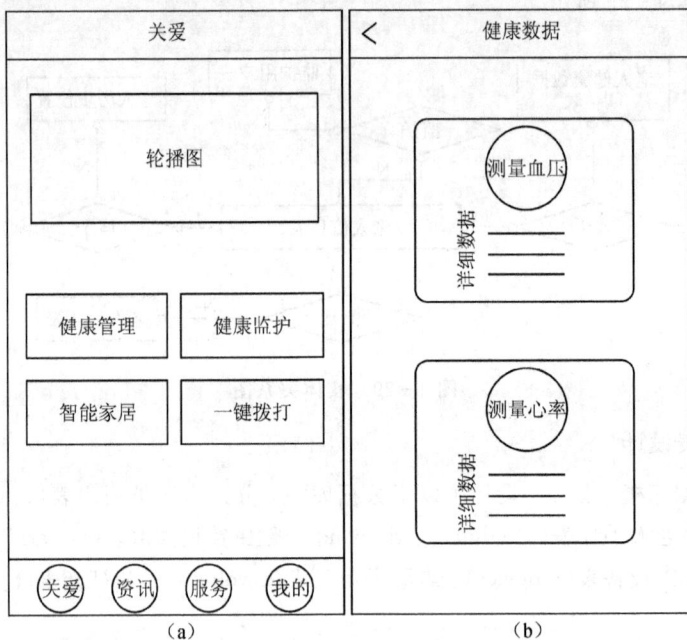

图 4 - 30　关爱界面和健康数据界面

注：其他界面省略。

分析

(1) 本章节主要涵盖系统的总体设计和详细设计。总体设计包括总体设计思路、总体结构设计以及功能模块设计。详细设计包括每个功能模块的流程图、数据库设计以及系统的界面设计。

(2) 总体设计思路、总体架构设计以及功能模块设计应先用文字介绍，再通过图形象直观地表达。

(3) 系统的流程图呈现注意以下几点：① 功能模块划分应和前面的总体结构图(功能模块图)保持一致；② 格式符合流程图的规范要求；③ 流程图上面应有相应的文字介绍；④ 不要出现直条形或者多分叉的流程图。

(4) 界面设计从关爱界面布局、健康数据界面布局、预警设置界面布局、WIFI 摄像机界面布局、智能家居界面布局以及我的界面布局六大方面介绍。每个模块涵盖两方面内容：

① 介绍界面设计方案；② 绘图，直观形象地进行界面设计。

（5）数据库的概念结构设计主要对应着 E－R 图。由于 E－R 图涉及实体、属性和关系，图比较庞大，所以此部分把 E－R 图分为各个实体的属性图和实体之间的关系图两部分呈现。此外需要注意的是：① "实体的关系图"中关系（一对多、多对多）不要出现错误；② 在 E－R 图中，实体用矩形表示，属性用椭圆形表示，联系用菱形表示，对应的关系有一对一（一般可以整合为一张表）、一对多和多对多。

（6）数据库表的逻辑结构设计要点包括：① 数据库的逻辑结构设计是根据概念结构的 E－R 图转换为逻辑结构的表结构；② 采用三线表结构；③ 表之前应有相应的文字介绍。

节选三：

■ ·+·

第 5 章　系统功能实现

5.1　登录

5.1.1　界面实现

大部分时候人们进入软件的第一件事就是进行登录，
从而让软件识别你是哪一个用户，大部分 App 的登录界面的风格都是很统一的，本应用也采用普通的登录界面设计，界面如图 5－1 所示，主要由一个 Image-View 控件、两个 EditView 和一个按钮控件组成，简约美观。

5.1.2　功能实现

1. 接口说明

在写登录的相关逻辑代码之前，首先需要查阅学校实验室服务器登录的相关接口，接口说明如表 5－1、表 5－2 所示。

图 5－1　登录界面

表 5－1　入参说明表

项目	类别	说明	备注
account	String	账号	必须
password	String	密码	必须

表 5－2　出参说明表

项目	类别	说明	备注
code	String	0 成功，其他失败	
message	string	失败时的错误信息	
userinfo	Map＜String，Object＞	用户账号信息	

2. 登录之前

在软件启动时，首先做的事情肯定不是直接展示登录界面，而是检查本地是否存有登录记录，如果有则直接进入主页面，如果没有才会进入登录界面，核心的判断逻辑代码如下：

```
UserInfo info = UserInfoUtils. getUserInfo();
if(info ! = null){
    String account =UserUtils. getUserAccount(info. getUser_id());
    String pw =UserUtils. getUserPW(info. getUser_id());
    if (! TextUtils. isEmpty(pw)) {
        login(account, pw);
    } else {
        startOtherActivity(LoginActivity. class, null, true);
        return;
    }
}else{
    startOtherActivity(LoginActivity. class, null, true);
    return;}
```

上述代码首先通过 getUserInfo()方法获取了本地的用户信息，如果判断获取到的用户信息为空则进入登录界面，否则将读取到的用户名和密码传入登录方法进行登录。此段代码中最重要的就是这个登录的方法，后面登录界面中点击登录按钮后，所启用的登录方法也是同样的。

3. Login(String account，String pw)方法

根据 5.1.2 节中的接口说明，需要在 Login 方法中进行网络请求，向服务器发送账号和密码两个字段才能得到返回的登录后的具体信息。为了方便使用，将网络请求部分的代码进行了封装，核心代码如下：

```
public void login(DoUpdateViewCallback<UserInfo> callback,
                    String account, String password){
    doAsyncTask("login", callback, (DoAsyncTaskCallback)(params) -> {
        RequestFromRemote<Login> remote = new RequestFromRemote<Login>(new Login());
        HashMap<String, String> requestParams = new HashMap<String, String>();
        requestParams. put("account", params[0]);
        requestParams. put("password", params[1]);
        Login login = remote. getData3(UrlConst. URL_LOGIN,requestParams);
        if (login == null && login. getUserInfo() == null)
            return null;

    return login. getUserInfo();
        }
}, newString[]{account,password});}
```

上述代码中的 UrlConst. URL_LOGIN 代表的就是接口地址，通过接口地址和 request-Params 携带的参数，向服务器发送网络请求，并接收返回的参数，通过回调接口 DoUpdate-ViewCallback<UserInfo>传输给外界，下面所有部分的网络请求都和登录封装的网络请求是一个模式，后面所涉及的类似部分，本文不再赘述。

有了封装好的网络请求，外层的 Login 方法只要做两件简单的事情就可以了，一个就是传入用户账号和密码，另一个就是以匿名内部类的方式实现回调接口，核心代码如下：

```
private void login(final String mobile, final String password){
    if(mUserController == null)
        mUserController = new UserController();
    mUserController. login(new BaseController. UpdateViewAsyncCallback<UserInfo>() {
        @Override
        public void onPostExecute(UserInfo result) {
            UserInfoUtils. setUserInfo(result);
            startOtherActivity(MainActivity. class, null, true);
        }
        @Override
        public void onException(IException ie) {
            startOtherActivity(LoginActivity. class, null, true);
        }
    }, mobile, password);}
```

　　登录成功后第一件事情并不是转入下一个界面,而是通过 setUserInfo(result)方法将返回的用户信息保存至本地文件,下一次打开软件后不再需要重复烦琐的登录操作。如果用户名和密码输入有误,则提示用户重新输入。

分析

　　(1)本章主要从"界面实现"和"功能实现"详细介绍每个功能模块的实施。其中界面实现主要通过文字讲解和图的形式呈现;功能实现主要介绍功能实现的核心代码。

　　(2)文中有图和表出现时,上文或者下文一定要有关于此图的文字介绍。

　　(3)介绍功能实现时,应附有功能实现的核心代码,并对代码进行文字介绍。此外注意代码不能以截图的形式出现。

节选四:

第 6 章　系统测试

6.1　测试目的

　　本系统所有功能已经初步完成,但这并不意味着设计结束,还需要对一些容易出现 BUG 的功能进行有针对性的测试才行。

　　测试的目的不仅仅是为了找出 BUG,更是为了测试项目的稳定性,通过一些必要的操作保证此项目在上线之后能够发挥出优良的性能。

　　本次测试采用的是黑盒测试,主要针对用户登录、用户注销和摄像机图像显示进行测试。

6.2　用户登录测试

6.2.1　测试用例

　　用户登录测试用例具体内容如表 6-1 所示。

表 6 − 1　用户登录测试

类　别	具　体　内　容
用例编号	001
用例名称	用户登录测试
测试步骤	(1) 在用户登录界面不输入任何信息直接点击登录按钮。 (2) 在用户登录界面只输入账号信息，然后点击登录按钮。 (3) 输入错误的用户名和密码，然后点击登录按钮。 (4) 断开网络连接，点击登录按钮。 (5) 输入正确的账号密码，点击登录按钮
期望结果	(1) 登录失败，系统提示"账号不能为空！" (2) 登录失败，系统提示"密码不能为空！" (3) 登录失败，系统提示"用户名或密码错误！" (4) 登录失败，系统提示"网络连接不正常！" (5) 登录成功，显示出主页面
测试人	俞杰
结果描述	测试成功

6.2.2　测试结果

图 6−1～图 6−4 分别显示了测试用例的前四步骤产生错误后，系统所给出的一些提示，主要就是测试这些提示是否能够正常显示，是否能显示预期的提示文字。在输入正确的用户名和密码后即可成功地登录进主页面，此处不再赘述。

图 6 − 1　账号为空　　　　　　　　图 6 − 2　密码为空

图 6-3　用户名或密码输入错误　　　　图 6-4　网络连接不正常

6.3　用户登出测试

6.3.1　测试用例

用户登出测试用例具体内容如表 6-2 所示。

表 6-2　用户登出测试

类别	具体内容
用例编号	002
用例名称	用户注销测试用例
测试步骤	(1) 点击"登出应用"按钮。 (2) 点击弹框取消按钮。 (3) 点击弹框确定按钮
期望结果	(1) 弹出提示框,提示用户是否注销登录。 (2) 返回我的页面。 (3) 退出应用并注销登录
测试人	俞杰
结果描述	测试成功

6.3.2　测试结果

本测试主要是为了保证用户能够正常退出自己的账号并返回登录界面,以方便别的用户进行登录。如图6-5～图6-7所示，按下登出应用按钮之后会弹出模态对话框再一次提示用户是否确认登出操作，点"取消"则返回原来的界面，点"确定"则会退出账号并返回登录界面进行重新登录。

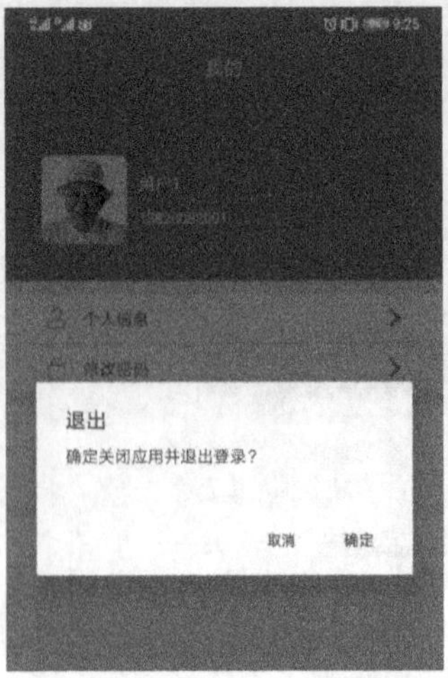

图6-5 弹框页面 　　　　　　　　图6-6 点击"取消"后 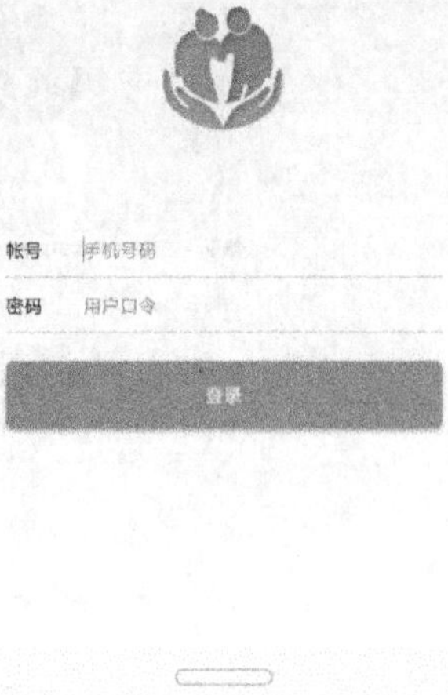　　　　　　　图6-7 点击"确定"后

6.4 摄像机图像显示测试

6.4.1 测试用例

摄像机图像显示测试用例具体内容如表6-3所示。

表6-3 摄像机图像显示测试

类别	具体内容
用例编号	003
用例名称	摄像机图像显示测试用例
测试步骤	(1) 断开摄像机电源，打开摄像机图像显示界面。 (2) 打开摄像机，打开摄像机显示界面
期望结果	(1) 显示提示"设备不在线"。 (2) 正常显示摄像机前的画面，并弹出取流耗时
测试人	俞杰
结果描述	测试成功

6.4.2 测试结果

本测试用例主要用来测试家中的智能摄像机是否能正确地将图像传到手机屏幕上，首先是关闭家中的智能摄像机的电源，然后打开摄像机图像显示界面，查看是否正确地给出"设备不在线"的提示，然后打开电源，再一次打开摄像机图像显示界面，查看是否能正确接收摄像机传输过来的图像视频信息。测试通过，结果如图6-8和图6-9所示。

图 6 - 8　摄像机关闭

图 6 - 9　摄像机打开

6.5　本章小结

略。

分析

（1）本章通过具体的测试用例对部分模块进行测试，以便发现程序的错误，完善系统。

（2）本章节通过测试用例表和测试结果清晰地展现了测试过程。

（3）本文只提到了测试目的，可以适当增加系统常用的测试方法，例如介绍一下黑盒测试和白盒测试。

（4）本文测试用例选取用户登录、用户登出和摄像机图像显示三个模块进行介绍，分别对三个模块设计了相应的测试用例，并附以测试结果图。

（5）本章只进行了黑盒测试，若添加白盒测试用例就更完美了。

6.2.3　案例点评

（1）该同学能够按照毕业设计任务书要求的工作计划和进度开展毕业设计工作，具备一定的阅读参考文献的能力以及独立思考和学习的能力。

（2）本设计围绕"基于移动端的智慧养老服务平台的设计"展开设计与实现，本课题设计并实现了一个结合传感网络、通信网络、大数据处理等技术开发的智慧居家养老平台。该平台通过居家小屋内部的各类设备传感器采集终端数据，通过网关发送到云平台进行分析存储，用户通过居家养老 App 提取各类数据及使用各种服务。

（3）本论文按照软件工程的指导思想，将毕业论文分为绪论、开发环境和工具简介、系统需求分析、系统总体设计（总体设计、功能模块设计、数据库设计及界面设计）、系统功能实现、系统测试以及总结与展望七大部分，论文框架合理，内容完整；此外，本论文语言规范，正确使用书面语，文中公式、图和表格符合规范，格式符合学院模板要求。

（4）本毕业设计表明该同学已经具备一定的专业知识基础和素养，具有一定的编程能力以及文档撰写能力，达到计算机科学与技术本科培养目标的要求。

（作者：俞杰；指导教师：王伟）

6.3　图像处理软件开发方向

图像处理软件开发方向课题主要指各种基于图像处理的软件设计与开发，在计算机类专业的毕业设计中占据一定的比例，此方向课题的设计过程应遵循软件开发的一般原则，论文一般包含以下两大方面内容：

（1）理论知识：介绍系统所涉及的图像处理方面的理论知识。

（2）系统开发遵循软件工程的指导思想，涵盖以下几个方面：

① 需求分析：可以从技术、经济、操作以及运行等方面阐明系统开发的可行性；明确开发过程中所使用的关键技术；总结出系统的功能需求和业务流程；根据系统的数据流向绘制出系统的数据流图等。

② 系统设计：涵盖系统的总体设计和详细设计两大方面。

③ 系统实施：从数据库、各个功能模块的实现等方面详细展示系统的实现。

④ 系统测试：采用黑盒测试和白盒测试方法对系统进行测试，进而发现程序的错误，以便开发者对系统做进一步完善。

图像处理软件开发涵盖图像处理的理论知识和软件设计开发两大方面，如图 6.3 所示。此方向课题设计思路一般为：首先进行需求分析，然后在此基础上进行系统的总体设计和详细设计，接着完成系统的实施，包含编码和界面设计等，最后对系统进行测试，找出相应的问题，如图 6.4 所示。毕业设计说明书（论文）纲要也可参考此流程进行。

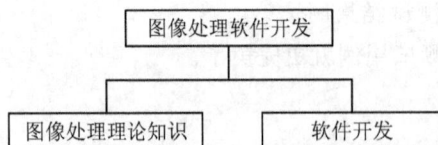

图 6.3　图像处理软件开发类课题内容　　　图 6.4　图像处理软件开发方向课题设计思路

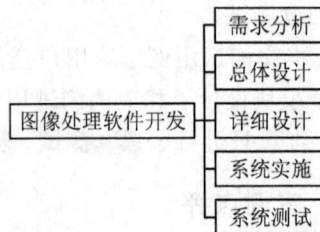

6.3.1　课题范例

表 6.3 为图像处理软件开发类方向毕业设计课题范例，以供参考。

表 6.3　图像处理软件开发类方向毕业设计课题范例

序号	课 题 名 称
1	人脸识别身份验证系统的设计与实现
2	基于深度学习的图像检索系统的研究与实现
3	人脸识别防盗系统的设计与实现
4	基于网络爬虫的图片抓取与展示系统
5	基于相关滤波的目标跟踪系统设计
6	人脸识别考勤系统设计
7	基于卷积神经网络的图像风格迁移系统设计
8	基于卷积神经网络的二维码识别系统设计
9	基于深度学习的目标检测与跟踪技术研究
10	手写数字识别安卓系统

6.3.2　案例分析

1. 题目

人脸识别身份验证系统的设计与实现。

2. 设计任务要求

人脸识别作为一种重要的个人身份鉴别方法，与其他身份鉴别方法相比，具有直接、友好、方便和鲁棒性强等优点。人脸识别已逐步推广至人们日常生活的各个领域，该技术为系统在极高的安全性和可靠性的前提下高效率工作提供了保障。人脸识别指分析待识别人脸图像，从中提取有效信息，并与数据库中已知人脸信息进行比较，从而得出决策或认证信息，以达到身份验证的目的。本课题通过查阅与人工智能、神经网络等相关的文献资料，并根据自己所学的物联网专业知识，从安防领域入手为人脸识别寻找新的应用场景——"校园一卡通"应用，最终与导师分析讨论后拟订本次课题。

本设计任务具体要求如下：

（1）获取人脸数据库：公开人脸库和人像采集库；

（2）构建 VGGNet 用于训练模型；

（3）选用 Linux 环境下的 Python 作为开发语言；采用相关的图像数据库技术；

（4）研究 OpenCV、Dlib 以及 Caffe 等开源技术，设计并实现人脸识别身份验证系统的神经网络算法；

（5）研究物联网三层技术架构，设计人脸识别身份验证系统的流程与层次，设定应用层场景为一卡通；

（6）通过 PyQt 实现简单的系统界面。

3. 摘要与关键词

摘要：人工智能（Artificial Intelligence，AI）起源于 20 世纪 50 年代，此后它曾出现过

短暂繁荣。在过去 5 年间，计算机技术的大幅进步触发了 AI 革命。人工智能和物联网是宏观而抽象的概念，但却深刻改变着人们的生活。人脸识别身份验证系统是人工智能应用于物联网安防开发的一个成功案例。人脸识别的身份验证方法，是一种重要且高效的个人身份鉴别方法。因此，人脸识别已逐步推广至日常生活的各个领域，该技术为系统在极高的安全性和可靠性的前提下高效率工作提供了保障。

本文的创新之处在于：阶段性训练模型以提高准确率、缩小搜索范围以提高识别速度以及人脸识别一卡通场景应用创新。人脸识别身份验证系统是一个综合了人工智能、机器学习和深度神经网络的物联网安防应用系统。本系统的设计旨在将人工智能应用于物联网开发，进而开创性地赋予物联网以人类智慧，实现智慧物联。系统设计从技术架构上分为三层：感知层设备选用海康威视 D-S 系列的视频监控设备，用于实时录制监控视频；网络层负责视频数据的传输，OpenCV 读取视频帧，其核心任务是设计进程间采用"Signal-Slot"的通信方式配合深度神经网络；应用层的 Dlib 处理接收的视频帧数据，由"探测器"完成人脸检测和人脸对齐，卷积神经网络 VGGNet 在 Caffe 框架下提取人脸特征，通过两个模型完成人脸识别和性别识别。

系统部署运行在 NVIDIA 支持的硬件设备上，设置监控视频分辨率为 640×480，提高帧处理频率可实时进行人脸追踪。从技术、安全、时间和经济运行成本考虑，本系统采用 Linux 系统下的 Python 程序设计语言作为主要开发工具，系统的界面通过 PyQt 实现。

关键词： 人工智能；物联网；人脸识别

4. 目录

5. 正文

节选一：

■ ·+·

第 1 章　绪　论

1.1　本课题的研究内容和意义

在物联网领域，安防是刚需，而人脸识别是一种重要且高效的个人身份鉴别方法，人脸识别致力于为安防行业提供更优的解决方案[1]。

1.1.1　研究目的

本系统的研究目的是将人工智能、机器学习和深度神经网络的概念、算法应用于物联网安防行业，开发出实用性强、安全性高的人脸识别身份验证系统。

1.1.2　研究内容

本系统的研究内容如下：

(1) 机器学习与神经网络，包括机器学习、深度学习领域的相关概念以及分类方法，特别是研究深度学习框架 Caffe；神经网络的相关概念以及定义方法，特别是研究卷积神经网络(CNN)的网络结构。

(2) 开源程序库(框架)，开源是计算机信息技术的最强大动力源泉。本课题的开源部分包括计算机视觉开源库 OpenCV 关于图像处理的方法；C++开源库 Dlib 库的人脸检测、人脸对齐方法；在深度学习框架 Caffe 中使用七层卷积神经网络 VGGNet 训练模型的方法。

(3) 物联网体系架构：主要研究物联网的三层技术架构，将人脸识别身份验证系统层次化[2]。感知层研究实时视频的获取；网络层研究多线程信息传输机制和神经网络，应用层研究人脸模型[3]。

(4) 人脸识别和性别识别：机器学习的任务通常划分为分类和决策两类。许多决策问题的本质也是在处理分类。而人脸识别和性别识别问题的本质都是分类问题。

(5) Linux 下的 Python 程序设计：Linux OS 是为开发者而设计的系统。Python 程序设计语言是人工智能的"御用"语言，该语言包括高效的数据结构和强大的开源库，因此研究 Linux 系统下的 Python 程序设计具有重要意义。

1.1.3　研究意义

本系统的研究意义如下：

(1) 技术意义：跨领域探索实践，寻找人工智能与物联网的结合点；技术革新，本系统基于训练模型的"学习方法"实现人脸识别和性别识别，区别于传统的人脸识别算法。

(2) 应用意义：创新物联网安防新产品。人脸识别在安防行业的应用场景非常之多，除了用于人们所熟知的传统身份验证外，将其扩展亦可用于无人机和"天网"领域的人脸追踪，金融领域的智能刷脸支付等。

技术层面的创新受客观因素制约难以实现，本文设计的人脸识别身份验证系统的创新之处在于应用层——设定应用场景为"校园一卡通"，涵盖刷脸支付、门禁验证、校园网登录三个方面的应用设计。

1.2　国内外的发展概况

本部分分别介绍了国内外人脸识别技术的发展概况、相关研究成果以及当前研究应用领域的世界性难题。

1.2.1　国内的发展概况

国内在物联网领域布局较早,且科技水平处于国际前列。人脸识别属于生物识别,最早从人工识别向计算机智能识别发展的生物识别技术是指纹识别,人脸识别起步相对较晚,但目前处于急速发展阶段。

自 2001 年,公安部门就开始利用这一技术来防范和打击重大刑事犯罪,并取得了国家的支持[4]。国内的人脸识别技术目前主要有三方面的科研力量,一是清华大学苏光大教授,被誉为中国的人脸识别之父;二是中科院自动化研究所李子青教授,他早年在微软的亚洲研究院获得了非常高的成就,后来到了中科院的自动化研究所,专攻人脸识别[5];三是香港中文大学汤晓鸥教授的团队,在每年一次的学术界比赛中,他是纪录的保持者[5]。

与学术界呼应的是一些人脸识别科技公司,其中走在行业前列的有:旷视科技、商汤科技、腾讯优图和百度 AI 等。LFW 是由美国马萨诸塞大学发布并维护的公开人脸数据集,是目前人脸识别领域最权威的数据库之一,对于人脸识别中的人脸验证任务给出了详细的测试要求和评分标准,其结果在一定程度上能反应人脸识别算法的性能。上述大公司执着于"业绩刷分",目前在 LFW 官网上可以查到的中国企业的刷分状态是:face++ 99.5%、商汤 99.53%、腾讯 99.65%、百度 99.77%。而一些中小型的科技公司也投入到这一领域的应用研究,如笔者的毕业实习单位——江苏丰华联合科技有限公司,这是一家基于物联网平台的从事人脸识别和图像处理的中科院旗下的创业公司。

1.2.2　国外的发展概况

国际上,各国相继提出物联网安防发展的区域战略计划,而人工智能起源于 20 世纪中叶的美国,经过科研机构的投入研究发展,目前人脸识别技术逐渐结合物联网平台往市场化、产品化的方向发展。

美国是最早研究并应用人脸识别技术的国家,其突出成就主要集中在国防安全方面,且技术水平处于世界前列。日本是略晚接触人脸识别技术的国家,但其发展却日新月异,日本甚至将人脸识别技术应用于地震的人流检测[6]。在处理速度方面,日立公司推出的视频监控人脸识别技术能够以每秒扫描 3600 万张图像的速度高精度地识别路人,将长相相似的人脸进行分类[6]。

与国家层面的研究相比,国际社会其他力量也在这一领域崭露头角。ILSVRC 2017 是最后一届 ImageNet 竞赛,自 2018 年起,将由 WebVision 竞赛(Challenge on Visual Understanding by Learning from Web Data)接棒[7]。WebVision 所使用的 DataSet 抓取自浩瀚的网络,不经过人工处理与 Label,难度大大提高,但这样更加贴近实际运用场景[7]。正是因为 ILSVR 2012 挑战赛上的 AlexNet 横空出世,使得全球范围内掀起了一波深度学习热潮,于是 2012 年被称作"深度学习元年"[7]。人脸识别亟待解决的行业应用难题包括:面部形态、视觉特征、光照问题和姿态问题等。

1.3　本课题应达到的要求

本课题的研究成果应达到以下三方面的要求。

1.3.1　理论要求

研究机器学习、深度学习和神经网络,并结合物联网安防行业背景,将新概念、新理论应用到本系统的设计、实施中。应用人脸追踪、光线补充等理论方法优化人脸识别的行业问题。

1.3.2　技术要求

开源、多线程和开发效率是系统设计的技术要求。为了完成预期的系统功能，需要攻克和解决的技术难题包括：接入实时监控视频、提取帧数据进行图像处理、设计深度神经网络、用网络提取特征、训练模型以及结合具体应用场景进行系统部署。

1.3.3　系统功能要求

物联网安防产品对系统的安全性和稳定性要求极高。在保障安全和稳定的前提下，系统拥有三类用户：管理员、注册用户和外来人员。其中管理员可以实现对注册用户的增、删、改、查操作；注册用户与外来人员通过人像注册模块可以相互转换身份。系统可以全天候工作，识别、监控视频中的人脸。

分析

（1）绪论部分必须涵盖：① 本课题的研究内容、目的及意义；② 本课题国内外的发展情况及存在的问题；③ 本课题应达到的要求和应解决的主要问题。

（2）"本课题的研究内容和意义"小节从研究目的、研究内容和研究意义三个方面进行介绍。其中研究内容从课题运用的理论知识、所采用的体系结构、所实现的核心功能以及所采用的技术等方面介绍，比较全面。

（3）国内外研究现状体现了学生阅读参考文献的能力，主要介绍了国内外研究者对于本课题相关技术的研究情况，这里要注意的几点是：① 参考文献时间应是近 5 年的研究成果；② 参考文献不应局限于个别类别，可以涵盖期刊文章[J]、专著[M]、学位论文[D]、专利文献[P]、报告[R]以及报纸文章[N]等；③ 介绍参考文献的要点可以有时间、作者、文献名称及观点总结等；④ 参考文献应在论文中以上标的形式标记出来。

（4）"本课题应达到的要求"小节是从理论、技术和系统功能要求三方面介绍本课题应该达到的要求，比较全面。

（5）论文撰写语句应通顺，使用书面语，避免口语化；语句中不要出现过多逗号，要注意语句的衔接。绪论部分的文字不能过少，一般一个章节应多于 2 页。

节选二：

2.4　系统的业务流程

根据现实生活的应用场景，将系统用户进行分类，设计出管理员、注册用户和外来人员的业务流程图。

2.4.1　管理员业务流程图

本系统最高权限为系统管理员 root，当现实生活出现用户变动时，管理员可用 Linux 系统命令通过注册用户管理模块查看注册用户，从而进行增加、删除、修改注册用户信息的操作，图2-1 为管理员业务流程图。

2.4.2 注册用户业务流程图

注册用户是指通过人像采集并将人像数据加入系统数据库的用户，系统可以识别每一位注册用户，图2-2为注册用户业务流程图。

2.4.3 外来人员业务流程图

外来人员是指未通过人像采集并未将人像数据加入系统数据库的用户，Open-set情况下系统识别为陌生人，Close-set情况下系统识别为最像注册用户的人物信息，图2-3为外来人员业务流程图。

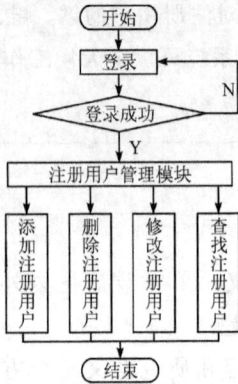

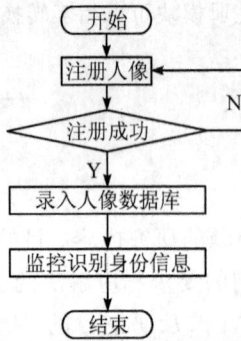

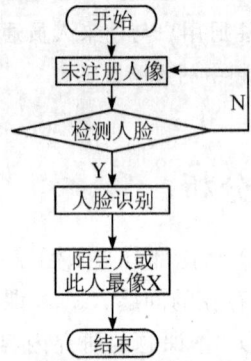

图2-1 管理员业务流程图　图2-2 注册用户业务流程图　图2-3 外来人员业务流程图

2.4.4 系统流程图

人脸识别身份验证系统提供了管理员管理注册用户业务、识别注册用户业务、识别外来人员业务、外来人员进行人像注册业务，图2-4为系统业务流程图。

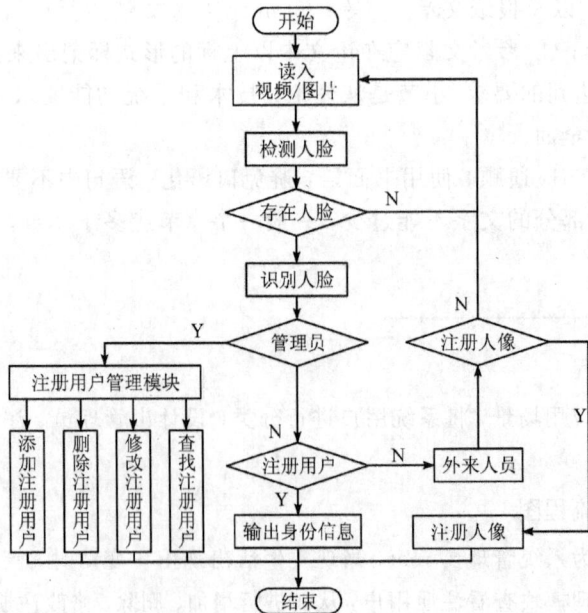

图2-4 系统业务流程图

2.5　数据流图

数据流图是从数据传递和加工角度，以图形方式表达系统的逻辑功能，数据在系统内部的逻辑流向和逻辑变换过程[10]。

2.5.1　顶层数据流图

分析本系统的业务流程，目标用户为三类：管理员、注册用户和外来人员。根据用户角色不同，系统采取不同的应对策略。因安防行业需求的特殊性，系统只接收管理员通过注册用户管理模块输入的操作信息，并输出管理员的操作结果。对于注册用户和外来人员，只输出识别结果，图 2-5 为系统顶层数据流图。

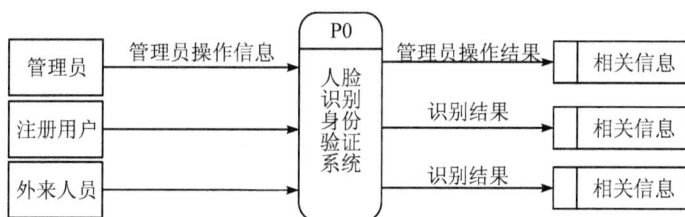

图 2-5　系统顶层数据流图

2.5.2　一层数据流图

一层数据流图是对顶层数据流图的展开描述，图中包括三类用户：管理员、注册用户和外来人员，其中管理员拥有注册用户管理模块，外来人员拥有人像注册模块。不同的用户进入系统监控区域，首先进行的是人脸检测和人脸对齐，其次进行人脸识别，最后系统输出不同的识别结果，系统的一层数据流图如图 2-6 所示。

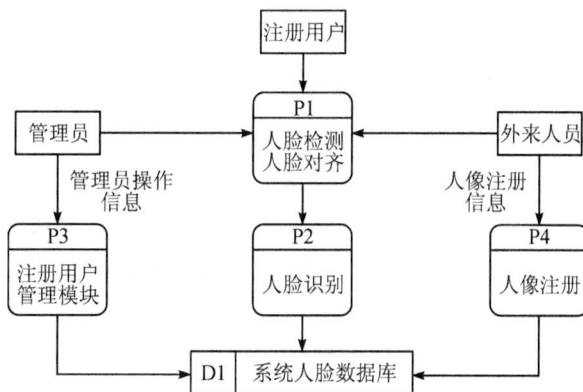

图 2-6　一层数据流图

2.5.3　二层数据流图

注册用户在系统用户中数量最多，且识别频率最高。根据系统的安全性要求，注册用户无权执行系统内部操作，故以管理员为例画出系统的二层数据流图，管理员对注册用户有增、删、改、查的权限，图 2-7 为系统二层数据流图。

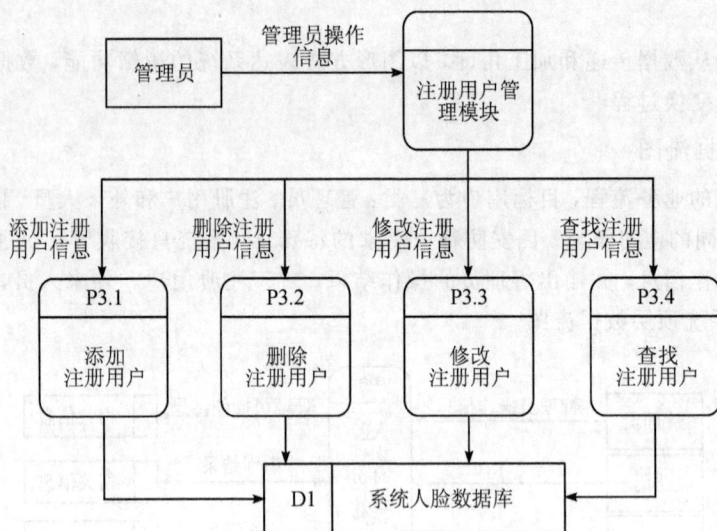

图 2-7　系统二层数据流图

分析

（1）本章内容充实，比较全面。包含以下几个方面：① 可行性分析；② 功能需求分析；③ 关键技术分析；④ 业务流程；⑤ 数据流图。

（2）系统的可行性分析可以从技术可行性、环境可行性、运行可行性以及经济可行性等方面分析。若可行才有必要继续研究、设计和开发。

（3）此处简单介绍了本设计的关键技术：① 视频图像处理；② 人脸检测和人脸对齐；③ 训练模型和使用模式；④ 多线程与网络通信。

（4）在"管理员业务流程图"中，注册用户管理模块分成了四个分支：添加、删除、修改和查找，本例中这样画法要避免出现，流程图中不应出现多个分支画法。

（5）系统的数据流图从顶层数据流图、一层数据流图和二层数据流图三个方面介绍，这里注意：① 数据流图中的数据源、数据处理和数据存储应表达规范；② 数据流图上面一定要有文字简单介绍数据流图，再贴出数据流图，切记不要出现"只有图没有文字"的情况。

（6）二层数据流图应该画出注册用户管理、人像注册和人脸识别模块，而本文中只提供注册用户管理模块，需要补充。

节选三：

第 3 章　机器学习与神经网络

3.1　机器学习

机器学习（Machine Learning，ML）的目标是完成复杂而又需要人类智能的任务，是研究计算机模拟或实现人类学习行为的方法，机器学习揭露了智慧的本源：学习[11]。机器学习方法结合神经网络模型是系统的核心算法所在,这是本文研究设计的基础环节。

3.1.1　AI-ML-DL 关系

　　人工智能(Artificial Intelligence,AI)是一门以计算机科学为基础的多领域交叉学科,旨在探究智能的实质。根据特定的任务学习,并在任务中改进系统(机器)性能,这就是机器学习。而深度学习(Deep Learning,DL)是机器学习中一种对数据进行表征学习的方法[11]。人工智能、机器学习、深度学习三者既有区别又相互联系,用集合论的知识可以将其描述为包含与被包含关系,其中人工智能的范畴最大,机器学习次之,深度学习最小,如图3-1 所示。

　　机器学习适用于以下两种情况:

　　(1) 应用程序太复杂无法人工设计算法;

　　(2) 应用程序要求软件自定义以适应其运行环境的变化。

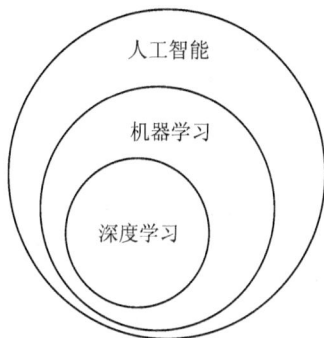

图 3-1　AI-ML-DL 关系图

3.1.2　机器学习术语

　　机器学习的研究领域中有很多的专用术语和名词,以下介绍与人脸识别身份验证系统相关的术语:

　　(1) 代价函数(Cost Function):机器学习的任务目标,将训练(学习)问题转化成优化问题。

　　(2) 数据样本(Data Samples):通过现有技术得到的全部已知人脸数据。区别于概率统计中的"样本"概念。

　　(3) 特征(Feature):描述事物的固有属性。事物的属性不唯一,故特征也有单特征(Single)与多特征(Multiple)之分。

　　(4) 特征提取(Feature Extraction):特征的选取方法。事物的特征千差万别,故选取特征用于区分事物便显得尤为重要。特征提取的方法可以自定义,也可以通过神经网络应用学习算法训练出来。

　　(5) 分类器(Classifier):也叫决策边界(Decision Boundary),用于处理分类。现实生活中,大部分的工作内容其实是在处理分类,需求千差万别,故分类的规则不唯一,所以分类器的设计也不唯一。为了选取最优分类器,常用分类算法有 KNN、K-means、SVM 等,其中 SVM 算法将低维数据映射到高维空间,输出的超平面很好地解决了分类难的问题。图 3-2 为 SVM 分类示意图。

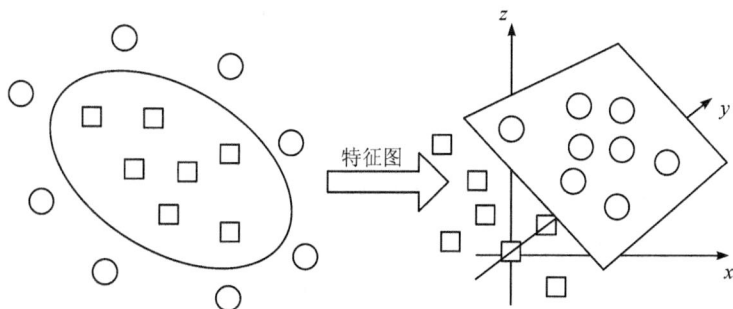

图 3-2　SVM 分类示意图

（6）三类学习方法：监督学习（Supervised Learning），由已知推出未知，数据必须有标签（Label），常用于根据上下文进行垃圾邮件的分类、对给定人脸数据进行分类等；非监督学习（Unsupervised Learning），已知数据但未知分类，数据一般无标签，要求通过分类发现数据的隐藏结构，具体算法有聚类和神经网络；增强学习（Reinforcement Learning），用于解决需要互动或者与环境交互的情况，如机器人、自动驾驶等。

（7）回归：线性回归和逻辑回归的简称。其中，线性回归（Linear Regression）是寻找一个函数尽量符合已知数据，该函数称为回归函数；逻辑回归（Logistic Regression）是一种有监督的统计学习方法，将分类结果输出为概率。本系统的人脸识别是一个多分类的问题，而性别识别则是一个二分类的问题。

（8）梯度下降（Gradient Descent）：对多元函数的各个参数分别求偏导数，把求得的各个偏导数以向量的形式写出来，称梯度反方向为梯度下降。机器学习算法的最小化损失函数，可以通过梯度下降的方法来迭代求解，得到最小化的损失函数和模型参数值[12]。梯度下降主要用于网络反向传播中的损失计算。图3-3为梯度下降模型图，该图来源于一个经典的数学问题：从哪个方向下山最快？答案是沿梯度下降方向下山最快。

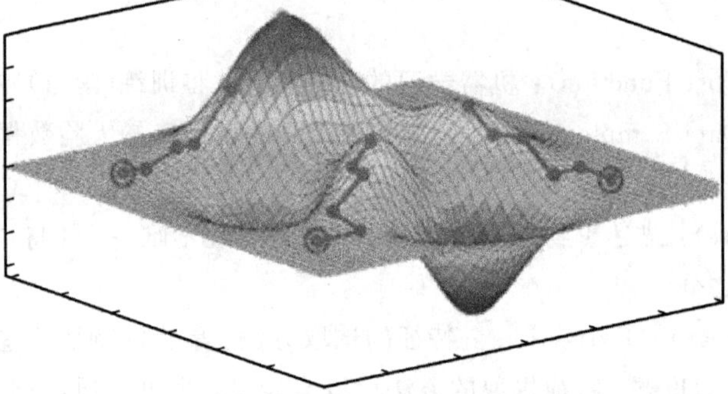

图3-3　梯度下降模型图

（9）准确率与错误率（Accuracy or Error）：通常情况下定义准确率和错误率满足概率归一。常用如图3-4所示的方法表示，其中 X 表示（Predictions）预测情况即系统的判断，Y 表示真实情况（Ground Truth）。

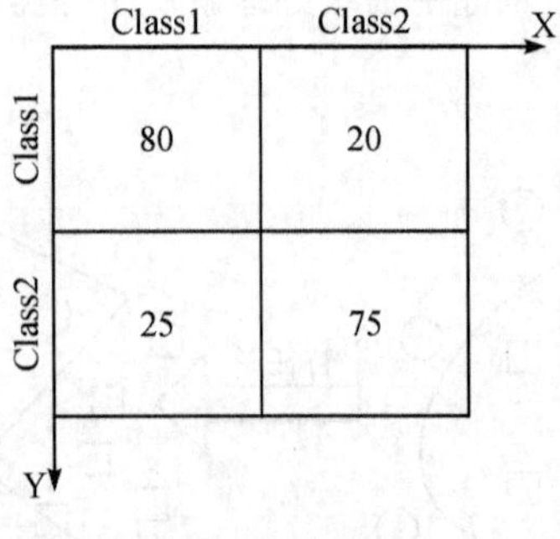

	Class1	Class2	X
Class1	80	20	
Class2	25	75	
Y			

图3-4　准确率和错误率表示图

若主对角线数值越大，则系统的准确率越高。图示的 Accuracy＝（80＋75）/（80＋20＋25＋75）。

（10）训练数据与测试数据（Training Data and Testing Data）：分别用于开发阶段和使用阶段的数据的别称。

3.1.3　机器学习步骤

机器学习系统的设计通常遵循以下步骤：

（1）数据预处理，常用的处理方法有：数据清洗、数据增广、分离数据库（分为训练和测试两个数据集合，即训练数据和测试数据）以及特征提取。

（2）训练与选择模型。

（3）评价系统模型。

（4）使用模型预测未知数据。

图 3-5 为机器学习步骤流程图。

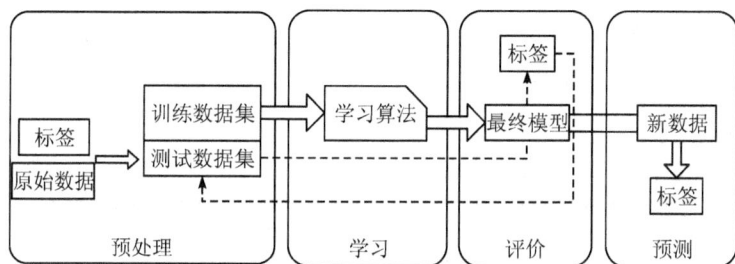

图 3-5　机器学习步骤流程图

分析

（1）涉及理论知识、专业术语表达应秉承严谨的态度，不要出现表达错误或者歧义。

（2）第一次出现英文缩写，应该用中文解释下，例如本文中 SVM（Support Vector Machine）指的是支持向量机。

（3）文中出现的图不要用别人的图，都要自己绘制。

（4）涉及专业术语（英语）应反复核对，不要出现表达错误。

（5）文中出现公式应采用公式编辑器进行编辑。

（6）注意本章的重复率。

节选四：

第 4 章　系统的设计

4.1　人脸识别术语

"人脸识别身份验证系统"集成了人工智能、机器学习、神经网络等多种专业技术。本文上一章已经从机器学习和神经网络两方面作了研究。下面介绍人脸识别的相关术语：

（1）人脸检测（Face Detection）：从视频或图片中框出人脸位置[17]。

（2）人脸对齐（Face Alignment）：自动定位出人脸面部关键的特征点，业界惯例的人脸特征点为 68 个，图 4 - 1 为人脸对齐示意图。

（3）人脸验证（Face Verification）：一对一的人脸比对，即比较两张图片中的人脸是否为同一人。

（4）人脸识别（Face Recognition/Identification）：一对多的人脸比对，即判断待识别的人是人脸库中的谁。

（5）Open-set 和 Close-set：根据不同用户群体场景，将采集的目标用户数据集分为 Open-set 和 Close-set。其中在 Close-set 场景中系统认定外来人员为数据库中最像的人，在 Open-set 场景中系统认定外来人员为陌生人[18]。

图 4 - 1　人脸对齐示意图

4.2　设计人脸识别流程

人脸识别流程如图 4 - 2 所示。

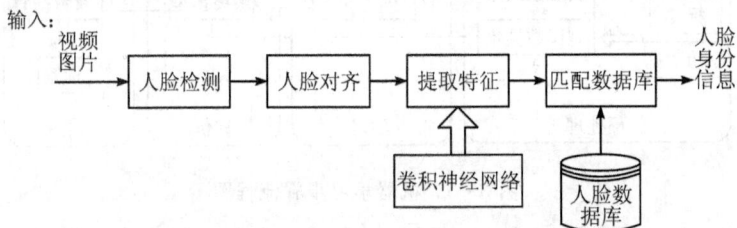

图 4 - 2　人脸识别流程图

系统的输入是摄像设备输入的视频数据。首先，人脸识别模块通过 OpenCV 抽帧后，由视频数据得到了图像数据。其次，进行人脸检测，当图像中存在人脸时才进行人脸对齐，人脸对齐的过程完成了第一次的"特征提取"，这一步特征提取的意义在于将人脸图像变成数据，经过神经网络的特征提取后，特征数据变得易于分类。通过比较人脸验证和人脸识别的概念可知，人脸识别是在人脸验证的基础上进行的，同一人验证匹配得到的相似度（cos 距离）必然高于不是同一人匹配得到的相似度。最后，在匹配数据库后设置阈值，即当匹配的相似度低于阈值时，识别为陌生人，高于阈值时，识别为数据库中相似度最高的那个人。图 4 - 3 为具有已知身份的人脸验证实例图。

图 4 - 3　具有已知身份的人脸验证实例图

4.3 感知层设计

感知层是物联网系统识别物体、采集信息的工作层,其主要任务是"识别"物体和采集信息,本系统的感知层用于采集视频[19]。感知层处在整个物联网系统的最前端,通常为一些传感器设备。感知层需要运用光线补充理论解决人脸识别领域的光线问题。

感知层设计方案包括:

(1)选择设备:选用海康威视应用于物联网安防方面的网络监控摄像枪机 D-S 系列(支持红外),如图 4-4 所示。为解决光线问题,摄像枪机的安装位置应避免逆光,在光线不足的情况下需要进行灯光补偿。

(2)调出监控视频并备份导出:插入外接存储设备,通过账号密码进入监控的主菜单页面,点击备份并选择视频通道,回放,设置视频起始时间,搜索出视频后,点击备份即可。导出的视频文件用于模拟一卡通使用场景。

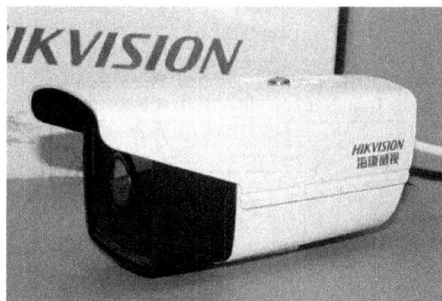

图 4-4 D-S 系列海康监控摄像枪机

4.4 网络层设计

网络层负责传递和处理感知层采集的信息,本系统的网络层设计与传统的网络层设计不同,主要体现在以下两个部分:进(线)程间通信和 Caffe 框架下的神经网络通信。

4.4.1 设计进(线)程间通信

本系统的程序设计用到了多线程,线程间采用 PyQt 的 Signal-Slot 通信机制。运用信号和槽的通信机制设计本系统程序模块之间的通信模型,并画出通信模型图如图 4-5 所示。

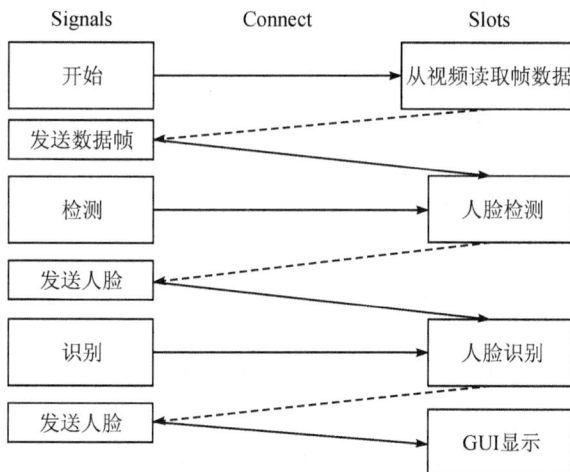

图 4-5 通信模型图

4.4.2 设计 Caffe 的网络通信

深度学习的主流框架有 Torch、TensorFlow、Caffe、MXNet 和 PyTorch 等。在 Caffe 框架

中，可以用一个比较简单的语言来定义许多网络结构，然后在 CPU 或者 GPU 上面执行这些代码，且 CPU、GPU 在数学结果上是兼容的[20]。Caffe 的另一优势体现在，它是开源的框架，它将深度学习的每一个细节可视化，这最大限度地降低了系统开发团队研究深度学习和训练模型的难度，选择此框架符合技术和经济可行性[20]。在 Linux 系统中 Caffe 的常用命令较少，综合考虑本系统选择深度学习框架 Caffe，图 4-6 为 Caffe 总体架构图。

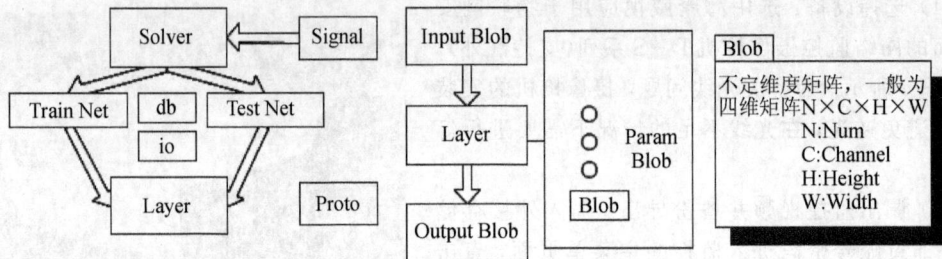

图 4-6　Caffe 总体架构图

深度神经网络是一种模块化的模型，它由一系列作用在数据块之上的内部连接层组合而成。Caffe 基于自己的模型架构，通过逐层定义(Layer-by-Layer)的方式定义一个网络(Net)。网络从数据输入层到损失层自下而上地定义整个模型。Layer 是 Caffe 模型和计算的基本单元，Net 是一系列 Layers 和其连接的集合。Blob 详细描述了信息是如何在 Layer 和 Net 中存储和交换的。将求解方法(Solver)单独配置，以解耦模型的方式建立与优化计算过程[20-21]。下面介绍 Caffe 中的专有名词及其概念。

1. Blob 的存储与交换

Blob 是 Caffe 中处理和传递实际数据的数据封装包，并且在 CPU 与 GPU 之间具有同步处理能力[19]。Blob 的本质是按 C 风格连续存储的 N 维数组，Blob 根据 CPU 主机到 GPU 设备的同步需要，屏蔽混合运算在计算上的开销。主机和设备上的内存分配遵循按需分配的原则，以提高内存的使用效率。

2. Layer 的计算和连接

Layer 是 Caffe 模型的本质内容和执行计算的基本单元。Layer 可以进行很多运算，如：卷积、池化；以 Sigmoid 为代表的非线性运算；归一化、Softmax 和 Hinge 等损失计算[20-21]。图 4-7 为 Caffe-Layer 示意图。

一个 Layer 通过 Bottom Blob(底部)接收输入数据，通过 Top Blob(顶部)输出数据。Layer 的三种基本的运算为：初始化、前向传播和反向传播。总的来说，Layer 承担了网络的两个核心操作：Forward pass(前向传播)，接收输入并计算输出；Backward pass(反向传播)，接收关于输出的梯度，计算相对参数和输入的梯度并反向传播给在它前面的层。由此组成了每个 Layer 的前向和反向通道。

3. Net 的定义和操作

通过合成和自动微分，网络同时定义了一个函数和其对应的梯度。通过合成各层的输出，

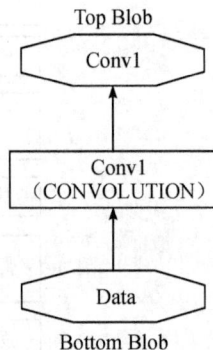

图 4-7　Caffe-Layer 示意图

计算该函数，来执行给定的任务，并通过合成各层的后向传播过程，计算来自损失函数的梯度，从而学习任务，这就是 Net。一个典型的 Net 开始于 Data Layer 从磁盘中加载数据，终止于 Loss Layer 计算如分类和重构这些任务的目标函数[20-21]。图 4 - 8 为 Caffe-Net 示意图。

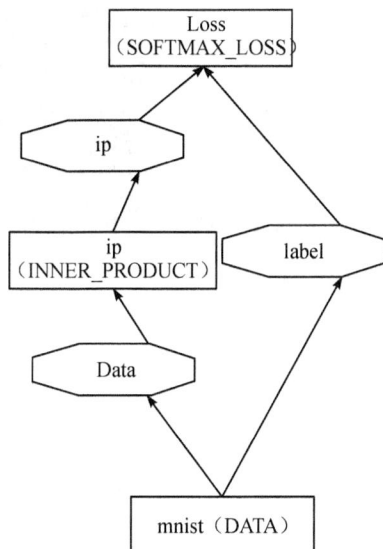

图 4 - 8　Caffe-Net 示意图

4. Solver 简介

Solver 通过协调 Net 的前向推断计算和反向梯度计算，更新神经网络的参数，从而达到减小 Loss 的目的。Caffe 模型的学习被分为两个部分：由 Solver 进行优化、更新参数；由 Net 计算出损失和梯度。

5. Caffe 中前传和反传的实现

Caffe 自定义了前传和反传的实现方法，由 Net::Forward() 和 Net::Backward() 方法实现网络的前传和后传。用 Solver 优化模型，首先通过调用前传来获得输出和损失，然后调用反传产生模型的梯度，将梯度与权值更新后相结合来最小化损失[20-21]。

4.5　应用层设计

应用层是物联网和用户的接口，通常需要结合具体行业。目前，安防是人脸识别应用的先锋领域，故人脸识别身份验证系统具有深厚的安防行业背景[22]。

本系统设定的应用场景为"校园一卡通"，抽象出校园一卡通三大主要功能（刷脸支付、门禁验证和校园网登录）的共性予以研究实现，并预留应用层的拓展接口，为系统后续的深入完善打下坚实基础。

应用层设计方案分为以下几个部分：

（1）设计系统界面：人脸识别身份验证系统的运行平台是 Linux 操作系统，传统一卡通系统没有使用界面，为了改进这一不足，本系统采用 PyQt 进行模拟界面设计。在主界面的左侧空白处显示播放的视频；右上方的列表用于显示检测的人脸信息；右下侧为控制系统运行、暂停和结束的按键，用于模拟有人值守情况下一卡通刷卡的真实场景；右侧中间三个复选框为识别、性别和表情，其中仅实现人脸和性别的识别，表情识别为后期系统升级提供接口。在程序中

import darkstyle 设置主题颜色，如图 4 - 9 所示。

图 4 - 9　系统界面图

（2）设计人像注册模块：系统初始情况下仅存在有限的注册用户，随着行业需求的增加变化，部分外来人员加入了本行业。通过人像注册可以实现由外来人员到注册用户的身份状态转变。

（3）设计数据库：Caffe 支持的数据库格式有 LMDB 和 ImageData，综合考虑选择 LMDB。

（4）设计注册用户管理模块：查看、增加、删除和修改注册用户，由管理员在处理用户变动时使用，如新生入学、毕业生离校以及职工入职等。

（5）设计人脸检测与人脸对齐模块：Dlib 是使用 C++ 编写的主要用于机器学习的开源库，通过相关文献和实验论证 Dlib 可以出色地完成人脸检测和人脸对齐。

（6）设计人脸识别和性别识别模块：通过 Caffe 运行 VGG 网络训练人脸模型和性别模型，并使用模型完成识别任务。

分析

（1）本章内容涵盖三大方面：① 理论基础知识——人脸识别术语；② 通过流程图和文字介绍呈现人脸识别流程；③ 系统设计。

（2）系统设计从感知层设计、网络层设计和应用层设计三大方面介绍。其中感知层设计方案主要从设备选择和备份导出两方面进行介绍；网络层设计主要体现在进（线）程间通信和 Caffe 框架下的神经网络通信两个部分；应用层设计以"校园一卡通"为应用场景，从界面设计、数据库设计、人像注册模块、注册用户管理模块、人脸检测与人脸对齐模块以及人脸识别和性别识别模块六大方面介绍。

（3）流程图规范、美观。

6.3.3　案例点评

（1）本设计围绕"人脸识别身份验证系统的设计与实现"展开设计与实现，开发了一个人脸识别身份验证系统。

（2）本系统的设计旨在将人工智能应用于物联网开发，开创性地赋予物联网以人类智慧，进而实现智慧物联。

（3）系统设计的技术架构分为三层：感知层设备选用海康威视 D-S 系列的视频监控设备，用于实时录制监控视频；网络层负责视频数据的传输，OpenCV 读取视频帧，其核心任务是设计进程间采用“Signal-Slot”的通信方式配合深度神经网络；应用层的 Dlib 处理接收的视频帧数据，由“探测器”完成人脸检测和人脸对齐，卷积神经网络 VGGNet 在 Caffe 框架下提取人脸特征，通过两个模型完成人脸识别和性别识别。

（4）本毕业设计按照《无锡太湖学院毕业设计任务书》要求完成相应任务，同时该生具备独立思考以及学习和阅读参考文献的能力；毕业设计工作量饱满，达到本科毕业生的训练要求。

（5）本论文按照软件工程的指导思想，将毕业论文分为绪论、系统的需求分析、机器学习与神经网络、系统的设计、系统的实施、系统的测试以及总结与展望七大部分。论文框架合理，内容完整，前后设计、数据和图表一致；此外本论文语言规范，文中公式、图和表格符合规范，格式符合学院模板要求。

（6）本毕业设计表明该同学已经具备一定的专业知识基础和素养、具有一定的软件编程能力以及文档撰写能力，达到物联网工程本科培养的目标要求。

（作者：叶详；指导教师：李荣）

参 考 文 献

[1]　中国国家标准化管理委员会. 学位论文编写规则：GB 7713.1—2006[S]. 北京：中国
　　　标准出版社，2006.

[2]　中国国家标准化管理委员会. 信息与文献　参考文献著录规则：GB/T 7714—2005[S].
　　　北京：中国标准出版社，2015.

[3]　国家教育委员会高等教育司，北京市教育委员会.高等学校毕业设计（论文）指导手册
　　　[M]. 北京：高等教育出版社，2008.

[4]　袁军堂，张永春. 毕业设计（论文）写作指导[M]. 南京：江苏教育出版社，2012.

[5]　周志高，刘志平. 大学生毕业设计（论文）写作指南[M]. 北京：化学工业出版
　　　社，2006.

[6]　张黎骅，吕小荣. 机械工程专业毕业设计指导书[M]. 北京：北京大学出版社，2011.